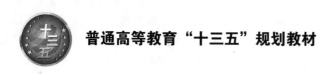

普通高等教育"十三五"规划教材

城乡规划管理与法规

高早亮 ◉ 主编

U0209772

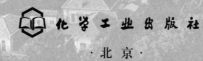

化学工业出版社

·北京·

《城乡规划管理与法规》根据《城乡规划专业教育培养目标》和原《全国注册城市规划师考试大纲》编写。本书简要介绍了城市管理、决策、法律、行政法等基础知识，系统地阐述了城乡规划法和城乡规划管理体系。全书分为四篇：第一篇为城乡规划法学基础知识，包括行政法学、法制体系、依法行政、方针政策4章；第二篇为城乡规划管理，包括公共行政学、管理基础知识、编制管理、审批与修改管理、实施管理、文化和自然遗产规划管理、监督检查与法律责任7章；第三篇为城乡规划法规基础知识，包括城乡规划行政法规与规章、技术标准与规范、相关法律与法规3章；第四篇为附录，收录了与城乡规划管理有关的"一书三证"办理流程、"一书三证"审批表和"变更规划"办理流程、违法建设查处、规划行业职业道德和行业准则等。

本教材不仅可以作为高等学校城乡规划专业和建筑学专业本科教材及教学参考书，同时也可以作为从事建筑设计、城市规划设计、园林景观设计及城市规划研究人员和城市规划管理人员的工具书及参考书。

图书在版编目（CIP）数据

城乡规划管理与法规/高早亮主编． —北京：化学工业出版社，2016.8（2023.1重印）
普通高等教育"十三五"规划教材
ISBN 978-7-122-27593-6

Ⅰ．①城⋯　Ⅱ．①高⋯　Ⅲ．①城乡规划-管理-中国-高等学校-教材②城乡规划-法规-中国-高等学校-教材　Ⅳ．①TU984.2②D922.297

中国版本图书馆CIP数据核字（2016）第159000号

责任编辑：尤彩霞　　　　　　　　　　　装帧设计：韩　飞
责任校对：王素芹

出版发行：化学工业出版社（北京市东城区青年湖南街13号　邮政编码100011）
印　　刷：三河市航远印刷有限公司
装　　订：三河市宇新装订厂
787mm×1092mm　1/16　印张18　字数495千字　2023年1月北京第1版第5次印刷

购书咨询：010-64518888　　　　　　　售后服务：010-64518899
网　　址：http://www.cip.com.cn
凡购买本书，如有缺损质量问题，本社销售中心负责调换。

定　　价：39.80元　　　　　　　　　　　　　　　　版权所有　违者必究

《城乡规划管理与法规》编写人员名单

主　　　编：高早亮

副　主　编：赵晓铭　张俊杰　魏毓洁
　　　　　　郭　楠

参加编写人员（按姓氏拼音排序）：

高早亮　黑龙江科技大学

郭　楠　河南农业大学

刘素丽　开封大学

马　聪　西南林业大学

邱巧玲　华南农业大学

魏毓洁　仲恺农业工程大学

张俊杰　广东工业大学

赵晓铭　华南农业大学

前　言

　　"城乡规划管理与法规"被全国城乡规划学科专业指导委员会制定的《城乡规划专业教育培养目标》列为专业核心课程，同时也是原全国注册城市规划师必考的科目之一。城乡规划管理不仅是一门综合性工作，而且涉及行政、管理、经济、法律等诸多方面，是一门正在发展中的学科。《中华人民共和国城乡规划法》的颁布和实施，进一步确立了城乡规划的制定、实施、修改、监督检查的法律地位和法律责任。

　　《城乡规划管理与法规》核心内容根据《城乡规划专业教育培养目标》和原《全国注册城市规划师考试大纲》编写，主要内容有行政法学基础知识、城乡规划法规体系、公共行政管理、城乡规划编制、审批、实施管理和监督检查以及与《城乡规划法》配套的行政法规、规章、技术标准与规范等。本教材的主要编写教师都有从事相应专业课程教学10多年的经验，在编写教材的过程中，广泛收集最新资料，特别是最近几年新颁布的法律、法规、技术标准、行业规范和实践材料。教材在深入讨论、反复征求意见及修改的基础上完成，可以说是一套比较成熟的城乡规划专业本科教材。

　　本教材注重知识的系统性、完整性、科学性，同时与实践相结合，引入相关案例分析，设置课后练习题，以帮助、引导学生积极自觉思考和分析问题，力求培养学生理论联系实际、解决实际问题的能力，使我们的教学更具开放性和时效性。

　　《城乡规划管理与法规》由高早亮任主编，赵晓铭、张俊杰、魏毓洁、郭楠任副主编，刘素丽、马聪、邱巧玲参编。各章节具体编写分工如下：第一章、第九章、附录由高早亮编写；第二章、第八章由赵晓铭编写；第三章、第七章由张俊杰编写；第四章、第五章由邱巧玲编写；第六章、第十章由魏毓洁编写；第十一章由郭楠编写；第十二章由刘素丽编写；第十三章、第十四章由马聪编写。

　　本教材不仅可以作为高等学校城乡规划专业和建筑学专业本科教材及教学参考书，同时也可以作为从事建筑设计、城市规划设计、园林景观设计及城市规划研究人员和城市规划管理人员的工具书及参考书。

　　由于编者水平有限，而且城乡规划和科学技术在不断发展，书中不足之处在所难免，恳请读者对教材中的不足之处提出批评、指正，以便今后进一步修改、补充和完善。

编者

2016年7月

目　录

第三篇　城乡规划法规基础知识

第四篇　附录

第一篇　城乡规划法学基础知识

第一章

城乡规划行政法学基础

教学目标与要求

了解：法、法律、行政法基本概念；行政行为的分类；行政法的渊源；行政立法的主体和权限；行政复议、诉讼、处罚的基本概念和特征。

熟悉：行政法的分类和法律效力，行政法的基本原则和行政立法原则、程序、法律效力；行政程序法的基本原则；行政许可的分类、程序；行政处罚的种类、基本原则和程序。

掌握：法律规范的组成要素和效力；依法行政的要求；行政法律关系的内容和特征；行政行为的效力与合法要件；行政程序的基本原则；行政法律责任；行政复议与行政诉讼的区别；行政处罚与行政处分、刑罚的区别。

第一节　行政法学基础知识

行政法学是一门独立的法学学科，它以行政法为研究对象。行政法是政府行政管理和实施依法行政的主要法律依据，也是我国走上社会主义法治轨道的重要保证，对于"规范权力、保障权利"，即规范公共权力的行使、保障公民合法权利、促进社会公平正义等具有重要意义。依法行政是城乡规划管理的一项基本原则，学习行政法学基本知识的目的是推进我国城乡规划管理的科学化、现代化、法治化。

一、法、法律、法律规范

1.法

现代意义上的法的概念，从广义上说，是泛指国家机关制定和认可，并由国家强制力保证实施的反映着统治阶级意志的行为规范的总称，所谓统治阶级的意志不是统治阶级的随心所欲，主要是由统治阶级所代表的与一定生产力发展水平相适应的生产关系所决定的；狭义的法是指具体的法律规范，包括宪法、法令、法律、行政法规、地方性法规、行政规章、判例、习惯法等各种成文法和不成文法。

2.法律

广义上的法律泛指国家机关制定或者认可，并由国家强制力保证实施的行为规范的总称；狭义上的法律专指国家立法机关制定的具有约束力的规范性文件。

3.法律的基本特征

（1）法律是调控人们行为的社会规范

规范就是人们的行为规则，大致可以分为技术规范和社会规范两大类。技术规范如技术标准、操作规程等，是调整人与自然之间关系的行为规则，它通过国家制定或认可，便成为法律规范即技术规范。社会规范是调整人与人之间关系的行为规范，如道德规范、社会团体规范等。技术规范不同于道德、宗教等社会规范，一般来说，它控制人们的行为，不直接调控人们的思想和信仰。

法律规范规定人们可以做（授权）什么、应该做（义务）什么、禁止做什么，从而成为评价人们行为合法与否的标准，也是警戒和制裁违法行为的依据。

法律具有概括性，它适用于一般的人，而不是特定的人；它是反复使用的，而不只是适用一次。国家机关制定的非规范性文件，如判决书、公证书、委任令、逮捕令、结婚证等，虽具有相应的法律效力，但它们仅是适用法律产生的文件，不是法律。

（2）法律是由国家制定或认可，并具有普遍约束力

制定，就是国家机关按照一定的程序，创制具有不同法律效力的规范；认可，就是国家机关通过一定的形式，赋予某些已经存在的行为规范（如习惯、道德规范等）以法律效力。由国家机关制定或认可的法律，对全社会成员具有普遍的约束力，任何人都必须毫无例外地遵守。

（3）法律由国家强制力保证实施

任何社会规范的实施都有赖于某种强制力，如由社会舆论、人们内心的驱使、习惯和传统的力量加以维持。法律的实施具有特殊的强制性，它是由国家强制力保证实施的。国家强制力的组织形式主要包括军队、警察、法庭、监狱等国家机关。

（4）法律规定人们的权利和义务

法律以规定人们的权利和义务作为自己的主要内容。所谓权利通常表现为法律允许人们做或不做某种行为；义务是指法律指令人们必须做或不做某种行为。

4.法律规范

（1）法律规范的定义

是指通过国家的立法机关制定或认可的，反映国家意志的，具体规定权利和义务及法律后果的，逻辑上周全的、具有普遍约束力的行为规则，由国家强制力保证其实施。

法律规范是构成法律的细胞。法律规范不同于法律条文。法律规范表现为法律条文，法律条文是法律规范的文字表现形式之一。

（2）法律规范的分类

按照法律规范的行为模式的不同，可以分为授权性规范、义务性规范和禁止性规范。

① 授权性规范　即规定主体可以为一定的行为或不为一定的行为，以及可以要求他人为一定的行为或者不为一定的行为的法律规范。

② 义务性规范　即规定主体必须积极做出一定行为的法律规范。

③ 禁止性规范　即规定主体不得做出某种行为的法律规范。

按照法律规范强制性的程度，可以分为强制性规范和任意性规范

① 强制性规范　是指法律规范所确定的权利和义务十分明确、肯定，不允许有任何方式的变更或违反的法律规范。

② 任意性规范　是指法律规范允许法律关系的参加者在一定的范围内可以自行确定其权利和义务的法律规范。

（3）法律规范的组成要素

一个完整的法律规范在结构上必须由假定、处理、制裁三个要素构成。

① 假定　是指适应该法律规范的必要条件，它告诉人们在什么情况下才能使用这种法律规范，也就是规定了适用法律规范的空间条件、时间条件和行为条件。如《中华人民共和国刑事诉讼法》第37条："凡是知道案件情况的人，都有作证的义务。"这个法律规范中，"凡是知道案件情况的人"就是假定部分。如《中华人民共和国婚姻法》第18条："夫妻有相互继承遗产的权利。"即夫妻一方先亡而有遗产，便是假定。

② 处理　是指当某种条件或场合出现时，行政法律关系主体（即当事人）应当做什么、允许做什么、禁止做什么，也就是规定了当事人如何享有权利和履行义务。这是法律规范的中心部分，是规范的主要内容。如《中华人民共和国婚姻法》第15条："父母对子女有抚养教育的义务；子女对父母有赡养扶助的义务。"这是规定应当做什么；第21条："继父母与继子女间，不得虐待或歧视"，这是规定禁止做什么；第10条："夫妻双方都有各用自己姓名的权利"，这是规定允许做什么。

③ 制裁　是指主体对违反法律规范规定应当承担的法律后果。如损害赔偿、行政处罚、经济制裁、判处刑罚等。如《中华人民共和国刑法》第187条："国家工作人员由于玩忽职守，致使公共财产、国家和人民利益遭受重大损失的，处五年以下有期徒刑或者拘役。"

法律规范这三个部分是密切联系不可缺少的，否则就不能构成法律规范。但这三个部分不一定都明确规定在一个法律条文中，有的条文未叙述假定部分，有的把假定与处理结合在一起，有的未直接规定制裁。

（4）法律规范的效力

是指法律规范的生效即法律规范在什么时间、什么地方、对什么人具有法律上的约束力。包括：等级效力和效力范围。

① 等级效力　是指法律体系中不同渊源法律形式的法律在规范效力方面的等级差别。

A.法律效力的等级首先决定于其制定机构在国家机关体系中的地位，制定机关的地位越高，法律规范的效力等级也就越高。

B.同一制定机关按照相同程序就同一领域问题制定了两个以上法律规范时，后来法律规范的效力高于先前制定的法律规范，即"后法优于前法"。

C.同一主体在某领域既有一般性立法又有特殊立法时，特殊立法通常优于一般性立法，即所谓"特殊优于一般"。

D.某国家机关授权下级国家机关制定属于自己职能范围内的法律、法规时，该项法律、法规在效力上等同于授权机关自己制定的法律、法规。

② 效力范围　是指法律规范的约束力所及的范围，包括时间效力范围、空间效力范围和对人的效力范围。

A.时间效力范围：即法律规范何时生效，何时失效以及是否溯及既往。我国法律一般不溯及既往，即对法律规范性文件生效前所发生的事实不适用该法律的规定。如有例外，必须加以说明。

B.空间效力范围：即法律规范在哪些地方、区域有效。我国法律规范的空间效力有在全国范围内生效、在局部区域生效；某些法律、法规还具有一定域外效力。

C.对人的效力范围：即法律规范适用于哪些人。各国大致有以下几种原则：属地主义原则，属人主义原则，保护主义原则，以属地主义为基础、以属人主义、保护主义为补充的折中主义原则。中国公民在国内一律适用我国法律；在国外，原则上仍然受到中国法律的保护。在我国的外国公民、无国籍人以及他们组织成立的企业组织或者社会团体，同样必须遵守我国的法律。如果我国另有规定，则依该法律办理。

二、行政法学基础

1.行政法的概念

行政法是指行政主体在行使行政职权和接受行政法制监督过程中与行政相对人、行政法制监督主体之间发生的各种关系，以及行政主体内部发生的各种关系的法律规范的总称。

2.行政法的调整对象

行政法调整的对象是行政关系。行政关系，是指行政主体行使行政职能和接受行政法制监督而与行政相对人、行政法制监督主体发生的各种关系，以及行政主体内部发生的各种关系。包括：

① 行政管理关系　即行政主体在行使行政职权的过程中与行政相对人之间发生的各种关系。行政主体的大量行政行为，如行政许可、行政裁决、行政处罚等，大部分都是以行政相对人为对象实施的，从而与行政相对人之间产生行政关系。

② 行政法制监督关系　即行政法制监督主体在对行政主体、国家公务员和其他行政执法组织、人员进行监督时发生的各种关系。行政法制监督主体包括国家权力机关、国家司法机关、行政监察机关等。

③ 行政救济关系　即行政相对人认为其合法权益受到行政主体做出的行政行为的侵犯，向行政救济主体申请救济，行政救济主体对其申请予以审查，做出向相对人提供或不提供救济的决定而发生的各种关系。行政救济主体主要包括法律授权其受理行政相对人申诉、控告、检举和行政复议、行政诉讼的国家机关，如信访机关、行政复议机关以及受理行政诉讼的人民法院。

④ 内部行政关系　即行政主体内部发生的各种关系，包括上下级行政机关之间的关系，平行行政机关之间的关系，行政机关与其内设机构、派出机构之间的关系，行政机关与国家公务员之间的关系等。

3.行政法的渊源

行政法的渊源也就是行政法的表现形式，具体如表1-1所示。我国是一个成文法国家，行政法一般来源于成文法，包括宪法、法律、行政法规、地方性法规和自治条例、单行条例、部门规章和地方政府规章、法律解释、国际条约与协定等。

表1-1　行政法的法源一览表

层次		制定、修改者	效力范围和等级	作用
宪法		全国人民代表大会常务委员会	全国、最高法律效力	依据
法律	基本法律	全国人民代表大会	全国、仅次于宪法	重要法源
	基本法律以外的法律	全国人民代表大会常务委员会		
行政法规		国务院	全国、低于法律	主要法源
地方性法规		省、自治区、直辖市的人民代表大会及其常务委员会	只在本行政区域内有效，低于行政法规	主要法源
自治法规	自治条例	民族自治地方的权力机关制定，由全国人大常委会批准	只在民族自治区域内有效，与地方性法规效力同等	主要法源
	单行条例			
行政规章	部门规章	国务院各部门	低于其他法律，参照价值	主要法源
	地方规章	市人民政府		
有权法律解释	立法	全国、省、自治区、直辖市人大常委会		主要法源
	司法	最高人民法院和最高人民检察院		
	行政	国家行政机关		
国际条约		以国家名义签订		主要法源
国际协定		由政府签订		
其他行政法渊源		中共中央、国务院联合发布的法律文件、行政机关与有关组织联合发布的文件		主要法源

（1）宪法

宪法是我国的根本大法，在法律渊源体系中，宪法具有最高的法律地位和效力，是制定法律的依据。

（2）法律

法律可以分为基本法律和基本法律以外的法律。基本法律是由全国人民代表大会制定和修改，规定和调整国家和社会生活中某一方面带根本性社会关系的规范性文件。如刑法、民法、刑事诉讼法、民事诉讼法等。基本法律以外的法律，由全国人民代表大会常务委员会制定和修改，通常规定和调整基本法律调整的问题以外的比较具体的社会关系的规范性文件。

法律的地位和效力次于宪法，但高于其他国家机关制定的规范性文件，是行政法重要的渊源之一。

（3）行政法规

行政法规，是指国家最高行政机关制定和颁布的有关国家行政管理活动的各种规范性文件。一般用条例、办法、规则、规定等名称。国务院是我国最高权力机关的执行机关，它所制定和发布的行政法规、决定和命令等规范性文件，对在全国范围内贯彻执行法律，实现国家的基本职能，具有十分重要的作用，行政法规通常以国务院令的形式发布。行政法规的效力低于法律，高于地方性法规、规章。

行政法规数量大，是行政法的主要渊源。

（4）地方性法规

地方性法规，是指省、自治区、直辖市的国家权力机关及其常设机关为执行和实施法律和行政法规，根据本行政区的具体情况和实际需要，在法定权限内制定的规范性文件。较大城市的人大及其常委会根据本市的具体情况和实际需要，可以制定地方性法规，报省、自治区的人大常委会批准后施行。

地方性法规的名称通常有条例、办法、规定、规则和实施细则等。地方性法规不得与法律、行政法规相抵触。较大城市的地方性法规还不得与本省、自治区的地方性法规相抵触，地方性法规只在本行政区域内有效，其效力高于本级和下级地方政府规章。

较大的市是指：A.省、自治区的人民政府所在地的市（哈尔滨、长春、沈阳、石家庄、兰州、西宁、西安、郑州、济南、太原、合肥、武汉、长沙、南京、成都、贵阳、昆明、杭州、南昌、广州、福州、台北、海口；乌鲁木齐、呼和浩特、银川、南宁、拉萨）；B.经济特区所在地的市（汕头、深圳、厦门、珠海、海南、喀什、霍尔果斯）；C.经国务院批准的计划单列市（如大连、青岛、宁波、厦门、深圳）。

（5）自治法规

自治法规是指民族自治地方的国家权力机关行使法定自治权所制定和发布的规范性文件。包括：自治条例和单行条例。自治条例和单行条例要报请上一级人民代表大会常务委员会批准后生效。自治法规只在民族自治机关的管辖区域内有效，在我国的法律渊源中，同地方法规具有同等的法律地位。

（6）行政规章

行政规章又可分为部门规章和地方规章。部门规章，是指国务院各部门根据法律、行政法规等在本部门权限范围内制定的规范性法律文件。地方规章是指省、自治区、直辖市人民政府所在地的市和经国务院批准的较大的市以及经济特区所在地市人民政府根据法律、行政法规等制定的规范性法律文件。

地方性政府规章作为法律的渊源，其数量大大超过地方性法规，涉及地方行政管理的各个领域。但是，规章虽然是行政法的一种渊源，其效率不及其他法律形式。在我国的司法审判实践中，只具有参照价值。

（7）有权法律解释

有权法律解释是依法享有法律解释权的特定国家机关对有关法律文件进行具有法律效力的

解释。主要有：

①立法解释　即由有立法权的国家权力机关依照法定职权所作的法律解释。全国人大常委会负责对法律做出解释；省、自治区、直辖市人大常委会负责对其制定的地方性法规进行解释。

②司法解释　即由国家司法机关在适用法律过程中，对具体应用法律问题所作的解释。我国的司法解释权由最高人民法院和最高人民检察院行使。

③行政解释　即由国家行政机关对其制定的行政法规或者其他法律规范如何具体应用的问题所作的解释。行政解释包括：国务院及其主管部门对其不属于审判和检察工作中的法律具体应用问题所作的解释；国务院及其主管部门对其制定的行政法规或规章具体应用问题所作的解释；省级人民政府及其主管部门对地方性法规或规章的具体应用问题所作的解释。

（8）国际条约与协定

国际条约，是指规定两个或者两个以上的国家关于政治、经济、文化、贸易、法律、军事等方面相互行使权利和义务的协议。行政协定，是指两个或者两个以上的国家签订的有关政治、经济、文化、贸易、法律、军事等方面相互行使权利和义务的各种协议。二者的区别在于：前者是以国家名义签订，后者则是由政府签订。在我国条约和协定同样是行政法的渊源。

（9）其他行政法渊源

我国行政法还有一些特殊的法律渊源。包括：中共中央、国务院联合发布的法律文件、行政机关与有关组织联合发布的文件等。

我国港澳特别行政区使用的法律渊源有其特殊性，只适用于该特别行政区。

4.行政法的分类

行政法调整的社会关系十分广泛，涉及社会生活的各个领域，因此，行政法律规范极为繁杂。有关学者从不同角度，依不同标准，对行政法进行了分类：

①以行政法的作用为标准　将行政法分为：行政组织法、行政行为法、监督行为法。

②以行政法调整对象的范围为标准　将行政法分为：一般行政法、特别行政法。一般行政法是对一般行政关系和监督关系加以调整的法律规范和原则的总称。如：行政组织法、公务员法、行政处罚法等。特别行政法也称部门行政法，是对特别行政关系和监督行政关系调整的法律规范和原则的总称。如：城乡规划法、经济行政法、军事行政法、教育行政法、民政行政法等。

③以行政规范的性质为标准　行政法可分为：实体法和程序法。实体法是规范实体权利和义务，如城乡规划法、合同法、婚姻法等。程序法则是保证实体权利和义务如何实现的程序规范，如民事诉讼法、仲裁法、刑事诉讼法等。在实践中实体法和程序法总是交织在一起的。

三、行政法的基本原则

行政法的基本原则是行政法治原则，它贯穿于行政法关系之中，是指导行政法的立法与实施的根本原理或基本准则，具有其他原则不可替代的作用。

行政法治原则可以指导行政法的制定、修改、废止工作。有助于人们对行政法的学习、研究及解释，并可以指导行政法的实施，发挥执法者的主观能动性，防止发生执法误差或执法偏差。行政法治原则可以弥补行政法规范的漏洞，直接作为行政法适用。

行政法治原则对行政主体的要求可以概括为：依法行政。具体可分解为行政合法性原则、行政合理性原则等。

1.行政合法性原则

（1）行政合法性原则的定义

行政合法性，是指行政主体行使行政权必须依据法律、符合法律，不得与法律相抵触。任何一个法治国家，行政合法性原则都是其法律制度的重要原则。合法不仅指合乎实体法，也指合乎程序法。

（2）行政合法性原则的内容

① 行政主体合法　即行政主体必须是依法设立的，必须是具有法律授权或者授权委托执法的组织及其个人，必须是法定行使行政职权的主体。只有行政机关、受委托的组织以及这些组织中的公务人员，才可以构成行政主体。行政主体合法是依法行政的基础，也是依法行政必不可少的前提条件。

② 行政权限合法　即行政主体运用国家行政权力对社会生活进行调整的行为应当有法律依据，应当在法律授权的范围内进行。包括时间、空间范围限制；职能管辖范围限制；手段、方法限制；权力运用程度（即范围幅度上）限制；目的、动机限制等。超出授权范围的行政是越权行为，而越权行为是无效的行为。

③ 行政行为合法　即行政行为依照法律规定的范围、手段、方式、程序进行。行政机关作出的具体行政行为必须以事实为根据，以法律为准绳。

④ 行政程序合法　即行政主体的行政行为所遵循的方式、步骤、顺序以及时限的总和。程序合法是实体合法、公正的保障，侵犯公民的程序权利同样是违法。程序的作用在于有效防范行政权力的专断和滥用，保障行政机关作出最佳的解决问题的决定，提高公民接受行政决定的能力。严重违反法定程序的行政决定是无效的。

（3）行政合法性的其他原则

行政合法性原则中还有许多具体的原则，例如：法律优位原则、法律保留原则、行政应急性原则等。

① 法律优位原则　也称法律优先原则。在已有法律规定的情况下，任何其他法律规范，包括行政法规、地方性法规和规章，都不得与法律相抵触，凡抵触的都以法律为准。在法律尚无规定、其他法律规范作了规定时，一旦法律对此事项作出规定，其他法律规范的规定都必须服从法律。

② 法律保留原则　凡属宪法、法律规定只能由法律规定的事项，必须在法律明确授权的情况下，行政机关才有权在其所制定的行政规范中作出规定。

③ 行政应急性原则　也称行政应变性原则。指在某些特殊的紧急情况下，出于国家安全、社会秩序或公共利益的需要，行政机关依法可以采取没有法律依据的或与法律依据相抵触的措施。应急性原则是合法性原则的例外，应急性原则并不排斥任何的法律控制。

一般而言，应急性原则应符合以下条件：

A.存在明确无误的紧急危险；

B.非法定机关行使了紧急权力，事后由有权机关确认；

C.行政机关作出应急行为应受有权机关监督；

D.应急权利的行使应该适当，应将负面损害控制在最小的程度和范围内。

（4）积极行政与消极行政

应该指出，我们强调依法行政并非限制行政活动。根据公共行政理论，现代行政可以分为两类：积极行政和消极行政。

对行政相对方的权利和义务不产生直接影响的，如行政规划、行政指导、行政咨询、行政建议、行政政策等，这类行政则要求行政机关在法定的权限内积极作为，"法无明文禁止，即可作为"，称之为积极行政或称为"服务行政"。

对行政相对方的权利和义务产生直接影响的，如命令、行政处罚、行政强制措施等，这类行政应受到法律的严格制约，可以说"没有法律规范就没有行政"，称之为消极行政。

在社会主义市场经济条件下，行政机关应该进一步拓展积极行政的范围，提高质量，为维护公共利益，为维护公民、法人和其他组织的合法权益，提供积极服务。当然，积极服务也应符合法定的权限和程序的要求，不得同宪法和法律相抵触。

2.行政合理性原则

行政合理性原则，是指行政行为的内容要客观、适度、合乎理性（公平正义的法律理性）。合理行政，是指行政主体在合法的前提下，在行政活动中，公正、客观、适度地处理行政事务。

（1）行政合理性原则的要点

① 行政的目的和动机合理　行政行为必须出自正当合法的目的；必须出于为人民服务、为公益服务；必须与法律追求的价值取向和国家行政管理的根本目的相一致。

② 行政行为的内容和范围合理　行政权力的行使范围被严格限定在法律的积极明示和消极默许的范围内，不能滥用和擅自扩大范围。

③ 行政的行为和方式合理　行政权特别是行政自由裁量权的行使要符合人之常情、包括符合事物的客观规律、日常生活常识、人民普遍遵守的准则和一般人的正常理智的判断。

④ 行政的手段和措施合理　行政机关在作出行政决定时，特别是作出对行政相对人的利益有直接关系的行政处罚，面临多种行政手段和措施时，应该按照必要性、适当性和比例性的要求作出合理选择，择其合理而从之。

（2）自由裁量权

合理性原则的产生是基于行政自由裁量权的存在。自由裁量权，是指在法律规定的条件下，行政机关根据其合理的判断决定作为或不作为以及如何作为的权力。

行政机关自由裁量权的形式有以下几种情况：

A.在法律没有规定限制的条件下，行政机关在不违反宪法和法律的前提下，采取必要的措施。

B.法律只规定了模糊的标准，而没有规定明确的范围和方式；行政机关根据实际情况，对法律的合理解释，采取具体措施。

C.法律规定了具体明确的范围和方式，由行政机关根据具体情况选择采用。

根据社会、经济和文化发展的需要，承认和保护行政自由裁量权是十分必要的。但是也要注意行政自由裁量权的滥用，应当对其行使加以控制。

（3）行政合理性原则的内容

一般认为，行政合理性原则的基本内容包括以下几个方面。

① 平等对待　行政主体针对多个相对人实施行政决定时应遵循的规则。行政主体面对多个行政相对人时，必须一视同仁，不得歧视。行政主体先后面对多个相对人时，对相对人的权利和义务的设定、变更和消灭，应当与以往同类相对人保持基本一致，除非法律已经改变，对不同的情况要求区别对待。

② 比例原则　行政权虽然有法律上的依据，但是必须选择使相对人最小的损害方式来行使。比例原则和平等对待一样，其目的都是为了实现行政决定的公正性和合理性。

③ 正常判断　对于行政决定合理与否，难以用一个量化的标准来衡量。只能用大多数人的判断为合理判断，即舍去高智商和低智商的判断，取两者中间值即为合理判断。

④ 没有偏私　行政决定上的内容没有偏私的存在，而且要求在形式上也不能让人们有理由怀疑可能存在偏私。这就要求行政主体在实施行政决定时不受外部压力的干扰，对所处理之事没有成见，在作出决定之前，未私自与一方当事人接触过等。

3.合理性原则与合法性原则的关系

合理性原则与合法性原则既有联系又有区别。合法性原则适用于行政法的所有领域，合理性原则只适用于自由裁量权领域。也就是说一个行政行为如果是合法的，一定合理；但如果是合理的行政行为，不一定合法。通常，一个行政行为触犯了合法性原则，就不再追究其合理性原则；而一个自由裁量行为，即使没有违反合法性原则，也可能引起合理性问题。随着国家立法进程的推进，原先属于合理性的问题，可能被提升为合法性问题。

行政合理性和合法性原则是统一的整体，不可偏废一方。合法性原则与合理性原则在行政中应该保持一致；合理性原则必须讲求"合理性"的度，与合法性原则相协调。

四、依法行政

1.依法行政的含义

依法行政是指国家各级行政机关及其工作人员依据宪法和法律赋予的职责权限，在法律规定的职权范围内，对国家的政治、经济、文化、教育、科技等各项社会事务，依法进行有效管理的活动。依法行政的范围包括：行政立法、行政执法、行政司法和行政监督，都要依照法律进行。依法行政的核心是行政执法。

2.依法行政的基本要求

① 合法行政　行政机关实施行政管理，应当依照法律、法规、规章的规定进行；没有法律、法规、规章的规定，行政机关不得作出影响公民、法人和其他组织合法权益或增加公民、法人和其他组织义务的决定。

② 合理行政　行政机关实施行政管理，应当遵循公平、公正的原则。行使自由裁量权应当符合法律的目的，排除不相关因素的干扰；所采取的手段应当必要、适当。行政机关可以采用多种方式实现行政管理的目的，但应当避免采用损害当事人权益的方式。

③ 程序正当　行政机关实施行政管理，除涉及国家秘密和依法受到保护的商业秘密、个人隐私外，应当公开；注意听取公民、法人和其组织意见；要严格遵循法定程序依法保障行政相对人、利害关系人的知情权、参与权和救济权。行政机关工作人员履行行政职责，与行政相对人存在利害关系时，应当回避。

④ 高效便民　行政机关实施行政管理，应当遵守法定时限，积极履行法定职责，提高办事效率，提供优质服务，方便公民、法人和其他组织。

⑤ 诚实守信　行政机关发布的行政信息应当全面、准确、真实。非因法定理由并经法定程序，行政机关不得撤销、变更已经生效的行政决定；因国家利益、公共利益或其他法定事由，需要撤回或者变更行政决定的，应当依照法定权限和法定程序进行，对因此受到财产损失的行政相对人，应依法给予补偿。

⑥ 权责统一　行政机关依法履行经济、社会和文化事务管理职责，要有法律、法规赋予其相应的执法手段。行政机关违法或不正当行使职权，应当承担法律责任，实现权力和责任的统一。

五、行政法律关系

1.行政法律关系的含义

行政法律关系，是指经过行政法规范调整的，因实施国家行政权而发生的行政主体与行政相对方之间、行政主体之间的权利与义务的关系。

行政法律关系具体包括：行政主体与行政相对人的直接管理关系、宏观调控关系、服务关系、合作关系、指导关系、行政赔偿关系。国家法律监督机关与行政相对人对行政主体的监督关系。

行政法律关系不同于行政关系。行政关系是行政法调整的对象，而行政法律关系是行政法调整的结果。行政法并不对所有行政关系作出规定或调整，只调整其主要部分。因此，行政法律关系范围比行政关系小，但内容层次较高。

2.行政法律关系的要素

（1）行政法律关系的主体

即行政法主体，又称行政法律关系的当事人，是行政法权利的享有者和行政法义务的承担者。

行政法律关系以行政主体为一方当事人，以相对方为另一方当事人。行政法律关系的主体包括所有参与行政法律关系的国家机关和法律授权的组织等行政主体、国家公务员、行政相对人以及其他组织和个人。

① 行政主体　是指在行政法律关系中享有行政权，能以自己的名义实施行政决定，并能独立承担实施行政决定所产生相应法律后果的一方主体。行政法主体包括行政主体和行政相对人两个部分，行政主体必定是行政法主体，但行政法主体未必就是行政主体。

行政主体必须是依法成立的组织，该组织是由有权机关依法批准成立，包括行政组织和其他社会组织；具有法定的机构编制、职权与职责，同时必须在法律上拥有独立的行政职权与职责。行政主体能以自己的名义对外实施行政行为，能依法独立承担法律后果；包括法律规定的有利的后果和不利的后果。行政主体在行政诉讼中处于被告地位。

② 行政相对人　是指在行政法律关系中，不具有或不行使行政权，同行政主体相对应的另一方当事人，包括外部相对人和内部相对人。

行政相对人在行政法律关系中是不具有行政职责和行政职务身份的一方当事人；是行政主体具体行政行为所指向的一方当事人；是行政主体管理的对象；是行政管理中被管理的一方当事人。行政相对人在行政诉讼中处于原告地位。

（2）行政法律关系主体的特征

① 行政法律关系主体具有恒定性　这是因为行政法律关系是在国家行政权作用的过程中所发生的关系。国家行政权是由行政主体来行使的，行政主体代表国家对公共利益的集合和分配。因此，行政法律关系总是代表公共利益的行政主体同享有个人利益的相对人之间的关系。

② 行政法律关系具有法定性　即行政法律关系的主体是由法律规范预先规定的，当事人没有选择的可能性。

（3）行政法律关系的客体

法律关系客体，是指行政法律关系主体的权利和义务所指向的对象或标的。财物、行为和精神财富都可以成为一定法律关系的客体。

3.行政法律关系的内容及特征

行政法律关系的内容，是指行政法律关系主体所享有的权利和承担的义务。行政法律关系的内容有如下的特征。

① 行政法律关系内容设定单方面性　这就是说，行政主体享有国家赋予的、以国家强制力为保障的行政权，其意思表示具有先定力，无须征得相对人的同意。对行政相对人不履行行政法义务时，行政主体可以运用行政权予以制裁或强制其履行，行政相对人却没有这种权利。

② 行政法律关系内容的法定性　行政法律关系的权利和义务是由行政法律规范预先规定的，当事人没有自由约定的可能。

③ 行政主体权利处分的有限性　行政主体的权利就是集合和分配公共利益的权利。它对于相对人而言是权利，对于国家和行政主体而言是职责或义务，是权利和义务、职权和职责的统一体。行政法的这一特点决定了行政纠纷的不可调解性。

4.行政法律关系的产生、变更和消灭

① 法律事实　法律事实是法律规范所规定的足以引起法律关系产生、变更和消灭的情况。法律事实通常可以分为法律事件和法律行为两类。

A.法律事件：是指能导致一定法律后果而又不以人们的意志为转移的事件，如：洪水、地震等。这些事件都能在法律上导致一定的权利和义务关系的产生、变更和消灭。

B.法律行为：是指能够发生法律效力的，根据人们的意志所为的行为。法律行为的产生必须是出于人们的自觉地作为或不作为；必须是基于当事人的意思而具有外部表现的举动，单纯心理上的活动不产生法律上的后果；必须是为法律规范所确认，发生法律效力的行为。

② 行政法律关系的产生　是指行政法律规范中规定的权利和义务转变为现实的由行政法主体享有的权利和承担的义务。

③ 行政法律关系的变更　在行政法律关系产生后、消灭前，行政法律关系要素的变更称之为行政法律关系的变更。如：一方当事人发生了变化或者内容发生了变化，都会使行政法律关系变更。

④ 行政法律关系的消灭　是指原当事人之间的权利和义务的消灭。如：双方当事人消灭；行政法律关系主体双方的权利和义务消灭，如：权利和义务使用完毕，或设定的权利和义务的行为被撤销，行政法律关系客体的消灭，均会导致行政法律关系的消灭。

在行政法律关系中，行政机关居于主导地位，公民、组织处于相对"弱者"的地位，双方权利、义务不对等。与此相反，在监督行政法律关系中，监督主体通常居于主导地位，行政机关和公务员只是被监督的对象，公民、组织有权通过监督主体撤销或者变更违法或不当的行政行为而获得救济。

六、行政行为

1.行政行为的含义与特征

（1）行政行为的含义

行政行为是指行政主体基于行政职权，为实现行政管理目标，行使公共权力，对外部作出的具有法律意义的行为。

（2）行政行为的特征

① 从属法律性　行政行为是执行法律的行为，必须有法律的依据。

② 裁量性　行政行为的裁量性是由其权力因素的特点决定的。行政机关通过制定行政法规、规章，发布行政规范性文件，就未来事项作出预见性的规定。其批准、许可、禁止、免除，通常都涉及行政相对方未来的权利和义务。因此行政行为必须具有较强的自由裁量因素。

③ 单方意志性　行政行为是行政主体的单方意志性的行为，可以自行作出执行法律的命令或决定，无须与行政相对人协商或争得对方同意。

④ 效力先定性　效力先定性是指行政行为一旦作出，在没有被有权机关宣布撤销或变更之前，无论是合法的还是违法的，对行政主体、行政相对人和其他国家机关都具有约束力，任何个人或团体都必须服从。

⑤ 强制性　根据行政法的原则，行政主体在行使职能如遇障碍时，在没有其他途径可以克服的情况下，可以运用其行政权力和手段，或借助其他国家机关的强制手段消除障碍，确保行政行为的实现。

⑥ 无偿性　行政主体在行使公共权力的过程中，追求的是国家和社会的公共利益其对公共利益的集合（如收税）、维护和分配都应该是无偿的，任何乱收费、乱摊派都是不允许的。

2.行政行为的内容

（1）权益的赋予与剥夺

① 赋予权益　是指赋予行政相对人某种新的法律上的权益，包括法律上的权能和利益。权能，是能够从事某种活动或行为的一种资格。权利，是能够从事某种活动或要求他人不为（作为）某种行为，或基于权力而得到的利益。

② 剥夺权益　是指行政主体依法剥夺行政相对人已有的某种权益，包括法律上的权能、

权力和利益。一般而言，权益的剥夺只能针对行政相对人的行政违法行为而进行，是行政制裁。

赋予权益的行政行为又称"授益行政行为"，如行政许可；剥夺行政权益的行政行为又称"侵益行政行为"，如行政罚款、吊销资格证等。

（2）义务的设定与免除

① 设定义务　是指行政主体通过行政行为使行政相对人承担某种作为或者不作为的义务。如接受审计督察，接受纳税决定、拘留决定等。设定作为义务的行政行为称"命令"，设定不作为义务的行政行为称"禁令"。

② 免除义务　是指行政相对人原来承担或本应承担的义务的解除，不再要求其履行义务。如免除某些纳税人纳税义务。与设定义务相比较，免除义务是针对特殊情况而为的。

（3）变更法律地位

变更法律地位是指行政主体通过行政行为对行政相对人原来存在的法律地位予以改变，表现为原来所承担的义务或享有的权利范围扩大或缩小，如城乡规划设计单位资质由乙级上升为甲级、驾照等级的变更等。

（4）法律事实与法律地位的确认

① 确认法律事实　是指行政主体通过行政行为依法对某种行政法律关系有重大影响的事实是否存在予以确认。如确认违法建设的事实。

② 确认法律地位　是指行政主体通过行政行为依法对某种行政法律关系是否存在和存在的范围予以确认。如对建设用地的使用权的确认。

总之，行政行为的内容表现为行政主体与行政相对人以及行政相对人与他人之间的行政法律关系的形成、解除和变更。

3.行政行为的效力

行政行为的效力，是指行政行为一旦成立，便对行政主体和行政相对人所产生的法律上的效果和作用，表现为一定的法律约束力与强制力。

① 确定力　有效成立的行政行为具有不可变更力，即非依法不得随意变更、撤销。行政主体非依法定理由和程序不得随意变更行为的内容，或者就同一事项重新作出行政行为。行政相对人不得否认行政行为的内容，随意改变行政行为的内容。要求改变行政行为必须依法提出申请。

② 拘束力　行政行为成立后，其内容对行政主体和行政相对人产生的法律上的约束力，对于行政相对方，必须严格遵守、服从已经生效的行政行为，否则将承担相应的法律后果。对于行政主体，行政行为未被依法撤销、变更之前，负有执行该行政行为的义务任何机关或者公务员不能干预这种执行，否则都要受到该行政行为的约束。

③ 执行力　行政行为生效后，行政主体依法有权采取一定的手段，使行政行为的内容得以实现的效力。当行政相对人不履行法定义务时，行政机关可以依法强制其履行该义务。这种行政强制执行是行政机关依职权所作的执法行为，不需要事先得到法院的判决，这种执行力又称"自行执行力"。但是，自行执行力并不是所有的行政行为都必须强制执行，如：行政许可行为、行政处罚中的警告行为。一般而言，行政行为只是在行政相对方拒不履行义务的情况下，行政行为才需要强制执行。

多数情况下行政行为成立、生效后应立即执行，但并不是都立即执行。也有一些例外情况，如法律规定的暂缓执行的行为，行政主体不具备强制执行手段，须要申请人民法院强制执行等。

④ 公定力　行政行为在没有被有权机关宣布违法或无效之前，即使不符合法定条件仍然视为有效，并对任何人都具有法律约束力，也就是说，无论合法还是违法，都推定合法有效。

4.行政行为的生效与合法的要件

（1）行政行为的生效规则

① 即时生效　行政行为一经作出即具有效力，对相对方立即生效，一般适用于紧急状态。

② 受领生效　行政行为须为被相对方受领才开始生效。受领，即接受、领会，是指行政机关须将行政行为告知相对方，为相对方所接受，一般采用送达的方式。

③ 告知生效　行政机关将行政行为的内容采取公告或宣告等有效形式，使对方知悉。

④ 附条件生效　行政行为的生效附有一定的期限或一定的条件，在所附期限到来或条件消除时，行政行为才开始生效。如：行政法规、规章的生效，往往附有一定的期限。

（2）行政行为合法的要件

① 主体合法　行政行为的主体必须有行政主体资格，能以自己的名义独立承担法律责任，否则行政行为无效。行政主体合法包括行政机关合法、人员合法、委托合法三方面的内容。

② 权限合法　行政主体必须在法定的职权范围内，以一定的权限规则实施行政行为。包括：行政事项管辖权的限制，行政地域管辖权的限制，时间管辖权的限制，法定手段的限制，法定程度的限制，法律、法规设定条件的限制，委托授权的限制。行政主体只有在上述法定职权限度内实施行政行为，否则无效。

③ 内容合法　是指行政行为中体现的权利和义务，以及对权利、义务的影响与处理都应符合法律、法规的规定和社会公共利益。对于受法律羁束的行政行为，必须符合法律法规的规定；对于自由裁量行为，必须符合法定幅度与范围。行政行为的内容应明确、适当，体现公正合理；必须符合实际，切实可行。

④ 程序合法　行政主体在实施行政行为时必须依照法定程序进行，不得违反法定程序，任意作出某种行为。一是要求行政行为性质要与相适应的法定行政程序要求相符合，如：行政许可程序是申请、审定、核发；二是必须符合程序的一般要求，如：说明身份规则、听取意见规则等。

5.行政行为的分类

行政行为分类方法很多，不同的标准可以有不同的分类。在城乡规划管理实践中经常遇到的有下列几种。

（1）抽象行政行为与具体行政行为

按照行政行为的对象是否特定为划分为抽象行政行为和具体行政行为。

① 抽象行政行为　是指特定的行政机关在行使职权的过程中，制定和发布普遍行为准则的行为。抽象行政行为是能对未来发生约束力，可以反复使用，可以起到约束具体行政行为的作用的行为。包括：制定法规、规章，发布命令、决定等。编制城市规划也属于抽象行政行为。

抽象行政行为的其核心特征是：行政行为的不特定性或普遍性。抽象行政行为是对某一类人或事具有约束力，且具有后及力，其不仅适用当时的行为或事件，而且适用于以后要发生的同类行为和事件。抽象行政行为具有普遍性、规范性和强制性的法律特征，并经过起草、征求意见、审议、修改、通过、签署、发布等一系列程序。抽象行政行为包括：行政立法行为、制定其他规范性文件的行为等。

② 具体行政行为　是指行政机关在行使职权的过程中，对特定的人或事件作出影响相对方权益的具体决定与措施的行为。具体行政行为是将行政法律关系双方的权利和义务内容的具体化，是在现实基础上的一次性行为。在已有行政法律规范的情况下实施具体行政行为必须遵守法定规则。

具体行政行为的特征是：行为对象的特定性与具体化。其内容只涉及某一个人或组织的权益，具体行政行为一般包括：行政许可与确认行为、行政奖励与给付行为、行政征收行为、行政处罚行为、行政强制行为、行政监督行为、行政裁决行为等。

（2）内部行政行为与外部行政行为

以行政行为的适用性和效力作用对象的范围作标准，可以划分为内部行政行为和外部行政行为。

① 内部行政行为　是指行政主体在内部行政组织管理过程中所作的只对行政组织内部产生的法律效力的行为，如行政处分、行政命令等。

② 外部行政行为　是指行政主体对社会实施行政管理活动的过程中，针对公民、法人或其他组织所作出的行政行为，如行政处罚、行政许可等。

（3）羁束行政行为与自由裁量行政行为

行政行为以受法律的约束程度为标准，可分为羁束行政行为和自由裁量行政行为。

① 羁束行政行为　是指法律规范对其范围、条件、标准、形式、程序等作了较详细、具体、明确规定的行政行为。行政主体必须严格依照法律规范的规定进行，没有自行选择、斟酌、裁量的余地，如税务机关征税等。

② 自由裁量行政行为　是指法律规范仅对行为目的、范围等作了原则性规定，而将行为的具体条件、标准、幅度、方式等留给行政机关自行选择、决定的行政行为。

（4）依职权的行政行为与依申请的行政行为

以行政机关可否主动作出行政行为标准，划分为依职权的行政行为和依申请的行政行为。

① 依职权的行政行为　是指行政机关依据法律授予的职权，无须相对方的请求而主动实施的行政行为，如行政处罚等。

② 依申请的行政行为　是指行政机关必须有相对方的申请才能实施的行政行为，如颁发营业执照、核发建设工程规划许可证等。

（5）作为行为与不作为行为

所谓作为行政行为，是指以积极作为的方式表现出来的行政行为，如行政奖励、行政强制等。不作为行政行为，是指以消极不作为的方式表现出来的行政行为，如"集会游行示威法"中规定，对于游行、集会申请，主管机关对申请"预期不通知的，视为许可"就属于不作为行为。

（6）行政立法、行政执法与行政司法行为

是以行政权作用的方式和实施行政行为所形成的法律关系为标准划分的。

① 行政立法行为　是指行政主体以法定职权和程序制定带有普遍约束力的规范性文件的行为。

② 行政执法行为　是指行政主体依法实施的直接影响相对方权利和义务的行为，或者对个人、组织的权利和义务的行使和履行情况进行监督检查的行为，包括行政许可、行政确认、行政奖励等。

③ 行政司法行为　是指行政机关作为第三者，按照准司法程序审理特定的行政争议或民事争议案件所作出的裁决行为，它所形成的法律关系是以行政机关为一方，以发生争议的双方当事各人为一方的三方法律关系，具体包括行政裁决、行政复议等。

此外，还有一些特殊的行政行为，如行政终局裁决行为、国家行为等。

七、行政程序

1.行政程序的内涵

对于行政程序，目前尚无标准的定义。一般认为行政程序有广义和狭义之分。广义行政程序是指有关行政的程序，包括行政行为的程序、解决行政案件的程序等。狭义的行政程序是指国家机关及其工作人员以及其他行政主体施行行政管理的程序，即行政主体实施其实体行政法权力（利），履行其实体行政法义务，依法必须遵循的方式、步骤、顺序以及时限的总合。其中，步骤是指行政过程的必经阶段，方式是指行政活动过程的方法和形式，时限是指行政行为完成限定的期限，顺序是指行政活动完成的先后次序。

2. 行政程序的基本内容

① 行政程序的基本规则必须由法律规定，不得由行政部门自行设定、变更或撤销。

② 行政程序必须向利害关系人公开，并设置适当的程序规则予以保障。

③ 公民的权利或义务因某种行政行为而受到影响时，在该行政行为作出以前，应当有适当的程序规则保障其获得陈述意见和提供证据的公正机会，并预先告知行政相对人寻求救济的渠道和方式。

④ 行政程序具有中立性原则，保障行政裁判人员的独立性，建立回避制度，引入分权制衡机制等。

⑤ 凡是可能损害行政相对人合法权益的行政行为都必须设有有效的行政救济程序。

⑥ 行政程序的设置应以最小成本尽可能获得最大收益，以达到设定的目标，充分体现合理原则。

简单说来就是"事先说明理由、事中征求意见、事后告知权利"。

3. 行政程序的类型及作用

以行政程序使用的范围划分，行政程序可分为内部行政程序和外部行政程序；以行政程序是否由法律加以明确规定为标准，分为法定程序和自由裁量程序；按照行政程序适用的时间不同为标准，可分为事前行政程序和事后行政程序；按照适用于不同行政职能为标准，划分为行政立法程序、行政执法程序和行政诉讼程序；根据行政程序的环节划分为普通行政程序和简易行政程序。

行政程序的作用是：保障行政相对人的权利，扼制行政主体自由裁量的随意性。保障行政权力的有效行使，有助于提高行政效率，在行政公正和效率之间起到平衡的作用。

4. 行政程序法的基本原则

① 公开的原则　行政主体应当向行政相对人和社会公开其行政行为，主要有：公开行政所依据的行政法规和规范性文件；公开行政决定，包括行政处理、处罚、强制执行、裁决和复议决定等；公开行政过程包括行政机关的设置及不涉及国家或私人保密的一切情况。

② 公正的原则　要排除行政主体可能造成偏见的因素，是指公平的对待行政相对人或相对人各方的原则。

③ 正当的原则　行政行为应当正规地、符合理性地进行，具体要求是正规性和逻辑性。行政主体的地位、职权以及采取的方式、步骤等都有严格的根据，行政程序的因果关系应当合乎逻辑、合乎理性。

④ 参与原则　公民或行政性对人对行政行为有权表达自己的意见，并且使这种意见得到应有的重视。参与原则是行政程序法的核心，在可能的条件下，扩大公民或行政相对人对行政行为的参与权。

⑤ 复审原则　行政行为在一定条件下应当进行复核。其理论依据是行政行为的失误难以避免性。行使复审职能的国家机关主要有原行政主体之外的行政机关，其复审称之为"行政复议"。司法机关，其复审称之为"司法审查"。由于行政复议机关仍然是行政机关，因此，行政复议之后仍然可以进行司法审查，司法审查成为终审。

⑥ 效率原则　行政行为应当用最短的时间、最少的人力、物力和财力取得最理想的行政结果。但是，由于行政主体处于主导地位，有时行政主体以提高行政效率为名，减少或免除自己行政程序的义务，限制或剥夺行政相对人的程序权利，增加自己的自由裁量权，使效率成为"专制"的借口。因此在贯彻效率原则的同时，要防止行政机关滥用这个原则。

5.行政程序法的基本制度

（1）告知制度

① 内涵　行政主体在实施行政行为的过程中，应当及时告知行政相对人拥有的各项权利，包括申辩权、出示证据权、要求听证权、必要的律师辩护权等。

② 告知制度的具体要求　行政主体作出影响行政对人权益的行为，应事先告知该行为的内容，包括行为的时间、地点、主要过程、作出该行为的事实依据、相对人对该行为依法享有的权利等。告知制度一般只适用于具体行政行为，对于行政行为的内容及根据的重要事项，必须事先告知。

③ 告知制度的主要作用　尽可能防止行政主体违法或不当行为的发生，给行政相对人造成既成的不可弥补的损害；有利于减少行政行为的障碍或阻力，保障行政行为的顺利实施；事先告知也充分体现了行政主体对行政相对人的利益和人格的尊重。

④ 告知制度的程序　由表明身份和通知两部分构成。行政主体及其公务人员在实施行政行为时，应以适当的方式让行政相对人了解自己的公务身份，把自己置于行政相对人的监督之下，使其自觉地予以配合。表明身份作为一种法律义务具强制性。"通知"是指行政主体将特定的行政事项通知有关行政相对人，以方便其行使有关权利的程序。通知是行政主体的一项义务。通知可以采取书面形式，也可以采取口头形式，但是对于重要的通知应采取书面形式。通知的内容应当包括：事由；行政相对人的姓名或名称、住所；行政决定的内容及理由；对行政决定有关事项提出意见的机关和时限；可以听证的，告知接受申请的行政机关和申请时限；不提出意见的处理及其他必要事项。

（2）听证制度

① 概念　听证制度分为广义听证和狭义听证两种方式。

A.广义的听证：是指在一定的行政主体及其公务人员的主持下，在有关当事人的参加下，对行政管理中的某一个问题进行论证的程序。它广泛地存在于行政立法、行政司法和行政执法的过程中。

B.狭义的听证：是指在行政执法过程中听取利害关系人意见的程序，即行政主体在作出有关行政决定之前，听取行政相对人的陈述、申辩和质询的程序。因此，行政听证可以分为：立法听证、行政决策听证、具体行政行为听证等多种方式。

② 听证制度是现代程序法的核心制度　听证制度是行政相对人参与行政程序的重要形式。通过向行政机关陈述意见，并将陈述意见体现在行政决定中。行政相对人主动参与了行政程序，参与了影响自己权利、义务的行政决定的作出，体现了行政的公正和民主。因此听证制度已经成为现代行政程序法的基本制度之一。

③ 听证的分类　行政听证可以分为：立法听证、行政决策听证、具体行政行为听证等多种方式。

《城乡规划法》中规定了对于城乡规划的有关听证程序："城乡规划报送审批前，组织编制机关应当予以公告并采取论证会、听证会或其他方式征求专家和公众意见"，"对规划实施情况进行评估，并采取论证会、听证会或其他方式征求公众意见"，"经依法审定的修建性详细规划、建设工程设计方案的总平面图，确需修改的城乡规划主管部门应当采取听证会等方式，听取利害关系人的意见"。

④ 行政听证程序的基本内容　听证程序的主持人的确定应当遵循职能分离的原则。听证程序应当由行政主体中真有相对独立地位的专门人员或部门来主持。主持人应当是行政主体中非直接参与案件调查取证的人员或单位，且他们也有独立的办案权。

听证主持人职责和义务是：听证决定的通知，有关材料的送达、做好听证笔录；根据听证的证据、依据事实、法律法规，对案件独立的、客观的、公正地作出判断。

听证程序的当事人和其他参加人。听政程序的当事人是指参加听政的原告和被告、原告是指行政主体中直接参与案件调查取证的人员或部门。被告是指行政主体认为实施违法行为并将要受到行政处罚的公民、法人和其他组织。与处理结果有直接利害关系的第三人也有权要求参加听证。

公开举行。听证会一般应该公开举行，任何人员都可以参加，也可以进行宣传报道。但是，公开举行听证有可能损害公共安全和被告的合法权益，或者法律、法规规定的其他情况，行政主体也可以作出不公开举行听证的决定。

听证会的费用由国库承担，当事人不承担听证费用。

（3）回避制度

回避制度，是指国家行政机关的公务员在行使职权的过程中，如与其处理的行政法律事务有利害关系，为保证处理的结果和程序进展的公平性，依法终止其职务的形式并由其他人代理的一种程序法制度。回避制度的真正价值在于确保行政程序的公正性，保证行政程序公正的原则得到具体落实。

人事部发布的《国家公务员任职回避和公务回避暂行办法》中规定，规避范围不仅有直接血亲关系，还对三代以内旁系血亲关系、近姻亲关系等都作了明确的规定，而且对任职回避程序、公务回避程序也作了具体规定。

（4）信息公开制度

信息公开，是指凡涉及行政相对方权利和义务的行政信息资料，除法律规定予以保密的以外，有关行政机关都应该依法向社会公开，任何公民或组织都可以依法查阅复制。

信息公开制度有利于公民参政；有利于公民行使和实现自己的权利；有利于防止行政腐败和暗箱"操作"，这样，公民的权益就会获得比较切实的保障。

信息公开的范围，除法律、法规另有规定的以外，凡是涉及行政相对方权利和义务的信息，必须向社会公开。行政主体应当提供条件和机会让公众知晓行政信息，没有公开的信息不能作为行政主体行政行为的依据。

（5）职能分离制度

职能分离制度，是指行政主体审查案件的职能和对案件裁决的职能，分别由内部不同的机构或人员来行使，确保行政相对人的合法权益不受侵犯的制度。

职能分离制度调整的不是行政主体与行政相对人的关系，而是行政机关内部的机构和人员的关系。职能分离制度可以建立权力制约机制，防止行政机关及其工作人员的腐败和滥用权力；防止行政执法人员的偏见，保证行政决定的公正、准确；行政分离制度还有利于树立行政机关在公众心目中的形象，消除公众对行政机关的偏见和疑虑。

（6）时效制度

时效制度是对行政主体行政行为给予时间上的限制，以保证行政效率和有效保障行政相对人合法权益的程序制度。时效制度要求行政主体在实施行政行为特别是直接涉及行政相对人合法权益的行为时，法律明确规定的时间限制。

时效制度保障了行政行为及时作出，避免因为时间的拖延、耽搁造成行政相对人权益的损害；防止和避免官僚主义，提高行政效率；督促行政主体及时作出行政行为，防止因为时间的拖延造成证据的散失、毁灭或环境、条件变化等影响行政行为作出的准确性；还有利于稳定行政管理秩序和社会秩序。

时效制度的主要内容包括：行政行为的期限；违反行政时效的法律后果和对违反时效制度的司法审查。

（7）救济制度

行政救济有广义和狭义之分。广义行政救济，包括行政机关系统内部的救济，也包括司法机关对行政相对方的救济，以及其他救济方式，如国家赔偿等。其实质是对行政行为的救济。狭义上的行政救济是指行政相对方不服行政主体作出的行政行为，依法向作出该行政行为的行政主体或其上级机关，或法律、法规规定的机关提出行政复议申请；受理机关对原行政行为依法进行复查并作出裁决；或上级行政机关依职权主动进行救济；或应行政相对方的赔偿申请，赔偿机关予以理赔的法律制度。

行政救济的内容包括：行政复议程序、行政赔偿程序和行政监督检查程序。

八、行政法律责任

1.行政违法与行政责任

① 行政违法　是指行政法律关系主体违反行政法律规范，侵害受法律保护的行政关系，对社会造成一定程度的危害，尚未构成犯罪的行为。

行政违法可以表现为：行政机关违法和行政相对方违法；实体性违法和程序性违法；作为违法和不作为违法等形式。行政违法的法律后果是承担法律责任。行政违法一经确认，一般可溯及行政行为发生时即无效。

② 行政责任　即行政法律责任，是指行政法律关系主体由于违反行政法律规范或不履行法律义务而依法承担的法律后果。

行政责任是基于行政法律关系而产生的，是因不履行法定的职责和义务所引起的法律后果。行政责任是一种法律责任，具有强制性，由国家机关来追究。

引起行政责任的原因是行政违法。因此，承担法律责任的主体既可以是行政机关和授权组织，也可以是行政相对人。

2.行政法律责任的构成要件

行政法律责任的构成要件是：

① 行为人的行为客观上已经构成了违法；

② 行为人必须具备责任能力；

③ 行为人在主观上必须有过错；

④ 行为人的违法行为必须以法定的职责或法定义务为前提。

只有上述四个条件同时具备，才能追究其法律责任。

3.承担行政法律责任的方式

① 行政主体　由于行政主体是代表国家参与行政法律关系的，行政主体承担行政责任的形式受到一定限制，主要包括：停止、撤销或者纠正违法的行政行为、恢复原状、返还权益、通报批评、赔礼道歉、承认错误、恢复名誉、消除影响、行政赔偿等。

② 公务员　因为公务员的行政责任是职务行为，一般不直接对行政相对方承担行政责任，其行政责任一般是惩戒性的。其承担行政责任的方式是：通报批评、行政处分和赔偿损失等形式。

③ 行政相对方　行政相对人的违法行为被确认后，有关行政机关可以责令行政相对人承认错误、赔礼道歉、履行法定义务、恢复原状、返还原物、赔偿损失、接受行政处罚。

4.追究行政法律责任的原则

① 教育与惩罚相结合的原则　轻微的违法行为不能单纯地采用惩办手段，应当通过批评教育与适当的行政制裁来进行处理。

② 责任法定原则　构成行政违法的行为，必然是违反行政法的行为。追究行政违法行为的法律责任，必须严格按照行政法办事。

③ 责任自负原则　谁违法谁承担法律责任。

④ 主客观一致的原则　追究行政法律责任必须是其违反法定的义务或者法定职责。认定

必须追究的行政法律责任时，应当分析是行政违法还是行政不当，要确定违法行为人在主观上有无过错。

追究行政法律责任，应当与行政违法行为的性质、情节和后果相适应。

九、行政法制监督与行政监督

1.行政法制监督与行政监督的概念

① 行政法制监督　是指国家权力机关、国家司法机关、专门行政监督机关及行政机关外部的个人、组织依法对行政主体及国家公务员行使行政职权的行为和遵纪守法行为进行的监督。

② 行政监督　行政监督又称行政执法监督或行政执法监督检查，是指国家行政机关按照法律规定对行政相对人采取的直接影响其权利、义务，或对行政相对人权利、义务的行使和履行情况直接进行行政监督检查的行为。

2.我国的行政法制监督体系

在我国，行政法制监督有以下几种。

① 权力机关的监督　即由各级人民代表大会及其常务委员会通过报告、调查、质询、询问、视察和检查等手段对行政机关及其工作人员实施全方位的监督。

② 司法机关的监督　是由人民法院和人民检察院通过行政诉讼、行政侵权赔偿诉讼、执行和刑事诉讼、司法建议等手段，对行政机关的行政行为和行政机关工作人员的职务行为进行审判、检察的活动。

③ 行政自我监督　包括：上级行政机关对下级行政机关的日常行政监督，主管机关对其他行政机关的行政监督和专门行政机关——审计监督，行政监察机关对特定范围内的行政行为的监督。

④ 政治监督　即由各党派、各政治性团体对行政机关及其工作人员的行政行为进行监督，如中国共产党的纪律检查委员会的监督、政治协商制度等。

⑤ 社会监督　即由公民、法人或者其他组织对行政机关及其工作人员的行政行为进行的一种不具法律效力，却有重要意义的监督，如社会舆论监督、新闻媒体监督、信访、申诉等。这种监督虽然不直接发生法律效力，但它往往是具有法律效力的国家监督（包括权力机关、司法机关、行政机关的监督）的重要信息来源。

3.行政法制监督的基本原则

行政法制监督的基本原则是：依法行使职权的原则；实事求是，重证据、重调查研究的原则；在适用法律和行政纪律上人人平等的原则；教育与惩罚相结合、督察与改进工作相结合的原则；专门工作和依靠群众的原则。

4.行政法制监督与行政监督的区别

① 监督对象不同　行政法制监督的对象是行政主体和国家公务员，行政监督的对象是行政相对人。

② 监督主体不同　行政法制监督的主体是国家权力机关、国家司法机关、专门行政监督机关以及行政机关以外的个人和组织，而行政监督的主体正是行政法制监督的对象，即行政主体。

③ 监督内容不同　行政法制监督主要是对行政主体行为合法性的监督和对公务员遵纪守法的监督，行政监督主要是对行政相对人遵守法律和履行行政法上的义务进行监督。

④ 监督方式不同　行政法制监督主要采取权力机关审查、调查、质询和司法审查、行政监察、审计、舆论监督等方式，而行政监督主要采取检查、检验、登记、统计、查验等方式。

应该说明，行政法制监督主体中的专门行政监督机关——行政监察机关、审计机关本身就是行政机关，因此，这些行政机关同时还是行政监督的主体。

5.行政法制监督的重要意义

行政法制监督是我国一项重要的法律制度，是我国国家行政管理活动遵守社会主义法制的重要保证。坚持和完善行政管理的法制监督制度，有利于实现国家行政管理的科学化、制度化和法律化，直接体现我国社会主义民主和法制化的发展水平。

行政法制监督可以确保我国国家行政管理活动依法进行，体现和维护全国各族人民的共同意志和利益，坚持社会主义方向，保证国家行政机关和法律、法规授权的组织及其公务员依法行政，忠于职守，遵纪守法，廉洁奉公和克服官僚主义；同时也能及时清除腐败现象和惩治各种违法、违纪行为。

第二节　行政立法

一、行政立法的涵义及特点

1.行政立法的涵义

行政立法是指国家行政机关依照法定权限与程序制定、修改和废止行政法规、规章等以及规范性文件的活动。

2.行政立法的特点

① 行政立法的主体是特定的国家行政机关　我国的立法可以分为权力机关的立法和国家行政机关立法。权力机关的立法是享有立法权的人民代表大会及其常务委员会。国家行政机关作为权力机关的执行机关，可以为有效地执行法律、法规和规章以规范性文件的形式作出执行性解释，这种解释同样具有法律上的约束力。

② 行政立法是从属性立法　行政机关的立法从属于权力机关的立法，是权力机关立法的延伸和具体化。其从属性决定了权力机关制定的法律、地方性法规的效率分别高于国务院的行政法规、规章和地方人民政府的地方性规章。

③ 行政立法的强适应性和针对性　行政立法随着形势的变化，不断地立、改、废，因此具有周期短、节奏快、数量大的特点。通过制定行政规范和规则的活动，为作出具体行政责任提供依据。

④ 行政立法的多样性和灵活性　行政立法也具有多样性和灵活性，是由国家行政管理事务广泛性、多样性所决定的。国家机关可以根据需要，采取灵活、多样地行使制定行政法规和规章。行政立法主体的多层次性，决定了行政立法在形式上的多样性，可以采取多样的发布形式，如：国务院批准主管部门发布，主管部门直接发布，主管部门联合发布等。行政立法的名称也是多样的，如条例、规定、办法等。

二、行政立法的主体及其权限

依据我国的宪法、组织法和其他有关法律、法规的规定，我国行政立法的主体分为以下几类。

1.国务院

国务院是我国最高的行政立法主体，具有以职权立法的权力和依最高国家权力机关和法律授权立法的权力，可以制定行政法规；依照最高权力机关授权，制定某些具有法律效力的暂行规定或条例；具有对规章的批准权、改变权和撤销权。

2.国务院各部委和直属机构

国务院各部委是国务院的职能部门，有根据法律和行政法规等在本部门权限内制定规章的权力。我国的宪法和国务院组织法都没有规定国务院设立的直属机构享有行政立法的国家职权，其行政立法权来源于单项的法律、法规的授权，制定的规章要经过国务院批准后才能作为行政规章发表。

3.有关地方人民政府

根据我国的组织法规定，省、自治区、直辖市人民政府给予依法授权，可以在其权限范围内进行行政立法；省、自治区人民政府所在地的人民政府，在其权限范围内，可以根据法律、法规制定行政规章；经国务院批准的较大的城市的人民政府，可以根据法律、法规，就其职权范围内的行政事项制定行政规章。

三、行政立法的原则

1.依法立法的原则

行政立法必须依法进行。行政机关只有在宪法和组织法赋予行政立法权后，在其职权范围内进行行政事务性立法；必须根据法律、法规关于相应问题的规定立法；依据法律、法规规定的程序立法；行政机关行使紧急立法权，必须符合宪法所设定的紧急状态条件。

2.民主立法的原则

行政机关以依照法律进行立法时，应采取各种方式听取各方意见，保证民众广泛参与行政立法。一是要建立公开制度；行政立法草案应提前公布，并附有立法目的、立法机关、立法时间等内容的说明，以便让人们有充分的时间发表对特定立法事项的意见。二是要建立咨询制度，设立专门的咨询机构和咨询程序，对特别重大的行政立法进行专门咨询；公民有权就立法所涉及的有关问题甚至立法行为本身请求立法机关予以说明和答复。三是建立听证制度，将听取意见作为立法的必经环节和法定程序，并公布对立法意见的处理结果。

3.加强管理与增进权益相结合的原则

行政立法具有层次性。直接的目的是为了加强或者改善某一行政领域内的行政事务的管理；最终目的是实现和增进公民的权益，保护人民的幸福。因此，行政立法要正确处理好维护行政权力和保障公民权益之间的关系，在为国家行政管理活动提供具体法律依据的同时，要注意规定的合理、适当，不能不当地限制甚至剥夺公民的合法权益。行政立法要在社会协调与发展、稳定与繁荣、社会公平与行政效率之间取得相对平衡。

4.效率原则

行政机关在切实保障行政相对人基本人权和公平行政的基础上，尽可能地以最低成本制定出最高质量的行政法律规范。建立立法成本——效益分析制度和时效制度。

四、行政立法的程序

行政立法程序，是指行政立法主体依照宪法、法律、法规的规定，制定、修改和废止行政法规、规章的步骤。

根据规范性文件的内容和行政立法的实践，行政立法程序一般包括三编制立法规划、起草、征求意见、审查、审议通过、签署审批、发布备案。

五、行政立法的法律效力

1.行政立法的效力等级

效力等级是指行政法规在国家法律规范体系中所处的地位。

宪法具有最高的法律效力；法律效力仅次于宪法，高于行政法规和规章；行政法规的效力高子地方性法规和规章；地方性法规的效力高于本级和下级地方政府规章；省、自治区的人民政府制定规章的效力高于本行政区域内较大城市的人民政府制定的规章；部门规章之间，部门规章与地方政府规章之间具有同等效力，在各自权限范围内施行。

若地方性法规与部门规章对同一事项的规定不一致时，由国务院提出意见。国务院认为应当适用地方性行政法规时，应该决定在该地适用地方性法规的规定；认为应当适用部门规章的，应报请全国人大常委会裁决。

2. 立法的效力范围

在一般的情况下，中央行政机关制定的行政法规或者行政规章，在全国范围内都有约束力。地方性规章只在本行政区域内有效。

第三节　行政许可

一、行政许可的概念和特征

1. 行政许可的概念

《行政许可法》第二条规定，"本法所称行政许可，是指行政机关根据公民、法人或者其他组织的申请，经依法审查，准予其从事特定活动的行为"。

2. 行政许可的特征

根据上述定义，行政许可具有以下特征。

① 行政许可是依申请的行政行为　行政许可是根据公民、法人或其他组织提出申请而产生的行政行为。无申请即无许可。

② 行政许可是管理型行为　主要体现在行政机关作出行政许可的单方面性。不具有行政管理特征的行为，即使冠以审批、登记的名称，也不属于行政许可。

③ 行政许可是外部行为　有关行政机关对其直接管辖的事业单位的人事、财务、外事等事项的审批，属于内部管理行为，不属于行政许可。

④ 行政许可是准予相对人从事特定活动的行为　实施行政许可的结果是，使相对人获得了从事特定活动的权利或者资格。

二、行政许可的作用

行政许可作为一项制度，是国家行政管理中的主要手段之一，是现代国家主要调控的形式。利用行政许可手段，既能使国家处于超然地位，进行宏观调控，又能发挥被管理者的主观能动性，被认为是一种刚柔相济、行之有效的行政权的行使方式。然而，行政许可不仅有积极的方面，也有消极的方面。

1. 行政许可的积极作用

有利于加强国家对社会经济活动的宏观管理，实现从直接管理到间接管理的过渡，协调行政主体和行政相对人之间的关系。

有利于保护广大消费者及人民大众的权益，制止不法经营，维护社会经济秩序和生活秩序。

有利于保护并合理分配和利用有限的国家资源，搞好生态平衡，避免资源、财力和人力的浪费。

有利于控制进出口贸易，发展民族经济，保持国内市场稳定。

有利于消除危害公共安全的因素，保障社会经济活动有一个良好的环境。

2. 行政许可的消极作用

随着行政权力的拓展，行政官员利用行政管理权，特别是利用行政许可权贪污受贿的现象日益增多。如果行政许可制度运用过滥、过宽，还会使社会发展减少动力，丧失活力，必然会出现许可制度在各部门之间相互矛盾，重复设置，导致被许可人无所适从，从而减低行政效率，还为腐败行为提供可乘之机。

另外，行政许可制度是建立在一般禁止的基础上的。被许可人一旦取得进入某项活动的资格和能力，有了法律的保护，可能失去积极进取和竞争力。这种消极作用在商业竞争和职业资格许可方面尤为突出。

因此，在充分利用行政许可制度的同时，必须对行政许可行为进行规范，并根据社会发展的需要，适时调整行政许可的范围，从而使行政许可制度依法建立、健全和完善，防止行政管理人员利用行政许可权贪污腐败。

三、行政许可的原则

《行政许可法》确立了行政许可必须遵守的六项原则。

1.合法原则

设定和实施行政许可，都必须严格依照法定的权限、范围、条件进行。

2.公开、公平、公正的原则

有关行政许可的规定必须公布，未经公布的，不得作为实施行政许可的依据；除涉及国家秘密、商业秘密或者个人隐私外，应当公开；对符合法定条件、标准的申请人，要一视同仁，不得歧视。

3.便民原则

行政机关在实施行政许可的过程中，应当减少环节，降低成本、提高办事效率，提供优质服务。公民、法人或者其他组织在申请行政许可的过程中，能够廉价、便捷、迅速地获得许可。

4.救济原则

救济原则，是指公民、法人或者其他组织认为行政机关实施的行政许可使其合法权益受到损害时，要求国家予以补救的制度。公民、法人或者其他组织对行政机关实施行政许可享有陈述权、申辩权；有依法申请行政复议或者提起行政诉讼权；其合法权益因行政机关违法实施行政许可受到损害的，有权依法要求赔偿。

5.信赖保护原则

公民、法人或者其他组织依法取得的行政许可受法律保护，行政机关不得擅自改变已经生效的行政许可；除非行政许可所依据的法律、法规、规章修改或者废止，或者准予行政许可所依据的客观情况发生了重大变化，为了公众利益的需要，确需依法变更或者撤回已经生效的行政许可。但是，由此给公民、法人或者其他组织造成财产损失的，行政机关应当依法给予补偿。

6.监督原则

县级以上人民政府必须建立健全对行政机关实施行政许可制度的监督制度；上级行政机关应当加强对下级行政机关实施行政许可的监督检查，及时纠正实施中的违法行为。同时，行政机关也要对公民、法人或者其他组织从事行政许可事项的活动实施有效监督，发现违法行为应当依法查处。

四、行政许可的分类及其特征

现行的行政许可很多，数量很大。按照行政许可的性质、功能和适用条件，将行政许可分为以下几类。

1.普通许可

普通许可是指行政机关准予符合法定条件的公民、法人或者其他组织从事特定活动的行为。如城乡规划管理中《建设用地规划许可证》、《建设工程规划许可证》、《乡村建设规划许可证》、游行示威的许可，烟花爆竹的生产与销售的许可等。

其主要特征是：对相对人行使法定权利或者从事法律没有禁止但有附加条件的活动的准许；一般没有数量控制；行政机关实施普通许可一般没有自由裁量权。

普通许可主要适用于：直接关系国家安全、公共安全的活动；基于高度社会信用的行业的市场准入和法定经营活动；利用财政资金或者由政府担保的外国政府、国际组织贷款的投资项目和涉及产业布局、需要实施宏观调控的项目；直接关系人身健康、生命财产安全的产品、物品的生产、销售活动，是运用最广的行政许可。

2. 特许

特许指行政机关代表国家依法向相对人转让某种特定的权利的行为。

特许的功能有三：一是相对人取得特许权一般应当支付一定的费用，所取得的特许权可以转让、继承；二是特许一般有数量控制；三是行政机关实施特许一般有自由裁量权。

特许主要适用于下列事项：有限自然资源的开发利用；有限公共资源的配置；直接关系公共利益的垄断性企业的市场准入等。如国有土地使用权出让、转让；矿产资源的开采权、出租车经营许可、排污许可等。

3. 认可

认可指行政机关对申请人是否具备特定技能的认定。

其主要特征有：一般要通过考试方式并根据考试结果决定是否认可；资格、资质证的认可，是对人的许可，与身份相联系，不能继承、转让；没有数量限制；行政机关实施认可一般没有自由裁量权。

认可主要适用于提供公共服务并且直接关系公共利益的职业、行业需要确定具备特殊信誉、特殊条件或者特殊技能等资格，资质的事项。如车辆驾驶证、注册规划师、会计师、医师的资质等。

4. 核准

行政机关对某些事项是否达到特定技术标准、经济技术规范的判断、确定。

主要特征是：依据主要是技术性和专业性的；一般要根据实地验收、检测决定；没有数量控制；行政机关实施核准没有自由裁量权。

核准主要应用于以下事项：直接关系公共安全、人身健康、生命财产安全的特定产品、物品的检验、检疫。如电梯安装的核准、食用油的检验等。

5. 登记

登记是指行政机关确立行政相对人的特定主体资格的行为。登记的主要功能是通过向相对人获得某种能力向公众提供证明或信誉、信息。如法人或者其他组织的设立、变更、终止；工商企业注册登记、房地产所有权登记等。

主要特征是：未经合法登记取得主体资格或者特定身份，从事涉及公众关系的经济、社会活动是非法的；没有数量控制；对申请登记的材料一般只进行形式审查，通常可以当场作出是否准予登记的决定；行政机关实施登记没有自由裁量权。登记主要适用于确立个人、企业或者其他组织特定的主体资格、特定身份的事项。

五、行政许可的程序与期限

1. 行政许可的一般程序

（1）申请与受理

① 申请是公民、法人或者其他组织作为申请人，向行政机关提出拟从事依法需要取得行政许可活动的意思表示。行政许可可以信函、电报、电传、传真、电子数据交换和电子邮件提出，也可以由申请人委托代理人提出，不必都要由申请人到行政机关办公场所提出行政许可申请。申请人提出行政许可申请，目的是证明其符合法定条件，有权取得行政许可。

② 行政机关对申请人提出的申请进行形式审查后，申请事项依法属于本机关职责范围，申请材料齐全，符合法定形式的，因而对其申请予以接受，称之为受理。自受理之日起行政许可期限的规定开始适用，行政机关即负有在法定期限内作出是否准予行政许可决定的义务。行政机关在法定期限内不作出行政许可决定的，申请人可以依法通过行政复议、提起行政诉讼追究行政机关不作为的法律责任。

（2）审查

行政许可的审查程序，是指行政机关对已经受理的行政许可申请材料的实质内容进行核查的过程，是行政机关作出行政许可决定的必经环节。审查质量直接影响行政许可的质量。

审查方式主要有：书面审查、实地核查、当面质询、听取第三人（利害关系人）意见，召开专家论证会等。行政机关可以依据设定行政许可的法律规定，结合行政许可事项的性质，相应决定采取何种方式审查行政许可的申请材料。

（3）决定

决定是行政许可机关根据行政许可申请材料审查的结果，作出是否准予行政许可的决定过程。行政许可的决定是根据审查认定的事实作出的。

（4）核发证件

行政许可决定有颁发证件的，也有不颁发证件的。颁发证件的种类有：许可证、执照或者其他证书；资质证、资格证或其他合格证书；行政机关的批准文件；法律、法规规定的其他行政许可证件。不颁发证件的可以在行政许可申请书上加注文字，说明准予行政许可的时间、机关及内容，并加盖公章；或者与申请人签订行政合同等，对于行政许可的申请，行政机关不作为行为视为行政许可。

行政机关作出准予行政许可的决定，应当予以公开，公众有权查阅。行政机关作出不予行政许可的决定，应当说明理由并告知相对人救济权。

2.行政许可的期限

《行政许可法》规定了20日的一般期限；法律、法规另有规定的，依照其规定。对于多个行政机关，实行统一办理或者联合办理、集中办理的期限，行政许可法规定办理时间不超过45日。颁发、送达行政许可的期限为：作出行政许可决定后的10日内完成。

第四节　行政复议

一、行政复议的概念与特征

1.行政复议的概念

行政复议是公民、法人或者其他组织认为行政主体的具体行政行为违法或不当侵犯其合法权益，依法向主管行政机关提出复查该具体行政行为的申请，行政复议机关依照法定程序对被申请的具体行政行为进行合法性、适当性审查，并作出行政复议决定的一种法律制度。

2.行政复议的特征

① 行政复议的启动是依据行政相对人的申请。公民、法人或者其他组织认为自己的合法利益受到具体行政行为的侵犯，以自己的名义向有权的行政机关提出行政复议的请求，要求其行使职权，改变或者撤销该行政行为。行政复议机关作出行政复议的决定必须基于行政相对人的申请，如果没有申请，行政复议机关不能主动实施行政复议的行为。

行政复议机关在发现其所属行政主体所作的具体行政行为违法，或者行政行为不当时，可以主动予以撤销或者变更，但这不是行政复议行为，而是上级对下级一种监督行为。

② 行政复议的行政行为必须是具体行政行为。公民提出行政复议请求的前提是存在具体

行政行为，不能单纯以行政主体的抽象行政行为不合法提出行政复议。如果行政相对人认为行政主体作出具体行政行为所依据的某些抽象行政行为不合法，可以同时向行政复议机关提出对该抽象行政行为的审查申请。

③ 行政复议的性质是行政机关处理行政纠纷的活动。行政相对人不服行政决定，认为该行为侵犯其合法权益的，就产生了行政纠纷。对行政相对人提出的行政复议案件由上级政府的行政复议机关受理并作出复议决定。行政复议机关都是国家行政机关，依法享有行政复议权，其作出的行政决定具有可诉性。

复议机关在法定期间内不作出复议决定，当事人对原具体行政行为不服提起诉讼的，应当以作出原具体行政行为的行政机关作为被告。当事人对复议机关不作为不服提起诉讼的，应当以复议机关为被告。

④ 行政复议是对行政决定的一种法律救济机制。行政复议机关对复议申请进行审查并给予相应的行政救济制度，为行政相对人提供了排除行政侵害的可能性和途径。

二、行政复议与行政诉讼的关系与区别

1.行政复议与行政诉讼的关系

对属于法院受理范围的行政案件，可以直接向法院提起诉讼；公民也可以先向上一级行政机关或者法律、法规规定的行政机关申请行政复议，对复议决定不服的，再向人民法院提起诉讼。采用哪种方式，由公民自由选择。

对属于法院受理范围的某些行政案件，法律、法规规定必须先向行政机关申请行政复议，对复议决定不服然后才能向法院提起诉讼；否则法院不予受理。

2.行政复议与行政诉讼的区别

① 性质不同　行政复议是行政复议机关作出的行政决定，行政诉讼是法院运用审判权而进行的司法活动。

② 职权不同　行政复议是一种行政权；在行政复议中，有权变更有争议的行政决定，撤销或变更行政决定所依据的规章或者行政规范。人民法院行使的是一种审判权或司法权；无权撤销或者变更有争议的行政决定所依据的行政规章和行政规范，只能不予适用。

③ 审理方式不同　行政复议一般实行书面审理的方式，有必要时才实行其他方式。行政诉讼一般实行开庭审理的方式，当事人双方都应到庭。

④ 法律效力不同　除法律有明文规定者外，行政复议不具有最终法律效力，行政相对人对行政复议不服的可以向法院提起行政诉讼。行政诉讼的终审判决具有最终的法律效力，双方当事人必须履行。

三、行政复议机关及其职责

1.行政复议机关

只有县级以上人民政府以及县级以上人民政府工作部门才可以成为行政复议机关，行政复议机关中负责行政法制工作的机构具体办理有关行政复议事项。

2.行政复议机关的职责

行政复议机关的法制工作机构应该履行以下职责：

受理行政复议申请；向有关组织和人员调查取证、查阅文件和资料；审查行政复议的具体行政行为是否合法与适当；拟定行政复议决定；处理或者转送对有关规定的审查；对行政机关违法行为依照规定的权限和程序提出处理意见；办理因不服行政复议决定提起行政诉讼的应诉事项；法律、法规规定的其他职责。

四、行政复议的申请

1.申请期限与方式

① 申请期限　公民、法人和其他组织对具体行政行为不服需要提出行政复议的，在知道具体行政行为之日起的60日内申请，法律规定超过60日的除外。

② 申请方式　既可以以书面形式申请，也可以以口头方式申请。对于口头申请，行政复议机关应当场记录申请人的基本情况、行政复议请求，申请复议的主要事实、理由和时间。

2.行政复议的参加人

根据《行政复议法》的规定，认为具体行政行为侵犯其合法权益并向行政机关申请行政复议的公民、法人或其他组织是申请复议人，具有复议申请人资格。对于公民，除上述条件之外，还必须具有申请复议的行为能力。

如果申请复议的公民死亡、法人或者其他组织终止的情况下，其复议资格依法自然转移给特定利害关系的公民、法人或者其他组织的制度称为复议申请人资格的转移。在申请人资格转移之后，他们具有了申请人的资格，以自己的名义提出行政复议。

如果与具体行政行为有法律上的利害关系，包括直接利害关系和间接利害关系可以作为复议第三人。

行政复议的被申请人一般为行政机关。

申请人、第三人可以委托代理人代为参加行政复议。

3.行政复议的管辖

《行政复议法》中规定的行政复议的管辖采用了"条块结合"的原则。

① 对于县级以上地方各级人民政府工作部门具体行政行为不服的复议申请人可以选择向该部门的本级人民政府申请，也可以向上一级主管部门申请。

② 对于地方各级人民政府的具体行政行为不服的，向上一级地方人民政府申请复议。对省、自治区人民政府依法设立的派出机关（例如：地区行署）所属的县级人民政府的具体行政行为不服的，向该派出机关申请复议。

③ 对国务院部门或者省几、自治区、直辖市人民政府的具体行政行为不服的，向作出该具体行政行为的国务院部门或者省、自治区、直辖市人民政府申请复议。对行政复议不服的，可以向人们法院提起诉讼；也可以向国务院申请裁决，国务院依照行政复议法的规定作出最终裁决。

五、行政复议的受理

1.行政复议申请的处理

行政复议机关在收到行政复议申请后，应当在5日之内进行审查，对于符合申请条件，没有重复申请复议，没有向法院起诉且在法定期限内提出的复议申请，应予以受理。

在接到复议申请之日起作为复议受理日期。对不符合条件或者超出法定期限；人民法院已经受理申请或者重复提出的申请不予受理。

对于符合条件但是不属于本行政机关受理的复议申请，应在决定不予受理的同时，告知申请人向有关行政复议机关提出。

接受行政复议申请的县级以上地方人民政府，对于属其他机关受理的行政复议申请，应当自接到复议申请之日起7日内，转送有关行政复议机关，并告知行政复议人。

2.行政复议申请权的救济

行政复议的救济包括诉讼救济和行政救济。

① 诉讼救济　法律、法规规定应当先向行政复议机关申请的行政复议，对行政机关复议决定不服再向人民法院提起行政诉讼。行政机关不予受理或者受理后超过期限不做答复的，复议申请人自收到不予受理之日起，或者行政复议期限届满之日起15日之内，依法向法院提起诉讼。

② 行政救济　行政复议申请人提出申请后，行政机关没有正当理由不受理的，上级行政机关应当责令其受理；必要时，上级机关也可以直接受理。

3.行政复议期间行政行为的执行

行政复议期间，具体行政行为原则上不停止执行。但是，被申请人认为需要停止执行的，或者行政复议机关认为需要停止执行的可以停止具体行政行为。申请人申请停止执行，行政复议机关认为其要求合理的可以停止执行。法律规定的其他可以停止执行的情况。

六、行政复议的决定

1.行政复议的审理

行政复议案件基本上采用书面审查的方式。复议机关认为有必要时，可以向有关组织和人员调查情况，听取申请人、被申请人和第三人的意见。

2.行政复议决定的种类

① 维持具体行政行为　复议机关认为具体行政行为认定事实清楚、证据确凿、使用依据正确，程序合法、内容适当的，应当维持具体行政行为。

② 决定被申请人履行法定责任　被申请人（行政机关）对于法律、法规规定的责任和义务必须履行，如不履行是一种失职行为，构成不作为违法，行政复议机关对此应该作出被申请人履行其职责的决定。

③ 决定撤销、变更被申请人的具体行政行为或者确认该具体行政行为违法，主要有：主要事实不清、证据不足的；适用法律错误的、违反法定程序的、超越或者滥用职权的、具体行政行为不当的。

④ 不履行举证责任的法律后果　被申请人不履行举证责任的视为该具体行政行为没有依据、没有证据，决定撤销。

⑤ 不得重新作出相同的具体行政行为　行政机关责令被申请人重新作出具体行政行为的，被申请人不得以同一事实和理由作出与原具体行政行为相同或基本相同的具体行政行为；否则无效。

3.行政复议的期限、效力及履行

① 期限　行政复议的期限应当自受理申请之日起60日内作出行政复议决定，但是法律、法规规定的行政复议期限少于60日内的除外。特殊情况下，经行政复议机关负责人的批准可以适当延长，但延长的期限不得超过30日，并告知申请人和被申请人。

② 效力　行政复议机关作出的行政复议决定应当制作行政复议决定书，并加盖印章，行政复议决定书一经送达，即发生法律效力。

③ 履行　被申请人应当履行行政复议的决定，不履行或者无正当理由拖延履行行政复议决定的，行政复议机关或者有关上级机关应当责令其限期履行。

申请人逾期不起诉又不履行行政复议决定的或者不履行最终裁决的行政复议决定的，如果属于维持具体行政行为的行政复议决定，由作出具体行政行为的姆关依法强制执行或者申请法院强制执行。如果是变更具体行政行为的行政复议决定，由行政复议机关依法强制执行，或者申请法院强制执行。

行政复议流程图如图1-1所示。

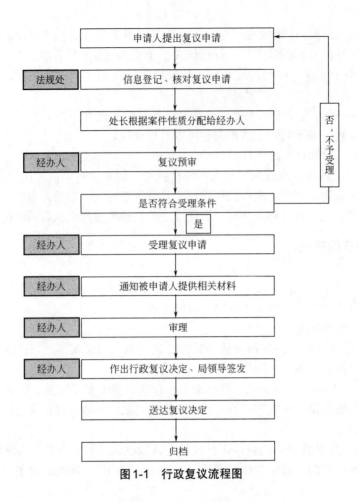

图1-1 行政复议流程图

第五节 行政诉讼

一、行政诉讼的概念与特征

1. 行政诉讼的概念

行政诉讼是指公民、法人或其他组织认为行政机关和行政机关工作人员作出的具体行政行为侵犯其合法权益而向法院提起的诉讼。

2. 行政诉讼的特征

① 行政诉讼所要审理的是行政案件，即行政机关或法律、法规授权的组织与公民、法人或者其他组织在行政管理过程中发生的争议。

② 行政诉讼是人民法院通过开庭审判方式进行的一种司法活动。

③ 行政诉讼是通过对被诉行政行为合法性进行审查以解决行政争议的活动，其中进行审查的行政行为为具体行政行为，审查的根本目的是保障公民、法人或者其他组织的合法权益不受违法行政行为的侵害。行政诉讼案件不得以调解方式结案，而是以撤销、维持判决为主要形式等。

④ 行政诉讼是解决特定范围内行政争议的活动。

⑤ 行政诉讼中的当事人具有恒定性。行政诉讼的原告只能是行政管理中的相对方，即公民、法人或者其他组织；行政诉讼的被告只能是行政管理中的管理方，即作为行政主体的行政

机关和法律、法规授权的组织。行政诉讼的当事人双方的诉讼地位是恒定的，不允许行政主体作为原告起诉行政管理相对方。

二、行政诉讼的受案范围

1.人民法院受理公民、法人和其他组织对下列具体行政行为不服提起的诉讼

① 对拘留、罚款、吊销许可证和执照、责令停产停业、没收财物等行政处罚不服的；

② 对限制人身自由或者对财产的查封、扣押、冻结等行政强制措施不服的；

③ 认为行政机关侵犯法律规定的经营自主权的；

④ 认为符合法定条件申请行政机关颁发许可证和执照，行政机关拒绝颁发或者不予答复的；

⑤ 申请行政机关履行保护人身权、财产权的法定职责，行政机关拒绝履行或者不予答复的；

⑥ 认为行政机关没有依法发给抚恤金的；

⑦ 认为行政机关违法要求履行义务的；

⑧ 认为行政机关侵犯其他人身权、财产权的。

除前款规定外，人民法院受理法律、法规规定可以提起诉讼的其他行政案件。

2.人民法院不受理公民、法人和其他组织对下列事项提起的诉讼

① 国防、外交等国家行为；

② 行政法规、规章或者行政机关制定、发布的具有普遍约束力的决定、命令；

③ 行政机关对行政机关工作人员的奖惩、任免等决定；

④ 法律规定由行政机关最终裁决的具体行政行为。

三、行政诉讼机关及其职责

1.县、县级市、自治县、市辖区基层人民法院管辖第一审行政案件

2.中级人民法院管辖下列第一审行政案件

（1）确认发明专利案件和海关处理案件；

（2）对国务院各部门或者省、自治区、直辖市人民政府所作的具体行政行为提起诉讼的案件；

（3）本辖区内重大、复杂的案件。这里的"本辖区内重大、复杂的案件"，主要有下列几种情形：① 被告为县级以上人民政府，基层人民法院不适宜审理的案件；② 社会影响重大的共同诉讼、集团诉讼案件；③ 重大涉外或者涉及香港特别行政区、澳门特别行政区、台湾地区的案件；④ 其他重大、复杂案件。

3.高级人民法院管辖本辖区内重大、复杂的第一审行政案件

4.最高人民法院管辖中国范围内重大、复杂的第一审行政案件

四、行政诉讼的起诉

1.起诉期限

公民、法人或者其他组织先向行政机关申请行政复议的，申请人不服复议决定的，可以在收到复议决定书之日起15日内向人民法院提起诉讼；复议机关逾期不作决定的，申请人可以在复议期满之日起15日内向人民法院提起诉讼；法律另有规定的除外。公民、法人或者其他组织直接向人民法院提起诉讼的，应当在知道作出具体行政行为之日起3个月内提出，法律另有规定的除外。

2.诉讼参加人

依照《行政诉讼法》的规定，提起诉讼的公民、法人或者其他组织是原告。作出具体行政行为的行政机关是被告；经复议的案件，复议机关决定维持原具体行政行为的，作出原具体行政行为的行政机关是被告；复议机关改变原具体行政行为的，复议机关是被告；两个以上行政

机关作出同一具体行政行为的，共同作出具体行政行为的行政机关是共同被告；由法律、法规授权的组织所作的具体行政行为，该组织是被告。由行政机关委托的组织所作的具体行政行为，委托的行政机关是被告；行政机关被撤销的，继续行使其职权的行政机关是被告。

有权提起诉讼的公民死亡，其近亲属可以提起诉讼。

有权提起诉讼的法人或者其他组织终止，承受其权利的法人或者其他组织可以提起诉讼。

没有诉讼行为能力的公民，由其法定代理人代为诉讼。法定代理人互相推诿代理责任的，由人民法院指定其中一人代为诉讼。当事人、法定代理人，可以委托一至二人代为诉讼。

五、行政诉讼的审理与判决

1. 审理

人民法院应当在立案之日起5日内，将起诉状副本发送被告。被告应当在收到起诉状副本之日起10日内向人民法院提交作出具体行政行为的有关材料，并提出答辩状。人民法院应当在收到答辩状之日起5日内，将答辩状副本发送原告。被告不提出答辩状的，不影响人民法院审理。

人民法院公开审理行政案件，但涉及国家秘密、个人隐私和法律另有规定的除外。

人民法院审理行政案件，以法律和行政法规、地方性法规为依据。地方性法规适用于本行政区域内发生的行政案件。

人民法院审理民族自治地方的行政案件，并以该民族自治地方的自治条例和单行条例为依据。

人民法院审理行政案件，参照国务院部、委根据法律和国务院的行政法规、决定、命令制定、发布的规章以及省、自治区、直辖市和省、自治区的人民政府所在地的市和经国务院批准的较大的市的人民政府根据法律和国务院的行政法规制定、发布的规章。

2. 判决

人民法院经过审理，根据不同情况，分别作出以下判决：

（1）具体行政行为证据确凿，适用法律、法规正确，符合法定程序的，判决维持。

（2）具体行政行为有下列情形之一的，判决撤销或者部分撤销，并可以判决被告重新作出具体行政行为：

① 主要证据不足的；

② 适用法律、法规错误的；

③ 违反法定程序的；

④ 超越职权的；

⑤ 滥用职权的。

（3）被告不履行或者拖延履行法定职责的，判决其在一定期限内履行。

（4）行政处罚显失公正的，可以判决变更。

六、侵权赔偿责任

公民、法人或者其他组织的合法权益受到行政机关或者行政机关工作人员作出的具体行政行为侵犯造成损害的，有权请求赔偿。

公民、法人或者其他组织单独就损害赔偿提出请求，应当先由行政机关解决。对行政机关的处理不服，可以向人民法院提起诉讼。

行政机关或者行政机关工作人员作出的具体行政行为侵犯公民、法人或者其他组织的合法权益造成损害的，由该行政机关或者该行政机关工作人员所在的行政机关负责赔偿。

行政机关赔偿损失后，应当责令有故意或者重大过失的行政机关工作人员承担部分或者全部赔偿费用。

赔偿费用，从各级财政列支。各级人民政府可以责令有责任的行政机关支付部分或者全部赔偿费用，具体办法由国务院规定。

行政诉讼流程图如图1-2所示。

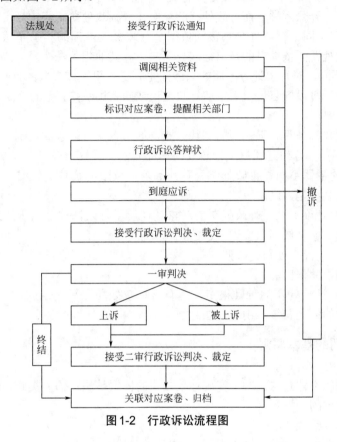

图1-2　行政诉讼流程图

第六节　行政处罚

一、行政处罚的概念与特征

1.行政处罚的概念

行政处罚是指行政机关或者其他行政主体依法定职权和程序对违反行政法但尚未构成犯罪的行政相对人实施制裁的具体行政行为。

2.行政处罚的特征

行政处罚由行政机关或其行政主体实施。行政处罚权是行政权的一部分，除非法律另有规定，行政处罚权应由行政机关行使。

行政处罚权是对行政相对人的处罚，即对公民、法人或其他组织的处罚。

行政处罚针对的是管理相对人违反行政法律规范的行为。行政处罚以惩戒违法为目的。

二、行政处罚与相关概念的区别

1.行政处罚与行政处分

行政处罚与行政处分都属于行政法律制裁，都是由法定行政主体予以实施。二者的区别是：
① 针对的对象不同　行政处分针对的是行政主体内部的人员，他们与行政主体一般有人

事管理的隶属关系；行政处罚则是针对社会上的公民、法人或其他组织，他们与行政主体没有隶属关系。

② 制裁的方法与手段不同　行政处分种类与内部的人事管理相适应，有警告、记过、记大过、降级、撤职、开除六种；而行政处罚的种类在《行政处罚法》中规定。

③ 制裁的依据不同　行政处分制裁的依据是行政机关内部的奖励和惩处规定，如《公务员法》等；而行政处罚的依据只能是《行政处罚法》和其他相关法律。

④ 救济途径不同　对行政处分不服的只能向主管行政机关或专门的行政监察和机关申诉；对行政处罚不服的，可以向复议机关申请行政复议或向人民法院提起行政诉讼。

2. 行政处罚与刑罚

行政处罚与刑罚都是具有强制力的制裁方式，但二者又有显著的区别：

① 权力归属不同　行政处罚属于行政权的一部分，刑罚权力属于审判权的范畴。

② 实施惩罚的主体不同　行政处罚是有外部管理权限的行政机关或者法律、法规授权的组织实施；刑罚的主体是人民法院。

③ 实施处罚的对象不同　行政处罚的对象是违反了行政法律、法规的公民、法人或其他组织；刑罚适用的对象是依刑法应当惩罚的犯罪分子。

④ 依程序不同　行政处罚是按照《行政处罚法》规定的程序作出的；刑罚是依照《刑事诉讼法》所规定的程序作出的。

⑤ 种类不同　行政处罚的种类很多，既有《行政处罚法》规定的，又有单个行政法律、法规分散作出规定的；刑罚统一由《刑法》规定。

三、行政处罚的基本原则

1. 处罚法定原则

实施行政处罚的主体是法定的；实施行政处罚的依据是法定的；实施行政处罚的程序是法定的。法无明文规定的，不处罚。

2. 公正、公开的原则

行政机关在处罚中，对受处罚者用同一尺度平等对待，即公正的原则。行政机关对于有关行政处罚的法律规范、执法人员身份、主要行政依据等以及行政处罚的有关情况，除可能危害公共利益或者损害其他公民或者组织的合法权益并有法律、法规特别规定的以外，都应当向当事人公开。

3. 处罚与教育相结合的原则

实施行政处罚，纠正违法行为，应当坚持处罚与教育相结合，教育公民、法人或其他组织自觉遵守法。

4. 受到行政处罚者的权利救济原则

受到处罚者享有陈述权、申辩权；对行政处罚不服的，有权依法申请行政复议或者提起行政诉讼；因行政机关的行政处罚受到损害的，有权依法提出赔偿要求。

5. 行政处罚不能取代其他法律责任的原则

即行政处罚不能代替民事制裁和刑事制裁。因为给予行政处罚是当事人因违反承担的行政责任，与民事责任和刑事责任属于不同的法律责任范畴，但是，要与行政处罚中的"一事不再罚"的原则区别开来。

四、行政处罚的种类、适用和程序

1. 行政处罚的种类

《行政处罚法》中规定了行政处罚的六种类型，即：警告；罚款；没收违法所得、没收非法财产；责令停产停业；暂扣或者吊销许可证或执照；行政拘留。还有法律、法规规定的其他行政处罚。

2.行政处罚的适用

① 行政处罚与责令纠正并行　行政机关不能一罚了事，而是要通过阻止、矫正行政违法行为，责令违法当事人改正违法行为，恢复被侵害的管理秩序。因此在实施行政处罚时，应当责令当事人改正或限期改正。

② 一事不再罚　对违法当事人的同一违法行为，不得给予两次以上的罚款的行政处罚。

③ 行政处罚折抵刑罚　行政处罚与刑罚的适用范围相重合时，如无法判断违法行为是否构成犯罪，可以先适用行政处罚。当发现已经构成犯罪时，应及时追究当事人的刑事责任。行政机关已经给予当事人行政拘留的，应当折抵相应刑期。法院判处罚金时，行政机关已经罚款的，应当折抵相应罚金。

④ 行政处罚追究时效　违法行为在两年之内未被发现的，不再给予行政处罚，法律另有规定的除外，其期限是从违法行为发生之日起计算。违法行为有持续或连续状态时，从行为终了时算起。

3.行政处罚的程序

行政处罚的一般程序是：调查取证；审查决定；制作行政处罚决定书；交付或者送达行政处罚书。

课后练习题

1.行政应急性原则也叫行政应变性原则，广义上是合法性原则和合理性原则的非常原则。下列关于应急性原则的说法正确的有（　　　）

　　A.存在明确无误的紧急危险才可行使应急权利

　　B.将负面损害控制在最小的程度和范围内

　　C.行政机关作出应急行为应受到有权机关的监督

　　D.法定机关和非法定机关都有使用应急权利的能力

　　E.应急性原则并没有脱离行政法治原则

2.行政行为的特点包括（　　　）

　　A.数量性　　　　　　　　B.主动性　　　　　　　　C.单方性

　　D.参与性　　　　　　　　E.强制性

3.我国行政法制监督的主体主要有（　　　）

　　A.国家立法机关　　　　　　B.国家行政监察机关

　　C.国家司法机关　　　　　　D.社会群众

4.国务院根据宪法和法律制定的关于行政管理的规范性文件，总称为（　　　）

　　A.行政法律　　　　　　　　B.行政法规

　　C.行政规章　　　　　　　　D.行政措施

5.下列各项中，不属于行政行为特点的是（　　　）

　　A.强制性　　　　　　　　B.单方意志性

　　C.无偿　　　　　　　　　D.自由裁量性

6.下列行为中属于抽象行政行为的是（　　　）

　　A.工商局对某企业的处罚决定

　　B.县级人民政府制定规范性文件

C.行政机关购买办公用品

D.人民政府执行行政法规关于处罚的规定

7.行政法律责任是指违反行政法律规范的当事人依法应当承担的责任,下列说法中完全正确的是（　　）

A.行政违法表现为行政机关违法,并承担相应的法律责任

B.行政违法表现为行政管理相对人违法,并承担相应的法律责任

C.行政违法表现为实体违法,并承担相应的法律责任

D.行政违法表现为行政法律关系主体违法,并承担相应的法律责任

8.行政法律关系由（　　）

A.行政法律关系主体、行政法律关系客体、行政法律关系内容

B.行政法律关系主体、行政法律关系相对方、行政法律关系内容

C.行政法律关系主体、行政法律关系相对方、行政法律联系

D.行政法律关系主体、行政法律关系客体、行政法律联系

9.“在某种条件或者场合出现时,行政法律关系主体违反法律规定,没有做出应当做出的行为,或者做出了禁止做的行为是应负法律责任的”。这在行政法律规范要素中称为（　　）

A.处理　　　　　　　　　　　　B.处分

C.判决　　　　　　　　　　　　D.制裁

10.为避免行政机关滥用职权,必须对行政机关的管理职能、权限加以规范,这方面的法律是（　　）

A.行政监察法　　　　　　　　　B.行政处罚法

C.行政许可法　　　　　　　　　D.行政诉讼法

11.刘某因超载被公路管理机关执法人员李某拦截,李某口头作出罚款2万元的处罚决定,并要求当场缴纳。刘某要求出具书面处罚决定和罚款收据,李某认为其要求属于强词夺理,拒绝听取其申辩。关于该处罚决定,下列说法错误的是（　　）

A.该处罚决定不成立,刘某可以拒绝

B.该处罚决定违法,刘某缴纳罚款后可以申请复议或者提出诉讼

C.该处罚决定不成立,刘某缴纳罚款后可以申请复议或者提出诉讼

D.该处罚决定无效,刘某可以拒绝

E.该处罚决定无效,刘某可以拒绝并对其所属单位提出诉讼

12.根据行政处罚法的规定,下列说法正确的是（　　）

A.违法行为轻微,及时纠正没有造成危害后果的,应当依法减轻对当事人的行政处罚

B.行政机关使用非法定部门制定的罚款单据实施处罚的,当事人有权拒绝处罚

C.对情节复杂的违法行为给予较重的行政处罚,应由行政机关的负责人集体讨论决定

D.除当场处罚外,行政处罚决定书应按照民事诉讼法的有关规定在7日内送达当事人

E.行政处罚决定书应当在宣告后当场交付当事人

13.依据行政行为对象是否特定,可将行政分为（　　）

A.抽象行政、具体行政

B.消极行政、积极行政

C.要式行政、非要式行政

D.行政处分、行政赔偿、行政许可、行政处罚

14.行政立法机关（　　）行政法律关系中的行政主体

A.是　　　　　　　　　　　　　B.不是

C.可以是　　　　　　　　　　　D.在特殊情况下不是

15.我国依法治国的核心和重点是（　　）

A.依法立法　　　　　　　　　　B.依法行政

C.依法司法　　　　　　　　　　D.依法监督

16.下列关于法律规范效力等级的说法中，不正确的是（　　）

A.法律规范制定的机关地位越高，法律效力的等级越高

B.同一机关按照相同程序就同一领域制定的两个以上的法律规范，"后法优于前法"

C.同等地位的国家机关制定的属于自己职权范围内的法律规范的法律效力相等

D.被授权的下级国家机关制定的属于自己职权范围内的法律规范的法律效力低于授权
机关制定的法律规范

17.下列关于行政行为内容的对应关系中，不正确的是（　　）

A.城乡规划行政许可——授益行政行为

B.城乡规划的编制——授益行政行为

C.对违法建设进行行政处罚——侵益行政行为

D.对违法直接责任人进行行政处分——侵益行政行为

18.下列关于"行政程序法的基本制度"的说法中，不正确的是（　　）

A.没有公开的信息，不能作为行政主体行政行为的依据

B.告知制度一般只适用于具体行政行为

C.公务员任职回避范围限于直接血亲、三代以内旁系血亲和近姻亲关系

D.职能分离制度调整的是行政主体和行政相对人的关系

19.我国各级行政机关不具备的职能是（　　）

A.行政立法权　　　　　　　　　B.司法解释权

C.行政司法权　　　　　　　　　D.行政管理权

20.根据行政法学基本理论，下列概念中完全正确的是（　　）

A.行政法学是关于行政权力的授予、行使的法律规范的总称

B.行政法调整的对象是行政主体在行使行政职权的过程中产生的特定社会关系，即行
政关系

C.对行政权力的监督行政关系应该适用《行政监察法》进行调整

D.监督行政关系是国家权力机关对行政主体的监督关系

21.行政法律关系内容是指"行政法律关系主体所享有的权利和承担的义务"。下列不属于
该"内容"的是（　　）

A.省、自治区人民政府组织编制城镇体系规划

B.城乡规划编制机关应当及时公布经依法批准的城乡规划

C.任何单位和个人都应当遵守经依法批准并公布的城乡规划

D.乡规划、村庄规划应当从实际出发，尊重村民意愿，体现地方和农村特色

22.行政许可，是指行政机关根据公民、法人或者其他组织的（　　），经依法审查，准予
其从事特定活动的行为。

A.实际情况　　　　　　　　　　B.隶属关系

C.申请　　　　　　　　　　　　D.资格

23.下列法律法规的效力不等式中，不正确的是（　　）

A.法律＞行政法规

B.行政法规＞地方性法规

C.地方性法规＞地方政府规章

D.部门规章＞地方政府规章

24. 下列关于行政合理性原则要点的叙述中，不正确的是（　　）
     A. 行政行为的内容和范围合理
     B. 行政的主体和对象合理
     C. 行政的手段和措施合理
     D. 行政的目的和动机合理

25. 下列不属于有权司法解释的是（　　）
     A. 全国人大的立法解释　　　　　B. 最高法院的司法解释
     C. 公安部的执法解释　　　　　　D. 国家行政机关的行政解释

26. 下列不属于依法行政基本原则的是（　　）
     A. 合法行政　　　　　　　　　　B. 合理行政
     C. 程序正当　　　　　　　　　　D. 自由裁量

27. 以下对法律的理解错误的是（　　）
     A. 是由国家制定和认可的　　　　B. 由国家强制力保证实施
     C. 是用来规范人们行为的　　　　D. 是由国家政府部门保证实施的

28. 行政机关不是（　　）
     A. 行政主体　　　　　　　　　　B. 行政行为主体
     C. 行政立法主体　　　　　　　　D. 行政法律关系主体

29. 以下行为属于消极行政的是（　　）
     A. 认真提供规划建议　　　　　　B. 认真进行规划检察和处罚
     C. 工作懒散　　　　　　　　　　D. 工作不负责

30. 受行政机关委托的其他组织作出的具体行政行为，其法律后果应该由（　　）来承担。
     A. 受委托的组织
     B. 作为委托的行政机关
     C. 受委托的组织的工作人员
     D. 作为委托的行政机关组织的工作人员

第二章

城乡规划法制体系

教学目标与要求

了解：城乡规划法规体系的纵向和横向体系构成。

熟悉：城乡规划技术标准体系的构成和框架；城乡规划法的基本框架。

掌握：城乡规划法规体系的等级构成；城乡规划的基础标准、通用标准和专用标准。

从世界范围来看，现代意义上的城乡规划法规始于英国1909年的《住房、城镇规划等法》。随着现代城乡规划实践和科学的发展，城乡规划法规也在不断地更新与完善。以英国为代表，形成了以国家城乡规划法为核心的城乡规划法规体系；以美国为代表，形成了以地方区划法为主要内容的城乡规划法规体系。世界其他许多国家则吸收以上两者的某些基本特征，如法国、加拿大等。

我国的法律制度在历史上并不健全，相关城乡建设的有关法规条文散见于各个时期的律例之中。进入近代社会之后，在学习西方社会经济制度的基础上，也引进了城乡规划制度，在政府机构的组织中也设置了主管城乡规划的部门，但在整体上基本是将城乡规划作为一项行政制度而予以实施。至1947年，制定了现代历史上的第一部城乡规划法——《都市计划法》。该法吸收了西方国家城乡规划的基本理念，并依此对当时的城乡发展和建设作出了规划安排。

第一节　城乡规划法规体系的构成及其框架

城乡规划法规体系，就是用以调整城乡规划编制和规划实施管理方面所产生的社会关系的法律及各种法规、规章的总合。

一、城乡规划法规体系的构成

根据我国的立法制度，城乡规划法规体系的等级层次应包括法律、行政法规、地方性法规、自治条例和单行条例、规章（部门规章、地方政府规章）等，以构成完整的法规体系。

1.法律

《城乡规划法》是我国城乡规划法规体系中的基本法，对各级城乡规划法规与规章的制定具有不容违背的规范性和约束力。

2.行政法规

国务院2006年12月发布的《风景名胜区条例》和2008年4月发布的《历史文化名城名镇名村保护条例》等是我国城乡规划法规体系中的行政法规。行政法规与法律虽是两个不同等级层次，但它同样是地方性法规、部门规章和地方政府规章制定的基本依据。

3. 地方性法规

省、自治区、直辖市的人民代表大会及其常务委员会以及较大的市的人民代表大会及其常务委员会，根据本行政区域的具体情况和实际需要，根据《城乡规划法》，相继制定了地方性的规划条例或者实施细则、实施办法。

4. 部门规章

国务院城乡规划主管部门所公布的《城市规划编制办法》、《县域城镇体系规划编制审批办法》、《城市、镇总体规划编制审批办法》、《城市、镇控制性详细规划编制审批办法》、《城市国有土地使用权出让转让规划管理办法》、《近期建设规划工作暂行办法》、《城市规划强制性内容暂行规定》、《城市绿线管理办法》、《城市紫线管理办法》、《城市蓝线管理办法》、《城市黄线管理办法》等都属于部门规章范畴，是我国城乡规划法规体系中的重要组成部分。

5. 地方政府规章

省、自治区、直辖市和较大的市的人民政府，根据城乡规划方面的法律、法规和本省、自治区、直辖市的地方性法规，分别制定了配套的地方政府规章。

二、城乡规划法规体系的纵向与横向体系

按照城乡规划及其有关法律法规的构成特点以及关联性考虑，可以看成由纵向体系与横向体系两部分所组成。

1. 纵向体系

城乡规划法规文件的纵向体系，是由各级人大和政府按其立法职权制定的法律、法规、规章和规范性文件四个层次的法规文件构成。具体而言，包括《城乡规划法》，国务院颁布的有关实施城乡规划法的行政法规，国务院城乡规划主管部门和其与有关部门联合制定的关于城乡规划编制、审批、实施、修改、监督检查、法律责任等内容的部门规章，各省、自治区、直辖市以及较大的市所公布的关于实施城乡规划法方面的地方性法规、地方政府规章等。

2. 横向体系

城乡规划是一个政府的行政职能和行政行为，是政府指导和调控城乡建设和发展的基本手段之一，涉及城乡经济社会发展的各个方面，不仅要严格按照《城乡规划法》及其配套法规依法行政、依法办事，同时，还应当受到相关方面的法律、行政法规和有关部门规章等的制约，比如，与《土地管理法》、《环境保护法》、《文物保护法》、《消防法》、《建筑法》、《风景名胜区条例》等，以及《行政许可法》、《行政复议法》、《行政诉讼法》等有着密切的关系。

我国现行的城乡规划相关法规框架见表2-1所示。

表2-1　我国现行城乡规划相关法规（2011年）

内容	法律	行政法规	部门规章
土地与 自然资源 农田保护	中华人民共和国土地管理法 中华人民共和国环境保护法 中华人民共和国环境影响评价法 中华人民共和国水法 中华人民共和国森林法 中华人民共和国矿产资源法	土地管理法实施条例 建设项目环境保护管理条例 风景名胜区条例 基本农田保护条例 自然保护区条例 城镇国有土地使用权出让和 转让暂行条例	
历史文化遗产 保护管理	中华人民共和国文物保护法		文物保护法实施细则

内容	法律	行政法规	部门规章
市政建设与管理	中华人民共和国公路法 中华人民共和国广告法	城市供水条例 城市道路管理条例 城市绿化条例 城市市容和环境卫生管理条例	城市生活垃圾管理办法 城市燃气管理办法 城市排水许可管理办法 城市地下水开发利用保护规定
工程建设与建筑业管理	中华人民共和国建筑法 中华人民共和国标准化法 中华人民共和国测绘法	建设工程勘察设计管理条例 标准化实施条例 注册建筑师条例	民用建筑设计通则 建筑抗震设计规范 城市规划工程地质勘察规范 外商投资建设工程服务企业 管理规定 建设工程勘察设计资质管理规定 注册建筑师条例实施细则 外商投资城市规划服务企业 管理规定
房地产管理	中华人民共和国城市 房地产管理法	城市房地产开发经营管理条例 城市房屋拆迁管理条例	
公共设施		公共文化体育设施条例	
城乡防灾减灾	中华人民共和国人民防 中华人民共和国防震减灾法 中华人民共和国消防法		
军事与保密管理	中华人民共和国军事设施保护法 中华人民共和国保守国家秘密法		
行政执法法制监督	中华人民共和国行政许可法 中华人民共和国行政复议法 中华人民共和国行政诉讼法 中华人民共和国行政处罚法 中华人民共和国国家赔偿法 中华人民共和国公务员法	政府信息公开条例信访条例	
立法	中华人民共和国立法法		
物权	中华人民共和国物权法		

三、现行城乡规划法规体系框架

我国现行城乡规划（不含省、自治区、直辖市和较大的市的地方性法规和地方政府规章）所构成的法规体系框架如表2-2所示。

表2-2　我国现行城乡规划法规体系框架（2011年）

类别	法律法规和规章名称	颁布日期	施行日期
法律	中华人民共和国城乡规划法	2007.10.28	2008.1.1
行政法规	村庄和集镇规划建设管理条例	1993.6.29	1993.11.1
	风景名胜区条例	2006.12.1	2006.12.1
	历史文化名城名镇名村保护条例	2008.4.22	2008.7.1

类别		法律法规和规章名称	颁布日期	施行日期
部门规章与规范性文件	城乡规划编制与审批	城市规划编制办法	2005.12.31	2006.4.1
		省域城镇体系规划编制审批办法	2010.4.25	2010.7.1
		城市总体规划实施评估办法（试行）	2009.4.17	2009.4.17
		城市总体规划审查工作规则	1999.4.5	1999.4.5
		城市、镇总体规划编制审批办法		
		城市、镇控制性详细规划编制审批办法	2010.12	2011.1.1
		历史文化名城保护规划编制要求	1994.9.5	1994.9.5
		城市绿化规划建设指标的规定	1993.11.4	1994.1.1
		城市综合交通体系规划编制导则	2010.5.26	
		村镇规划编制办法（试行）	2000.2.14	2000.2.14
		城市规划强制性内容暂行规定	2002	2002
	城乡规划实施管理与监督检查	建设项目选址规划管理办法	1991.8.23	1991.8.23
		城市国有土地使用权出让转让规划管理办法	1992.12.4	1993.1.1
		开发区规划管理办法	1995.6.1	1995.7.1
		城市地下空间开发利用管理规定	1997.10.7	1998.1.1
		城市抗震防灾规划管理规定	2003.9.19	2003.11.1
		近期建设规划工作暂行办法	2002.8.29	2002.8.29
		城市绿线管理办法	2002.9.9	2002.11.1
		城市紫线管理办法	2003.11.15	2004.2.1
		城市蓝线管理办法	2005.11.28	2006.3.1
		城市黄线管理办法	2005.11.8	2006.3.1
		建制镇规划建设管理办法	1995.6.29	1995.7.1
		市政公用设施抗灾设防管理规定	2008.9.18	2008.12.1
		停车场建设和管理暂行办法	1988.10.3	1989.1.1
		城建监察规定	1996.9.22	1996.9.22
	城乡规划行业管理	城市规划编制单位资质管理规定	2001.1.23	2001.3.1
		注册城市规划师职业资格制度暂行规定	1999.4.7	1999.4.71

第二节　城乡规划技术标准体系

　　城乡规划的制定与实施，既是一个城镇政府的行政职能，又是一门自然与社会科学相结合的综合学科，因此，它的编制与施行，不仅需要健全的城乡规划法规体系作保证，同时需要健全的城乡规划技术标准体系来科学规范。我国城乡规划标准的制定起步于20世纪80年代中期，到90年代初，随着《城市规划法》的颁布实施，先后批准发布了《城市用地分类与规划建设用地标准》、《城市用地分类代码》和《城市居住区规划设计规范》等标准。

　　城乡规划技术标准体系既是编制城乡规划的基础依据，又是依法规范城乡规划编制单位行为，以及政府和社会公众对规划制定和实施进行监督检查的重要依据。城乡规划设计的各项建设内容必须严格按照国家标准进行，规划中各项建设指标不突破强制性国家标准确定的指标控制值；政府和公众要通过与国家有关标准的对照，判断规划内容是否合法，建设行为是否符合要求；承担城乡规划编制的单位违背国家有关标准编制城乡规划，依违法情节的严重程度，要承担被责令改正、罚款、停业整顿、降低资质等级或吊销资质证书、赔偿等法律后果。

一、城乡规划技术标准体系的构成

城乡规划技术标准体系是工程建设标准体系的一个组成部分。我国工程建设标准体系包括15个部分，每部分体系包含若干个专业，每部分体系中的综合标准均涉及质量、安全、卫生、环保和公众利益等方面的目标要求或为达到这些目标而必需的技术及管理要求。每部分体系中所含各专业的标准分体系，按各自学科或者专业内涵排列，在体系框架中分为基础标准、通用标准和专用标准三个层次。第一层为基础标准，是指在某一专业范围内作为其他标准的基础并普遍使用，具有广泛指导意义的术语、符号、计量单位、图形、模数、基本分类、基本原则等的标准；第二层为通用标准，是针对某一类标准化对象制定的覆盖面较大的共性标准，它可作为制订专用标准的依据，如通用的安全、卫生和环保要求，通用的质量要求，通用的设计、施工要求与试验方法以及通用的管理技术等；第三层为专用标准，是指针对某一具体标准化对象或作为通用标准的补充、延伸制定的专项标准，覆盖面一般不大，如某种工程的勘察、规划；设计、施工、安装及质量验收的要求和方法，某个范围的安全、卫生、环保要求，某项试验方法，某类产品的应用技术以及管理技术等。

二、城乡规划技术标准体系框架

我国城乡规划的标准体系是以城市规划与村镇规划两个类别进行制定的，在住房和城乡建设部领导下分设为城市规划标准技术归口单位与村镇建设标准技术归口单位来实施管理工作。目前，正在执行的《城乡规划技术标准体系》共有城乡规划技术标准60项。其中，基础标准6项，通用标准17项，专用标准37项。这些技术标准规范涉及城乡规划编制标准、城市居住区规划、城市道路交通规划、城市公共设施规划、城市专项工程规划、城市历史文化名城保护规划、城市抗震防灾规划等有关内容。具体内容如表2-3所示。

表2-3 我国城乡规划技术标准体系框架

标准层次	标准类型	标准名称	现行标准
基础标准	术语标准	城乡规划基本术语标准	GB/T 50280—2015
	图形标准	城市规划制图标准	CJJ/T 97—2003
	分类标准	城市用地分类与规划建设用地标准	GB 50137—2011
		城市用地分类代码	CJJ 46—1991
		城市绿地分类标准	CJJ/T 85—2007
		城市规划基础资料搜集规程与分类代码	
		村镇规划基础资料搜集规程	
通用标准	城市规划	城市人口规模预测规程	
		城市用地评定标准	CJJ 23—2009
		城市环境保护规划规范	
		城市能源规划规范	
		城市工程地范质勘查	CJJ 57—1994
		历史文化名城保护规划规范	GB 50357—2005
		城市地下空间规划规范	

标准层次	标准类型	标准名称	现行标准
通用标准	城市规划	城市水系规划规范	GB 50513—2009
		城市用地竖向规划规范	CJJ 83—1999
		城市工程管线综合规划规范	GB 50289—1998
		城市综合防灾规划规范	
	村镇规划	村镇规划标准	
		村镇体系规划规范	GB 50188—2007
		村镇用地评定标准	
专用标准	城市规划	城市居住区规划设计规范	BG 50180—1993（2002）
		城市工业用地规划规范	
		城市仓储用地规划规范	
		城市公共设施规划规范	GB 50442—2008
		城市环境卫生设施规划规范	GB 50337—2003
		城市防地质灾害规划规范	
		城市消防规划规范	
		城市绿地设计规范	GB 50420—2007
		风景名胜区规划规范	GB 50298—1999
		城市岸线规划规范	
		区域风景与绿色系统规划规范	
		城镇老年人设施规划规范	GB 50437—2007
		城市给水工程规划规范	GB 50282—1998
		城市排水工程规划规范	GB 50318—2000
		城市电力规划规范	GB 50293—1999
		城市通信工程规划规范	
		城市供热工程规划规范	
		城市燃气工程规划规范	
		城市防洪工程规划规范	GB 50201—1994
		城市照明规划规范	
		城市加油（汽）站规划规范	
		城市综合交通规划规范	GB 50220—1995
		城市公共交通规划规范	
		城市停车设施规划规范	
		城市轨道交通线网规划编制规范	
		城市客运交通枢纽及广场交通规划规范	
		城市对外交通规划规范	
		城市道路交通规划设计规范	GB 50220—1995
		城市步行交通规划规范	
		城市自行车交通规划规范	
		城市道路绿化规划与设计规范	CJJ 75—1997

标准层次	标准类型	标准名称	现行标准
专用标准	城市规划	城市建设项目交通影响评估技术标准	BG 50180—1993
		城市道路交叉口规划规范	
		城市快速公交（BRT）规划规范	
	村镇规划	村镇居住用地规划规范	
		村镇生产与仓储用地规划规范	
		村镇公共建筑用地规划规范	CJJ/T 87—2000
		村镇绿地规划规范	
		村镇环境保护规划规范	
		村镇道路交通规划规范	CJJ/T 87—2000
		村镇公用工程规划规范	
		村镇防灾规划规范	

第三节 《城乡规划法》内容简介

一、制定《城乡规划法》的指导思想和重要意义

1.指导思想

制定《城乡规划法》的指导思想，是按照贯彻落实科学发展观和构建社会主义和谐社会的要求，统筹城乡建设和发展，确立科学的规划体系和严格的规划实施制度，正确处理近期建设与长远发展、局部利益与整体利益、经济发展与环境保护、现代化建设与历史文化保护等关系，强化城乡规划管理，协调城乡空间布局，改善人居环境，加强生态文明建设，实现城乡合理布局，节约资源，保护环境，体现特色，充分发挥城乡规划在引导城镇化健康有序发展、促进城乡经济社会可持续发展中的科学指导、统筹协调和综合调控作用。

2.重要意义

制定《城乡规划法》的根本目的，在于依靠法律的权威，运用法律的手段，保证科学、合理地制定和实施城乡规划，统筹城乡建设和发展，加强城乡规划管理，实现我国城乡的经济和社会发展目标，建设具有中国特色的社会主义现代化城市和社会主义新农村，从而推动我国整个经济社会全面、协调、可持续发展。

制定《城乡规划法》的重要意义，就在于与时俱进，通过新立法来提高城乡规划的权威性和约束力，进一步确立城乡规划的法律地位与法律效力，以适应我国社会主义现代化城市建设与社会主义新农村建设和发展的客观需要，使各级政府能够对城乡发展建设更加有效地依法行使规划、建设、管理的职能，从而保障我国城乡经济社会发展能够沿着法制化的轨道健康有序地前进。

制定《城乡规划法》的重要意义，还在于它是从我国国情和各地城市发展的实际出发，以多年来我国城市和乡村规划工作实践经验为基础，并借鉴国外规划的立法和法制化建设经验，集中全社会各方面的思想智慧和远见，进一步强化城乡规划管理的具体体现。它的出台，对于提高我国城乡规划的科学性、严肃性、权威胜、指导性和调控作用，加强城乡规划监督，协调城乡科学合理布局，保护自然资源和历史文化遗产，保护和改善人居环境，建设生态文明，促进我国经济社会全面协调可持续发展具有长远的重要意义。

二、《城乡规划法》的基本框架

《城乡规划法》共七章、七十条，对制定和实施城乡规划的重要原则和全过程的主要环节作出了基本的法律规定，成为我国各级政府和城乡规划主管部门工作的法律依据，也是人们在城乡发展建设活动中必须遵守的行为准则。《城乡规划法》的基本框架见表2-4所示。

表2-4 《城乡规划法》框架内容

章别	内含条款	框架内容
第一章 总则	共12条	城乡规划基本概念
		城镇体系规划
		城市、镇总体规划
		城市、镇详细规划
		乡规划和村庄规划
		规划区的划定
		制定和实施城乡规划的基本原则
		城乡规划与相关规划的协调
		城乡规划工作经费和技术保障
		城乡规划公开化与公众参与制度
		公民和单位的权利与义务
		城乡规划管理体制
第二章 城乡规划的制定	共13条	全国城镇体系规划编制与审批
		省域城镇体系规划编制与审批
		城市、镇总体规划编制与审批
		本级人大审议规则
		总体规划主要内容与强制性内容
		乡规划、村庄规划内容、编制与审批
		城市、镇控制性详细规划编制与审批
		修建性详细规划的编制
		编制城乡规划应具备基础资料
		城乡规划编制的公告要求
		城乡规划编制的专家审查和公众参与
		城乡规划编制单位资质要求
		注册城市规划师职业资格制度
第三章 城乡规划的实施	共18条	城乡发展和建设的指导思想
		城市新区开发必须注意的问题
		城市旧区更新必须注意的问题
		城市地下空间开发利用
		城市、镇近期建设规划内容和审批
		规划的重要用地禁止擅改用途
		城乡规划实施管理制度
		建设项目选址的规划管理
		建设用地（划拨方式）规划管理
		建设用地（出让方式）规划管理
		规划条件的规定
		建设工程规划管理
		乡村建设的许可和管理程序

章别	内含条款	框架内容
第三章　城乡规划的实施	共18条	建设用地范围以外不得作出规划许可
		变更规划条件应遵循的原则和程序
		临时建设的规划行政许可
		建设工程竣工后的规划核实
		建设工程竣工资料的规划管理
第四章　城乡规划的修改	共9条	规划实施情况的评估
		修改城乡规划的条件
		修改城镇体系规划的原则和程序
		修改总体规划的原则和程序
		修改乡规划、村庄规划的程序
		修改近期建设规划的原则和程序
		修改控制性详细规划的原则和程序
		修改修建性详细规划的原则和程序
		规划修改的补偿原则
第五章　监督检查	共7条	城乡规划监督检查范畴
		城乡规划人大监督
		城乡规划行政监督
		城乡规划公众监督
		对违法行为的行政处分
		对违法行为的行政处罚
		实施监督检查执法要求
第六章　法律责任	共10条	人民政府违法的行政法律责任
		城乡规划主管部门违法的行政法律责任
		相关行政部门违法的行政法律责任
		城乡规划编制单位违法的法律责任
		建设单位违法的法律责任
		乡村违法建设的法律责任
		临时建设违法的法律责任
		违反竣工验收制度的法律责任
		行政强制拆除规定
		违法行为的刑事法律责任
第七章　附则	共1条	本法自2008年1月1日起实施，原《城市规划法》同时废止

课后练习题

1.下列各类用地技术标准中，标准名称与所属分类对应关系不正确的是（　　　）

　A.《城市规划基本术语标准》——基础标准

　B.《城市用地分类与规划建设用地标准》——通用标准

　C.《城市居住区规划设计规范》——专用标准

　D.《镇规划标准》——通用标准

2.我国现行城乡规划法规体系框架中属于行政法规的是（　　　）

　A.城乡规划法　　　　　　　　　B.建制镇规划建设管理办法

　C.村庄和集镇规划建设管理条例　D.城市规划编制办法实施细则

3.城市绿地管理办法属于（　　）分类

    A.行政法规　　　　　　　　　　B.法律　　　　　　　　　　C.部门规章

    D.城市规划编制　　　　　　　　E.城市规划实施管理

4.下列规范中属于强制性标准的是（　　）

    A.《风景名胜区规划规范》　　　　B.《城市用地竖向规划规范》

    C.《城市道路交通规划设计规范》　D.《城市道路绿化规划与设计规范》

5.国家实行的城市建设和发展方针是（　　）

    A.严格控制大城市规模，合理发展中等城市和小城市

    B.严格控制大城市规模，合理发展中等城市，积极发展小城镇

    C.控制大城市规模，积极发展中等城市和小城市

    D.因地制宜，大、中、小城市协调发展

6.划分大、中、小城市的依据是（　　）

    A.城市的行政级别、经济总量　　B.城市的人口规模

    C.城市的地域范围　　　　　　　D.综合考虑上述各要素

7."一五"时期，国家的基本任务是集中力量进行（　　）

    A.国民经济恢复工作

    B.城镇建设工作

    C.大力发展工业

    D.以原苏联援助的156个建设项目为中心的、由694个建设单位组成的工业建设，以建立社会主义工业化的初步基础

8.1972年，国务院转批国家计委、建委、财政部《关于加强基本建设管理的几项意见》，其中"（　　）"，重新肯定了城市规划的地位

    A.城市的改建和扩建，要做好规划　　B.城市的发展和兴建，要做规划

    C.城市的长远发展，要做好规划　　　D.城市的稳定发展，要做好规划

9.纵向法规体系构成的原则包括（　　）两个方面

    A.同层次制定的法规文件必须由人大常委会审批通过

    B.下层次制定的法规文件必须符合上一层次法律、法规

    C.地方性法规文件必须符合国家人大和国务院制定的法律、法规

    D.地方性法规可以根据当地实际情况，适当修改国家法律、法规

10.根据我国城乡规划技术标准的层次，下列正确的是（　　）

    A.《城市用地分类代码》——通用标准

    B.《城市用地评定标准》——基础标准

    C.《历史文化名保护规范》——专用标志

    D.《城市居住区规划设计规范》——专用标志

    E.《城市规划基础资料收集规程与分类代码》——基础标准

    F.《城市水系规划规范》——通用标准

    G.《城市用地竖向规划规范》——专用标准

    H.《城市道路交通规划设计规范》——专用标准

11.《防洪标准》属于城乡规划技术标准层次中的（　　）

    A.综合标准　　　　　　　　　　B.基础标准

    C.通用标准　　　　　　　　　　D.专用标准

12. 根据《中华人民共和国城乡规划法》的规定,其第一章总则中的内容不包括(   )

A. 本法的立法目的和宗旨

B. 城乡规划的组织编制和审批机构、权限、审批程序

C. 城乡规划与其他规划的关系

D. 城乡规划编制和管理的经费来源保障

13. 《城乡规划法》第二条规定,本法所称的城乡规划包括(   )

A. 城镇城市规划、镇规划、乡规划

B. 城镇城市规划、镇规划、乡规划和村庄规划

C. 城镇体系规划、城市规划、镇规划、村庄规划

D. 城镇体系规划、城市规划、镇规划、乡村庄规划

14. 根据现行城乡规划法律规范的规定,下列关于审批城乡规划的程序内容表述中不符合规定的是(   )

A. 经依法批准的城乡规划,是城乡建设和规划管理的依据;城乡规划组织编制机关应当及时公布经依法批准的城乡规划

B. 在城市规划法律规范中一般规定城乡规划由组织编制机关上报

C. 省域城镇体系规划、城市总体规划、城市近期建设规划和城市区域专项规划批准前,审批机关应当组织专家和有关部门进行审查;城乡规划审批机关在对上报的城乡规划组织审查同意后,予以书面批复

D. 城乡规划行政程序对于在社会主义市场经济条件下城乡规划的制定和实施这样一项事关城乡建设发展全局的重要环节,涉及城市公众利益和相关方面合法权益的行政行为

15. 历史文化名城最基本有效的保护方法是(   )

A. 划定保护区和控制地带

B. 编制历史文化名城保护规划,依法实施规划管理

C. 遗产保护与旅游开发相结合

D. 保护传统格局、风貌和空间尺度,古城保护与新区建设相结合

16. 建设项目选址规划管理是城乡规划主管部门行使城乡规划实施管理职责的第一步,它的主要任务是(   )

A. 可持续协调各方面关系,提高建设项目的经济、社会与环境的综合效益

B. 履行城乡规划的宏观调控职能

C. 保证建设项目的选址布局符合城乡规划

D. 规范建设选址规模,促进城乡统筹和协调发展

E. 综合协调建设项目选址中的各种矛盾,促进建设项目前期工作顺利进行

17. 根据《城乡规划法》的规定,下列关于省域城镇体系规划、城市总体规划、镇总体规划以及控制性详细规划、修建性详细规划、乡规划、村庄规划等修改的前提条件表述中正确的是(   )

A. 乡规划、村庄规划的修改应当采取听证会的形式,听取利害关系人的意见

B. 省域城镇体系规划、城市总体规划修改前应当对原规划的实施情况进行总结,并向原审批机关报告

C. 控制性详细规划的修改涉及总体规划强制性内容的,应当先向原审批机关提出专题报告,经同意后方可编制修改方案

D. 修建性详细规划应当对修改的必要性进行论证,征求规划地段内利害关系人的意见,并向原审批机关提出专题报告,经原审批机关同意后,方可编制修改方案

18.城乡规划行政监督检查是城乡规划行政主管部门的（　　）行政行为，不需要征得行政相对人的同意

    A.谨慎性   B.客观性   C.强制性   D.固定性

19.根据《城乡规划法》的规定，下列关于城乡规划编制审批管理有关的法律责任内容的表述中不符合规定的是（　　）

    A.以欺骗手段取得资质证书承揽城乡规划编制工作的，由原发证机关吊销资质证书，依照有关规定处以罚款；造成损失的，依法承担赔偿责任

    B.城乡规划组织编制机关委托不具有相应资质等级的单位编制城乡规划的，由上级人民政府责令改正，通报批评

    C.未按法定程序编制、审批、修改城乡规划的，由上级人民政府责令改正，通报批评；对有关人民政府负责人和其他直接责任人员依法给予处分

    D.城乡规划编制单位超越其资质等级许可的范围承揽城乡规划编制工作，造成情节严重的，由所在地城市、县人民政府城乡规划主管部门降低资质等级或者吊销资质证书

20.根据《城市规划编制办法》的规定，下列关于城市规划编制组织的有关内容表述中错误的是（　　）

    A.修建性详细规划可以由有关单位依据控制性详细规划及建设主管部门提出的规划条件，委托城市规划编制单位编制

    B.控制性详细规划由城市人民政府建设主管部门（城乡规划主管部门）依据已经批准的城市总体规划或者城市分区规划组织编制

    C.承担城市规划编制的单位，应当取得城市规划编制资质证书，并在资质等级许可的范围内从事城市规划编制工作

    D.城市人民政府应当依据城市近期建设规划，结合国民经济和社会发展规划以及土地利用总体规划，组织制定总体规划

21.根据《城市规划编制办法》的规定，城市总体规划的成果应包括（　　）

    A.规划文本和研究报告   B.规划文本、图纸及附件

    C.纲要文本、研究报告及附件   D.规划文本、说明、相应的图纸和研究报告

22.《城乡规划法》明确规定，近期建设规划应当以（　　）为重点内容，明确近期建设的程序、发展方向和空间布局

    A.生态环境保护   B.中低收入居民住房建设

    C.基本农田和绿化用地   D.公共服务设施

    E.重要基础设施

23.建设项目选址规划管理是建设用地规划管理和建设工程规划管理的重要前提，其中心任务是（　　）

    A.综合协调建设项目选址中出现的各种矛盾和问题，为建设单位提供规划服务

    B.保证建设项目的选址布局符合城乡规划

    C.履行城乡规划所担负的宏观调控职能

    D.加强建设项目的前期论证工作促进该工作的顺利进行

24.根据《城乡规划法》的规定，下列关于建设工程规划管理的概念表述中不符合规定的是（　　）

    A.需要建设单位编制修建性详细规划的建设项目应提交修建性详细规划，向城市、县人民政府城乡规划主管部门或者省、自治区：直辖市人民政府确定的镇人民政府申请办理建设工程规划许可证

B.建设工程规划管理主要划分为建筑工程（建筑物、构筑物）、道路交通工程、市政管线工程等三大类型

C.市政管线工程系指以新建、扩建、改建的方式所进行的给水排水（雨水、污水）、电力通讯、地铁等建设工程及其附属设施

D.建筑工程系指以新建、扩建、改建的方式所进行的各类房屋建设工程，以及房屋建筑附属或单独使用的各类构筑物

25.《城乡规划法》规定，根据临时建设和临时用地规划管理的主要任务，城乡规划主管部门对临时建设和临时用地项目的审核内容主要有（　　　）

A.必须明确规定临时建设和临时用地的使用期限，临时建设须在批准的使用期限内自行拆除

B.审核报送的临时建设和临时用地工程总平面图，确定建设用地范围界限和面积等，对建设用地申请提出审核意见

C.审核该临时建设和临时用地项目是否对周边环境，尤其是历史文化保护、风景名胜保护、医院、学校、住宅、商场、科研、易燃易爆设施等造成干扰和影响

D.审核该临时建设和临时用地项目是否对城镇道路正常交通运行、消防通道、公共安全、市容市貌和环境卫生等构成干扰和影响

E.以近期建设规划或者是控制性详细规划为依据，审核该临时建设和临时用地项目是否影响近期建设规划和控制性详细规划的实施

26.建设工程竣工验收后（　　　）内，建设单位应向城乡规划主管部门报送有关竣工验收资料，以便城乡规划主管部门收集、整理、保管各项建设工程竣工资料，建立完整、准确、系统、可靠的城镇建设档案

A.1个月　　　　　B.2个月　　　　　C.3个月　　　　　D.6个月

27.城市规划经批准后，城市人民政府应当公布。公布的目的是（　　　）

A.便于开发单位和群众了解、参与和监督

B.便于群众了解、参与和监督

C.便于开发单位积极参与开发

D.便于招商引资、吸引各方面来参与开发和建设

28.城市规划实施管理实行一种制度，这种制度概括为（　　　）

A.一书三证制度　　　　　　　　　B.一书两证制度

C.两书两证制度　　　　　　　　　D.一证两书制度

29.《城乡规划法》规定："镇人民政府根据镇总体规划的要求，组织编制镇的控制性详细规划"。该规定集中体现了（　　　）

A.保持地方特色、民族特色的原则　　B.先规划、后建设的原则

C.控制性详细规划全覆盖的原则　　　D.下为规划服从上位规划的原则

城乡规划依法行政

教学目标与要求

了解：城乡规划依法行政的特点和依据，行政立法的表现形式，城乡规划行政机构的现状和存在的问题。

熟悉：城乡规划行政机构的权限、机构职能、机构设置及其主要职责。

掌握：城乡规划依法行政行为中行政执法的具体内容和依法行政制度的内容。

依法行政是指国家行政机关遵循依法的原则行使行政权的行为，即行政机关依法对国家社会事务进行管理的行为。城乡规划行政主管部门依法对城乡规划的编制、审批、实施和监督检查行使行政权，综合指导和安排城乡各项建设用地和建设工程活动，并对全过程实施监督检查的行为，称之为城乡规划依法行政。

第一节　城乡规划依法行政特点及依据

一、城乡规划依法行政的特点

城乡规划依法行政具有系统性、综合性、长期性、现实性、地方性和公众参与性等特点。它的对象是整个城乡范围，是要通过依法行政把城乡规划目标与城乡建设紧密结合起来，保证城乡规划实施。

1.系统性

现代城市是一个多功能、高度聚集的有机综合体，是一个高度复杂的动态巨系统。这就决定了城乡规划的编制、审批、实施是一个系统工程。城乡规划依法行政系统性不仅表现为其对象的系统性，而且表现为管理工作的系统性和城乡规划法规体系的系统性。城乡规划依法行政必须具有系统的观念，以系统工程的方法来进行。

2.综合性

城乡规划是一项战略性、综合性很强的工作。城乡规划要协调处理城乡发展远期、中期与近期、需要与可能、生产与生活、局部与全局、地上与地下、平时与战时、经济效益与社会效益、环境效益以及物质文明建设与精神文明建设之间的各种关系，综合考虑、统筹安排各项建设活动。因此，城乡规划依法行政具有很强的综合性，城乡规划依法行政的成败直接关系到城乡的综合效益和整体素质。

城乡规划行政主管部门不是单纯的建设部门，而是一个综合服务的部门，要搞好城乡的居住、工业、道路交通、商业、医疗、文化、卫生、体育、基础设施、园林绿化等各项设施的建设，离不开城乡规划的统筹安排和实施管理。城乡规划依法行政通过运用城乡规划和综合管理手段使各项建设各得其所，获得最佳综合效益。

3.长期性

城乡发展建设不是一朝一夕就能实现的，城乡规划依法行政是一项长期性工作。在依法行政过程中，必须熟悉城市的历史沿革、现状发展情况，并能准确预测其未来发展趋势，以增强城乡规划工作的连续性和权威性，避免单纯追求眼前利益而牺牲长远利益的短期行为。

4.现实性

城乡规划是一项实践性很强的工作，其指导思想是面向未来，立足现实，统筹兼顾，综合部署。依法行政工作要充分考虑城乡发展的客观需要和现实的可能性，不能好高骛远，要正确处理近期建设和远景发展的关系，具有远见卓识。

5.地方性

由于各个城市的地理位置、自然环境、历史沿革、特色、社会经济发展情况不同，城乡规划的地方性特征十分明显。这就要求城乡规划依法行政不能简单用一个标准、一种模式进行规划管理，必须因地制宜，针对具体城市制定适宜的规划和管理制度。

6.公众参与性

城乡规划的制定和实施，不仅体现了政府的意志，也是全体市民意志的表现。专家参与、群众监督，是保证城乡规划顺利实施的基础。规划审批的政策法规公开，审批管理程序的公开，管理人员职责和审批结果的公开，是依法行政的具体体现。

二、城乡规划依法行政的依据

城乡规划依法行政的依据，主要有计划依据、规划依据、法制依据和经济技术依据等。这四个方面的依据也是进行城乡规划编制、审批、实施管理和监督检查的依据。

1.计划依据

包括国民经济和社会发展计划、部门计划、建设项目计划等，具体有：

① 城市经济和社会发展中长期计划；

② 城市经济和社会发展五年计划；

③ 城市建设年度计划；

④ 建设项目设计任务书或可行性研究报告；

⑤ 批准的计划投资文件；

⑥ 技术改造项目计划批准文件；

⑦ 城市建设综合开发计划批准文件。

2.规划依据

包括国土规划、区域规划、城镇体系规划、城市总体规划、详细规划等，具体有：

① 城市发展战略研究成果；

② 城镇体系规划文件与图纸（全国、省域、市域、县域城镇体系规划）；

③ 城市总体规划纲要；

④ 已经批准的城市总体规划文件与图纸；

⑤ 专项规划文件与图纸；

⑥ 近期建设规划文件与图纸；

⑦ 控制性详细规划文件与图纸；

⑧ 修建性详细规划文件与图纸或模型；

⑨ 城乡规划和村庄规划；

⑩ 历史文化名城名镇名村保护规划；

⑪ 风景名胜区规划；

⑫地下空间开发与利用规划；

⑬经城乡规划行政主管部门提出的规划设计条件、审批同意的用地红线图、总平面布置图、市政道路设计图、建筑设计图和工程管线设计图等；

⑭城乡规划行政主管部门发出的规划设计变更通知文件；

⑮城乡规划主管部门核发的"一书三证"。

3. 法律法规依据

包括城乡规划主干法、城乡规划专项法和相关法。它是由国家法律、法规、行政规章和地方法规、行政规章和技术标准所组成，具体有：

①《中华人民共和国城乡规划法》及其相关法律文件；

②建设部、国家计委联合发布的《建设项目选址规划管理办法》；

③建设部发布的《城市规划编制办法》以及其他部门规章和批准性管理文件；

④各省、自治区、直辖市颁布的城乡规划法实施办法；

⑤地方各级人大和政府在自己的权限范围内根据国家法定文件所制定的适合于本地条件的地方法规、地方规章和其他批准性管理文件；

⑥城乡规划行政主管部门制定的行政制度和工作程序；

⑦城乡规划行政主管部门核发的各种建设活动许可证，包括选址意见书、建设用地规划许可证、建设工程规划许可证和临时用地许可证、临时建设许可证以及其他方面的许可证件；

⑧城乡规划行政主管部门对违法（章）用地和违法（章）建设的处理决定。

4. 经济技术依据

包括国家有关科学技术政策、城乡建设政策、专业技术经济规范、相关技术经济规范等，具体有：

①《中国城市建设技术政策》（即国家科委蓝皮书）；

②国家在城乡规划建设方面的经济技术定额指标和经济技术规范；

③根据国家的经济技术要求编制的地区性经济技术要求文件；

④城乡规划行政主管部门提出的经济技术要求。

第二节　城乡规划依法行政行为和制度

城乡规划行政主管部门依法进行城乡规划方面的行政立法、行政执法和行政司法的行为则为城乡规划依法行政行为。依法行政行为具体表现为依法实施制定法规政策、决策执行公务、处理事务、协调关系、组织、管理以及监督检查和进行行政处罚等形式。依法行政根据法律、法规、行政条例的规定组织实施城乡规划，是具有法律效力、产生法律后果的行为。

一、行政立法

城乡规划行政立法是指城市政府和城乡规划行政主管部门依法制定有关城乡规划方面的具有法律效力的规范性文件的活动。其具体表现为建立健全城乡规划法规体系、制定法规文件，进行法规协调、清理、修改、授权解释、废止和审批城乡规划等方面。

1. 建立健全城乡规划法规体系

2008年新《城乡规划法》的颁布实施，要求城乡规划相关部门及时以《城乡规划法》为核心，建立一套完善的包括国家城乡规划实施行政法规、地方城乡规划法规、部门规章、城乡规划技术标准等的城乡规划法规体系。

2. 法规协调

城乡规划行政主管部门的一项重要职责，就是协调各种有关法规文件。国务院城乡规划行政主管部门要对各项需要制定的和修改的法律、行政法规以及部门规章提出协调意见，以免其与城乡规划方面的法律、行政法规和部门规章相抵触。同时，国务院城乡规划行政主管部门在制定部门规章时还要征求各省、自治区、直辖市城乡规划行政主管部门的意见。省、自治区、直辖市城乡规划行政主管部门要对本辖区各项需要制定和修改的地方法规和地方规章提出协调意见。各市、县城乡观划行政主管部门要对本市、县各项需要制定和修改的地方法规、地方规章、行政措施提出协调意见。

3.法规的清理、修改、授权解释和废止

城乡规划行政立法不可少的内容，就是对于已有的城乡规划法规按照立法程序进行清理、修改、授权解释和废止。如1989年发布的《城市规划法》在发布新的《城乡规划法》中明文规定自2008年1月1日起废止。国家建委1980年12月26日发布的《城市规划编制审批暂行办法》就是建设部在发布新的《城市规划编制办法》中明文规定自1991年4月1日起废止的。

二、行政执法

城乡规划行政执法是指城乡规划行政主管部门在规划管理权限范围内，按照法定规划管理程序，对建设用地和建设工程进行管理和监督，包括核发"一书三证"、行政监督检查、行政处罚、行政处分、行政强制执行等方面。

1.核发"一书三证"

《城乡规划法》规定，我国城镇规划实施管理实行"一书两证"（选址意见书、建设用地规划许可证和建设工程规划许可证）的规划管理制度，乡村规划管理实行乡村建设规划许可证制度。

法律规定的选址意见书、建设用地规划许可证、建设工程规划许可证、乡村建设规划许可证构成了我国城乡规划实施管理的主要法定手段和形式。其中核发选址意见书属于行政审批，建设用地规划许可、建设工程规划许可或乡村建设规划许可属于行政许可。城乡规划行政主管部门依法核发"一书三证"是依法行政、严格执法、保证各项建设用地和建设工程符合城乡规划，确保城乡规划实施的关键环节，是城乡规划主管部门的一项日常行政执法工作。

2.行政监督检查

《城乡规划法》第五章"监督检查"中规定了城乡规划工作中人大监督、公众监督、行政监督，以及各项监督检查措施等内容。其目的就是从法律上明确城乡规划的监督管理制度，进一步强化城乡规划对城乡建设的引导和调控作用，促进城乡建设健康有序发展。

在《城乡规划法》中，对于城乡规划工作行政监督的规定包括两个方面的内容：其一是县级以上人民政府及其城乡规划主管部门对下级政府及其城乡规划主管部门执行城乡规划的编制、审批、实施、修改情况的监督检查；其二是县级以上地方人民政府城乡规划主管部门对城乡规划实施情况进行的监督检查，即通常所说的对管理相对人的监督检查。包括严格验证有关土地使用和建设申请的申报条件是否符合法定要求，有无弄虚作假；复验有关用地的坐标、面积等与建设用地规划许可证规定是否相符；对已领取建设工程规划许可证并放线的建设工程，履行验线手续，检查其坐标、标高、平面布局等是否与建设工程规划许可证相符；建设工程竣工验收前，检查核实有关建设工程是否符合规划设计条件；各地普遍开展的查处违法建设的行动等，这些都属于此类监督检查的范畴。

行政监督检查包括上一级城乡规划行政主管部门对下一级城乡规划行政主管部门城乡规划工作的考察、了解、催办、纠正、指令、检查、评比等内容，也包括城乡规划行政主管部门对建设单位和个人关于建设用地、建设工程方面的申请、审查、发证和对"一书三证"执行过程中的行政监督检查，以便及时制止和查处违法用地和违法建设行为。

3.行政处罚

行政处罚是城乡规划行政主管部门依法对违反城乡规划、违反法规规定的有关单位和个人所进行的惩戒行为。《城乡规划法》第六十四条对未取得建设工程规划许可证或者违反建设工程规划许可证的规定进行建设所应承担的行政法律责任做了规定。对违法建设追究行政法律责任的方式是行政处罚，根据违法建设行为的不同阶段和情节轻重，县级以上地方人民政府城乡规划主管部门采取下列行政措施和进行行政处罚。包括责令停止建设，责令限期改正并处罚款，限期拆除，没收实物或者违法收入并处罚款。

4.行政处分

根据《城乡规划法》第六十一条的规定，县级以上人民政府有关部门违反《城乡规划法》的规定，有下列行为之一的，应承担行政法律责任：

① 对未依法取得选址意见书的建设项目核发建设项目批准文件；

② 未依法在国有土地使用权出让合同中确定规划条件或者改变国有土地使用权出让合同中依法确定的规划条件；

③ 对未依法取得建设用地规划许可证的建设单位划拨国有土地使用权。

县级以上人民政府有关部门违反《城乡规划法》的规定，有上述行为之一的，由本级人民政府或者上级人民政府有关部门责令改正，通报批评；对直接负责的主管人员和其他直接资任人员，依法给予处分。

5.行政强制执行

行政强制执行是指公民、法人或者其他组织不履行行政机关依法所作的行政处理决定中规定的义务，有关行政机关依法强制其履行义务。《城乡规划法》第六十八条规定，城乡规划主管部门作出责令停止建设或者限期拆除的决定后，当事人不停止建设或者逾期不拆除的，建设工程所在地县级以上地方人民政府可以责成有关部门采取查封施工现场、强制拆除等措施。《行政诉讼法》规定，公民、法人或者其他组织对具体行政行为在法定期间不提起诉讼又不履行的，行政机关可以申请人民法院强制执行，或者依法强制执行。城乡规划主管部门作出责令停止建设或者限期拆除的决定后，当事人在法定期间有权提出行政复议或直接向法院提起诉讼，行政复议或诉讼期间不影响执行。

三、依法行政制度

城乡规划依法行政制度是指城乡规划主管部门依法对城乡规划进行编制、审批、实施、监督的制度。

1.城乡规划编制制度

《城乡规划法》明确了城乡规划体系的基本框架，规定城乡规划包括城镇体系规划、城市规划、镇规划、乡规划和村庄规划，并对应于各级政府管理事权。

① 根据《城乡规划法》第十二条规定：住房和城乡建设部会同国务院有关部门组织编制全国城镇体系规划。《城乡规划法》第十三条规定，省、自治区人民政府负责组织省域城镇体系规划的编制。

② 根据《城乡规划法》第十四条的规定：城市和镇人民政府负责组织编制城市总体规划。城市人民政府在组织编制城市总体规划的过程中，要坚持"政府组织、专家领衔、部门合作、公众参与、科学决策"的规划编制组织原则。在政府的统一领导下，由城乡规划主管部门牵头组织发展改革部门、国土资源管理部门以及基础设施、生态环境保护等相关部门，共同编制。对涉及城市发展目标与空间布局、资源与环境保护、区域与城乡统筹等重大专题的咨询和论证，应当聘请相关领域的资深专家领衔担任专题负责人。要重视发挥专家作用，加强对总体规划纲要、成果等环节的技术把关。在规划修编工作的各个阶段，都要充分征求有关部门和单位的意见。广泛征求公众的意见，推进科学民主决策；要采取多种方式，广泛听取社会各界意见，扩大公众参与程度，增强规划修编工作的公开性和透明度。

③《城乡规划法》规定：城市或县人民政府所在地镇的控制性详细规划，由城市或县人民政府的城乡规划主管部门组织编制，经本级人民政府批准后，报本级人民代表大会常务委员会和城市人民政府备案。其他镇的控制性详细规划由镇人民政府组织编制，报上一级人民政府审批。控制性详细规划报送审批前，组织编制机关应当依法将规划草案予以公告，并采取论证会、听证会或者其他方式征求专家和公众的意见，并在报送审批的材料中附具意见采纳情况及理由。控制性详细规划是城市规划、镇规划实施管理的最直接法律依据，是国有土地使用权出让、开发和建设管理的法定前置条件。

④《城乡规护法》规定：城市、县人民政府城乡规划主管部门和镇人民政府可以组织编制重要地块的修建性详细规划。这就是说，只有城市、镇的重要地块（如历史文化街区、景观风貌区、中心区、交通枢纽等）可以由政府组织编制，其他地区的修建性详细规划组织编制主体是建设单位。各类修建性详细规划由城市、县人民政府城乡规划主管部门依法负责审定。根据各地多年的实践，重要地段的修建性详细规划通常应当报城市或县人民政府审批。各地可以根据实际情况，制定修建性详细规划审批管理的具体办法。

⑤ 乡规划由乡人民政府组织编制。编制乡规划、应首先依据经过法定程序批准的所在地的城市总体规划、县域村镇体系规划，结合乡的经济社会发展水平，对乡的各项建设做出统筹布局与安排。乡规划包括乡域规划和乡驻地规划。

⑥ 村庄规划应以行政村为单位，由所在地的镇或乡人民政府组织编制。村委会应制定人员参与村庄规划编制过程，并协助做好规划相关工作。编制村庄规划，首先要依据经过法定程序批准的镇总体规划或乡总体规划，同时也要充分考虑所在村庄的实际情况，在此基础上，对村庄的各项建设作出具体的安排。

各级政府组织编制城市、镇、乡和村规划法律制度的确立，体现了"政府的主要职责是把城市、镇、乡和村规划好、建设、管理好"和"城乡规划是城市政府主要职能"的立法思想。

2.城乡规划审批制度

（1）城镇体系规划审批制度

建设部会同国务院有关部门组织编制全国城镇体系规划，报国务院审批。省域城镇体系规划由国务院审批，并明确了省域城镇体系规划的报批程序。首先，规划在上报国务院前，须经本级人民代表大会常务委员会审议，审议意见和根据审议意见修改规划的情况应随上报审查的规划一并报送。其次，规划上报国务院后，由国务院授权国务院城乡规划主管部门负责组织相关部门和专家进行审查。

（2）城市总体规划审批制度

城市总体规划采取分级审批，并明确了规划的报批程序。直辖市的城市总体规划由直辖市人民政府报国务院审批。省、自治区人民政府所在地的城市以及国务院确定的城市的总体规划，由省、自治区人民政府审查同意后报国务院审批。其他城市的总体规划，由城市人民政府报省、自治区人民政府审批。

县人民政府所在地镇的总体规划（包括县域村镇体系规划和县城区规划）由县人民政府报上一级人民政府审批。其他镇的总体规划由镇人民政府报上一级人民政府审批。

（3）详细规划审批制度

《城乡规划法》规定：城市或县人民政府所在地镇的控制性详细规划，由城市或县人民政府的城乡规划主管部门组织编制，经本级人民政府批准后，报本级人民代表大会常务委员会和城市人民政府备案。其他镇的控制性详细规划由镇人民政府组织编制，报上一级人民政府审批。

各类修建性详细规划由城市、县人民政府城乡规划主管部门依法负责审定。根据各地多年的实践，重要地段的修建性详细规划通常应当报城市或县人民政府审批。各地可以根据实际情况，制定修建性详细规划审批管理的具体办法。

县人民政府所在地镇的控制性详细规划，由县人民政府城乡规划主管部门报县人民政府审批。经批准后，报本级人民代表大会常务委员会和上一级人民政府备案。其他镇的控制性详细规划由镇人民政府报上一级人民政府审批。

县人民政府所在地镇的重要地块的修建性详细规划由县人民政府城乡规划主管部门报县人民政府审批。其他镇的重要地块的修建性详细规划由镇人民政府报上一级人民政府审批。县人民政府所在地镇的非重要地块修建性详细规划由建设单位报县人民政府城乡规划主管部门审批。其他镇的非重要地块修建性详细规划由建设单位报上一级人民政府城乡规划主管部门审批。

（4）乡规划审批制度

乡规划应当由乡人民政府先经本级人民代表大会审议，然后将审议意见和根据审议意见的修改情况与规划成果一并报送县级人民政府审批。

（5）村庄规划审批制度

村庄规划，必须经村民会议或者村民代表会议讨论同意后，方可由所在地的镇或乡人民政府报县级人民政府审批。

3.城乡规划实施制度

（1）城市、镇"一书两证"和"乡村建设规划许可证"制度

《城乡规划法》明确规定了建设项目选址、建设用地规划管理和建设工程规划管理，必须由城乡规划行政主管部门分别核发建设项目选址意见书设用地规划许可证和建设工程规划许可证的法律规定。建设项目选址意见书、建设用地规划许可证和建设工程规划许可证简称"一书两证"。建立健全"一书两证"制度，严格执行"一书两证"制度，是保证城乡建设按照城乡规划进行、保证依法行政的关键环节。"一书两证"工作是城乡规划行政主管部门在建设项目选址、建设用地管理和建设工程管理过程中的核心工作，是加强城乡规划实施管理的最有效手段。

乡村建设规划管理：在乡、村庄规划区内进行乡镇企业、乡村公共设施和公益事业建设的，建设单位或者个人应当向乡、镇人民政府提出申请，由乡、镇人民政府报城市、县人民政府城乡规划主管部门核发乡村建设规划许可证。进行乡镇企业、乡村公共设施和公益事业建设以及农村村民住宅建设，确需占用农用地的，应当办理农用地转用审批手续后，由城市、县人民政府城乡规划主管部门核发乡村建设规划许可证。建设单位或者个人在取得乡村建设规划许可证后，方可办理用地审批手续。

（2）城乡规划监督检查制度

《城乡规划法》专门设立了"监督检查"一章，强化了对城乡规划工作的人大监督、公众监督、行政监督，以及各项监督检查措施。其目的就是从法律上明确城乡规划的监督管理制度，进一步强化城乡规划对城乡建设的引导和调控作用，促进城乡建设健康有序发展。监督检查包括县级以上人民政府及其城乡规划主管部门对城乡规划编制、审批、实施、修改的监督检查；地方人大常委会或者乡、镇人民代表大会对城乡规划的实施情况的监督；城乡规划主管部门对城乡规划的实施情况进行监督检查时有权采取的措施及监督检查情况和结果的处理；上级人民政府城乡规划主管部门对有关城乡规划主管部门的行政处罚的监督等。

（3）竣工验收制度

建设工程从开工至竣工是一个连续的产品生产过程，在这个过程中，对于建设单位在建设活动中是否严格遵守规划许可的要求，城乡规划主管部门需要进行必要的监督检查。建设工程竣工后的规划核实，是城乡规划实施监督检查中最重要的、不可忽视的环节。

规划核实应当是建设工程竣工验收之前，城乡规划主管部门进行的建设工程是否符合规划许可的检验，主要是对建设工程是否按建设工程规划许可证及其附件、附图确定的内容进行建设进行现场审核。对于符合规划许可内容要求的，要核发规划核实证明；对于经核实建设工程违反许可的，要及时依法提出处理意见。经规划核实不合格的或者未经规划核实的建设工程，依据相关法律规定，建设单位不得组织竣工验收。

按照《城乡规划法》的规定，建设单位应当在竣工验收6个月内向城乡规划主管部门报送有关竣工验收资料，对于未按法律规定报送有关竣工验收资料的，要承担相应的法律责任。

（4）民主监督制度

城乡规划的严肃性体现在已经批准的城乡规划必须遵守和执行，公众监督是保障城乡规划严肃性的重要途径之一。按照《城乡规划法》的规定，县级以上人民政府及其城乡规划主管部门的监督检查，县级以上地方各级人民代表大会常务委员会或者乡、镇人民代表大会对城乡规划工作的监督检查，其基本情况和处理结果都应当依法公开，供公众查阅和监督。

将监督检查情况和处理结果公开，对于保障行政相对人、利害关系人和公众的知情权，加强对行政机关的监督具有重要意义。首先，将监督检查情况和处理结果予以公开，可以使社会公众了解权力机关、行政机关的执法及监督过程和理由，从而有利于社会公众对权力机关、行政机关的行为进行监督；第二，对于行政相对人、利害关系人来说，监督检查情况和处理结果公开，有助于其了解权力机关、行政机关监督检查的情况，以决定是否对自身权益采取相关保护措施，寻求相应的司法救济；第三，对于公众来说，监督检查情况和处理结果公开，使其可以了解自己需要的信息，知道什么是法律允许的、什么是法律禁止的，以保障自己的行为在法律允许的范围内。

4.城乡规划依法行政的法律责任制度

法律责任，是指违反法律的规定而必须承担的法律后果。法律责任是由法律作出规定，由法律规定的机关依法追究。法律责任是法律的重要组成部分，它是法律运行、实施的保障，是法治不可或缺的要素。没有法律责任作为最后的保障，任何法律都将流于形式，成为一纸空文。法律责任按违法行为的性质不同可以分为民事法律责任、行政法律责任和刑事法律责任三大类。具体采取哪一种法律责任形式，应当根据调整违法行为人所侵害的社会关系的性质、特点以及侵害的程度等多种因素来确定。违反《城乡规划法》强制性规定和有关民事、刑事法律规定的，即构成《城乡规划法》规定的法律责任。

第三节　城乡规划行政主管部门

《城乡规划法》的颁布实施，标志着我国城乡规划进入依法行政的新阶段。按照《城乡规划法》第十二条、第十三条的规定：国务院城乡规划行政主管部门负责全国的城乡规划工作，省、自治区人民政府负责省域城镇体系规划的工作，县级以上地方人民政府城乡规划行政主管部门具有城乡规划编制权、行政处罚权等权限，这就从法律上对城乡规划管理体制提出了要求，即从国家到直辖市、省（自治区）、建制市、县人民政府都要层层建立城乡规划行政主管部门，负责本行政区域内的城乡规划工作。

一、城乡规划行政机构现状

1.机构设置"上大下小"

住房与城乡建设部设城乡规划司，各省、自治区在省（自治区）建委或建设厅设城乡规划处，个别地方设城建处负责城乡规划工作。直辖市均设市规划局。设市城市中大部分设城市规划局。全国1461个县（2010年统计资料）部分设有县规划局，其中也有在县建委或建设局内设一个规划局。发达地区建制镇一般设有规划办，欠发达地区建制镇一般根据情况设置规划办或专职人员，不发达地区建制镇一般仅设有专门负责城市规划管理工作的人员，而往往还是兼职的。

2.土地规划"二合为一"

部分大城市实行市规划局和土地管理局两块牌子、一套班子的二合一体制，有的称"城乡规划土地管理局"，有的称"土地规划局"，有的称"国土规划局"，有的称"规划土地局"等。

二、城乡规划行政机构存在的问题

1.机构设置与城乡规划职能不相适应

城乡规划是城市人民政府意志的体现，是对城乡各项建设的综合部署，是实现城乡社会经济目标的综合性手段，是建设城乡和管理城乡的依据，而目前有些地方行政机构设置情况却不能体现城乡规划行政机构的重要性。少数地方的土地管理局、环保局、房地产局、园林局、市政管理局等机构，都是城市政府的一级局、二级局，而城乡规划管理机构仅仅是一个处或科，甚至不能直接参加市政府序列局级会议，不能直接对城乡规划方面的问题发表意见，当然对城乡规划的综合指导和协调作用就难以发挥。城乡规划管理机构的地位卑微与其所承担的综合职能极其不相对应。城乡规划作为城市发展建设的"龙头"地位和作用，没有在我国行政机构的设置上体现出来。

2.机构设置缺乏统一规范

城乡规划管理机构的设置不规范，主要表现在：一是名称不规范统一，有的称为城乡规划管理局，有的称为土地管理局，还有的称为规划处、规划办等；二是行政归属不规范，有的直属市政府，有的直属市建委，还有的直属城建局等；三是行政级别不规范，有政府序列一级局，有科级，还有的什么级别都算不上；四是编制不规范，有的是行政编制，有的是事业编制，还有自筹经费的编外人员。

3.机构设置缺乏系统性

规划在具体实施过程中，往往会出现许多难以预料的复杂问题，而我国的城乡规划管理机构，还未形成稳定的完成的规划管理机构体系。一些发达城市建立了市级、区级、街道办事处三级规划管理体系，但大部分的城市只有二级模式，很多复杂繁琐的规划管理工作，仅仅依靠市、区级规划管理机构来应对，人少事多，无暇顾及城市的各个地区的各个方面，往往会出现力不从心的情形，导致城市发展建设中出现各种各样不尽如人意的问题。

4.城乡规划管理人员严重不足

1987年11月城乡建设环境保护部《关于加强城市规划管理工作的若干规定》再次强调："按照原国家建委（79）建发城字第14号文件的规定，省、自治区一级规划设计、科研和管理人员应不少于该辖区范围内的城镇非农业人口总数的万分之零点五；城市一级规划设计、科研和管理人员应不少于该城市非农业人口总数的万分之一"。尽管全国从事规划设计、科研和管理的人员数量逐年增长，但远不能满足城市规划管理工作的需要。例如，哈尔滨市2013年至2014年6月底，查处违纪违法建设案件1785处，长春市2013年下半年排查存在安全隐患、市容环境综合整治违法建筑2623处，由于管理队伍力量不足，难以应付复杂局面。

三、城乡规划行政机构的权限

《城乡规划法》的有关规定，城市政府及其城乡规划行政主管部门依法行政有以下9种权限。

1.城乡规划编制权

《城乡规划法》第二章中赋予省、自治区人民政府、城市政府及其规划行政主管部门在城镇体系规划、总体规划和详细规划中的具体编制权。

2.城乡规划审批权

《城乡规划法》第十三条至第十六条规定了城乡规划实行分级审批,城乡规划行政主管部门具有代表城市人民政府进行审查的权限和对部分详细规划的直接审批权。

3.城乡规划修改权或调整权

《城乡规划法》第四十六条至第四十九条实质上规定了城乡规划行政主管部门对于城市总体规划具有进行局部调整或者进行重大变更即修改的权限。

4.建设项目立项参与权

《城乡规划法》第三十六条规定了城乡规划行政主管部门有权参与建设项目设计任务书(可行性研究报告)阶段的选址工作。设计任务书报请批准时,必须附有城乡规划行政主管部门核发的建设

5.建设用地核定权

《城乡规划法》第三十七条明确规定了城乡规划行政主管部门具有对于建设用地申请进行审查,核定其用地位置和界限,核发建设用地规划许可证的权力。

6.用地调整权

《城乡规划法》第四十三条规定了城市政府及其规划行政主管部门对于城乡建设用地具有用地调整权。

7.建设工程审定权

《城乡规划法》第四十条明确规定了城乡规划行政主管部门具有对各项建设工程进行审查,核发建设工程规划许可证的权力。

8.监督检查权

《城乡规划法》第五十一条至第五十七条规定了城乡规划行政主管部门对各项建设用地和建设工程自始至终具有监督检查权。

9.行政处罚权

《城乡规划法》第六章明确规定了城市政府和城乡规划行政主管部门对违法建设活动具有责令停止建设、限期拆除、没收或责令限期改正、并处罚款等的行政处罚权。

四、机构职能

2008年7月10日国务院办公厅关于印发了《住房和城乡建设部主要职责内设机构和人员编制规定》通知,其中对国务院城乡规划行政主管部的职责作了规定:"研究制订全国城市发展规划,指导和管理城市规划、城市勘察和市政工程测量工作;负责国务院交办的城市总体规划和历史文化名城审查报批工作;参与制订国土规划和区域规划"。建设部城乡规划司的主要职责是:

①拟订城乡规划的政策和规章制度;

②组织编制和监督实施全国城镇体系规划;

③指导城乡规划编制并监督实施;

④指导城市勘察、市政工程测量、城市地下空间开发利用和城市雕塑工作;

⑤承担国务院交办的城市总体规划、省域城镇体系规划的审查报批和监督实施;

⑥承担历史文化名城(镇、村)保护和监督管理的有关工作;

⑦制定城乡规划编制单位资质标准并监督实施。

从已经颁布的各省、自治区、直辖市的城乡规划法实施办法来看,不少省、自治区、直辖市的城乡规划法实施办法对城乡规划行政主管部门的主要职责作了明确的规定。

五、机构设置

城乡规划管理体制是国家和地方人民政府城乡规划主管部门机构的设置、职权的划分与运行等各种制度的总称。《城乡规划法》第十一条对我国城乡规划管理体制作出了明确规定。其中，城乡规划主管部门包括：国务院城乡规划主管部门，根据职能分工由建设部承担；省、自治区城乡规划主管部门，根据职能分工，由省、自治区建设厅承担；直辖市城乡规划主管部门，根据职能分工一般由各市规划局承担；市的城乡规划主管部门，根据职能分工一般由市规划局承担；县的城乡规划主管部门，根据职能分工，由县规划局或者承担城乡规划职能的建设局承担。

贯彻落实《城乡规划法》，要求县级以上人民政府必须明确具体的城乡规划主管部门，以保证城乡规划的测定、实施、修改、监督检查等各个方面的职能依法有效行使。结合当地的具体情况，地方人民政府应当尽快健全城乡规划管理机构。以便确立城乡规划行政主管部门的法律地位，保证城乡规划依法行政的施行。机构设置应做好以下工作：

① 加强省（自治区）建设厅规划处力量；
② 设市城市应设置规划局；
③ 县应设置规划局；
④ 市辖区应设置规划分局；
⑤ 建制镇应设置派出机构；
⑥ 规划部门应有建设监察队伍。

表3-1是某市城乡规划局职能部门设置及主要职责，供参考。

表3-1　某市城乡规划局职能部门设置及主要职责

序列	职能部门名称	职能部门管理职责范围
1	局办公室	协助局领导对有关工作进行综合协调和督促检查；负责局机关政务运行和各项管理制度的起草并组织实施；负责以部门名义下发文件的审核、制发工作；负责重要会议的组织和会务工作；负责秘书事务、文书档案、公共关系、提案和议案办复、信访、保密、保卫工作；负责办公自动化工作；负责局机关和所属单位目标管理工作；负责组织编制机关和所属单位财务年度计划及城市改造建设项目、固定资产投资计划；负责局机关和所属单位收费项目管理；负责局预算内、外资金和财务、会计业务管理；负责局机关和所属单位国有资产管理、财务审计等工作；负责局机关公共事务和行政后勤管理工作
2	城乡规划设计研究院	主要从事城市总体规划、分区规划、控制性详细规划、修建性详细规划、风景区规划、城市交通规划、城市单项市政工程规划、城市防灾规划、城市设计及建筑工程设计等业务。资质范围为城市规划设计、建筑工程设计及相关工程设计咨询
3	政策法规处	拟订城乡规划立法规划和年度计划；拟订地方性法规和政府规章草案；承担局机关规范性文件的合法性审核工作；承担本部门行政复议、行政应诉有关工作；负责建设项目的开工验线、竣工规划核实；组织行政许可、行政处罚听证会；负责对涉及处的项目进行审核；负责对下级城乡规划主管部门依法行政情况进行指导和监督
4	总规划师办公室（规划编制处）	负责牵头组织编制、审核、报批城市总体规划、控制性详细规划；负责牵头组织编制、审核、报批风景名胜区、自然保护区、历史保护区等规划；负责城乡规划经济效益情况的分析工作，提出运用规划调控手段促进经济社会发展的政策建议；负责组织制定年度城乡规划编制计划、城乡规划发展战略及公共政策研究工作，拟订局规划管理技术规定；负责为总体规划、控详规划、城市设计等规划编制提供经济测算分析工作；负责对出让地块、城市重点地段、基础设施项目规划方案及规划方案容积率调整进行经济效益分析工作；负责拟订规划管理经济效益分析规章制度；负责组织总体规划、控制性详细规划方案的论证、招标及成果利用等工作；负责规划设计行业管理工作；负责局规划管理信息系统及"规划公园"网站的管理工作，对局信息中心、规划编制研究中心进行行业业务指导；负责哈尔滨市城乡规划委员会办公室日常工作

序列	职能部门名称	职能部门管理职责范围
5	行政审批办公室	负责局本级行政许可及其他行政审批事项的受理、审批和办复工作，负责牵头组织行政许可及行政审批事项的勘查、论证、审核、上报等相关工作，负责行政审批决定送达和行政许可证件的发放管理工作，负责制定和完善本部门行政许可和行政审批项目的工作程序、工作制度以及行政审批专用章的使用和管理工作；负责对城市规划区内绿线的管理和调整；负责建设用地（含地下空间）规划管理的综合指导工作；负责会同国土部门对"招、拍、挂"类项目的综合指导工作；负责组织年度住房建设规划编制工作；负责组织城市规划区内绿地规划的审查工作；参与江河流域规划、区域规划、城市土地利用总体规划、城市总体规划的编制、全市社会经济发展规划和建设规划、用地计划的制定工作
6	建设工程规划管理处	负责全市涉及建筑审批管理的业务指导和监督检查工作；负责组织建筑设计专业审查局长办公会；负责大型公共设施项目的建筑设计方案和方案图纸的业务指导；负责落实全市建设项目配套公共服务设施等政策方面的监督、检查工作；负责建筑风格、色彩及建筑立面改造等涉及建筑特色方面专项规划的实施工作
7	基础设施规划管理处	负责城市道路及轨道工程、河湖水系工程、城市防灾工程、地下空间利用工程、环境保护和环境卫生工程、公园绿地工程以及供排水、电力、电讯、燃气、供热等基础设施工程规划审批管理的业务指导和监督检查工作；负责对城市规划区内红线、黄线、蓝线的管理和调整工作；负责组织建立全市地下管网地理信息系统；参与城市总体规划和专项规划编制工作
8	乡镇规划管理处	负责指导、检查郊区乡镇规划编制和各县（市）城乡规划编制工作；负责对郊区乡镇规划成果和各县（市）规划成果的审核工作；负责监督各县（市）城乡规划管理工作
9	城市设计处	负责组织协调全市总体城市设计及重要片区、地段城市设计编制、审查（批）；负责组织协调全市环境综合整治相关工程的规划编制、审批；负责组织全市灯饰亮化工程规划编制、审批；负责全市雕塑、小品等公共艺术工程的规划编制、审批及重点地段户外广告、牌匾等城市形象相关设施的指导和审核；负责组织重要片区、地段城市设计竞赛、设计方案评审及招标工作
10	名城保护规划管理处	组织编制名城保护规划；负责对城市规划区内紫线的管理和调整；负责历史城区、历史文化街区、历史院落和历史建筑保护范围内新建、扩建和改建工程审批；负责历史建筑修缮和维护工程审批；组织历史建筑和历史文化街区的普查认定；负责在历史建筑和历史文化街区核心保护范围内非历史建筑上设置牌匾的审核；组织筹措名城与保护建筑管理专项基金；检查、指导哈市所辖县（市）的保护建筑管理工作
11	测绘管理处	组织编制测绘发展规划；指导建设数字城市和地理信息系统；负责测绘单位的资质管理和行业管理；负责本市地图市场和各种专题地图以及地理信息的监督和管理；负责测量标志、地籍测绘、行政区域界限测绘；负责测绘成果及质量的管理；负责指导测绘行政执法工作并查处违法行为；负责城市测量的管理，指导所辖县（市）的测绘管理工作
12	规划管理执法监察局	对城市规划区范围内建设工程的监察管理，并对违法建设工程进行调查处理；负责对城乡规划局审批的建设工程的跟踪管理；负责对测绘执法及市政基础设施建设的管理监察；负责对城市保护建筑的管理域保护，并对违法案件进行调查处理
13	人事处	负责局机关和所属单位的人事、工资、机构编制、奖惩、培训、专业技术职务评聘等管理工作；负责机关和指导所属单位离退休干部管理工作。负责局机关和所属单位干部的调配管理、选拔培养、考察任用的组织落实和所属单位领导班子建设的管理工作
14	纪检监察室	负责机关和所属单位的纪检、监察工作
15	机关党委	负责机关和所属单位的党群工作
16	派出机构	市城乡规划局分局

课后练习题

1.试以法治的基本要求论述城乡规划管理如何实现依法行政。

2.城乡规划依法行政的依据是什么？为什么以此为依据？

3.新形势对依法行政的要求有哪些？

4.依法行政的特点有哪些？

5.如何解决城乡规划行政机构现状存在的问题？

第四章

城乡规划方针政策

教学目标与要求

了解：国家在城乡规划建设方面制定的方针政策，尤其是和谐社会、社会主义新农村及核心价值观在城乡规划中的作用，了解节能设计的意义，加强土地管理的相关措施。

熟悉：科学发展观的本质、核心、基本要求和根本方法，转变经济发展方式的具体措施，城乡规划效能监察中监督员的作用。

掌握：城乡规划中节能省地型住宅和公共建筑设计的政策措施，城乡规划对道路、广场、容积率的控制指标要求。

方针是引导事业发展前进的方向和目标。政策是国家或政党为实现一定历史时期的路线而制定的行动准则。方针政策是在一定的时期内，与时俱进地指导、调控、推动经济社会发展和城乡发展建设的指南针、方向盘和推进器，是城乡规划编制、实施和监督管理必须遵循的基本原则和重要依据，每一个城乡规划工作者都应当了解、熟悉和自觉遵守，以保障城乡规划的顺利实施。

近年来，住房和城乡建设部与有关部门针对城乡规划建设中出现的一些重大问题和具体事项，如节能与环保、土地管理、住房建设、城乡规划效能监察等联合发布了通知或指导意见，这些都属于具体政策的范畴，是城乡规划工作应当遵循、不能违背的重要内容。

第一节　国家有关方针政策

一、贯彻科学发展观

科学发展观，是指我国经济社会的各项发展事业都必须坚持"以人为本、全面、协调、可持续"的科学发展。科学发展观的第一要义是发展，核心是以人为本，基本要求是全面、协调、可持续发展，根本方法是统筹兼顾。这四句话是对科学发展观的科学内涵、精神实质、根本要求的集中概括。它深刻地体现了新的发展阶段和新的时代对党和国家工作以及我国经济社会发展和城乡规划建设的新要求。

1.发展是科学发展观的第一要义

邓小平同志强调："发展才是硬道理"，"中国解决所有问题的关键是要靠自己的发展"。当代中国的主题是发展，科学发展观是用来指导发展的，不能离开发展这个主题。离开了发展，科学发展观就成了无源之水，无本之木。推进中国特色社会主义伟大事业，关键是要紧紧抓住发展这个第一要义，深刻领会第一要义，始终贯穿第一要义，切实抓好第一要义。强调第一要义是发展，就是要牢牢抓住经济建设这个中心，聚精会神搞建设、一心一意谋发展，不断解放和发展社会生产力，为发展中国特色社会主义奠定坚实和丰厚的物质基础。

2.以人为本是科学发展观的本质和核心

以人为本，就是以实现人的全面发展为目标，从人民群众的根本利益出发谋发展、促发展，不断满足人民群众日益增长的物质文化需要，切实保障人民群众的经济、政治和文化权益，让发展的成果惠及全体人民。科学发展观强调的以人为本，这个"人"，是人民群众，这个"本"，是人民群众的根本利益。以人为本是发展的目的，以经济建设为中心是达到这个目的的手段。

3.全面、协调、可持续发展是科学发展观的基本要求

全面，是指发展要有全面性、整体性、全局性，不仅经济发展，而且各个方面都要发展；协调，是指发展要有协调性、均衡性，各个方面、各个环节的发展要相互适应、相互促进；可持续，是指发展要有持久性、连续性，不仅当前要发展，而且要保证长远发展。

① 全面发展　就是要按照中国特色社会主义事业总体布局，以经济建设为中心，全面推进经济、政治、社会、文化建设，实现经济发展和社会全面进步。

② 协调发展　就是要统筹城乡发展、统筹区域发展、统筹经济社会发展、统筹人与自然和谐发展、统筹国内发展和对外开放。统筹城乡发展，就是要以城带乡、以工促农、城乡互动，促进城乡经济社会一体化的发展。城乡统筹发展的核心目的是缩小城乡差距，共同发展；统筹区域发展，就是要继续发挥各个地区的优势和积极性，逐步扭转地区差距扩大的趋势；统筹经济社会发展，就是要在大力推进经济发展的同时，更加注重加快社会发展，加大对社会事业的投入，大力发展科技、教育、文化、卫生、体育等事业，做好就业和社会保障工作，逐步理顺收入分配关系；统筹人与自然和谐发展，就是要处理好经济建设、人口增长与资源利用、生态环境保护的关系，在推进发展中充分考虑资源和环境的承受力，统筹考虑当前发展和未来发展的需要，既积极实现当前发展目标，又为未来发展创造有利条件，积极发展循环经济，实现自然生态系统和社会经济系统的良性循环；统筹国内发展和对外开放，就是要适应全球化深入发展的新形势，在更大范围、更广领域和更高层次上参与国际经济技术合作，不断提高对外开放水平。

③ 可持续发展　就是要促进人与自然的和谐，实现经济发展和人口、资源、环境相协调，坚持走生产发展、生活富裕、生态良好的文明发展道路，保证一代接一代地永续发展。我国人口众多，资源短缺，生态脆弱，在发展过程中不仅要尊重经济规律，更要尊重自然规律，充分考虑资源和生态环境的承载能力，积极转变经济社会发展的增长方式，不断加强生态建设和环境保护，一定要合理开发和节约利用各种自然资源。

4.统筹兼顾是科学发展观的根本方法

随着改革开放的深入和现代化建设的推进，我们面对的社会利益主体更多，领域更广，利益关系也更复杂。我国经济社会发展还不够全面，城乡二元经济结构局面亟待改变，地区发展很不平衡，经济的快速增长对资源、环境的压力日益加大，经济社会发展中的各种利益关系变得越来越复杂，矛盾重重。这就要求我们的发展要更加注重统筹兼顾，把现代化建设各领域各环节统筹好、协调好，把社会各阶层各群体的利益关系统筹好、协调好，在大力推进经济建设的同时促进政治建设、文化建设、社会建设共同发展。

二、构建和谐社会

社会和谐是中国特色社会主义的本质属性，是国家富强、民族振兴、人民幸福的重要保证。社会主义和谐社会，是经济建设、政治建设、文化建设、社会建设以及生态文明建设协调发展的社会；是人与人、人与社会、人与自然整体和谐的社会。构建社会主义和谐社会，是我们党全面贯彻落实科学发展观，从中国特色社会主义事业总体布局和全面建设小康社会全局出

发提出的重大战略任务，反映了建设富强民主文明和谐的社会主义现代化国家的内在要求，体现了全党全国各族人民的共同愿望。

1.落实区域发展总体战略，促进区域协调发展

构建和谐社会，首先要促进区域的均衡发展、协调发展、共同发展。推进区域经济社会协调发展，就要继续深入推进西部大开发，全面振兴东北地区等老工业基地，大力促进中部地区崛起，鼓励东部地区率先发展，形成分工合理、特色明显、优势互补的区域产业结构，推动各地区共同发展。

2.统筹推进城镇化和社会主义新农村建设，促进城乡协调发展

要坚定地走中国特色城镇化道路，促进大中小城市和小城镇协调发展，着力提高城镇综合承载能力，发挥城市对农村的辐射带动作用，促进城镇化和新农村建设良性互动。要深化农村改革、调整优化农村经济结构，积极稳妥地推进城镇化，发展壮大县域经济。各级政府要把基础设施建设和社会事业发展的重点转向农村，国家财政新增教育、卫生、文化等事业经费和固定资产投资增量主要用于农村，逐步加大政府土地出让金用于农村的比重。实行最严格的耕地保护制度，从严控制征地规模，加快征地制度改革，提高补偿标准，探索确保农民现实利益和长期稳定收益的有效办法，解决好被征地农民的就业和社会保障。要加大统筹城乡发展力度，把解决好"三农"问题作为重中之重的工作，进一步强化强农惠民政策，协调推进工业化、城镇化和农业农村现代化，让农民有一个幸福生活的美好家园。

3.坚持教育优先发展，促进教育公平；加强医疗服务，提高人民健康水平；加快发展文化事业和文化产业，满足人民群众文化需求

坚持公共教育资源向农村、中西部地区、贫困地区、边疆地区、民族地区倾斜，逐步缩小城乡、区域教育发展差距，推动公共教育协调发展。健全医疗卫生服务体系，重点加强农村三级卫生服务网络和以社区卫生服务为基础的新兴城市卫生服务体系建设。加强公益性文化设施建设，鼓励社会力量捐助和兴办公益性文化事业，加快建立覆盖全社会的公共文化服务体系，优先安排关系群众切身利益的文化建设项目，突出抓好广播电视村村通工程、社区和乡镇综合文化站（室）工程、全国文化信息资源共享工程。加强历史文化遗产保护和非物质文化遗产保护。加强城乡社区体育设施建设，广泛开展全民健身活动，提高竞技体育水平。

4.加强环境治理保护，促进人与自然相和谐

要以解决危害群众健康和影响可持续发展的环境问题为重点，加快建设资源节约型社会。环境友好型社会。实施重大生态建设和环境整治工程，有效遏制生态环境恶化趋势。统筹城乡环境建设，加强城市环境综合治理，改善农村生活环境和村容村貌。要以工业、交通建筑为重点，大力推进节能减排，提高能源效率，积极发展循环经济和节能环保产业，加强适应和减缓气候变化的能力建设，大力开发低碳技术，发展新能源和可再生能源，搞好节能、节地、节水、节材工作，建设低碳生态城市。要处理好人与自然、建筑、城市、乡村的关系，促进人与自然的和谐相处和协调发展。

5.着力保障和改善民生，促进社会和谐进步

要重视和大力加强文化建设，继承和弘扬中华民族优秀传统文化，发展公益性文化事业，保障人民群众的基本需求和权益。要千方百计扩大就业，拓宽就业、择业、创业渠道，鼓励自主创业、自谋职业等多种形式灵活就业；以创业带动就业，构建和谐劳动关系。要全面做好人口工作，促进人口长期均衡发展，优先发展社会养老服务事业，加强社会服务建设，建立健全基本公共服务体系，切实维护社会和谐稳定。要加快推进以改善民生、保障民生等重点的社会建设，促进社会公平正义，完善社会管理，激发社会创造活力，创造人与社会、人与人和谐相处的局面，推动社会和谐发展和进步。

三、建设社会主义新农村

建设社会主义新农村，就是要全面贯彻落实科学发展观，统筹城乡经济社会发展，实行工业反哺农业、城市支持农村和"多予少取放活"的方针，按照"生产发展、生活宽裕、乡风文明、村容整洁、管理民主"的要求，协调推进农村经济建设、政治建设、文化建设、社会建设和生态文明建设，全面提高我国农村经济社会发展建设的整体水平。在加强农村基础设施建设，改善社会主义新农村建设的物质条件方面，主要应做好以下三方面的工作。

1. 大力加强农田水利、耕地质量和生态建设

在搞好重大水利工程建设的同时，不断加强农田水利建设。加大大型排涝泵站技术改造力度，配套建设田间工程。加快发展节水灌溉，继续把大型灌区续建配套和节水改造作为农业固定资产投资的重点。大力推广节水技术。实行中央和地方共同负责，逐步扩大中央和省级小型农田水利补助专项资金规模。切实抓好以小型灌区节水改造、雨水集蓄利用为重点的小型农田水利工程建设和管理。继续搞好病险水库除险加固，加强中小河流治理。要大力加强耕地质量建设，实施新一轮沃土工程，科学施用化肥，引导增施有机肥，全面提升地力。农业综合开发重点支持粮食主产区改造中低产田和中型灌区节水改造。按照建设环境友好型社会的要求，继续推进生态建设，切实搞好退耕还林、天然林保护等重点生态工程，稳定完善政策，培育后续产业，巩固生态建设成果。继续推进退牧还草、山区综合开发。加强荒漠化治理，积极实施沙漠化地区和东北黑土地区等水土流失综合防治工作。建立和完善水电、采矿等企业的环境恢复治理责任机制，从水电、矿产等资源的开发收益中，安排一定的资金用于企业所在地环境的恢复治理，防止水土流失。

2. 加快乡村基础设施建设

要着力加强农民最急需的生活基础设施建设。在巩固人畜饮水解困成果基础上，加快农村饮水安全工程建设，优先解决高氟、高砷、苦咸、污染水及血吸虫病区的饮水安全问题。有条件的地方，可发展集中式供水，提倡饮用水和其他生活用水分质供水。要加快农村能源建设步伐，在适宜地区积极推广沼气、秸秆气化、小水电、太阳能、风力发电等清洁能源技术。大幅度增加农村沼气建设投资规模，有条件的地方，要加快普及用户用沼气，支持养殖场建设大中型沼气。以沼气池建设带动农村改圈、改厕、改厨。尽快完成农村电网改造的续建配套工程。加强小水电开发规划和管理，扩大小水电带燃料试点规模。要进一步加强农村公路建设，基本实现全国所有乡镇通油（水泥）路，东、中部地区所有具备条件的建制村通油（水泥）路，西部地区基本实现具备条件的建制村通公路。要积极推进农业信息化建设，充分利用和整合涉农信息资源，强化面向农村的广播电视电信等信息服务，重点抓好"金农"工程和农业综合信息服务平台建设工程。引导农民自愿出资出劳，开展农村小型基础设施建设。按照建管并重的原则，逐步把农村公路等公益性基础设施的管护纳入国家支持范围。

3. 加强村庄规划和人居环境治理

随着生活水平提高和全面建设小康社会的推进，农民迫切要求改善农村生活环境和村容村貌。各级政府要切实加强村庄规划工作，安排资金支持编制村庄规划和开展村庄治理试点；可从各地实际出发制定村庄建设和人居环境治理的指导性目录，重点解决农民在饮水、行路、用电和燃料等方面的困难。凡符合目录的项目，可给予资金、实物等方面的引导和扶持。加强宅基地规划和管理，大力节约村庄建设用地，向农民提供经济安全适用、节地节能节材的住宅设计图样。引导和帮助农民切实解决住宅与畜禽圈舍混杂问题，搞好农村污水、垃圾治理，改善农村环境卫生。注重村庄安全建设，防止山洪、泥石流等灾害对村庄的危害，加强农村消防工作。村庄治理要突出乡村特色、地方特色和民族特色，保护具有历史文化价值的古村落和古民宅，要本着节约原则，充分立足现有基础进行房屋和设施改造，防止大拆大建，防止加重农民负担，扎实稳步地推进村庄治理。

4.引领新农村向田园风光建设阶段迈进

2011年到2015年末，中国大陆城镇人口比重从51.27%到56.10%，城市"包围"农村的新格局坐实并将进一步巩固。在高城镇化率时期，新常态语境下村庄发展和建设备受关注，也曲折艰难。国际农村建设普遍经历三阶段发展，即农田设施建设阶段（20～30年）、基础设施建设阶段（30～50年）、田园风光建设阶段（持续进行）。对比我国农村目前情况，基本完成了农田设施建设阶段，进入基础设施建设阶段的中期，少量开展了田园风光建设。现有部门政策推进的乡村建设效果不明显，证明了乡村延传几千年的自主内生发展具有强盛的生命力。因此，农村只有通过对自己地域资源的重新认识和深入挖掘，激发农村发展活力，借助良好的区位优势和基础设施（尤其是交通）条件，摆脱过度外部依赖，与城市错位对接，城乡融合发展，最终实现城乡等值化，走自主内生发展的新型城镇化模式道路。

四、转变经济发展方式

1.经济结构进行战略性调整

坚持把经济结构战略性调整作为加快转变经济发展方式的主攻方向。构建扩大内需长效机制，促进经济增长向依靠消费、投资、出口协调拉动转变，形成消费、投资、出口协调拉动经济增长新局面，保持经济平稳较快发展。加强农业基础地位，提升制造业核心竞争力，发展战略性新兴产业，加快发展服务业，促进经济增长向依靠第一、第二、第三产业协同带动转变。

2.加强技术进步与创新

坚持把科学进步和创新作为加快转变经济发展方式的重要支撑。深入实施科教兴国战略和人才强国战略，充分发挥科技第一生产力和人才第一资源作用，提高教育现代化水平，完善科技创新体制机制，增强自主创新能力，壮大创新人才队伍，推动发展向主要依靠科技进步、劳动者素质提高、管理创新转变，加快建设创新型国家。

3.切实保障和改善民生

坚持以人为本，把保障和改善民生作为加快转变经济发展方式的根本出发点和落脚点。完善保障和改善民生的制度安排，把促进就业放在经济社会发展优先位置，构建和谐劳动关系，加快发展各项社会事业，推进基本公共服务均等化，加大收入分配调节力度，健全覆盖城乡居民的社会保障体系，坚定不移地走共同富裕道路，使发展成果惠及全体人民。

4.建设资源节约型、环境友好型社会

坚持把建设资源节约型、环境友好型社会作为加快转变经济发展方式的重要着力点。深入贯彻节约资源和保护环境基本国策，构建资源节约、环境友好的生产方式和消费模式，树立绿色、低碳发展理念，节约能源，降低温室气体排放强度，大力发展循环经济，推广低碳技术，加大环境保护力度，积极应对气候变化，促进经济社会发展与人口资源环境相协调，走可持续发展之路。

5.坚持改革开放

改革开放以来，我国经济、社会、文化发展发生了巨大变化。必须继续坚持把改革开放作为加快转变经济发展方式的强大动力。要加快改革攻坚步伐，坚定推进经济、政治、文化、社会等领域改革，加快构建有利于科学发展的体制机制，最大限度解放和发展生产力。实施互利共赢的开放战略，与国际社会共同应对全球性挑战、共同分享发展机遇。以开放促发展、促改革、促创新，进一步提高改革开放水平。

五、落实社会主义核心价值观

1.把社会主义核心价值观融入城市规划建设管理

在城乡规划工作中传承中华传统文化，加大历史文化名城、名镇、名村的保护力度，延续

传统风貌。将培育和宣传社会主义核心价值观与贯彻落实国务院《关于推进文化创意和设计服务与相关产业融合发展的若干意见》相结合，倡导建筑设计企业和专业设计人员在建筑设计创作过程中，坚持以人为本、安全集约、生态环保和传承创新的理念。立足本土文化，研究完善建筑工程设计招投标和建筑设计方案竞选制度，重视对设计方案文化内涵的审查。加强对户外广告设施管理，使其符合市容市貌的整体风格。组织、开展全国城市节水宣传周活动，通过群发短信、制作张贴宣传画和宣传典型等方式，提高公众节水意识。推动垃圾减量和垃圾分类，制作刊播公益广告片和垃圾分类动画片，建设垃圾分类主题公园和垃圾处理循环产业园，将节能减排、循环利用理念融入产业园区建设。

2.把社会主义核心价值观融入行业精神文明建设

用精神文明创建活动承载社会主义核心价值观，用社会主义核心价值观丰富精神文明创建内容。要以创"优美环境、优良秩序、优良作风"为主要目标，深入开展"创建文明机关、争做人民满意公务员"活动，在巩固教育实践活动成果、形成良好政风行风上狠下工夫。加大文明行业创建力度，深入开展"文明行业"、"文明单位"、"文明景区""文明窗口"、"文明站所"、"青年文明号"创建活动。公园景区要做好文明旅游宣传引导工作，培育人们守法旅游、文明旅游的意识和习惯。在全系统深入开展勤劳节俭教育，弘扬中华民族吃苦耐劳、戒奢克俭的优良品德，开展全行业的节约活动，让勤俭节约蔚然成风。各级住房城乡建设部门要紧紧围绕中心工作，围绕践行社会主义核心价值观，精心设计一些群众喜闻乐见、易于参与的活动载体，提高精神文明创建活动的吸引力。

3.把社会主义核心价值观融入行业诚信建设

切实加强诚信教育，将诚信教育列入各类职业教育培训内容，引导从业人员牢固树立诚信为本、操守为重的意识。在企业中开展"诚敬做产品"活动，引导企业遵守社会公德、职业道德，诚信守法，履行企业在经济发展、节能减排、员工保障、扶贫帮困等方面的社会责任。把诚信文化融入行业规范和企业精神，让诚实守信变成大家的自觉行动。加强诚信体系建设和制度完善，建好全国建筑市场诚信信息平台，完善监管信息系统，定期公布诚信信息，强化舆论引导和社会监督，推动诚信建设健康发展。广泛开展诚信实践活动，着力解决群众反映强烈、社会危害严重的失信问题，提高行业的公信力和信誉度。

4.把社会主义核心价值观融入窗口单位建设

在公园景区等窗口单位和服务行业开展以"我友善、我圆梦"为主题的"友善服务"活动，开展以弘扬雷锋精神为主题的社会志愿服务活动。组织窗口单位和服务行业开展岗位练兵、技能比武，培育和推出一批素质过硬、作风扎实、群众认可的岗位明星、业务标兵和技术能手。引导干部职工积极争创"文明服务标兵"、"群众满意窗口"，选择一批基础较好的窗口单位，打造窗口行业示范点。在窗口单位和服务行业设立善行义举榜，大力宣扬凡人善举。

第二节 其他有关城乡规划方针政策

一、节能

1.节能

建设部于2006年发布了《关于贯彻（国务院关于加强节能工作的决定）的实施意见》（建科［2006］23号），要求提高城乡规划编制的科学性，从源头上转变城乡建设方式，具体内容如下。

（1）城乡规划编制和实施要充分体现节约资源的基本国策

制定全国城镇体系规划、省域城镇体系规划要从节约能源的角度，统筹考虑城镇空间布局和规模控制以及重大基础设施布局。制定城市总体规划，要根据本地区的环境、资源条件，科学确定发展目标、方式、功能分区、用地布局，确定交通发展战略和城市公共交通总体布局，落实公交优先政策，确定主要对外交通设施和主要道路交通设施布局，限制高能耗产业用地规模。乡村规划要符合乡村体系布局，规划建设指标必须符合国家规定。严禁高能耗、高污染企业向乡镇转移，不得为国家明确退出和限制建设的各类企业安排用地。

（2）从规划源头控制高耗能居住建筑的建设

各地应根据当地住房的实际状况以及土地、能源、水资源和环境等综合承载能力，分析住房需求，制定住房建设规划，合理确定当地新建商品住房总面积的套型结构比例。城乡规划主管部门要会同建设、房地产主管部门将住房建设规划纳入当地国民经济和社会发展中长期规划和近期建设规划，按建设资源节约型和环境友好型城镇的总体要求，合理安排套型建筑面积90m² 以下住房为主的普通商品住房和经济适用住房布局。

2. 节能省地型住宅和公共建筑

建设部2005年发布了《关于发展节能省地型住宅和公共建筑的指导意见》（建科［2005］78号）文件，其中对城乡规划工作中发展节能省地型住宅和公共建筑提出了具体的要求。

（1）充分认识发展节能省地型住宅和公共建筑的重要意义

我国是一个发展中国家，人均能源资源相对贫乏。但在城乡建设中，增长方式比较粗放，发展质量和效益不高；建筑建造和使用能源资源消耗高、利用效率低的问题比较突出；一些地方盲目扩大城市规模，规划布局不合理，乱占耕地的现象时有发生；重地上建设、轻地下建设的问题还不同程度地存在。资源、能源和环境问题已成为城镇发展的重要制约因素。各地要充分认识到发展节能省地型住宅和公共建筑，做好建筑节能节地节水节材工作，是落实科学发展观、调整经济结构、转变经济增长方式的重要内容，是保证国家能源和粮食安全的重要途径，是建设节约型社会和节约型城镇的重要举措。

（2）建筑节地

在城镇化过程中，要通过合理布局，提高土地利用的集约和节约程度。重点是统筹城乡空间布局，实现城乡建设用地总量的合理发展、基本稳定、有效控制；加强村镇规划建设管理，制定各项配套措施和政策，鼓励、支持和引导农民相对集中建房，节约用地；城市集约节地的潜力应区分类别来考虑，工业建筑要适当提高容积率，公共建筑要适当提高建筑密度，居住建筑要在符合健康卫生和节能及采光标准的前提下合理确定建筑密度和容积率；要突出抓好各类开发区的集约和节约占用土地的规划工作。要深入开发利用城市地下空间，实现城市的集约用地。进一步减少黏土砖生产对耕地的占用和破坏。

（3）主要政策措施

加强城乡规划的引导和调控。充分发挥城乡规划在推进节能省地型住宅和公共建筑建设中的重要作用，统筹城乡发展，促进城镇发展用地合理布局。在城乡规划的不同层次和类型中，充分论证资源和环境对城镇布局、功能分区、土地利用模式、基础设施配置及交通组织等方面的影响，确定适宜的城镇发展空间布局、城镇规模和运行模式。加强规划对城镇土地、能源、水资源等利用方面的引导与调控，立足资源和环境条件，合理确定城市发展规模，合理选择建设用地，尽量少占或不占耕地，充分利用荒地、劣地、坡地和废弃地，充分开发利用地下空间，提高土地利用率。要注重区域统筹，积极推进区域性重大基础设施的统筹规划和共建共享。大力发展公共交通，有效降低交通能耗和道路交通占用土地资源。要注意城乡统筹，按照有利生产、方便生活的原则，加快编制和实施村镇规划，合理调整居民点布局，引导农房建设和旧村改造，减少农村现有居民点人均用地，提高村镇建设用地的使用率，改善农民的生产生活环境。要对各类开发区的土地利用实施严格的审批制度，促进其集约和节约使用土地。要加强城乡规划实施的监督，严格保护自然资源、人文资源和生态环境，严格控制土地使用，严格执行建设用地标准，防止突破规划和违反规划使用土地，维护城乡规划的严肃性和权威性。

二、土地管理

实行最严格的土地管理制度，是由我国人多地少的国情决定的，也是贯彻落实科学发展观，保证经济社会可持续发展的必然要求。土地管理与城乡规划工作密切相关，因此建设部随后发布了《关于贯彻〈关于深化改革严格土地管理的决定〉》（建规〔2004〕185号）的通知，通知的主要内容如下。

1.切实做好土地利用总体规划与城乡规划的相互衔接工作

① 依法做好土地利用总体规划、城市总体规划、村庄和集镇规划的相互衔接工作。城市总体规划、村庄和集镇规划中建设用地规模不应超过土地利用总体规划确定的城市和村庄、集镇建设用地规模。在城市规划区内、村庄和集镇规划区内，城市和村庄、集镇建设用地必须符合城市规划、村庄和集镇规划。

② 在城乡规划制定工作中加强基本农田的保护。城市总体规划、村庄和集镇规划要把规划区内基本农田保护范围作为强制性内容，在图纸上详细标明。今后，凡调整城市总体规划、村庄和集镇规划涉及基本农田的，调整前必须报请原审批机关认可，经认可后方可调整；调整后的规划，必须按法定程序报原批准机关审批。

③ 充分发挥近期建设规划的综合协调作用。近期建设规划与经济社会发展五年规划、房地产业和住房建设发展中长期规划要相互衔接，统筹安排规划年限内的城市建设用地总量、空间分布和实施时序，合理确定各类用地布局和比例。各地要依据近期建设规划，结合土地利用年度计划，确定城市建设发展的年度目标和安排。要优先安排危旧房改造和城市基础设施中拆迁安置用房普通商品住房、经济适用住房建设项目用地，保证近期建设规划中确定的国家重点建设项目和基础设施项目用地。

2.严格执行建设用地指标，促进土地资源的集约和合理利用

① 加快制定建设用地指标。抓紧工程项目建设用地指标制定和修改完善工作，优先开展城市基础设施项目，教育和公共文化、体育、卫生基础设施项目建设用地指标的编制工作，重点做好城市规划区范围内道路等市政工程建设用地指标、城市和村镇建设用地指标的编制工作，尽快建立科学合理的用地指标框架体系。

② 编制和审批城乡规划，必须符合国家建设用地指标。各地要严格依据国家规定的建设用地指标编制和审批城市总体规划、村庄和集镇规划，合理确定城乡建设和用地规模。凡建设用地规模超过国家用地指标的规划，一律不得审查通过，并责成有关地方人民政府按规定进行缩减。

③ 各类新建、改建、扩建工程项目必须严格执行用地指标。城乡规划行政主管部门在审批建设项目用地申请时，要依据国家规定的建设用地指标，对建设用地面积进行严格审查，对超过国家规定用地指标的，不得发放建设用地规划许可证、建设工程规划许可证。禁止超过国家用地指标、以"花园式工厂"为名圈占土地。

④ 各地要立足于本地区土地资源的实际状况，合理确定与城市发展相适应的绿化用地面积。鼓励和推广屋顶绿化和立体绿化。进行绿化建设，必须符合城市总体规划。城市绿化规划禁止利用基本农田进行绿化。基本农田上进行绿化建设的城市，不得列入园林城市、生态园林城市考核范围。凡在基本农田上进行绿化建设的，必须立即停止并予以纠正。

⑤ 指导和推广集约利用土地资源的新技术、新材料。要加快城乡规划动态监测系统及监测网络建设，充分利用现代高新技术实施城乡规划动态监测。积极推进建筑节能和墙体材料革新工作，研究、开发、推广和应用新型墙体材料，替代实心黏土砖。禁止占用耕地烧制实心黏

土砖。在资金、技术允许情况下，鼓励开发利用城市地下空间。

3.加强城乡规划对城乡建设和土地利用的调控和指导

① 人民政府必须依据省域城镇体系规划，统筹安排本行政区域内各行业和各地区用地。要充分考虑和利用现有基础设施，合理规划，避免低水平重复建设和超规模建设。

② 加强近期建设规划实施监管。近期建设规划确定的发展建设范围，必须符合已经法定程序批准的城市总体规划。编制近期建设规划，要根据城市总体规划确定的近期发展目标，划定近期建设控制线。各类建设项目，必须位于近期建设规划确定的近期建设控制线内。要加快近期建设控制线内控制性详细规划的编制和审批工作。凡未按要求编制近期建设规划的，停止新申请建设项目和用地的规划审批；对违反近期建设规划的建设项目和用地申请，一律不予批准。

③ 加强开发区规划管理。开发区范围内规划制定、审批权必须集中由所在市、县城乡规划行政主管部门行使，不得下放。凡下放规划管理权的，必须立即纠正。凡存在下放开发区规划管理权且尚未纠正的，对申请扩区的，一律不予批准。申请设立开发区或扩区的，必须报经省级城乡规划行政主管部门依据规划审查，核定用地范围并出具审查意见。设立各类开发区，必须符合省域城镇体系、城市总体规划。禁止在城市总体规划确定的建设用地范围外，设立开发区。因开发区发展需要申请扩区的，新增用地范围必须位于已经批准的城市总体规划建设用地范围内。

④ 加强对存量土地利用的规划安排，控制新增建设用地。新建建设项目凡能利用存量土地的，不得批准新增建设用地。采取有力措施，做好"城中村"改造。存量土地再利用时，应当优先保证适合中低收入家庭需要的普通商品住房、经济适用住房建设以及必需的市政公用设施建设。城市、集镇和村庄新增建设用地，必须符合城市总体规划。村庄、集镇规划。禁止在城市规划区、村庄和集镇规划区范围以外，批准城市和集镇、村庄建设用地。

⑤ 加强城乡规划对土地储备、供应的调控和引导。城乡规划行政主管部门要依据城市总体规划和近期建设规划，就近期内需要收购储备、供应土地的位置和数量提出建议。实施土地收购储备，必须符合城市总体规划、近期建设规划。存量土地收购储备涉及房屋拆迁的，应当根据《国务院办公厅关于控制城镇房屋拆迁规模严格拆迁管理的通知》（国办发〔2004〕46号），纳入拆迁中长期规划和年度计划管理。土地储备机构实施国有土地上房屋拆迁的，应当按照《城市房屋拆迁管理条例》规定的条件和程序办理。实施土地供应，必须符合近期建设规划和控制性详细规划。各地城乡规划行政主管部门要将城市中心地区、旧城改造地区、近期发展地区、拟储备出让土地的地区作为重点区域，优先编制控制性详细规划，明确规划设计条件。招标、拍卖或挂牌出让国有土地使用权时，应当具备依据控制性详细规划确定的规划设计条件，并作为出让合同的组成部分。凡没有列入或者不符合近期建设规划、控制性详细规划规定用途的土地，不得办理规划手续。

⑥ 规范建设用地和项目审批程序。在城市规划区内进行建设需要申请用地的，必须持有关文件，向城乡规划行政主管部门申请办理规划许可手续。未取得建设用地规划许可证而取得土地使用批准文件的，批准文件无效，已占用的土地依法予以收回。需报占用耕地烧制实心黏土砖。在资金、技术允许情况下，鼓励开发利用城市地下空间。需报请发展改革部门核准或备案的项目，必须先取得城乡规划行政主管部门出具的规划意见。

4.加强对划拨土地上开发活动和集体建设用地流转的管理

① 规范原有划拨土地的房地产开发活动。经依法批准利用原有划拨土地从事房地产开发的，应按市场价补缴土地出让金，依法取得房地产开发资质，并纳入房地产开发管理。独立工矿区、困难企业可以利用自用划拨土地，在符合城市规划、土地利用总体规划的前提下，组织住房困难职工进行集资合作建房，并纳入经济适用住房建设管理，执行经济适用住房建设管理

的有关规定，不得以与其他单位联合建设等形式变相进行房地产开发。

② 严格集体建设用地流转管理。建制镇、村庄和集镇中的农民集体所有建设用地使用权流转，必须符合建制镇、村庄和集镇规划，由城乡规划行政主管部门依据规划出具有关流转地块的规划条件。没有编制或违反建制镇、村庄和集镇规划要求的，有关集体建设用地，不得进行流转。房地产开发企业应按照《城市房地产管理法》的规定，依法在取得国有土地使用权的土地上进行基础设施、房屋建设，禁止以"现代农业园区"或"设施农业"为名、利用集体建设用地变相从事房地产开发和商品房销售活动。

③ 加强对集体土地上房屋拆迁的管理。与国土资源部门共同研究制定城市规划区内集体土地上房屋拆迁补偿有关政策。

5.强化村庄集镇建设和用地管理

① 加强村镇规划编制工作。省域城镇体系规划要确定重点镇的数量；县（市）域城镇体系规划要确定镇和中心村的布局；村庄集镇总体规划，要合理确定农村居民点的数量、布局和建设用地规模。要统筹规划工业用地，严禁零散安排乡村工业用地。在符合农民意愿的前提下，统筹规划农村居民点、迁村并点。尚未编制村庄和集镇规划的，要抓紧编制和报批。涉及行政区划调整的地区，要及时修编村庄和集镇规划。

② 加强对农村宅基地管理。新村镇宅基地必须位于村庄、集镇规划区内，并符合村庄、集镇规划的安排。凡没有制定村庄、集镇规划或宅基地申请与村庄、集镇规划不符的，一律不得办理许可手续。已确定撤并的农村居民点内，不得批准进行新的建设。禁止多处申请宅基地。因实施农房建设，需申请批准新宅基地的，原有宅基地应当退回。农村住宅设计，不得突破当地规定的宅基地规划、建设标准。

③ 采取切实措施，加大对村镇规划建设管理的资金支持和技术指导，理顺管理体制，加强村镇基层规划建设管理工作。

6.依法严肃查处违法违规行为

① 依法监督和查处违法用地行为。地方各级城乡规划、建设行政主管部门要开展专项监督检查，重点查处未经审批乱圈地、突破国家用地指标和规划确定的用地规模使用土地、占用基本农田进行建设等问题。对建设单位、个人未取得建设用地规划许可证。建设工程规划许可证进行用地和项目建设，擅自改变规划用地性质或扩大建设规模，违反法律规定和规划要求随意流转集体建设用地等行为，要采取措施坚决制止，并依法给予处罚。按法律规定应当没收或拆除的违法用地和违法建设，必须依法处罚，不得以罚款或补办手续取代。触犯刑律的，要依法移交司法机关查处。

② 建立行政过错纠正和行政责任追究制度。上级部门要加强对下级部门的监督检查。对于地方人民政府及有关行政主管部门违反规定调整规划，违反规划批准使用土地和项目建设，擅自在规划确定的建设用地范围以外批准、设立开发区，以及对违法用地不依法查处等行为，除应予以纠正外，还要按照干部管理权限和有关规定对直接责任人给予行政处分。对于造成严重损失和不良影响的，除追究直接责任人责任外，还应追究有关领导的责任，必要时可给予负有责任的主管领导撤职以下行政处分；触犯刑律的，依法移交司法机关查处。

三、住房建设

为了切实解决房地产市场存在的问题，贯彻中央关于加强房地产市场调控的决策和部署。2003年8月国务院发布了《关于促进房地产市场持续健康发展的通知》，2005年发布了《国务院办公厅关于切实稳定住房价格的通知》，2006年5月国务院转发九部委《关于调整住房供应结构稳定住房价格的意见》，2007年8月国务院发布了《关于解决城市低收入家庭住房困难的若干意见》，2008年12月国务院办公厅印发《关于促进房地产市场健康发展的若干意见》，

2009年10月住房和城乡建设部等七部委联合下发《关于利用住房公积金贷款支持保障性住房建设试点工作的实施意见》等一系列的具体政策，把住房建设问题提到加强住房保障体系建设和促进我国房地产业健康发展的重要地位。制定和实施住房建设规划与住房建设年度计划，成为改善人民群众生活，提高住房保障水平的重要工作。2008年住房和城乡建设部发布的《关于做好住房建设规划与住房建设年度计划制定工作的指导意见》（建规〔2008〕46号）。具体内容如下。

1.加强领导，认真制定住房建设规划与住房建设年度计划

住房建设规划是对未来几年住房建设进行调控和指导的主要依据，做好住房建设规划以及住房建设年度计划的制定和实施工作是城市（包括县城，下同）人民政府的重要职责。地方各级人民政府要采取有力措施，加强对住房建设规划制定工作的指导和监督。城市人民政府要加强对住房建设规划工作的组织领导，抓紧落实部门分工，建立健全工作机制，形成工作合力，切实提高编制工作质量和效率。要按照"政府组织、专家领衔部门合作、公众参与、科学决策"的原则，做好前期调研、专题研究、规划编制等工作。

制定住房建设规划与住房建设年度计划，一是要以国家关于调整住房供应结构、稳定住房价格、切实解决城市低收入家庭住房困难以及促进房地产市场健康发展的相关政策文件为依据，深入贯彻科学发展观，落实全面建设小康社会和构建社会主义和谐社会的目标要求。二是要立足我国人多地少的基本国情，根据本地区社会经济发展水平、资源和环境承载能力，重点发展面向广大中低收入家庭的中低价位、中小套型普通商品住房和各类保障性住房；采取多种渠道和方式，妥善解决进城务工人员的居住问题。三是要与国民经济与社会发展规划、城市总体规划、土地利用总体规划、城市近期建设规划相衔接。

住房建设规划与住房建设年度计划应在征求社会意见的基础上，经城市人民政府批准后向社会公布。直辖市、计划单列市和省会（首府）城市的住房建设规划（计划）报住房和城乡建设部备案，其他城市的住房建设规划（计划）报省、自治区建设主管部门备案。

2.深入调查，科学确定住房建设发展目标

制定和实施住房建设规划与住房建设年度计划，政策性强、涉及面广、统计与分析任务重。做好这项工作，要加强全面调查，建立城市居民住房现状及动态管理档案，加强科学分析和预测。各地要充分利用住房现状调查的既有成果，参考城市住宅的保有量、成套情况、空间分布、产权状况、户均人口、户籍家庭数、流动人口居住情况、居民收入、居住需求意愿等情况，结合本地资源与环境等约束条件，人口和住房需求结构变化趋势，以及旧住宅改造、城市拆迁、市场需求和政策因素等，统筹研究确定住房结构、居住用地空间布局、设施配套和建设规模。

3.突出重点，落实保障性住房建设标准及要求

制定住房建设规划和住房建设年度计划，要根据本地住宅需求情况，落实逐步解决城市中低收入家庭住房困难的目标，合理确定居住用地供应规模、土地开发强度和住宅供应规模。要把普通住房供应作为主要内容，突出强调以廉租住房制度为重点、多渠道解决城市低收入家庭住房困难。要按照《国务院办公厅转发建设部等部门关于调整住房供应结构稳定住房价格意见的通知》（国办发〔2006〕37号）要求，明确新建住房结构比例，即凡新审批、新开工的商品住房，套型建筑面积90m²以下住房（含经济适用住房）面积所占比重，必须达到开发建设总面积的70%以上。要明确提出廉租住房、经济适用住房、限价普通商品住房及其他中低价位、中小套型普通商品住房等的建设目标。建设项目、住房结构比例、土地供应保障措施等，并提出包括新建、存量住房利用等多种渠道的综合解决方案。

住房建设规划的成果由规划文本、图册与附件组成。规划文本应包括总则、住房发展目标、住房用地供应目标与空间布局、住房政策、规划实施保障措施等内容。附件应包括规划说明、研究报告与基础资料。

4.加强监督，明确住房建设规划实施的保障措施

各地要结合城乡规划效能监察工作，把住房建设规划的编制与实施过程，近期建设规划中落实项目用地、建设时序和进度安排情况，以及住房建设规划与年度计划及时向社会公布情况等作为规划效能监察重点。要引入社会监督机制，形成有效的信息反馈机制，及时发现新情况、解决新问题，确保住房建设规划落实到位。建设部将会同有关部门，加强对城市住房建设规划编制工作的指导、督促。对规划编制工作重视不够、工作不力、进度达不到要求的城市，将予以通报批评，责令及时整改，确保其按要求及时完成编制及报备工作，并向社会公布。

四、城乡规划效能监察

1.城乡规划效能监察

为深入贯彻中共中央《建立健全教育、制度、监督并重的惩治和预防腐败体系实施纲要》、国务院《全面推进依法行政实施纲要》和《国务院关于加强城乡规划监督管理的通知》（国发〔2002〕13号）精神，确保政令畅通，落实国家宏观调控政策，推进城乡规划依法行政，2004年建设部发布了《关于清理和控制城市建设中脱离实际的宽马路、大广场建设的通知》，2005年建设部、监察部发布了《关于开展城乡规划效能监察的通知》，建设部发布了《关于加强城市总体规划编制和审批工作的通知》、《关于建立派驻城乡规划督察员制度的指导意见》。城乡规划效能监察的主要内容包括以下几点。

（1）城乡规划依法编制、审批情况

是否进行了城市总体规划修编的前期研究和论证；是否经原审批机关的认定后，开展城市总体规划修编工作；城市总体规划修编是否委托符合资质条件的编制单位承担；是否参照经国务院批准的《城市总体规划审查工作规则》，建立相应的城市总体规划审查工作机制；是否建立了城市总体规划与土地利用总体规划的协调机制；上报审批的规划编制成果是否符合法律、法规和技术标准规范要求。

（2）城乡规划行政许可的清理、实施、监督情况

是否严格按照《行政许可法》的要求清理、规范了城乡规划行政许可事项；是否建立了完善的建设项目规划审批流程；是否建立了城乡规划行政许可的内部监督制度；地（市）、县（市）一级规划的行政管理权是否集中统一管理；各类开发区是否纳入规划和管理；是否存在以政府文件和会议纪要等形式取代选址程序，未取得"选址意见书"而批准立项、未取得"建设用地规划许可证"而批准使用土地等情况；建立派驻城市规划督察员制度情况；建立城市规划委员制度情况。

（3）城乡规划政务公开情况

是否建立了城乡规划公示、听证等公众参与制度；是否建立了城乡规划主动公开和依申请公开制度；是否建立了城乡规划信息咨询及查询制度；是否研究制定了地方性法规或规章，逐步把政务公开纳入法制化轨道。

（4）城乡规划廉政、勤政情况

是否存在个别领导干部违纪违法干预城乡规划实施的现象；是否违反经批准的规划和法定程序建设政府工程；是否建立了违纪违法案件举报制度；对违纪违法案件是否进行了认真查处。

2.城市总体规划修编和审批

2005年，国务院有关领导对做好新一轮城市总体规划的修编工作作出重要批示，要求对城市总体规划修编工作及时进行正确引导，制定严格的审批制度，合理确定城市建设与发展规模，严格控制土地使用。为了切实贯彻落实科学发展观，加强城市总体规划的修编和审批工作，原建设部发布了《关于加强城市总体规划修编和审批工作的通知》（建规〔2005〕2号），

就有关问题通知如下。

（1）充分认识做好城市总体规划修编工作的重要性

城市总体规划是促进城市科学协调发展的重要依据，是保障城市公共安全与公众利益的重要公共政策，是指导城市科学发展的法规性文件。城市总体规划直接关系到城市总体功能的有效发挥，关系到经济、社会、人口、资源、环境的协调发展，必须体现前瞻性、战略性、综合性。

各地在城市总体规划修编工作中，必须认真贯彻落实科学发展观，适应社会主义市场经济的要求，体现建设社会主义和谐社会的目标。修编工作要从基本国情出发，合理确定建设规模，严格控制土地使用，防止滥占土地，保证城市的协调和可持续发展。

（2）切实加强城市总体规划与土地利用总体规划的协调和衔接

要完善城市总体规划与土地利用总体规划修编工作的协调机制。城市总体规划的修编必须与土地利用总体规划的修编相互协调，在城市规划区内，城市建设用地的安排，必须符合城市总体规划确定的用地布局和发展方向；城市总体规划中建设用地的规模、范围与土地利用总体规划确定的城市建设用地规模、范围应一致。

城市总体规划的修编必须坚持集约和节约用地、保护耕地的原则，尤其要注重对基本农田的保护。要将规划区内已经确定的基本农田明确列为禁止建设区。修编或调整城市总体规划，凡涉及改变基本农田性质和范围的，必须按依法程序办理有关手续。修编或调整的城市总体规划上报审批或备案时，有关批准文件应当作为附件。

（3）认真做好城市总体规划修编的前期论证工作

要重视和加强城市总体规划修编的前期研究和论证工作。各地在修编城市总体规划前，要对原总体规划实施情况进行认真总结，针对存在的问题和面临的新情况，着眼城市的发展目标和发展可能，从土地、水、能源和环境等城市长远的发展保障出发，组织空间发展战略研究，前瞻性地研究城市的定位和空间布局等战略问题。

要客观分析资源条件和制约因素，着重研究城市的综合承载能力，解决好资源保护。生态建设、重大基础设施建设等城市发展的主要环节。要处理好城市与区域统筹发展、城市与乡村统筹发展的关系，在更广阔的空间领域研究资源配置、区域环境治理等问题。在此基础上，科学、合理地提出城市发展的目标、规模和空间布局，为城市总体规划的修编提供基本依据。

（4）改进和完善城市总体规划修编的方法与内容

城市总体规划修编要转变单一由部门编制的方式，采取政府组织、专家领衔、部门合作、公众参与、科学决策、依法办事的方式。规划修编的有关专题研究，要在政府组织下，由相关领域的资深专家领衔担任专题负责人。规划的修编过程中要广泛吸收包括政府部门、社会组织、企业、个人等各方意见，要采用咨询、交流、公示等方式，促进公众对规划修编的参与。

修编城市总体规划要改变只注重建设规划的观念，使规划内容能体现经济、社会、生态的可持续发展等重大问题；要突出规划的控制性，明确规划强制性内容，规划禁止、限制与适宜建设地区；要统筹考虑区域基础设施建设、生态环境保护；要重视市域城镇体系规划，促进城乡协调发展；要重视对历史文化和风景名胜资源的保护；要明确近期建设规划的发展重点和建设时序。

（5）严格执行城市总体规划审批制度

目前正在修编的、由国务院审批城市总体规划的城市，应当按照合理限制发展规模、防止滥占土地、与土地利用总体规划协调和衔接，以及完善城市总体规划修编方法和内容的要求，对总体规划修编工作进行检查。在此之前，暂缓对国务院审批城市总体规划的规划纲要和初步成果的审查。城市总体规划由地方人民政府审批的，也应当进行一次检查。

各地城市总体规划的修编工作必须符合《国务院关于加强城乡规划监督管理的通知》（国

发〔2002〕13号）文件的精神。凡进行城市总体规划修编的，必须经原规划审批机关的认定，未经认定不得修编。擅自进行修编的，按违反城市总体规划进行追究。

城市总体规划由国务院审批的，建设部将严格按照经国务院批准的《城市总体规划审查工作规则》规定的程序，会同有关部门对规划纲要和规划的初步成果进行行政审查。有关城市必须依据城市规划部际联席会成员单位提出的意见对规划成果进行完善，并提出明确说明。地方人民政府应当参照经国务院批准的《城市总体规划审查工作规则》，建立相应的城市总体规划审查工作机制。

3.城乡规划监督员制度

为深入贯彻《国务院关于加强城乡规划监督管理的通知》（国发〔2002〕13号）要求，不断加强对城乡规划管理的监督检查，总结推广各地派驻城乡规划督察员制度试点工作做法与经验，规范和引导各地派驻城乡规划督察员制度的建立和完善，原建设部提出了《关于建立派驻城乡规划督察员制度的指导意见》（建规〔2005〕81号），具体内容如下。

（1）充分认识建立派驻城乡规划督察员制度的重要意义

建立派驻城乡规划督察员制度，是深入贯彻《国务院关于加强城乡规划监督管理的通知》的具体要求，贯彻落实中共中央《建立健全教育、制度、监督并重的惩治和预防腐败体系实施纲要》的重要举措，对于在城乡规划领域实践"三个代表"重要思想，落实科学发展观，构建社会主义和谐社会，维护城乡规划的严肃性，更好发挥城乡规划作用等，具有重要的意义。这项制度的建立，强化了城乡规划的层级监督，有利于形成快速反馈和及时处置的督察机制，及时发现问题，减少违反规划建设带来的消极影响和经济损失；有利于推动地方规划管理部门依法行政，促进党政领导干部在城乡规划决策方面的科学化和民主化。

（2）明确建立派驻城乡规划督察员制度的基本思路

派驻城乡规划督察员制度是在现有的多种监督形式的基础上建立的一项新的监督制度。其核心内容是通过上级政府向下一级政府派出城乡规划督察员，依据国家有关城乡规划的法律、法规、部门规章和相关政策，以及经过批准的规划、国家强制性标准，对城乡规划的编制、审批、实施管理工作进行事前和事中的监督，及时发现、制止和查处违法违规行为，保证城乡规划和有关法律法规的有效实施。

建立派驻城乡规划督察员制度，应当从省级人民政府向下一级人民政府派出城乡规划督察员开始。督察工作要努力拓宽省级政府的城乡规划监督渠道，主要促进所在地实行自身有效的规划管理为目标。派出城乡规划督察员的日常管理工作应当由省级规划行政主管部门负责，不得给当地政府及其城乡规划管理部门增加负担。

城乡规划督察员有权对当地政府制定、实施城乡规划的情况，当地城乡规划行政主管部门贯彻执行城乡规划法律、法规和有关政策的情况，查处各类违法建设以及受理群众举报、投诉和上访的情况进行督察。

（3）城乡规划督察员的职责

城乡规划督察员要重点督察以下几方面内容：城乡规划审批权限问题；城乡规划管理程序问题；重点建设项目选址定点问题；历史文化名城、古建筑保护和风景名胜区保护问题；群众关心的"热点、难点"问题。城乡规划督察员特别要加大对大案要案的督察力度。

城乡规划督察员应当本着"到位不越位、监督不包办"的原则，不妨碍、替代当地城乡规划行政主管部门正常的行政管理工作，在不违反有关法律的前提下，实施切实有效的监督。一般以参加会议、查阅资料、调查研究等方式，及时了解规划编制、调整、审批及实施等情况。当地政府及有关单位应积极配合，及时准确地提供有关具体情况。应采取公布城乡规划督察员联系方式、设立举报箱等措施鼓励单位、社会组织和个人向城乡规划督察员反映情况，检举、揭发违反规划的行为。

对于督察中发现的违反城乡规划的行为，城乡规划督察员应当及时向当地政府或有关部门提出督察意见，同时将督察意见上报省级人民政府及城乡规划行政主管部门。当地政府及有关部门应当认真研究督察意见，及时向城乡规划督察员反馈意见，做到有错必纠。对市（县）政府拒不改正的，应请求由省级人民政府及其城乡规划行政主管部门责令改正，并建议省级人民政府就城乡规划督察员反映的问题组织调查，并召开由派驻的城乡规划督察员主持的听证会，提出处理意见或直接处理。

要高度重视城乡规划督察员的选派工作。城乡规划督察员应当具有强烈的社会责任感，能够坚持原则，忠实履行职责；熟悉城乡规划政策法规，具备城乡规划建设方面的专业知识和比较丰富的实际工作经验。既可从省级城乡规划行政主管部门、规划院，也可从其他城市或当地城乡规划工作者中选派，但一般应当熟悉被派驻城市的基本情况。

城乡规划督察员应严格遵守督察纪律，不夸大、掩饰督察发现的问题，应定期向派出政府城乡规划行政主管部门书面汇报工作。对督察工作不力、违反工作纪律的城乡规划督察员，一经发现，要及时解聘。构成犯罪的，移交司法机关处理。各省（区、市）应当根据当地的实际需要详细界定城乡规划督察员的职责权限、责任。

4.控制道路广场建设

2004年，建设部发现一些城市在建设工作中出现了一些亟待解决的问题，有的地方不顾客观实际，盲目攀比，建设超标准的大广场、宽马路；有的在建设中侵犯群众利益，违规强行拆迁；有的建设资金不足，强行摊派，拖欠工程款等，不利于地方经济与社会的协调发展。为切实贯彻落实中央经济工作会议精神，确保城市建设健康发展，发布了《关于清理和控制城市建设中脱离实际的宽马路、大广场建设的通知》（建规〔2004〕29号），具体内容如下。

（1）暂停城市宽马路、大广场的建设

自本通知印发之日起，各地城市一律暂停批准红线宽度超过80m（含80m）城市道路项目和超过2hm²（含2hm²）的游行集会广场项目。在此之前，已经批准的2hm²以上（含2hm²）的游行集会广场项目，尚未竣工的，一律暂停建设；对已经办理规划用地和开工批准手续，但尚未动工的，一律暂停开工；已经批准，但尚未办理用地和开工批准手续的，一律暂停办理用地和开工批准手续。

（2）清理城市各类广场、道路建设项目

省、自治区、直辖市人民政府要立即组织本地区各级城市人民政府，对各类在建和拟建的广场、道路建设项目进行清理检查。清理检查的重点是：各类广场、道路建设项目是否符合土地利用总体规划和城市总体规划，用地是否符合国家法律、法规和国务院有关文件的规定，建设规模和标准是否符合本通知的规定，拆迁安置是否得到妥善落实，是否存在拖欠和摊派建设资金的情况。

（3）规范城市广场、道路建设规划

各地要在清理检查的基础上，对城市各类广场、道路建设规划进行规范。今后，各地建设城市游想集会广场的规模，原则上，小城市和镇不得超过1hm²，中等城市不得超过2hm²，大城市不得超过3hm²，人口规模在200万以上的特大城市不得超过5hm²；而且在数量与布局上，也要符合城市总体规划与人均绿地规范等要求。建设城市游想集会广场，要根据城市环境、景观的需要，保证有一定的绿地。目前拟建的游想集会广场，不符合上述规定标准的，要修改设计，控制在规定标准内。

城市主要干道包括绿化带的红线宽度，小城市和镇不得超过40m，中等城市不得超过55m，大城市不得超过70m；城市人口在200万以上的特大城市，城市主要干道确需超过70m的，应当在城市总体规划中专项说明。目前拟建的城市道路，超过上述规定标准的，要修改设计，控制在规定标准内。要改进城市道路交通规划管理，针对城市交通中存在的问题，合理规划路网布局，加大路网密度，改善交通组织管理。

（4）加强对城市建设用地和城市建设资金的管理

要加强城市建设土地供应和土地出让的管理。城市建设中土地征用、土地开发等活动，都不得违背土地利用总体规划和城市总体规划。城市广场、道路等建设项目，凡违反土地利用总体规划和城市总体规划、规模超过规定标准的，项目未经批准的，未取得用地计划指标的，土地行政主管部门不得受理农用地转用和土地征用申请，不得实施供地。

要加强对城市建设资金投向的引导。城市广场、道路等由公共财政投资的建设项目，必须严格按照国家规定的审批程序进行审批，凡不符合已经批准的土地利用总体规划和城市总体规划、规模超过规定标准的，或者不符合所在城市实际、建设资金不落实的，不得批准进行建设。

5.容积率管理

为了深入贯彻落实科学发展观，提高规划管理依法行政水平，加强建设用地容积率的管理，促进党风廉政建设，根据《城乡规划法》、《建立健全惩治和预防腐败体系2008～2012年工作规划》有关规定，2008年4月，住房和城乡建设部、监察部联合发出《关于加强建设用地容积率管理和监督检查的通知》（建规〔2008〕227号）。就切实加强建设用地容积率管理和监督检查工作有关要求，通知如下。

（1）充分认识强化容积率管理工作的重要性

在城乡发展建设中，城市和镇人民政府依据《城乡规划法》制定本地的控制性详细规划，并依据控制性详细规划对建设项目进行规划管理是法律赋予的权力和责任。容积率是控制性详细规划的重要指标之一，既是国有土地使用权出让合同中必须规定的重要内容，也是进行城乡规划行政许可时必须严格控制的关键指标。近年来，一些地方城乡规划管理不规范、监管不到位，在城乡规划的行政审批中，对容积率的调整搞"暗箱操作"涉及容积率管理的腐败案件时有发生，对城乡建设产生了不良影响，损害了党和政府的形象。强化城乡规划主管部门依法行政意识、切实加强建设用地容积率管理和监督检查，对于规范新时期城乡规划工作，维护城乡规划的严肃性，推进城乡规划领域的党风廉政建设具有重要意义。各级城乡规划主管部门和监察机关要进一步提高认识，切实把加强建设用地容积率管理和监督检查作为当前一项重要和紧迫的任务抓紧抓好，抓出成效。

（2）严格容积率指标的规划管理

《城乡规划法》中明确规定：在城市、镇规划区内以划拨方式提供国有土地使用权的建设项目，由城市、县人民政府城乡规划主管部门依据经批准的控制性详细规划核定建设用地的位置、面积、允许建设的范围，在城市、镇规划区内以出让方式提供国有土地使用权的，在国有土地使用权出让前，城市、县人民政府城乡规划主管部门应当严格依据经批准的控制性详细规划，提出出让地块的位置、使用性质、开发强度等规划条件，作为国有土地使用权出让合同的组成部分。对于规模小的镇、风景名胜区范围内的建设用地可直接根据相关规划提出规划设计条件。容积率作为规划设计条件中重要的开发强度指标，必须经法定程序在控制性详细规划中确定，并在规划实施管理中严格遵守，不得突破经法定程序批准的规划确定的容积率指标。

城乡规划主管部门在对建设项目实施规划管理中，必须严格遵守控制性详细规划确定的容积率指标。对同一建设项目，在给出规划设计条件、进行建设用地规划许可、规划方案审查、建设工程规划许可、建设项目竣工规划核实过程中，城乡规划主管部门给定的容积率指标均应符合法定规划确定的容积率指标，并将各环节的审批结果公示，直至该项目竣工验收完成。对于分期开发的建设项目，各期建设工程规划许可确定的建筑面积的总和，应该与规划设计条件、建设用地规划许可证确定的容积率相符合。

（3）严格容积率指标的调整程序

国有土地使用权出让前，城乡规划主管部门应当严格依据经批准的控制性详细规划确定规划设计条件。规划设计条件中容积率指标如果突破控制性详细规划或其他规划的规定，应当依据《城乡规划法》的规定，先行调整控制性详细规划，涉及其他规划的须先行调整涉及的其他规划。所有涉及建设用地容积率调整的建设项目，其规划管理的有关内容必须依法公开，接受社会监督。

国有土地使用权一经出让，任何单位和个人都无权擅自更改规划设计条件确定的容积率。确需变更规划条件确定的容积率的建设项目，应根据程序进行：① 建设单位或个人可以向城乡规划主管部门提出书面申请并说明变更的理由；② 城乡规划主管部门应当从建立的专家库中随机抽调专家，并组织专家对调整的必要性和规划方案的合理性进行论证；③ 在本地的主要媒体上进行公示，采用多种形式征求利害关系人的意见，必要时应组织听证；④ 经专家论证、征求利害关系人的意见后，城乡规划主管部门应依法提出容积率调整建议并附论证、公示（听证）等相关材料报城市、县人民政府批准；⑤ 经城市、县人民政府批准后，城乡规划主管部门方可办理后续的规划审批，并及时将依法变更后的规划条件抄告土地管理部门备案；⑥ 建设单位或个人应根据变更后的容积率向土地主管部门办理相关土地出让收入补交等手续。

涉及容积率调整的相关批准文件、调整理由、调整依据、规划方案以及专家论证意见、公示（听证）材料等均应按照国家有关城建档案管理的规定及时向城建档案管理机构（馆）移交备查。

（4）严格核查建设工程是否符合容积率要求

城乡规划主管部门要依法核实完工的建设工程是否符合规划行政许可要求。核实中要严格审查建设工程总建筑面积是否超出规划许可允许建设的建筑面积。建设工程竣工时所建的建筑面积超过规划许可允许建设的建筑面积的，建设单位不得组织竣工验收。城乡规划主管部门要依法及时对违法建设进行处罚，拆除违法建设部分、没收违法收入，并对违法建设部分处以工程造价10%罚款。

（5）加强建设用地容积率管理监督检查

尚未建立建设用地容积率管理制度的省（区、市），要抓紧制定建设用地容积率管理制度，明确容积率调整的具体条件、审批程序及管理措施，明确相关部门的职责，并根据工作需要，建立相应的协作机制。

要切实加强对建设用地容积率管理的监督检查，督促各级城乡规划主管部门完善容积率管理制度，加大案件查办力度，坚决制止和纠正擅自变更规划、调整容积率等突出问题，严肃查处国家机关工作人员在建设用地规划变更、容积率调整中玩忽职守、权钱交易等违纪违法行为。

各省（区、市）城乡规划主管部门、监察机关要结合城乡规划效能监察工作，抓紧做好整章建制工作，并对近年来建设用地和建设项目的规划管理情况进行检查。住房和城乡建设部、监察部将对各地控制性详细规划修改特别是建设用地容积率管理情况进行专项检查。要抓紧完善建设用地容积率管理制度。

课后练习题

1. 城乡规划方面的主要方针政策有哪些？
2. 科学发展观在城乡规划工作中的作用有哪些？
3. 社会主义核心价值观的具体表现有哪些？
4. 加强土地管理的意义是什么？
5. 城乡规划效能监察包括哪几方面内容？

第二篇　城乡规划管理

第五章

公共行政学基础

教学目标与要求

了解：行政与公共行政的区别；公共行政的公共性表现特征；行政体制与政治制度的关系；行政责任与行政权力、行政职位的关联；行政领导的职位、职责和职权的内涵。

熟悉：公共行政的主体组成；公共服务的具体表现；行政机构的组成和类型；行政领导的特点；公共政策的基本功能。

掌握：公共产品的分类；行政体制的内涵；公共政策问题与社会公共问题的区别与联系

第一节　行政与公共行政

一、行政

行政就是国家行政主体依法对国家和社会事物进行组织和管理的活动。换句话说，行政是国家行政主体实施国家行政权的行为。

二、公共行政

公共行政是指政府处理公共事务，提供公共服务的管理活动。公共行政是以国家行政机关为主的公共管理组织的活动。立法机关、司法机关的管理活动和私营企业的管理活动都不属于公共行政。

三、公共行政的特点

公共行政包括"公共"和"行政"两个方面。"公共"是公共权力机构整合社会资源、满足社会公共需要、实现公共利益、处理公共事务而进行的管理活动。"行政"是公共机构制定和实施公共政策、组织、协调、控制等一系列管理活动的总和。

1.公共性

① 公共权力　政府的行政权力是人民赋予的，政府要为人民服务并接受人民的监督；并受到立法机关所通过的法律制约，受到司法部门监督和制约。政府公权行使的一个重要原则是"越权无效"。

② 公共需要与公共利益　政府存在的目的是为了满足社会公共需要，实现公共利益。政府是公共利益的代表和体现。为维护公众利益，政府可以直接提供公共产品，如公共绿地、市政工程设施等；也可以通过间接手段和方式，对社会和市场进行管理和调控，如货币、价格政策；还可以依法运用行政手段进行强制性管制，如市场监管、行政处罚等。

③ 社会资源　政府对社会的管理必须以有效地整合整个社会资源为基础，包括公共资源与民间资源。政府必须投入资源和产出资源。因此，要善于利用政府机制、市场机制、社会自

治机制这三种机制对公共资源和民间资源充分利用和整合。

④ 公共服务与公共产品　为人民服务是政府的主要职责，政府活动的主要目的是为社会全体公民提供全面而优质的公共产品，为社会提供公正、公平的公共服务。政府不提供私人产品。

⑤ 公共事务　政府活动的核心是对公共事务的处理，包括政治、经济、文化、社会管理等各个方面和各个领域。政府在公共事务管理上具有权威。

⑥ 公共责任　政府的公共责任分为政治责任、法律责任、道德责任、领导责任、经济责任五个方面。政治责任是指政府要对立法机关负责、对政党负责、对司法机关负责、对公众负责、对民主政治负责；法律责任是指政府及其工作人员要承担违法行政的法律后果；道德责任要求政府是一个"廉价政府"，政府工作人员要勤政廉洁；领导责任是政府及其工作人员对其行政决策的失误负领导责任并承担后果；经济责任是政府必须严格按公共预算办事，讲究政府行为的绩效。

⑦ 公平、公正、公开与公民参与　"公民第一"的原则是公共行政的核心原则。公民在公共决策上享有知情权和顾问权。公共行政应追求社会分配的公平与公正，公共行政应增加透明度，有利于人民的监督与参与。

2.行政性

公共行政包括政府对公共事务的管理和政府自身管理两个方面，是一系列政府管理活动的综合，包括决策、组织、协调和控制四方面的基本管理活动。

决策活动包括：制定公共政策、确定行政目标、作出行政规划。组织活动包括：组织机构的建立、职责的划分、目标体系的建立、规章制度的制定等。协调活动是指政府调控与市场关系的协调、政府部门之间的协调、政策执行过程中的沟通与协调等。控制活动主要指行政机关的监控，包括行政机关的自我监控以及立法机关的监控、司法机关的监控和政党、群众团体、新闻媒体、人民群众等外部力量对公共行政的监控机制等。

四、公共行政的主体与对象

1.公共行政的主体

公共行政的主体，一般认为是政府。政府即是指行政机关，以及依法成立的各种享有行政权的独立机构。立法机关和司法机关不属于公共行政的主体。

国家行政机关是依法成立的公共行政机关，它由不同的层级组成，包括中央政府和地方各级政府。政府的不同层级构成不同的公共行政的主体，发挥不同的政府作用。我国的居民委员会和村民委员会是基层群众性自治组织，负责本居住地区的公共产品的提供，如：人民调解、治安保卫、公共卫生等。

2.公共行政的对象

公共行政的对象又称公共行政客体。即公共行政主体所管理的公共事务。公共事务包括：国家事务、共同事务、地方事务和公民事务。

国家事务是指全国性的统一事务，如社会保障、国防事务、外交事务等；共同事务是指涉及较为广泛的区域或者利益集团的事务，如流域治理、跨行政区域的规划编制、区域之间的关系协调等；地方事务专指地方性的行政事务，如市政工程、公用事业、市容环卫、公共交通等；公民事务是指涉及公民权利的事务，如户籍管理、老龄工作、人口控制等。

3.公共产品

所有社会产品可以分为两类：私人产品和公共产品。私人产品是由私人部门相互竞争生产的，由市场供求关系决定价格，消费者排他性消费的产品。公共产品则是由以政府机关为主的公共部门生产的、供全社会所有公民共同消费、所有消费者平等享受的社会产品。

在市场经济条件下，公共行政的主要责任是生产和提供公共产品，因而，政府要建立科学、全面、公平的政府公共产品体系；公共产品体系构成政府所管理公共事务的范围。从公共产品类别来划分，政府公共产品体系由如下几方面构成。

① 经济类公共产品　如国民经济发展战略与中长期指导性规划、技术开发与资源开发规划、财政政策与收入分配政策、产业政策、经济立法与司法、产品质量与劳动监督、重点工程建设与基础公共设施建设等。

② 政治类公共产品　如外事、国防、公安、海关、国家机关管理等。

③ 社会类公共产品　如社会保障、社会福利、社会救济、基层政权建设与社区自我管理、城市公用事业管理与公共设施管理、城市土地管理与城市规划、环境保护与环境卫生、保健与防疫等。

④ 科技、教育与文化类公共产品　如教育战略与教育法规、义务教育、高等教育资助、科技发展战略与国家科技开发创新体系建设、基础性科学研究与高新技术国家资助、科学普及、民族文化建设与文物保护、群众性体育活动与竞技体育资助等。

4.公共服务

政府的公共服务是政府满足社会公共需要，提供公共产品的劳务和服务的总称。社会公共需要只有在被立法机构以立法形式确认，并交由行政机关执行、由司法机关司法的情况下才会成为公共服务。公共服务可以分为：

① 政府提供基本产品的公共服务，如：法律体系、公民权利的保护；保证分配公正和经济稳定增长的财政、金融和税收政策；社会保险和社会福利政策；国防、外交、国家安全、航天科技；公费小学教育等。

② 政府提供混合产品的基本服务，自然垄断型的混合公共产品，如市政公用事业系统、铁路运输系统、公路交通系统、电力系统等。

③ 一些无论收入高低都要消费或者得到的公共产品，如卫生防疫、统计情报等的服务。

④ 还有一些需要政府管理但由私人部门生产、需要政府对企业进行监督并提供统一的技术标准、卫生标准、安全标准的服务。

政府有提供公共服务的责任，但公共服务不一定都要政府机关及其公务员亲自提供。可以采取政府负责、社会和企业提供，政府与企业合作提供等多种方式。因此，提供公共服务的主体可以有三种：公共部门、非政府组织、私人部门。

第二节　行政体制和行政机构

一、行政体制

1.行政体制的基本内涵

行政体制主要是指政府系统内部中行政权力的划分、政府机构的设置以及运行等各种关系和制度的总和。从国家的层面看，是指行政机关与立法、司法机关的权力的划分。行政体制是政治体制的重要组成部分，政治体制决定行政体制。一个国家的行政体制是否合理、健全，对公共行政的效果会产生深刻的影响。行政体制通常与国家的立法体制、司法体制相对应。

2.行政体制的内容

行政体制包括广泛的内容，例如政府组织机构、行政权力结构、行政区划体制、行政规范等，其核心是政府的机构设置、职权划分以及运行机制。

① 政府组织机构　是行政体制的载体，任何一种行政体制都必须建立在一定的组织形态之上。政府组织机构通常包括从中央到地方的纵向政府机构设置和各级政府内部的横向机构设置等多种类型。

② 行政权力结构　是行政体制的核心组成部分，也是行政体制得以正常运转的动力。行政权力结构不仅规定行政权力的来源、方向、方式等，而且还要规定行政机关与其他国家机关、政党组织以及群众团体之间的权力配置关系，其核心内容是国家行政机关在政治体制中所拥有的职权范围、权力地位以及行政机关内部各部门之间的职权划分等。

③ 行政区划体制　是指国家为实现对社会公共事务的有效管理，将全国领土划分为若干层次的区域单位，并建立相应的各级各类行政机关实施管理的制度。我国现行的行政区划体制为：省级行政区域，地、市级行政区域，县级行政区域，乡级行政区域等。

④ 行政规范　是指建立在一定宪政基础之上的行政法律规范的总称，它是国家行政机关行使公共权力、实施公共事务管理的行为规则。任何行政活动都必须有相应的法律授权，所有国家行政机关行使的权力、各部门的职责权限等也必须通过一定法律加以限定。

3.政治制度与行政体制

政治制度是一个国家的根本制度，是指统治阶级为实现其阶级统治所确立的政权组织形式及其相关的制度。它是政治统治性质和政治统治形式的总和，也就是我们平常所说的国体与政体的统一。它决定行政体制的性质和发展方向，行政体制是为一定的政治统治服务的。

国务院制是以中国为代表的一种政府组织形式。国务院是全国最高国家行政机关，实行总理负责制。国务院制是一种建立在合议制基础之上的个人负责制的行政体制。它体现了民主集中制、法制以及对国家最高权力机关负责的原则，是符合中国国情的一种行政管理体制。

二、行政机构（组织）

1.行政机构（组织）的概念

行政机构（组织）是指在国家机构中除立法、司法机关以外的行政机构系统，即各级行政机关。其主要功能是通过计划、组织、指挥、协调等手段，来行使国家行政权力，代表国家管理各种公共事务。

行政组织具有政治性、强制性、社会性和服务性的特征。

2.行政机构的类型

行政机构可以有多种分类标准。按照公共行政程序划分，可以把行政组织分为决策部门、职能部门（执行部门）、咨询信息部门、监督部门等。按照行政组织的职能划分，可以分为领导机关、执行机关、辅助机关和派出机关。

① 领导机关是指中央政府和地方人民政府。

② 执行机关又称职能机关。是负责管理某一方面具体公共事物的具体部门，如国务院各部、委，省直各厅局等。

③ 辅助机关是指行政组织系统的内部机关，主要是协调领导机关或行政机关的关系，办理领导交办的各项行政事务，或负责行政机关某一方面的综合性工作或专业性工作。辅助机关一般不具备对外的职权，也不直接参与公共行政事务的管理。

④ 派出机关是指根据公共行政的需要，按照法律规定或者上级批准在职权所辖区域内设立的代表机关。派出机关可以是为专门特殊处理某一方面事务或某一区域行政事务而设立，也可以是由于下一级管理层次幅度太宽，难以适应公共管理的需求，从而设立的派出机关。

第三节　行政权力与行政责任

一、行政权力

1.行政权力的概念与特征

① 行政权力的概念　行政权力是指各级行政机关执行法律，制定和发布行政法规，在法

律授权的范围内实现对公共事务的管理，解决一系列行政问题的强制力量与影响力。在国家权力结构中，行政权力属于国家权力的重要组成部分，与国家的立法权、司法权共同构成国家权力的主要内容。

② 行政权力的特征　行政权力具有公共性、强制性和约束性的特征。政府是整个社会公众利益的代表者，代表国家对各种公共事务实行管理，这就决定了行政权力的公共性。由于行政权力的行使和运用是通过国家行政机关依据法律进行的，因此，行政权力具有较高的强制性。在一定的行政权力管辖范围之内，所有的组织和个人都必须严格地服从，这在一定程度上保证了行政权力的权威性。

尽管行政权力的行使和运用具有一定的权威性和强制性，但是作为一种公共权力，它又必须受到一定的制约，接受来自包括广大民众在内的各种力量的监督，以保证行政权力行使的公正与公平以及防止行政权力的变异。

2. 行政权力的内容

在国家权力结构中，行政权力主要包括以下四种。

① 立法参与权　指政府参与立法过程的相关权力。在我国或实行内阁制的国家，政府拥有提出法律草案的权力。

② 委任立法权　指立法机关制定一些法律原则，委托行政机关制定具体条文的法律制度。在此原则下，政府可以依据宪法和相关法律，制定法规、条例，作出决定、命令、指示等。

③ 行政管理权　这是政府的基本职责，即代表国家管理各种公共事务，行使行政管理权。包括：制定和执行政策权，这是政府运用行政权力实施对公共事务管理的一项主要职能。掌管军队和外交权，即管理军队、警察、监狱等国家机器的权力。以及任命外交使节、接受外国人员来访、对外宣战、媾和以及缔结条约、参加各种国际会议等外交事务的权力。编制国家预算、决算权，这是政府干预和调节国家经济事务的重要手段；但是这种权力要受立法机关的制约，因为不管是编制预算，还是决算，都要经过立法机关的批准才能生效。管理行政机构内部各种重要事务的权力，例如，任免行政官员、管理行政机构以及与行政人员相关的日常事务等。

此外，政府还拥有管理国家科学、教育、文化、卫生、社会福利等各种公共事务的权力。

④ 司法行政权　指政府依据法律所拥有的司法行政方面的权力，如决定赦免，对行政活动中有争议的问题进行调解、复议和仲裁等。行政机关在行使司法行政权时，必须按照相关的原则办事。

二、行政责任

1. 行政责任的概念

行政责任是与行政权力相对应的一个范畴。主要包括：法律上的行政责任和普通的行政责任。

① 法律上的行政责任是指政府工作人员除了遵守一般公民必须遵守的法律、法规之外，还必须遵守有关政府工作人员的法律规范。如果违反了有关政府工作人员的法律规范，则要承担法律上的行政责任，即依法承担相应的法律后果。

② 普通行政责任则不涉及法律问题，主要包括政治责任、社会责任和道德责任等。

A. 政治责任是行政机关和行政人员的最重要的责任之一。行政机关和行政人员在履行行政权力时，不仅要保证行政管理政令的畅通，国家各项法令、政策的贯彻和实施，还要有强烈的政治意识和政治责任感，要从维护国家的政治利益、国家主权以及国家安全等政治问题出发，处理和解决各种公共问题。

B. 社会责任是行政机关和行政人员对社会所承担的职责。满足社会成员的需要，维护良好的社会秩序，解决各类影响社会正常运行的社会问题，是政府及其工作人员必须承担的重要责任。

C.道德责任是行政机关和行政人员所承担的道义上的职责。政府在行使公共权力时，要始终代表社会公众利益，代表公平和正义。因此，政府及其行政人员不仅要洁身自好、弘扬正义，还要承担起引导社会成员继承和发扬传统美德，提高社会成员的素质，使社会在一种健康、有序的轨道上发展的责任。

2.行政责任与行政权力、行政职位

行政责任常常是与行政权力、行政职位紧密联系在一起的，这就是人们平常所说的职、权、责的关系问题。

任何行政组织都必须保持职、权、责的平衡和一致，这是公共行政顺利进行的前提条件。首先，要明确划分各个行政机构的职能以及相应的职责范围，并依据其承担的职能和职责，授予相应的行政职权。在此基础上还要进一步明确上下级行政机关之间的责任关系，建立完善的权责体系。其次，要把行政机构的权责体系，具体地落实到每一个公务人员身上。因为保持职、权、责的平衡和一致，在很大程度上取决于每一个公务人员是否有明确的职务、职权和职责。只有直接承担管理公共事务的公务人员能够各司其职，各行其权，各负其责，才能使权责一致的原则落到实处。第三，要建立有关权责一致、平衡的制度保障体系，这些制度主要包括监督、考核、奖惩、升降等，保证其尽职、尽责，正确地运用和行使权力。

第四节　行政领导

一、行政领导的概念

领导及其活动是人类社会群体活动的一般现象，它属于特殊的职业形态。行政领导是领导活动的一种，它在国家政府管理的政治、经济、文化、社会等生活各领域、各层次中，处于核心的、主导的地位，决定着国家职能的实现程度和依法实施行政管理的水平。在社会主义国家，行政领导是行政权力的象征，也是人民公仆的体现。建立一个科学、民主的、强有力的行政领导体制，是现代行政管理的一个重要目标。要充分发挥行政领导在国家和社会生活中的作用，提高行政效率，必须提高行政领导者的素质，建立合理的行政领导集体，并不断地探索科学的行政领导艺术。

通常我们所指的行政领导是国家行政机关中的领导者依据宪法和法律授予的权力，借助诸多非权力因素指挥和影响下级和广大群众共同完成行政事务的过程。行政领导决定着公共行政的方向和成效。

二、行政领导的特点

1.法定性

行政领导的职权由宪法和法律赋予，领导者必须在宪法和法律的范围内行使职权，绝不能滥用权力。

2.权威性

行政领导是依据法律，运用国家赋予的权力来组织和管理社会公共事务的。从这个意义上讲，它是法律的体现，是权力的象征。法律和权力的权威性决定了行政领导的权威性。同时，行政管理活动要及时、准确、协调一致地进行，没有严格的纪律是不行的，作为行政管理关键的行政领导，必须具有高度的权威。

3.协同性

行政领导有赖于下级和群众的支持和认同，只有行政领导和被领导者协同起来，相互激励，才能顺利实施决策，完成行政任务。

4.时代性

行政领导是一个历史范畴，在不同的社会制度、不同的国家甚至一个国家不同的历史时期而具有不同的内容。行政领导在资本主义国家政治生活和社会管理活动中，地位突出，内容丰富，作用有力。在社会主义条件下行政领导不仅仅是权力的象征、分工的需要，更重要的是在性质上区别于一切剥削阶级占统治地位的社会制度下的领导活动。社会主义行政领导活动的宗旨是"全心全意为人民服务"。

5.综合性

行政领导面临着繁杂事务，要处理好、管理好这些复杂事务，就必须有综合政治领导和业务领导的特殊要求。

6.服务性

社会主义国家的一切权力属于人民，行政领导及其活动就是为了实现国家的意志和为人民服务。我们党历来强调，领导就是服务，行政领导的服务性尤为明显。一方面，必须牢固树立为人民服务的观念；另一方面，党的基本路线要靠行政机关、要靠行政领导来贯彻执行。因此，行政领导及其活动，必须围绕党的基本路线来进行，必须为党的基本路线服务。

三、行政领导者的职位、职责及职权

1.行政领导者

即指在行政机关中享有一定的法定职权，率领和指挥下属完成行政事务，负有特定义务和责任的人。在我国，行政领导通常是指担任省一级以上领导职务的干部。

2.职位

行政领导的职位是指上级组织依据国家有关规定分配给每一个领导者的职务和位置。行政领导的职位是以"事权"为中心，而不是以"人"为中心。

3.职责

行政领导的职责是指该职位必须做什么，该职位的领导者对其工作的承诺程度。行政领导的职责既要与行政领导的职位相称，又要与行政领导的职权一致。行政领导的职责包括：政治职责、法律职责和工作职责。行政领导的主要职责是服务，包括：为下级提供工作方向、规则；为下级提供必要的工作条件和环境；为下级提供必要的指导和辅导；为下级和群众提供工作和生活的保障。

4.职权

指与行政职位相对应的法定权力而不是个人特权。主要有对本组织、本部门重大问题的决策权；对直接下级人员的任免权和奖惩权；对人力、财力、物力的支配权；对本组织、本部门各种活动的指挥权和协调权；对上级机关的提案权；对下级机关和人员的授权；对外工作的代表权；其他法定权力。

第五节　公共政策

一、社会公共问题与公共政策

1.社会公共问题

任何社会都存在着许多引起人们关注的社会现象，其中一部分或迟或早会构成社会问题而引起人们的广泛注意。那些有广泛影响，迫使社会必须认真对待的问题，称为社会公共问题。

2.公共政策及其本质

公共政策是政府依据特定时期的目标，在对全社会公共利益进行选择、整合、分配和落实

的过程中所指定的行为准则。

凡是为解决社会公共问题的政策都是公共政策，在所有制定公共政策的主体中，政府是核心的力量。因此，公共政策是政府为处理公共社会事务而制定的行为规范。

政府制定政策，就是在承认每一个利益主体对利益追求合理性和自主性的基础上，解决好人们之间的利益矛盾，使人们在追求个人利益时，承担对社会的义务和责任，从而使人们对利益的追求真正成为社会进步的动力。因此公共政策的本质是政府对全社会公共利益所作的权威性的分配。

利益分配是一个复杂的动态过程，包括：利益选择、利益整合、利益分配和利益落实等步骤。

二、公共政策问题的认定

1.公共政策问题

公共政策问题是指基于特定的社会公共问题，由政府列入政策议程，并采取行动，通过公共行为去实现和解决的问题。

任何公共政策问题都包含以下五个基本条件。

① 社会客观现象。社会问题来源于社会期望与社会现状之间的差距。尽管社会期望具有强烈的主观性，但社会现状是客观的，不以人的主观意志为转移。

② 大多数人对社会问题有所察觉并受其影响。受社会问题影响的人越多，察觉到社会问题的人越多，该社会问题越有可能成为公共政策问题。

③ 利益与价值观念的冲突。不同的人在特定社会现象的影响下必然要从自身利益出发，依据一定的价值观念，表明自己的态度，从而造成彼此间的冲突。

④ 团体的活动与力量。使某些问题变为社会公共问题，直至公共政策问题，必然要直接或间接借助于团体的力量，以此影响公共权威部门。

⑤ 政府的必要行动。政府认同社会问题有两个基本条件：一是属于政府应该管辖的事务；二是属于政府能够管辖的事务。政府是社会公共权威，考虑问题的出发点理应是社会整体利益。

2.公共政策问题认定的基本程序

① 认定问题　找出实际现象与应有现象，经过比较发现偏差。

② 说明偏差　用"何种""何处""何时""何种程度"分别讨论偏差，即明确判断"是"与"不是"，在何种事物、何地发生了偏差，偏差的程度大小及数量多少。

③ 确定原因　寻找原因会有两种结果：找到原因，进而对原因进行论证；找不到原因，通过反馈重新调查。

④ 问题表述　确切地表述问题是较复杂的，它实质上是为解决问题而进行的目标与方案规划的前期基础性准备。

三、公共政策的基本功能

公共政策的功能就是公共政策在管理社会公共事务中所发挥的作用。公共政策具有导向、调控和分配等基本功能。

1.导向功能

公共政策是针对社会利益关系中的矛盾所引发的社会问题提出的。为解决某个政策问题，政府依据特定的目标，通过政策对人们的行为和事物的发展加以引导，使得政策具有导向性。政策的导向是行为的导向，也是观念的导向。公共政策是规范人们行为的准则。它倡导人们应该按照什么原则做什么事、不能做什么事。这必然会对社会观念产生巨大影响，尤其在体制变革的年代或制度创新时期，这种影响会更大。

2.调控功能

公共政策的调控功能是指政府运用政策，对社会公共事务中出现的各种利益矛盾进行调节和控制所起的作用。调节作用与控制作用往往是联系在一起的，经常是调节中有控制，在控制中实现调节。

政策的调控作用，主要体现在调控各种社会利益关系，特别是物质利益关系上。现实社会里存在着追求不同利益的各种群体。他们中有些人的利益是一致的，有些人的利益则不一致。有些人在一定时期内的利益是一致的，而在其他时期内又会不一致。利益的差别、摩擦以至冲突是不可避免的。为了平衡各种利益矛盾，实现社会的稳定和发展，公共政策需要承担起调控社会利益关系的重任。

3.分配功能

公共政策应具有利益分配功能，而履行这种功能需要回答三个方面的问题：将那些满足社会需求的资源分配给谁？如何分配？什么是最佳分配？

由于社会经济地位、思想观念、风俗习惯以及知识水平诸方面的差别，不同的人有不同的利益需求。社会中每一个利益群体与个体都希望在有限的资源中多获得一些利益，这必然会在分配各种具体利益时造成冲突。这就需要政府站在公正的立场上，用政策来调整利益关系。每一项具体政策，都有"谁受益"的问题，政策必须鲜明地表示把利益分配给谁。

在通常情况下，下列三种利益群体和个体，容易从公共政策中获得利益：

一是与政府主观偏好一致或基本一致者。政府是政策制定的主体，自然也是公共利益分配的主体。政府显然愿意把公共利益分配给自己的拥护者。

二是最能代表社会生产力发展方向者。对于任何一届政府来说，大力发展社会生产力总是第一位的。不言而喻，其行为体现了生产力发展趋势者，必然会从政策中获益。

三是普遍获益的社会多数者。一项政策的实际效果，取决于该政策是否符合绝大多数人的利益。一般地说，政策受益的人越多，发生政策偏离的可能性就越小。

课后练习题

一、简述题

1.公共行政的目的是什么？

2.行政机构的作用是什么？

3.行政权力和行政责任的主体分别是什么？两者有什么区别与联系？

4.行政领导享有哪些权力？承担哪些责任？

5.公共政策问题的本质是什么？如何认定哪些社会公共问题属于公共政策问题？

6.如何理解公共政策的基本功能？

二、选择题

1.下列关于"公共政策"的解释中，不正确的是（　　　　）

A.政府为处理社会公共事务而制定的行为规范

B.为解决社会公共问题的政策都是公共政策

C.政府对社会利益所作的有权威的分配

D.政府对社会公共利益进行选择、整合、分配和落实所制定的法律准则

2.下列不属于"公共产品"的是（　　　　）

    A.城市基础设施建设　　　　　　　B.国家外交事务

    C.社会救济　　　　　　　　　　　D.城市房地产开发

3.我国政府的经济职能不包括（　　　）

    A.宏观经济调控　　　　　　　　　B.微观政策制定

    C.国有资产管理　　　　　　　　　D.个人财产保护

4.根据公共行政管理知识，下列不属于政府公共责任的是（　　　　）

    A.政治责任　　　　　　　　　　　B.法律责任

    C.道德责任　　　　　　　　　　　D.司法责任

5.根据行政机关的概念，判断下列说法中正确的是（　　　　）

    A.行政机关是国家的立法机关　　　B.行政机关是国家权力的分配机关

    C.行政机关是国家的司法机关　　　D.行政机关是国家权力的执行机关

第六章

城乡规划管理基础知识

教学目标与要求

了解：管理、行政管理和城乡规划管理的关系；管理决策的作用和类型；管理系统的工作系统。

熟悉：城乡规划管理基本特征和依据；管理决策的原则与依据；管理系统的构成要素；管理的人本、系统和法治观念。

掌握：城乡规划管理的目的和方法；管理决策优化结构和技术；管理系统的运行机制；城乡规划管理的职能。

第一节　城乡规划管理概述

一、城乡规划管理的相关概念

城乡规划管理属于行政管理的范畴。在国外，行政管理也称公共管理。要深入了解城乡规划管理的含义，还需要理解管理、行政管理等相关概念。

1.管理

所谓管理，从字面上理解是管辖和治理的意思。在英语中，管理（management）是指驾驭的技术，这个词被美国人最早用于管理学中。管理是人类社会基本活动之一，是人类社会中普遍存在的现象。在这里将管理的概念做如下表述：管理是社会组织为了实现预期的目标，以人为中心进行的决策、指挥、协调组织控制和监督等活动的过程。

2.行政管理

行政管理与行政是一回事。行政是随着国家的产生而产生的，是国家的一种基本职能形态。不同时期、不同国家和地区的政治、历史和实践的不同，许多政治学家、行政学家从不同的角度和层面对行政的解释众说纷纭。综合各家之言，将行政管理定义为"国家政府机关和其他行政组织，依据国家法律和运用国家法定的权力，为实现国家的社会目标和统治阶级的利益，对社会事务所进行的一系列组织和管理活动。"

3.城乡规划管理

城乡规划管理的内涵可以表述为：国家政府相关行政机关为实现一定时期城市经济、社会发展和建设目标，通过行政的、法制的、经济的和社会的管理手段，制定城乡规划并对城乡规划区内的土地使用和各项建设进行组织、控制、协调、引导、决策和监督等行政管理活动的过程。

对于城乡规划管理概念的理解，需要把握以下两个方面。

① 城乡规划管理是城市政府的一项行政职能。各国城市政府都把城乡规划及建设管理当作政府职能之一。党的十二届三中全会《关于经济体制改革的决定》中明确提出，城市政府应该集中力量做好城乡的规划、建设和管理。城乡规划管理是城乡管理工作的一个重要组成部分，具有行政管理的性质，必须遵循行政管理的一般原则。

② 城乡规划管理的核心　包括三个方面：一是城乡规划的组织编制和审批；二是城乡规划实施管理；三是城乡规划实施的监督检查。城乡规划编制所提供的城乡规划方案和文本，只有经过法定程序批准方才成为具有法律效力的城乡规划，才能成为城乡规划实施管理的依据。城乡规划作为一项城市政府的职能，要在政府的组织之下编制城乡规划，其成果必须体现政府的意志。

二、城乡规划管理的基本特征

城乡规划管理既属于行政管理范畴，又是一项城乡规划工作，自然带有行政管理和城乡规划的特点。我国正处于由计划经济向社会主义市场经济转型的时期，城乡规划管理又具有时代的特征。择其要者，城乡规划管理具有以下基本特征。

1.引导与控制

城乡规划的最终目的，是为了促进经济、社会和环境的协调、可持续发展。城乡规划管理作为一项城市政府行政职能，其管理目标是为城乡现代化建设服务。所以，城乡规划管理就其根本目标是服务与引导，同时在管理活动中为维护城乡的公共利益，对城乡建设行为采取有效控制措施，保障城乡健康长远发展。

2.宏观和微观管理

城乡规划着眼于城乡的合理发展。城乡规划管理的目的是制定科学、合理的城乡规划，并保障予以实施。城乡规划管理的对象，有时面向的是城乡甚至是区域，有时面对的是具体的规划项目或者建设工程。处理宏观问题时，要把城乡的发展放到整个经济和社会发展的大范围内考察，加强区域意识、系统意识。处理微观对象时，必须把规划或建设工程放在城乡的范围内分析考察，合理布局，综合配套，相互协调，避免就事论事地处理问题。规划管理要增强政策观念和全局观念，正确处理局部与整体、需要与可能的辩证关系。

3.专业性和综合性

城乡管理包括户籍管理、交通管理、市容卫生管理、环境保护管理、市政工程管理、消防管理、文物保护管理、土地管理、房屋管理及规划管理等。城乡规划管理是其中的一个方面，是一项专业的技术行政管理，有其特定的职能和管理内容。但它又和上述其他管理相互联系，相互交织在一起，大量的管理中的实际问题都是综合性问题。一项地区详细规划，涉及方方面面的内容。一项建设工程设计方案除了满足城乡规划的要求外，因其区位和性质还会涉及环境保护、环境卫生、卫生防疫、绿化、国防、人防、消防、气象、抗震、防汛、排水、河港、铁路、航空、交通、邮电、工程管线、地下工程、测量标志、文物保护、农田水利等管理的要求。这就要求规划管理部门作为一个综合部门来进行系统分析，综合平衡，协调有关问题。

4.阶段性和连续性

城市的布局结构和形态是长期的历史发展所形成的。通过城乡的建设和改造来改变城市的布局结构和形态不是一蹴而就的，需要一个历史发展过程。它的速度总要和经济、社会发展的速度相适应，与城市能够提供的财力、物力、人力相适应，因此城乡规划管理具有一定的历史阶段性。同时，经济和社会的发展是不断变化的，城乡规划管理是一定历史条件下审批的城乡规划项目或建设用地和建设工程，随着时间的推移和数量的积累，对城乡的未来发展产生深远影响。

三、城乡规划管理的目的

城乡规划管理的目的，是由规划管理属于公共行政管理范畴和城乡规划的特点所决定的。从规划管理系统的整体来看，其管理目的主要有以下几个方面。

1. 维护社会公共利益

维护社会公共利益是公共行政的基本职能。城乡规划编制是对土地和空间资源的合理配置，同时使以满足不同利益群体需求为基本目标。规划管理维护公共利益，要求编制城乡规划一要保障涉及社会公共利益的用地和空间资源，满足广大社会公众的社会需要。例如，公共服务设施、市政公用设施、公共绿化用地等。二要保障整体布局的科学、合理，有利于城镇、乡村各种经济、社会活动的协调运行。三是要有利于城镇、乡村的可持续发展，保障后人的发展条件。

就城乡规划实施来讲，审核规划许可，维护社会公共利益，就要切实保证各项建设不得妨碍公共安全、公共卫生、公共交通和城乡风貌，切实保护历史文化遗产和自然文化遗产等。公共政策体现公共利益，规划建设必须认真贯彻执行。

2. 保护相关方面的合法权益

保护相关方面的合法权益是公共行政的基本职能之一。我国《物权法》的颁布与实施，为保护相关方面的合法权益提供了法律保障。城乡规划的编制与实施，在很多方面涉及物权的保护。诸如个人和单位的土地使用权，各项建设涉及的现有通道、通水和四邻的日照、通风等权益等。这就要求规划管理按照"公平、公正、公开"的原则，妥善处理相关方面权益的矛盾，必要时要采用公示、听证会等方式，听取相关方面的意见和要求，接受社会的监督。我国正处在经济体制转轨时期，产权制定和保护方面的法规还不健全，规划管理必须非常慎重地处理涉及相关方面权益保护的有关事项。

3. 促进经济、社会、环境的全面、协调和可持续发展

政府的基本职能主要是政治、经济、文化、社会服务等职能，并构成公共行政的基本内容和范围，促进经济、社会、环境的全面、协调和可持续发展，是公共行政的题中之意。在市场经济条件下，公共行政的主要责任是生产和提供公共产品，城乡规划是政府应当提供的公共产品之一。城镇、乡村是经济社会发展的载体，是人类的住区。编制城乡规划的最终目的是通过城乡规划对土地和空间资源的合理配置，促进经济、社会、环境的全面、协调和可持续发展，满足社会公众日益增长的物质、文化的需要，不断改善人们生存、生活和社会活动环境。为实现这一目的，需要统筹协调人与自然、经济与社会、城镇与乡村、近期与远期、局部与整体、需要与可能等各种关系。

4. 保障城乡各项建设纳入城乡规划的轨道，促进城乡规划的实施

城乡规划是政府调控经济、社会、环境的全面、协调和可持续发展的重要手段，编制和实施城乡规划是公共行政的职责。城乡规划实施是通过城乡各项建设来实现的，规划管理必须通过管理将各项城乡建设纳入城乡规划的轨道，才能促进城乡规划的实施。从城乡规划实施的内容和过程来看，城乡规划的实施涉及面广，与其他城市管理工作密切相关，规划的实施是一个持续不断的过程。且城乡规划具有调控、引导的功能，具有公共政策的属性。因此，实施城乡规划不仅是规划管理部门的事，也是政府各管理部门和社会公众的事，众志才能成城。

四、城乡规划管理的依据

1. 法律规范依据

城乡规划管理属于公共行政范畴，必须依法行政。无论规划编制、审批、实施管理，还是规划监督检查，都必须贯彻执行我国《城乡规划法》及其配套法律规范和相关的法律规范；遵循当地由省、自治区、直辖市依法制定的行政法规、规章和其他规范性文件；遵守城乡规划行政主管部门依法制定的行政制度和工作程序。

2.城乡规划依据

城乡规划一经批准，便具有规范规划区内的土地利用和各项建设的法律地位，是规划管理的重要依据。城乡规划包括：按照法定程序批准的城市总体规划、分区规划、专业规划、近期建设规划、控制性详细规划、修建性详细规划、镇规划、乡村规划等。

城乡规划是一个有机的体系，具有层次性，一般上位规划具有指导下位规划编制的功能。因此编制城乡总体规划，应当以全国城镇体系规划、省城城镇体系规划以及其他上位法定规划为依据；编制城市近期建设规划，应当以依法批准的总体规划为依据；编制城市控制性详细规划，应当以依法批准的城市总体规划或分区规划为依据；编制修建性详细规划，应当以依法批准的控制性详细规划为依据。

3.技术规范和标准依据

城乡规划的编制与实施应当依据城乡规划技术规范的标准，特别是依据其中的强制性技术规范。技术规范和标准包括：国家制定的城乡规划技术规范和标准，各省、自治区、直辖市根据国家技术规范编制的地方性技术规范、标准，城市规划行业制定的技术规范、标准等。

4.方针政策依据

城乡规划管理是一项公共行政工作，各级人民政府根据经济社会发展的实际情况，制定的城乡建设和管理方面的各项方针政策，是城乡规划管理的依据。

五、城乡规划管理的方法

城乡规划管理的方法很多，一般来说，主要有行政的方法、法律的方法、经济的方法和咨询的方法。只有把这些方法有机地结合起来运用，才能更好地发挥城乡规划管理在城市现代化建设中的作用。

1.行政方法

行政方法是城乡规划行政主管部门依靠行政组织的授权，采取命令、指示、规定、制度、计划、标准、工作程序等行政方式来组织、指挥城乡规划的编制、实施、监督检查活动。行政方法的原意是通过职务和职位而不是通过个人能力来管理。它十分强调职位、职责、职权的统一。城乡规划行政各级组织和领导人的职责和权力范围是有严格规定的，各级之间的关系是明确的，搞好城乡规划行政管理工作，核心是要求各级组织和领导人一定要有责、有权、有才能。如果在职责与权力相脱离、职务与才能相脱离的情况下行使行政管理，就不可能是名副其实的行政管理。科学的城乡规划管理的行政方法，要求各级行政组织的设立应符合城市发展的内在联系，行政管理手段必须符合管理对象的实际情况。

2.法律方法

法律方法也就是通常所说在城乡规划管理中的"法治"。城乡规划管理的法律方法，就是通过《城乡规划法》及其相关的法律、法规、规章和各种技术规范、标准，规范城乡规划编制和各项建设行为。

3.经济方法

经济方法就是通过经济杠杆，运用价格、税收、奖金、罚款等经济手段，按照客观经济规律的要求来进行规划管理。用经济的方法管理，核心或实质就是通过物质利益调配处理政府、经济组织、个人等经济关系。其目的是把城市各种所有制单位和广大居民的利益同国家利益、地区利益或城市整体利益较好地结合起来，以便为城市的高效率运转提供经济上的活力。

4.咨询方法

城乡规划管理咨询方法是指吸取智囊团或各类现代化咨询研究机构中专家们的集体智慧，制定城乡规划，帮助政府领导对城市的建设和发展进行决策，或为开发建设单位提供技术参考的一种方式。

现代城乡规划管理中运用咨询方法有利于集思广益，提高决策水平。城乡系统的复杂性，使得无论是建设和发展的宏观决策，还是某个建设项目的微观决策，常常涉及许多确定和不确定因素，单靠个人的知名度、经验和智慧或开发建设单位的良好愿望是不够的，必须运用专业咨询机构的力量来帮助决策。咨询方法的运用，既能减少决策的失误，又能集思广益，从而比较准确地表达社会的真正需求，科学地确定发展目标和实施对策。现代城市各类咨询机构作为一种组织形式正在蓬勃发展，诸如政策研究、科技咨询、工程咨询、管理咨询、综合咨询、专业咨询机构等大量涌现出来。很多城乡规划部门也在开展规划咨询业务活动。

第二节　城乡规划管理决策

决策是行政管理系统中最重要、最普遍的行政行为，城乡规划管理同样如此。无论是城乡规划的审批、建设项目规划选址、拟定规划设计要求、审核设计方案、核发"一书三证"，还是对违法占地、违法建设进行处罚，都是决策行为。决策的成败关系到规划管理目标的实现和管理效能的发挥，从这一意义上讲，城乡规划管理就是决策。

一、城乡规划管理决策的概念和作用

1.城乡规划管理决策的概念

城乡规划管理决策，就是城乡政府和规划行政主管部门为了实现城乡规划目标而对未来一定时期内城乡建设活动的方向、项目及方式的选择或调整过程。城乡规划管理决策属于行政决策范畴。它有如下特点：一是城乡规划管理决策对象的确定性，城乡规划管理决策是针对规划管理面临的事务作出决定，为城乡建设提供发展目标和实施途径；二是城乡规划管理决策的实践性，任何规划管理决策都是为了解决具体的现实问题；三是规划管理决策的选优性，城乡规划决策事关城乡长远发展，必须选择在可能范围内相对最好的方案。

2.城乡规划管理决策的作用

① 城乡规划管理决策是规划管理过程的中心环节。从动态上看，规划管理过程是城乡规划行政主管部门实施管理行为的过程，每项管理行为必须以决策为前提。没有法定的城乡规划，管理就无据可循；没有法定的"一书三证"管理工作，就无法有效实施城乡规划，更谈不上查处违法建设。也就是说，整个规划管理的过程，其实就是不断地进行决策并付诸实施的循环过程。

② 城乡规划管理决策是规划管理机关最主要职能之一。作为管理机关领导，最重要的职能之一就是决策。规划管理领导的素质高低很重要的一方面取决于决策水平，针对规划管理的具体需要，领导的责任在于果断地制定适宜的政策，提出合理的解决方案。规划管理领导如果缺乏足够的知识和经验，不能打开信息渠道，无法了解真实情况，不能进行透彻的分析，很难作出正确抉择，从而管理效能低下，甚至造成重大失误。

③ 城乡规划管理决策关系到规划管理活动的成败。规划管理决策作为行政决策，它对于城乡社会、经济发展都是起到重要的影响。例如，在规划管理中违反城乡规划，在规划的防洪堤内违法审批建设宾馆、旅游度假村等，则会妨碍城市今后的防洪排泄功能，影响到城市的安全。

二、城乡规划管理决策的原则与类型

1.城乡规划管理决策的原则

① 合法性原则　其含义有二：一是必须遵循法定程序进行城乡规划管理决策；二是规划

管理必须依法决策，决策结果必须符合《城乡规划法》等有关法律规范和行政规章制度。

②现实性原则　规划管理决策的目的是为了指导实践，因此决策结果必须具有操作性。任何一个决策，必须因市制宜，如果脱离群众，脱离实际，就不能切实可行。

③连续性原则　城乡建设是一项长期的工作，规划管理决策应保持一定的连续性，决策不能朝令夕改，更不能出尔反尔。

④民主性原则　其含义有二：一是规划管理决策最终目标应当体现公众的利益，而不是为了少数部门、少数群体利益；二是规划管理决策过程中必须重视公众参与，从规划编制到实施应当尽可能广泛听取公众意见。

⑤效率性原则　规划管理决策必须讲求效率，以适应城乡建设快速发展的要求。不能议而不决，决而不行。当然，讲求决策效率，并不是只图决策速度，而不顾及决策的程序及质量。

2.城乡规划管理决策的类型

按照不同的标准可将决策分为最优决策和满足决策，程序化决策和非程序化决策。

①最优决策和满足决策　最优决策是指最有效地达到既定管理目标的决策。最优决策一般应具备以下条件：一是管理目标明确；二是存在两个以上的可供选择的方案；三是方案的优缺点是可以量化计算的。在上述条件下，将方案对照管理目标比选，就可以选出最佳方案。如建设工程规划选址论证就是这类决策。满足决策，是由于在决策过程中难以获得比较翔实、齐全的信息资料，也不存在两个以上的比选方案，因而无从作出最优决策，只能作出相对满足的决策。这种决策活动在规划管理活动中应用得比较广泛，如城市规划方案的审批和建设工程设计方案的审核就是这类决策。

②程序化决策和非程序化决策　程序化决策，是按照规定程序和标准操作规程进行决策。这类决策一般涉及的是规划管理例行性行政事务，如核发建设用地规划许可证就是这类决策。非程序化决策，是在处理一些偶然性、随机性的事务时（如巡查违法建设），需要及时作出决定（如通知违法建设停工），即属于这类决策。进行非程序化决策，往往利用及时获取的信息作出决断，这需要规划管理人员具有一定的业务素质、洞察力和判断力。

三、城乡规划管理决策的依据

1.计划依据

计划依据主要包括：按照法定程序批准的城市经济、社会发展中长期计划，城市经济和社会发展五年计划，城市建设年度计划，批准的建设项目设计任务书或可行性研究报告，计划投资文件等。

2.法律规范依据

法律依据主要包括《中华人民共和国城乡规划法》及其配套法规文件；与城乡规划、建设相关的法律文件；各省、自治区、直辖市依法制定的地方性法规、地方性规章和其他规范性管理文件；规划行政主管部门制定的行政制度和工作程序。

3.规划依据

规划依据包括：按照法定程序批准的城市发展战略、城镇体系文件与图纸、城市总体规划纲要、城市总体规划文件与图纸、分区规划文件与图纸、专业规划文件与图纸、近期建设规划文件与图纸、控制性详细规划文件与图纸、乡村规划文件与图纸；经规划行政主管部门批准的修建性详细规划文件与图纸、规划设计条件、用地红线图、总平面布置图、市政道路设计图、建筑方案和各种工程管线设计方案等；城市规划行政主管部门核发的建设项目选址意见书、建设用地规划许可证、建设工程规划许可证、乡村建设规划许可证和临时用地许可证、临时建设许可证及其他方面的许可证。在规划管理工作中，前一个管理阶段的决策就是后一个管理阶段的决策依据。

4.经济技术依据

经济技术依据主要包括：国家制定的在城市规划、建设方面的经济技术定额指标和经济技术规范；各省、自治区、直辖市和其他城市根据国家的经济技术规范编制的地方性经济技术规范文件规划行政主管部门提出的经济技术要求等。

四、城乡规划管理决策的优化

决策的优化就是要提高决策的科学性、合理性、可行性和连续性。规划管理决策优化，就是要不断地从传统决策向现代决策转变。传统决策方式是人格化的，取决于决策者的才智和经验、个人感情的好恶以及谋臣们的进谏。传统决策存在着很大的局限性，往往造成一言可以兴邦，一言也可以废邦。而且，传统决策缺乏连续性，存在着人存政举、人亡政息的情况。

1.优化规划决策结构

决策的优化有赖于决策结构的优化。传统决策的弊端较多，从结构上看，就是缺乏一套严格的决策组织体制和程序，缺乏完善的决策支持系统、咨询系统、评价系统、监督系统和反馈系统，而只能靠决策者凭经验、拍脑袋决断，决策的科学性无法保障，无从检验，决策的失误难以受到及时有效的监督。而现代决策十分注重决策结构的优化，从而保障决策的科学性、合理性。从管理决策的主体看，要进行科学的决策就需要一定的信息，一定的知识和经验，还要有最终定夺的领导。因此决策结构包括信息系统、智囊系统和决策系统三大部分。

① 信息系统　是否及时获得准确可用的信息是正确决策的关键。信息系统的工作包括4个基本环节：获取信息、处理信息、储存信息和传输信息。信息系统也包括所有履行上述功能的人员体系和资料体系。这就要求：第一，规划管理人员尽可能获得有关决策事项的更多、更准确的情况信息；第二，规划管理一定要建立尽可能完备的规划资料、历史档案资料以及其他相关的资料信息库。

② 智囊系统　智囊系统是决策成功的重要保证。智囊系统不同于古代皇帝身边的谋臣，前者具备独立性，后者具备依附性；后者是简单地几个人相加，前者则是由不同知识结构组成的可以相互补充、启迪和丰富的知识信息综合体。智囊系统的组织结构大致有四种情况：一是各种专家学者直接到行政机构中工作；二是行政机构聘请专家担任顾问；三是由行政机构拨款成立"思想库"；四是由专家组成的学术团体为决策提供咨询。

③ 决策系统　决策系统是决策的核心，即拥有规划管理决策权的领导集体或个人。如果说信息系统提供必要的信息，智囊系统提供必要的参谋，那么决策系统则是根据管理要求作出最终决断。针对规划管理业务量大面广、情况复杂的特点，规划管理决策一般采取两种原则：一是首长负责制；二是委员会负责制，如建立规划委员会。

上述三个系统一方面是相对独立的决策结构，有相对独立地进行工作的权力和地位。另一方面，这三者又是有机的统一体，规划管理决策的优化，主要取决于这三者良好的分工与合作。

2.提高规划决策技术

决策的优化，必须掌握一些现代化的决策技术。决策技术是随着科学技术发展而逐步形成的，包括决策硬技术和决策软技术两个方面。

① 决策硬技术　指在决策中所运用数学化、模型化、计算机以及相应的信息系统和数据处理系统的技术。例如城乡规划行政主管部门建立规划管理信息系统，尽可能完备地输入有关城乡规划资料，规划管理档案资料，并逐步实现网络化，尽可能获得更多的决策信息。

② 决策软技术　指具备与规划管理有关的专业技术知识并提高决策水平。所谓决策艺术，是指管理者根据内部、外部条件，根据管理目标，运用各种管理理论和方法，并运用自己的经验和技巧，解决管理决策问题的创造能力。决策艺术是科学决策能力与经验决策能力的结合，是决策在知识、经验、技巧的综合运用和创造性发挥。决策艺术在现代管理中起着越来越重要

的作用。

决策的硬技术和软技术是相互补充、相辅相成的一个整体，两者不可分离，也不可偏颇。

3. 规划决策的民主化

就决策的民主化而言，主要表现为决策的开放性。智囊系统固然是这种决策开放性的表现。在今天，推进社会主义民主的过程中，公众参与规划管理活动的决策必将成为发展趋势。公众参与有利于规划管理实现维护公共利益的目标，保障规划管理决策的合理性，加强规划实施的社会监督。

第三节 城乡规划管理系统

一、城乡规划管理的工作系统

城乡规划管理是一个系统，它依其管理内容由若干工作系统组成，这些工作系统互相联系、互相影响。城市规划管理系统与外界环境（即外部系统）时刻发生联系，形成动态关联的更高层次的大系统，如图6-1所示。

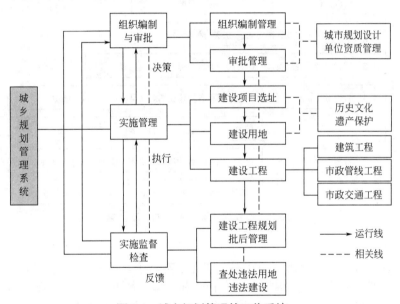

图6-1 城乡规划管理的工作系统

把城乡规划管理作为一个系统来分析，城乡规划的组织编制与审批管理就是决策系统，城乡规划实施管理则是执行系统，城乡规划实施监督检查则是反馈系统，三者构成城乡规划管理封闭的大系统。为了保证这个大系统的顺利运行，还需要有城市规划法律规范加以保障，即保障系统。

1. 决策系统

城乡规划组织编制和审批管理可以被看作是规划管理决策工作，主要负责制定城乡规划。城乡规划编制和审批必须是连续的过程，组织编制管理是制定城乡规划的前期管理工作，审批管理是后期管理工作。为了保证城乡规划的编制质量，还需要对城市规划设计单位进行资格管理，这三者是互相联系的。

2. 执行系统

城乡规划实施管理可以被看作是规划管理执行工作。主要包括对建筑工程、道路交通工程、市政管线工程、乡村建设等进行建设项目选址、建设用地、建设工程规划管理，即"一书三证"管理工作。

3.反馈系统

城乡规划实施的监督检查可以被看作是规划管理反馈工作。它主要负责建设工程规划批准后管理和查处违法用地、违法建设等管理工作。它的工作任务不仅是就事论事的检查、处理，还需要将检查中发现的问题向决策系统、执行系统反馈。

4.保障系统

城乡规划管理系统运行保障条件很多，诸如组织、人员、体制、法制等。其中法制保障尤其重要，城乡规划法律法规、相关法律法规、行政规章的制定与实施是法制保障的基础。

二、城乡规划管理系统的构成要素

城乡规划管理是一项有组织、有目的的社会活动。它是管理人员通过一定的管理中介手段，规范管理对象，作用于被管理者，以实现管理的目标的行为。规划管理系统的构成包括五项要素：管理目标、管理者、被管理者、管理对象、管理中介，如图6-2所示。

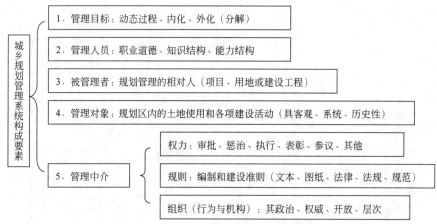

图6-2　城乡规划管理系统的构成要素

1.管理目标

城乡规划管理目标实际上是一种状态，即通过努力争取并期望达到的城市未来的理想状态。城乡规划管理最终的目标是促进经济、社会和环境在城市空间上的协调，保障城乡健全、可持续发展，维护城乡的公共利益，保护城乡建设相关方面的合法权益。这一总目标必须体现在规划管理具体工作中。由于规划管理是一项专业技术行政管理工作，它以制定并实施城乡规划作为自己的专业管理目标。由于城乡规划的制定涉及的面非常广泛，而城乡规划的实施又是一个时空跨度很大的动态实践过程。城乡规划管理目标的实施是个循序渐进的过程，城市总体规划的目标需要通过各个地区详细规划来体现，城乡规划的实施又依附于城乡各项建设。

2.管理者

城乡规划管理水平的高低与成败在相当大的程度上取决于城乡规划管理人员的素质和能力。不同层次的规划管理人员扮演着不同的角色，起着不同的作用。如基层规划管理人员所扮演的角色和所起的作用，主要表现在三个方面。第一是人际关系上，既是"官方"代表，又是联络员，联系内外、上下、横向之间关系；第二是信息沟通方面，扮演信息传播的角色，发挥上情下达、下情上达的作用；第三在决策方面，扮演矛盾处理者角色，发挥组织、协调作用，某种程度上还有参与决策的作用。从城乡规划管理工作职能要求以及城乡规划事业发展要求来看，城乡规划管理人员必须具备良好的职业道德、合理的知识结构和较强的工作能力。

3.管理对象

城乡规划管理的对象是城乡规划区内的土地利用和各项建设活动。在城乡规划管理中所审核的规划图纸和建设工程图纸，都是土地利用和各项建设活动在图纸上的反映。

4.被管理者

被管理者是规划管理的相对人。针对不同的管理对象，被管理者有所不同。由于城乡规划项目；是政府内部的管理行为，被管理者是政府部门；而建设用地或建设工程是政府外部的管理行为，被管理者是建设单位。不论哪一种情况，被管理者都是管理对象的人代表，既是规划管理系统中受着某种控制的管理相对方，又是其所在单位代表。被管理者对于规划管理的意见，可以欣然接受，坚决执行，也可能充耳不闻、消极对待甚至迫使规划管理人员改变管理决策。这就要求规划管理活动不仅要充分发挥规划管理人员的主观能动性，也要通过各种方法与被管理者统一思想，发挥他们的主观能动作用，使每一个管理项目符合规划管理的目标要求。

5.管理中介

管理中介是管理者作用于管理对象，使其由原始状态达到目标状态的依据和手段。规划管理中介由权力、规则、组织构成。

① 规划管理的权力　就是改变和协调管理对象的行为，使之实现规划管理目标的能力。规划管理的权力来自法律、法规授权。一般来说，规划管理主体具有审批权（审批城乡规划，审批"一书三证"）、惩治权（查处违法建设和违法用地）、执行权（执行城市政府方针、政策和重大决策）、参议权（向城市政府反映情况，提出建议）、表彰权（表彰实施城乡规划优秀建设项目）、其他法律授权以及根据管理需要制定相关管理规范的权力。权力的意义和作用就是管理，没有权力也就没有管理。权力的运用对规划管理至关重要，运用不足则会造成失职或惩治不力；而运用过分则会造成独断，压制创新；滥用权力则会导致腐败。

② 规则　是规范各种城乡规划编制和建设行为的准则，主要包括：批准的各类规划文本、图纸，各种有关法律、法规及技术规范。

③ 组织　它有两层含义：一是规划管理是有组织的行政管理；二是规划管理是通过管理组织进行的。管理组织具有权威性、开放性和层次性。所谓权威性是指规划管理部门是城市行政管理机构，是城市政府意志的执行部门，而作为城市政府意志的执行者，它的活动具有权威性。规划管理组织也是规划管理权力和规则发挥作用的基础。所谓开放性，是指规划管理公开面向社会的特点。所谓层次性，是指规划管理组织的内部结构层次和分工。每一个层次具有不同的职能和权限，规划管理人员必须在规定的职能和权限范围内进行管理活动。

三、城市规划管理系统的运行机制

城乡规划管理既是一个动态的过程，又是一项综合性很强的工作。在管理过程中，如何能良性运转、协调操作、正确决策，影响到管理效能的发挥和管理目标的实现，需要一定的运行机制来保障。下面介绍几种规划管理系统运行的机制。

1.协同机制

为实现城乡长远发展目标，在实施过程中需要各个部门共同行动，各部门之间良好的协作对保证建设项目符合城乡规划要求起着关键的作用。完善协同机制应重点解决好以下几个方面的协同管理。

① 城乡与区域之间的协同　资源能源配置、交通系统、水运和水利系统，涉及相关城乡与地区之间的协调。从区域角度看，一个行政区的城镇体系规划与城镇建设的发展，既需要自上而下的统筹，也需要各个城镇自下而上的参与，使规划既能从区域着眼又能立足各个城乡发展。

② 城乡规划与国民经济和社会发展计划的协同　城乡规划与国民经济和社会发展计划是相辅相成的关系。城乡规划要与国民经济和社会发展战略协调，后者是前者的编制依据之一。国民经济和社会发展计划应考虑城乡现状和发展条件以及规划对城乡发展要素的统筹安排。对城乡布局有重大影响的建设项目和重复建设项目计划部门应加强综合协调，从经济、社会发展需要和城乡规划要求等方面进行评估，协同做好项目规划选址论证。

③ 规划与土地部门的协同　城乡土地利用是城乡规划和土地利用总体规划的核心。《城乡规划法》和《中华人民共和国土地管理法》的施行，明确了二者的关系。"城市总体规划、村庄和集镇规划，应当与土地利用总体规划相衔接，城市总体规划、村庄集镇规划中建设用地规模不得超过土地利用总体规划确定的城市和村庄、集镇建设用地规模。""在规划区内、乡村规划区内，城市和村庄、集镇建设用地应当符合城市规划、乡村规划。"

④ 规划与建设的协同　城乡建设是城乡规划的具体化，建设管理是实施城乡规划的保障。规划管理要增强为建设服务的意识，建设管理要提高城乡规划的观念，两者不可偏废。如在新区开发和旧城改造时，要研究建立规划与建设协同管理的工作机制，将地区开发与公共基础设施建设有机结合起来，提高城乡建设的经济、社会和环境的综合效益。

⑤ 规划与其他专业部门的协同　城乡规划的编制与实施管理涉及诸如环境保护、消防、卫生防疫、园林绿化、道路、交通、河港、铁路、航空、人防、防汛、气象、军事、国家安全、文物保护、测量标志、农田水利等相关管理部门。征求相关管理部门的意见，相互协调，加强行政沟通十分重要。

建立协同管理机制应该与政府机构的改革相结合，与协调法律、法规的实施相结合。

2. 调控机制

为保证城乡规划管理系统的运行协调、有序和高效，需要从以下三个方面加强调控：第一是系统内部的调控，即机关内部管理、制度建设、队伍建设等；第二是外部系统对管理系统的调控，即行政监督、人大监督、社会监督；第三是管理系统对管理对象的调控，即具体的规划管理活动。城乡规划管理调控是保证城乡规划管理达到预期管理目标的重要手段之一。调控机制的类型可以分为以下三类。

① 微观控制　即对某一个建设工程项目的调控，如建筑工程规划许可证的审批，主要控制其建筑性质、空间尺寸、空间关系、有关规划指标，建筑色彩、造型的环境要求等。

② 中观控制　即对地区详细规划的审批和成片开发建设规划管理的调控。主要控制其用地性质、空间布局结构、规划技术指标、环境设计、街道景观等。

③ 宏观控制　即对城市总体规划的实施情况，在比较大的地域范围，跟踪监控，并予以评价，提出建议或制定相应的方针政策，供城市政府决策，保证城市总体规划的实施。

城乡规划管理控制作用主要有三个方面：第一，对规划编制和实施的指导作用。城乡规划的编制既需要规划设计人员的自觉行动，也需要规划管理部门的指导和调控。城乡规划的实施，大到总体规划，小到建设项目的规划审批，需要规划管理部门的监督、协调。第二，对规划的弥补作用。城乡规划编制成果是否符合法规要求，建设工程的安排是否符合规划要求，都不能在规划编制文件、图纸和工程设计施工图全部完成再审查，必须在规划中间成果阶段和设计方案阶段预先审查，发现问题，及时修正。第三，对规划实施的监督作用。城乡规划管理必须对所审批的建设用地和建设工程实施情况进行监督检查，保证其按规划管理要求执行。

3. 反馈机制

系统论认为，任何一个管理系统的决策、执行、监督、反馈等环节只有构成连续性封闭回路，才能形成有效的管理运动。决策的执行是否正确、有效，一方面依靠监督；另一方面需靠反馈执行的结果，以便决策层面根据新的情况发出新的指令。城乡规划从编制、审批、实施管理到监督检查是一个单循环的系统，必须建立反馈机制，才能不断提高城乡规划管理水平。建立、健全反馈机制包括建立城乡规划监督检查、实施管理、规划审批、规划编制各个环节的反馈机制。加强对城乡规划实施情况的快速反应能力、综合分析能力和处理问题能力，提高规划管理决策综合能力。

第四节　城乡规划管理的现代观念

城乡规划要实现现代化管理必须从管理思想、管理方式和管理手段三个方面抓起，而管理思想的现代化是现代化管理的灵魂，城乡规划管理者为了实现管理思想的现代化必须树立现代管理观念。树立正确的城乡规划管理现代观念有助于管理者及时掌握城乡规划管理的基本规律，胸有成竹地应对瞬息万变的世界，从而提高管理工作的科学性，避免工作的盲目性，迅速找到解决管理问题的途径和手段。

本节主要介绍城乡规划管理现代观念中的人本观念、系统现念和法治观念。

一、人本观念

1.人本观念的含义和重要性

（1）人本观念的含义

管理的人本观念，是指管理活动一切从人出发，以人为根本。调动人的积极性、主动性、创造性是有效管理的关键。城乡规划管理的人本观念，包含有以下含义。

① 城乡规划管理工作，无论是城乡规划的编制还是实施，其核心是满足人的日益增长的物质生活和精神生活的需要，实现人的全面发展。为人民服务，维护人民群众的根本利益是城乡规划管理工作的根本目标。

② 建设单位的代表是重要的管理客体。城乡规划管理措施和手段，首先是作用于建设单位代表，通过建设单位代表发挥其能动作用，再作用于管理对象中的其他物质要素。

③ 城乡规划管理人员是城乡规划管理活动的中心。他们代表城乡规划管理机构行使管理职能。其自身素质的完善、认识能力的提高和价值取向的合理化，对城乡规划管理活动的成败具有至关重要的影响。

（2）树立人本观念的重要性

城乡规划管理树立人本观念，既是社会主义行政管理目的所决定的，又是现代管理活动中提高管理效能的客观要求，也是现代管理的发展趋势，具有十分重要的意义。

人作为管理活动的要素在城乡规划管理活动中发挥着主导作用，管理者的素质、主动精神和负责精神决定着管理水平的高低，而被管理者能否理解和接受管理者的信息，同样影响着管理活动的成败。要想提高管理水平，只有把管理者和被管理者均作为管理的中心环节，才能有效地提高管理水平。

人民群众是国家的主人，对任何行政管理部门都拥有知情权、监督权，城乡规划管理应该努力创造条件选择合适的形式，实行"政务公开"和"公众参与"。城乡规划管理人员与被管理者的关系是平等的，对被管理者必须平等相待，热情服务，寓管理于服务之中。只有树立人本观念才能实现上述要求。

2.树立人本观念应遵循的原则

（1）为人民服务的原则

为人民服务的原则是人本观念中的一项重要原则。城乡规划管理属于政府的行政管理范畴，城乡规划管理部门是政府的一个职能部门，城市规划管理人员是政府的公务员。

① 城乡规划管理要体现人民群众的根本利益，在制定和实施城乡规划时，必须坚持城市建设和发展的全局性、长远性利益，城乡规划管理人员应当廉洁奉公、勤政高效，全心全意为

人民服务，切实维护公众利益。

② 城乡规划的制定和实施应当采取不同方式广泛听取人民群众的意见和要求，认真处理人民来信、来访，积极推行城乡规划实施情况的后评估，召开群众座谈会，听取他们对城乡规划实施的意见和要求。

③ 城乡规划管理部门要接受人民群众的监督，接受他们的批评和意见，人民群众的意见是评判城乡规划管理工作成败的标准。

（2）民主集中制原则

民主集中制是我国国家机构的组织活动原则。就城乡规划管理而言，要实现城乡规划决策的民主化、科学化，就要积极推进"政务公开"和"公众参与"。

城乡规划管理是一项技术性、科学性强的行政管理工作，不论是规划的编制与审批，还是重要建设方案的规划审批，都应当积极组织专家论证，涉及公众利益的重大规划项目，还要广泛听取人民群众和社会有关方面的意见和建议，集中大家的智慧和意见，使之更加科学合理。

《城乡规划法》规定，城市总体规划在按法定程序上报审批前，要报经同级人民代表大会或其常务委员会审议通过。人民代表大会或其常务委员会集中地代表了人民的利益和意志。城市总体规划报经其审议，可以更广泛、更集中地反映人民的意见和要求，使城市总体规划编制更加科学、合理。对于在城乡规划实施过程中涉及社会公众利益及城乡发展的全局性的重大问题，也应该向同级人民代表大会或其常务委员会报告。

（3）激励原则

城乡规划管理实行激励原则，是为了激发和调动管理者和被管理者的积极性、能动性，更有效地实现管理的目标。

对城乡规划管理者的激励是城乡规划管理领导者的责任，而对城乡规划被管理者的激励则是管理者的责任。城乡规划管理是一种组织行为，城乡规划管理要靠管理者群体来实施。对于管理群体激励的内容和方法可以有：

① 目标激励　即通过管理目标的设置和实现来激发群体的积极性。在目标的设置上，要适合群体的经验能力和环境条件，使目标有实现的可能性。在目标实现的过程中，应把目标具体化，分解成阶段目标和量化目标，以保证目标对群体产生连续不断的激励作用。同时，还要实行信息反馈、工作成果公布、工作经验交流等，通过反馈作用维持群体的积极的动机和行为。

② 工作激励　即通过赋予群体工作丰富的内涵，使工作富有挑战性和意义，以增强群体工作的积极性。具体做法可以有：把合适的人安排在合适的岗位上；提供合理的工作结构和工作援助，使群体有能力承担更丰富的工作；适时反馈、调整工作，对工作成果多给予客观、肯定的评价，增强群体的成就感和责任感。

③ 规范激励　所谓规范是指管理机构在其活动中所形成的共同行为准则。它包括规章制度、道德规范、管理文化、社会舆论等方面。这些规范要尽可能具体，可对照考核；要根据发展和外界情况变化，对规范进行调整，使其真正起到激励群体的功能；还要适当地改造非正式群体的规范，消除其消极作用，使其朝着积极方向发展。

二、系统观念

现代管理面对的问题很多都是错综复杂的。系统理论的诞生和发展，为人们认识、分析、解决复杂的问题和事务提供了新的理论基础。城乡规划管理只有树立系统观念并广泛采用系统理论的方法，才能比较准确地认识和把握管理的规律，合理有效地解决管理中的各种问题。

1.系统观念的含义及其要点

管理的系统观念是指，管理者自觉地运用系统理论和系统方法，对管理要素、管理组织、管理过程进行系统分析，优化管理的基本功能和取得较好的管理效果的观念。

城乡规划管理树立系统观念必须要把握以下五个要点。

① 目的性　对于一个系统来说，其目的就是使命。对于城乡规划管理机构来讲，其使命是机构的职责，它是法律授予的，在规划管理活动中，有了正确无误的目的，才能做到有的放矢，才能取得管理成效。

② 关联性　城乡规划管理机构作为一个系统，其内部各职能部门之间就存在着互相作用、互相依存和互相制约的关系。城乡规划编制和审批管理部门按法定程序制定的城乡规划，是城乡规划实施管理部门工作的依据，如果制定的城乡规划不完备或不科学，实施管理部门将无章可循或产生不良后果，规划管理组织机构的功能将受到严重影响。

③ 层次性　系统不仅仅是由若干相互联系的要素组成的整体，而且这些要素是有结构的，有序的，层次性明显，各层次之间的关系既可能是上下级的关系，也可能是工作流程中的先后关系。在城乡规划管理系统中这种层次性十分明显，如国务院城乡规划主管部门负责全国的城乡规划管理工作，县级以上地方人民政府城乡规划主管部门负责本行政区域内的城乡规划管理工作。

④ 整体性　系统是一个有机的整体，存在于整体中的部分，只有在整体中才能体现出它具有的作为部分的意义。例如城乡规划管理工作者，因为他们是城乡规划机构的一员，才能发挥其城乡规划管理的作用，一旦其退休或离职就失去这一作用；城乡规划管理组织机构各部门，如按照其确定的工作职责，并遵循科学的工作机制，其整体功能才能体现出来。否则，分工不明、职责不清、制度不完善，工作必然会杂乱无章、互相扯皮、效率低下，难以发挥管理机构的正常作用。

⑤ 动态开放性　绝大多数系统都是开放系统，系统和环境之间无时无刻存在着物质、能量、信息的交流和相互作用，而且系统及其所处的环境都处于不断的运动和变化状态。任何静止地看待问题的思维方式或者以不变应万变的工作方式都是不对的。改革开放以来，城乡规划管理面临许多新情况、新问题，管理必须有新对策。

2.树立系统观念应遵循的原则

（1）全局性原则

城乡规划管理遵循全局性原则是系统整体性的必然要求，这一原则要求管理者必须从全局的高度看待问题，无论城乡规划管理机构，还是城乡规划管理的对象都是一个系统。

城乡规划管理要遵循系统整体及其组成部分不同的运行规律，采取不同的管理方式和方法。例如，对于城市建设工程的规划管理，建设工程的构成复杂，就其功能与特性来讲，可以分为建筑工程、市政交通工程、市政管线工程三大类，各有不同的运行规律，必须分类管理，才能做到有的放矢。又例如，城乡规划实施管理的目的之一是，将各项建设纳入城乡规划的轨道，促进城乡规划的实施。促进城乡规划的实施是一项系统工程，涉及城乡的发展，地区开发建设和地块的建设等不同的层面。下一个层面是上一个层面的组成部分，各个层面管理的运行规律是不一样的，城乡规划管理就必须采取不同的管理方式。

城乡规划管理要充分考虑系统整体及其各组成要素和组成部分的相互联系，避免顾此失彼。在具体管理工作中要综合平衡，统筹兼顾，全面安排。例如，市政管线工程的规划管理，就要针对敷设的管线之间，敷设的管线与已有管线之间，敷设的管线与道路、行道树之间的关系，进行管线位置和建设时序的综合平衡，统筹安排，使其形成一个协调的整体。

（2）优化原则

城乡规划管理遵循优化原则既是系统目的性的必然要求，也是现代管理的需要。现代城乡规划管理面对复杂的系统，面临复杂的情况和环境，要使管理取得较好的效果，就必须采取科学的方法，优化管理的过程和结果，以尽可能少的投入，取得尽可能满意的管理效果。

影响城乡规划管理结果的因素有很多，在管理中，要从客观实际出发，通过周密的调查分析，尽可能利用其中积极的因素和条件，遵循事物发展的客观规律，避免主观臆断。城乡规划管理是个过程，在管理过程中，任何阶段都有优化的问题，在每个阶段都要拟定多种方案进行优化选择，不仅要强调整体的优化，还要兼顾局部的优化。当然，优化是相对的，择优过程中所制订的方案也是有限的方案比选。所谓相对满意，就是在尽量考虑种种限制条件下，尽最大努力达到的最优标准。

（3）动态性原则

城乡规划管理遵循动态原则是系统的动态性的体现。世间一切事物都是不断发展变化的，城乡规划管理必须用发展的眼光分析问题和解决问题。

在城乡规划管理活动中，管理系统内部因素和外部环境都是在不断发展变化的，在管理中，要学会在动态中分析问题和解决问题。例如，随着改革开放的深入，我国实行了国有土地使用权有偿出让的制度，城乡规划管理方式和程序只有根据新的形势作出相应的变革，管理才具有新的生命力。对于一个具体的城乡规划部门来说，也只有从客观实际情况出发，因事、因地、因人制宜，才能把有关的城市规划管理工作做好。

城乡规划管理要协调好近期利益和长远利益的关系，近期利益应当服从长远利益。城乡规划的实施总是通过各项近期建设项目来实施的，在处理这些近期建设项目时，必须综合考虑其对城市未来发展的影响。例如，建设项目的选址，建设用地必须符合城乡规划所确定的土地使用布局，建设项目的位置必须让出道路规划红线，保证城市交通发展需要，总之，城乡规划管理要面对现实，面对未来，远近结合，慎重决策。

（4）创新性原则

现代城乡规划管理是知识经济时代的管理。我国正处于改革开放和城市化进程加快的时期，许多新事物、新问题、新矛盾不断涌现。传统的城市规划管理经验、管理方式是一笔可贵的管理财富，但是，面对经济社会快速发展和变化多端的环境，城乡规划管理只有提高其应变能力和创新能力，才能提高其管理的效益。

城乡规划管理的创新，是指在思想观念、管理方法、管理技术、管理制度方面的创新，使城乡规划管理能够应用先进的思想、科学的方法、新颖的技术、合理的制度，将过时落后的东西取而代之，借以适应管理环境的新情况、新要求，并在更高的水平上实现城市规划管理的目标。

（5）综合性原则

综合性原则是系统各种特性的综合体现，也是城乡规划管理综合性强的必然要求。城乡规划管理是系统性的管理。城乡规划管理的对象，规模有大有小，性质多种多样；城乡规划管理的目标也不是单一的；影响城乡规划管理的因素错综复杂，有有利的也有不利的，有现有的也有潜在的，有可控的也有不可控的，有可预测的也有不可预测的等；城市规划管理的方法与手段，既有行政的、法律的，也有经济的、社会的；城乡规划是一门综合性的交叉学科，需要综合运用相关学科的知识，如地理学、建筑学、工程学、社会学、行政学等。因此，在城乡规划管理活动中必须进行多方面的综合。

三、法治观念

城乡规划管理是一项行政管理工作。行政管理的法治化，是区别传统的行政管理和现代行政管理的一个重要标志。现阶段"依法治国，建设社会主义法治国家"已载入我国宪法，依法行政是依法治国的核心。因此，实现城乡规划管理的法治化是一项势在必行的任务，树立法治观念是对城乡规划管理者的必然要求。

1.法治观念的含义及其作用

法治就是确立法在社会生活中的统治地位。城乡规划管理法治就是要依法管理，依法行政。行政法治的作用在于维护行政秩序，保障公民权益和制约政府权力。

2.树立法治观念应遵循的原则

（1）行政合法性原则

城乡规划管理机关必须是依法设立，其管理职权必须基于法律的授予才能存在。否则，其管理行为不应具有法律效力。城乡规划管理活动必须有法律依据，即必须在法律授权或规定的范围内行使管理权，城乡规划管理的内容、程序等必须符合法律、法规的规定。违反法律的城乡规划管理活动属违法行为，不具有法律效力，有关国家机关有权予以撤销、变更或宣告无效。违法者应承担相应的法律责任。

（2）行政合理性原则

城乡规划管理行为应有合法的目的，即为公益服务且符合法律的具体目的。城乡规划管理行为必须具有正当的动机。管理者不能以执行法律的名义，将其主观意志或个人情绪、偏见、同情、反感等施加给管理的相对方。城乡规划管理行为的作出应考虑相关的因素，不应受无关因素的影响。所谓相关因素，是指与所处理的事件有内在联系并可以作为作出决定根据的因素。城乡规划管理行为要符合人之常理，它包括：要符合事物的客观规律、符合人们普遍遵守的准则、合乎一般人正常的理智判断。

（3）行政公正性原则

城乡规划管理部门应当公平地对待一切管理事件和被管理者，在处理管理事务时，对相同的情况采用同样的标准，而对不相同的情况，则应区别不同情况采取不同的措施。在执行法律规范时，应当一视同仁，不能反复无常，不能有歧视。当城乡规划管理作出对当事人有某种不利影响的管理行为时，应当听取受到不利影响的当事人的意见。当城乡规划管理机关作出对当事人不利的决定时，负有说明理由的义务，说明理由包括作出管理决定的法律根据和事实原因。除法律另有规定外，城乡规划管理行为的依据、程序、内容、时限等都应当公开。

（4）行政责任性原则

城乡规划管理，是对社会公共事务的管理。其管理职权不仅意味着享有的权力，还包括它负有的责任。管理职权只能行使不能放弃，放弃管理职权意味着放弃管理的责任，就是一种失职。因此，城乡规划管理机关行使职权是其必须履行的法定义务。城乡规划管理活动是靠管理者来完成的，城乡规划管理机关是名义上行使行政权的主体，管理者才是实际行使行政权的主体。在对外关系上，城乡规划管理机关既是行政主体又是责任主体；在对内关系上，城乡规划管理机关与管理者须分清内部责任。对城乡规划管理违法、不当行为及造成相关方面权益损害的行为，应承担惩罚责任或赔偿责任。

第五节　城乡规划管理职能

城乡规划管理职能是城乡规划管理活动的构成要素，是决定城乡规划管理活动成败的关键。它在一定程度上体现了城乡规划管理的客观规律。

城乡规划的编制，建设用地和建设工程的规划审核、审批，违法用地和违法建设的处罚，是一种决策行为，决策是规划管理的一项重要职能；在城乡规划管理活动中，为了保证城乡规划的编制、建设用地安排和建设工程的设计能够符合规划管理目标的要求，需要对规划管理对象加以控制，因此，控制是规划管理的另一个重要职能；规划管理是一项综合性极强的工作，涉及的内容比较广泛，遇到的不同利益主体之间的矛盾错综复杂，需要通过管理的协调、平衡来化解，所以，协调也是规划管理的一项重要职能；编制城乡规划的目的是促进城乡建设协调有序发展，为了实现这一目标，必须通过引导，激发管理者的自觉性，促使管理对象和被管理者向良性发展。因此，引导是规划管理中的一项重要职能。综合以上分析，可以将城乡规划管理的主要职能概括为决策、控制、协调和引导。

一、控制

1.控制的含义

1948年，诺伯特·维纳发表了著名的《控制论：关于在动物和机器中控制和通信的科学》一书，从此控制论的思想和方法渗透到几乎所有的自然科学和社会科学领域，特别在管理科学领域得到了日益广泛和深入的应用。

在《控制论》中，控制的含义为：为了改善或发展某个或某些受控对象的功能，通过获得并使用信息，以这种信息为基础而选出的并加于该受控对象上的作用就叫控制。

在城乡规划管理工作中的控制，是指为了实现管理的预期目标，城乡规划管理部门或管理者综合有关管理信息并根据有关管理依据，对管理客体施加作用的过程。控制的主要方式是审核城乡规划图纸、文本和各类建设工程图纸。

2.控制的重要性

城乡规划管理控制是保证城乡规划管理活动达到预期目标的重要手段之一。这是因为：一是城乡建设的复杂性。为保证科学地编制城乡规划和各项建设在空间上协调地安排，需要加以控制。二是城乡建设环境的变化性。为使城乡规划的制定和各项建设的安排适应情况变化的要求，需要加以控制。三是为了纠正城乡规划编制和建设工程方案设计中出现的偏离管理目标的种种问题，也需要加以控制。

3.控制的类型

按不同的标准，城乡规划管理控制可以分为如下几种不同的类型。

（1）按控制对象的规模划分

① 微观控制　是对某一个建设工程项目的控制。如建筑工程规划许可证的审批，主要控制其建筑性质、空间尺寸、空间关系、规划设计指标、建筑色彩和造型的环境要求等。

② 中观控制　是对地区详细规划的审批和地区开发建设规划管理的控制。主要控制其用地性质、空间布局结构、规划技术指标、环境设计、街道景观等。

③ 宏观控制　是对城乡总体规划的实施情况，在比较大的地域范围，跟踪监控，并予以评价，提出意见或制定相应的方针政策，供城乡政府决策，保证城乡总体规划的实施。

（2）按管理活动的过程划分

① 事前控制　主要表现为提出城乡规划编制要求，或提出各类建设工程规划设计要求等。

② 事中控制　主要表现为城乡规划编制中间成果审核，各类建设工程设计方案和施工图纸的规划审核等。

③ 事后控制　主要表现为城乡规划实施结果的监控。

（3）按控制的方式划分

① 程序控制　程序是为了实现管理目标而采取的一系列管理措施。例如：如建设用地是通过行政划拨方式取得的，必须先办理建设项目选址意见书；如建设用地是通过土地使用权有偿出让取得的，土地管理部门必须事前征询规划行政主管部门对建设用地的意见，核定规划要求，并纳入土地有偿合同等。又例如，核发建设工程许可证，需办理申请核定规划设计要求、审核设计方案、申请核发建设工程规划许可证等手续。

② 实体性控制　即对城乡规划方案或建设工程设计方案进行审核。

③ 跟踪控制　即对城乡规划实施情况进行跟踪检查，发现重大问题及时提出对策。

4.控制的要求

城乡规划管理控制的目的是保证管理目标的实现，控制要做到有效。有效控制要符合以下要求。

① 依法控制　城乡规划管理是行政管理，行政管理必须依法行政。因此，管理控制要依法控制，依法定授权控制其具体内容和要求。

② 适事控制　即依据不同的管理对象采取不同的控制方式。例如，建筑工程规划管理，一般采取核定规划设计要求、审核设计方案、核发规划许可证这三步程序进行控制。在建筑工程规划管理中，根据工程规模又有地区开发工程和单项工程两种不同的对象。前者先审核地区修建性规划设计方案，再按开发步骤审核建设地块的建筑工程设计方案。而在市政管线工程规划管理中，由于其特殊性，则分别采取计划综合和管理综合等控制方式。

③ 适时控制　即选择有利的管理时机进行控制。例如，城乡规划编制过程中，当其初步成果出来时，即应对初步成果组织审核，及时发现问题，及时进行纠正。

④ 适度控制　即控制的程度恰到好处，防止控制过多或控制不足，处理好全面控制和重点控制的关系。为此，要寻求关键控制点。无论是城乡规划方案图还是建设工程设计图，图纸内容很多，在兼顾全面审核的前提下，要抓住关键性图纸进行审核。例如建筑工程设计图重点要审核其总平面、底层平面和剖面图。

⑤ 客观控制　即控制要符合实际情况，遵循客观规律，实事求是地控制。不能脱离实际，更不能违反客观规律。例如审核建筑工程设计方案，要侧重于外部环境，不能对其设计平面功能横加挑剔。因为那是建设单位和设计单位的事，不是城乡规划管理部门的职责。

⑥ 弹性控制　即在规划管理控制时要有一定的灵活性。因为，在管理过程中，情况是千变万化的，可能发生意想不到的情况或难以克服的困难，影响到管理目标的实现。因此，管理人员必须从实际出发，因地、因时而异地处理问题和解决问题。必须注意：一是要针对不同情况提出不同要求，作出不同决定，不能机械划一；二是要根据随时变化的情况来进行控制，争取相对合理，不能不顾实际情况提出过严的要求；三是运用法规要掌握分寸，必要的自由裁量权的运用要得当，在不违反法规的前提下，做到合情、合理、合法。

 案例分析

1. 花园饭店围墙透绿工程

在20世纪80年代，上海市某一花园饭店主管部门提出"破墙开店"，但破墙开店势必破坏并占用饭店内部绿地，城市规划管理部门说明道理，未予同意。到90年代初，地铁一号线在花园饭店南侧进行茂名路车站施工，需借用并使用花园饭店部分土地。这是一项重大市政交通工程建设，城市规划管理部门说服了花园饭店，顾全大局，使用其部分土地。地铁车站完工后，恢复了绿地。同时，城市规划管理部门再次说服花园饭店，把沿路实体围墙改建为透空围墙，把园内浓郁的绿化景观透出来，改善了城市环境。

2. 地铁一号线车站陕西南路出入口与地面建筑结合设置

上海市地铁一号线茂名路车站在陕西南路、淮海中路两侧有两个出入口。在地铁一号线建设的同时，陕西南路、淮海中路两侧分别有百盛商厦、巴黎春天商厦也在进行设计。城市规划管理部门要求这两个商厦把地铁一号线陕西南路车站的两个出入口分别纳入到商厦中一并设计、建设。经过这样处理，改变了地铁出入口零散设置的状况，建筑面貌整体性好了，而且为商厦集了人气，有利于提高经济效益。

3. 锦江迪生商厦改建工程

在上海市茂名南路、长乐路口，锦江饭店斜对面有一座汽车修理厂。锦江饭店欲将该

修理厂改建为商厦，进一步完善饭店的配套设施。锦江饭店是一座历史悠久的文物保护建筑，汽车修理厂改建为商厦，不得破坏原有的建筑环境。经城市规划管理部门审核，汽车修理厂维持原有外貌、材质，仅作适度装修。又针对该处城市人行道路宽度不足1m的情况，要求在改建时底层群做骑楼形式，扩宽人行道，以改善行人交通。最终，设计方案按照上述管理要求进行了设计，取得了较好的改建效果。

二、协调

1.协调的含义

协调即协商、协同、和谐、调节的意思，城乡规划管理的协调是一种协商调解活动。具体指规划管理部门或其管理领导者、管理人员，针对管理活动中出现的问题，运用各种措施和方法，调节本系统内部和外部相关部门、相关方面、相关人员之间的关系，使之相互配合，以便实现规划管理目标的行为。

2.协调的重要性

协调在城乡规划管理中具有十分重要的意义。这是因为：一是城乡规划管理目标的统一性所决定的。城乡规划管理的总目标，是城乡规划管理系统内各部门、各个管理者的同一目标，在实际工作中，各方面必须思想统一、行动一致，才能实现。否则，南辕北辙，城乡规划目标是难以实现的。二是城乡规划管理内容的综合性所决定的。城乡规划管理是一项综合性很强的管理，无论在城乡规划编制中还是在城乡规划实施中，都涉及很多方面的内容和相关管理部门，例如环境保护、园林绿化、文物保护、消防卫生、城市交通等若干专业管理部门。这就需要相互沟通、相互协调，协同工作。这也是对城乡规划管理作为综合职能部门的客观要求。三是城乡规划管理环境的复杂性所决定的。各类建设用地、各项建设工程实施，涉及周围环境相关要求，反映了相关方面的利益，在社会主义市场经济条件下，各种利益要求相互交织在一起，需要通过协调，综合平衡相关利益，方能实现管理的目标。

3.协调的类型

按其协调范围，协调可分为内部协调和外部协调；按其协调的内容，可分为工作协调和人际关系协调。不论内部协调还是外部协调，都涉及工作协调和人际关系协调。

① 工作协调 一是规划编制主要涉及各类用地的安排，需要在空间上进行协调。建设用地界线的确定、建设用地的调整、建筑物的空间距离、市政管线的上下和左右间距，也都涉及空间的协调。二是时间上的协调，在建设工程规划管理中，建筑物施工如果涉及地下轨道交通工程的施工，要确保两者的施工安全，需要根据具体情况，协调施工前后时间。市政管线施工与市政道路施工在时间上有先有后。各类市政管线在同一条道路上敷设，也需要区别重力管与压力管、刚性管与柔性管、干管与支管等的不同情况，在时间上明确先后施工顺序等。三是综合协调。在规划管理活动中与相关管理部门之间的协调就是综合协调。在城乡规划编制和地区开发建设规划管理中，涉及空间资源的优化配置，也需要综合协调。

② 人际关系协调 这种协调的主要作用是解决管理人员之间所发生的矛盾和冲突，包括解决上下级之间和同事之间的矛盾与冲突。人际关系协调与工作协调是密切不可分的，因为管理工作总是由管理人员去做的，人员之间关系不协调会造成工作上的矛盾与冲突。因此，必须协调好人际关系，使管理人员上下左右之间尽量和谐一致，避免内耗和冲突，集中力量，共同搞好城乡规划管理工作。

4.协调的原则

① 目标统一原则 目标统一就是要求一切规划管理的协调行为必须围绕规划管理的整体目标进行。

② 重点选择原则　协调的过程就是解决各种矛盾和冲突的过程。不能用"头痛医头、脚痛医脚"的方法来解决问题，而应当选择那些对全局影响较大的问题重点加以解决，抓住了主要矛盾，解决了关键性问题，其他一切矛盾和冲突就会"迎刃而解"。

③ 利益统筹原则　利益关系是规划管理各种关系中最普遍、最敏感的一种关系。在协调管理事务的背后，往往都有利益问题牵扯其中。利益处理上的不公，特别容易引起人们的不满和意见，由此产生冲突和纠纷。因此，要尽可能做到利益处理上的公正合理，还要统筹兼顾长远利益与当前利益，整体利益与局部利益，以及国家、集体、个人三者利益。

④ 求同存异原则　这一原则要求规划管理的协调主体善于寻求与协调对象一致的共同点，善于求大同存小异。这样大家就能在某一问题上达成共识，思想上统一了，才能达到行动上的统一。

⑤ 动态协调原则　协调是规划管理活动中最经常性的活动，一次协调成功往往只解决一两个问题和矛盾，而管理活动中新的问题、新的矛盾是经常产生的，这就需要不断进行新的协调。规划管理人员要充分认识协调的这种动态性和经常性，增强自觉协调的意识，主动发现问题，及早加以解决，协调的成功率就高。

案例分析

　　20世纪80年代，上海柴油机厂万匹机工程，需要建造大件加工、装配、铸工、冷作等车间，建筑面积达22000m²，除利用厂内现有场地外，还要征地60多亩（1亩＝667m²）。为了节约用地和生产布局紧凑，经反复研究协调，调拨工厂南邻海运局材料站堆场土地40亩和黄浦江边吹泥地13.6亩，并征用农田6.5亩，共计60余亩土地划归该厂建设，该厂拿出江边的场内苗圃24亩，再调拨江边吹泥地6.3亩，共30.3亩给海运局材料站作为交换。当时，水产供销公司因万吨冷库工程申请在黄浦江边征地30亩，以满足水产储运需要。这个公司在江湾机场附近有一处废弃的土冰库，占地42亩，因机场净空限制不能建设，表示可以让出。经过城市规划管理部门协调，上述3个单位的土地进行统筹安排。最后，把上海柴油机厂调整给海运局材料站的土地转让给水产供销公司，因土地靠近黄浦江边，水运方便，水产供销公司很满意。水产供销公司把42亩土冰库土地调整给海运局材料站做堆场。土地面积较柴油机厂还给海运局的30.3亩土地多了10余亩，海运局也很满意。上海柴油机厂和水产供销公司的两个工程，本来需要征地90多亩，经过上述协调调整，只征了6.5亩农田和调整划拨了19.9亩吹泥地，布局既合理了，又大大地节约了土地。

三、引导

1.引导的含义

引导具有荐举、劝导、导向、指导、建议、提倡、鼓励等方面的意思。城乡规划管理的引导，是指城乡规划管理部门在其职责、任务或其所管辖的范围内，基于有关法律原则，为适应复杂多变的环境需要，适时灵活地采取导向性的非强制手段，以有效地实现管理目标，并不产生法律效果的行为。

2.引导的必要性

引导，对于城乡规划管理是十分必要的。这是因为：一是城乡规划法制建设尚处于不断完善的过程之中，管理的引导是对现行城乡规划法律规范不完备的必要补充；二是城乡规划管理环境和管理对象千变万化，错综复杂，城乡规划管理为实现管理目标，通过引导对管理对象可以起到促进、疏导、预防或抑制作用；三是管理引导体现了现代管理民主化的趋势，是转变政府职能的必然要求。

3. 引导的类型

就城市规划管理来讲，引导有以下几种类型。

① 以有无法律依据，可分为有法律依据的引导和无法律依据的引导。前者如《中华人民共和国城乡规划法》第十条规定："国家鼓励采用先进的科学技术，增强城乡规划的科学性，提高城乡规划实施及监督管理的效能。"上位规划作为法律文件对下一层次的规划所起的作用属于前者，如控制性详细规划作为法律依据，对该区域范围的修建性详细规划起到引导作用，规划中依据前者提供的容积率、建筑密度、出入口设置、停车泊位等规定，以及建筑色彩、风格等建议进行规划。在后者引导中，对某重大建筑设计方案规划审核，通过专家评审，提出若干修改性的建议，城乡规划管理部门可以作为管理部门引导的意见提供给建设单位据以修改设计方案；后者常表现在城乡规划管理活动中大量的重要性规划及建设中。

② 以其作用的性质，可以分为促进性引导和限制性引导。前者如在《哈尔滨市城乡规划管理条例》中，需要建设单位编制修建性详细规划或者进行城市设计，以及因改善居住环境、交通环境、城市容貌等公共利益需要可以实施容积率奖励的建设项目，应当在规划条件中一并确定。后者如在文物保护单位的建设控制地带内建筑工程，根据环境特点，可以提出对某些建筑色彩的限制要求等。

③ 以其引导的层次，可以分为宏观引导和个案引导。前者如城乡规划公共政策或城乡规划导则。后者如城乡规划编制任务书或建设工程规划设计条件中的非强制性要求等。

案例分析

上海市延安东路有一幢由其他用途改作居住的大楼，大楼的使用功能不对口且居住的居民家庭有很多，年久失修，成了一幢"垃圾大楼"，急需改建。在20世纪90年代，某开发商投资欲将其按规划要求改建为办公楼。由于拆迁户多，拆迁安置成本高，如按规定容积率改建，投资方不但无利可图反而倒贴成本，致使改建工作搁浅。

在上述大楼北侧有一处街心环岛，规划为街头绿地。但是，环岛上有简陋的低层房屋，居住条件很差，居民盼望搬迁。要实施绿地规划，必须拆迁安置房屋内的住户，由于投资不落实，面貌依旧。

当城市规划管理部门与开发商研究"垃圾大楼"改建的问题时，向开发商建议：如果开发商投资将街心环岛的房屋拆迁一并纳入"垃圾大楼"改建，则街心环岛的面积可计入"垃圾大楼"改建基地面积计算容积率；如果街心环岛由开发商实施公共绿地，则可按规定相应补偿一定数量的新建建筑面积。开发商算了一笔账：如果按照这个建议去做，"垃圾大楼"的改建，虽然增加了一些拆迁安置费用，但是，改建后的建筑面积增加了，有利可图，街心环岛建成绿地，环境也改善了。最终，开发商采纳了城市规划管理部门的建议，取得了"垃圾大楼"改建和街心绿地实施一举两得的效果。管理引导在其中发挥了积极的作用。

四、决策

1. 决策的含义

从一般意义上理解，决策就是决定。随着管理科学在20世纪30年代的兴起，管理学者开始对决策进行科学的研究，并提出了有关决策的一般理论和规则，用以指导决策活动。管理决策就是为了实现管理目标，从几个可能的方案中作出选择，确定最佳方案并付诸行动的过程。

因此，管理决策包括三层含义：一是决策为了实现管理的目标；二是决策在若干有价值的方案中选择、优化方案；三是决策是一个动态的过程，是从提出问题、收集信息、分析问题、制订解决方案、优选方案的一个完整的过程。

城乡规划管理的决策是行政管理决策。它是由城乡规划管理部门和管理者为履行管理职能，根据国家法律和行政法规授予的权限，按照一定的程序和方法，对城乡规划制定和实施过程中相关问题作出的决定。

2.决策的重要性

（1）城乡规划管理活动的成败主要取决于决策

管理活动成败的标准，是看其是否取得良好的管理效果，而决策则从根本上决定了管理效果的优劣。从城市规划管理来分析。

① 城乡规划管理决策关系到城市发展的全局　城乡规划是为了实现一定时期内城市经济和社会发展目标，确定城市性质、规模和发展方向，合理利用城市土地，协调城乡空间布局和各项建设的综合性部署和具体安排。因此城乡规划的决策涉及城市整体的发展和全局性利益，必须妥善处理局部利益和全局利益的关系，保障城市发展的全局利益。

② 城乡规划管理决策关系到城市发展的未来　城市的发展是一个历史的过程。城乡规划是对城乡未来空间发展的预测，需要通过分阶段实施才能达到预定的规划目标。但是"千里之行，始于足下"，在城乡规划制定和实施过程中，任何重大的决策必然对城乡未来发展产生影响。因此，城乡规划决策必须正确处理近期与远期、建设与保护的关系，立足当前，放眼长远，才能保障城市未来的可持续发展。

③ 城乡规划管理决策关系到社会的公众利益　在城乡规划制定和实施过程中，大到城市总体规划布局、交通组织、环境保护，小到一块土地的开发强度、建筑日照、绿地和公共设施的配置等，无一不涉及社会公众的利益。因此，政府有关城市规划的决策，必须体现广大人民群众的利益，应当慎之又慎，避免由于决策失误，侵犯公众利益。

（2）决策是城乡规划管理活动中最经常性、最大量的工作，是城乡规划管理的中心环节

在城乡规划管理活动中遇到的各种需要采取行动的问题，都有赖于决策为之确定正确的方向和解决的办法。决策是城乡规划管理活动的起点，也是城乡规划管理活动的依据。首先，城乡规划管理的各个方面都离不开决策。无论是城乡规划制定，还是城乡规划实施，所遇到的问题都需要进行决策，明确管理活动的途径，达到预期的管理目标。其次，城乡规划管理的各个层面，无论是管理层面还是执行层面，也都离不开决策。管理层次越高，决策的地位和作用越重要。第三，决策贯穿于城乡规划管理的全过程。说到底，城乡规划管理过程，实际上就是进行决策和执行决策的过程。人们在管理中遇到问题，便对这些问题进行调查研究和分析判断，提出有针对性的解决办法，作出正确的决策，然后付诸执行；在执行过程中，问题得到解决，或者原先未解决或未预料到的问题，需要矫正和完善原有的决策，随着新情况新问题的出现，又需要进行新的决策。如此不断循环，问题不断被发现和被解决，就推动城乡规划管理不断向前发展。可见，离开了决策，管理活动就无法进行。所以，美国行政决策学派的管理学家西蒙指出"管理就是决策"。

（3）决策是城乡规划管理的主要职能

城乡规划管理的职能，包括决策、控制、协调、引导等，这些职能能否发挥作用，关键在于决策职能的发挥。城乡规划管理控制什么？如何控制？这取决于决策，城乡规划管理协调如何才能有效？也取决于决策，城乡规划管理引导，不论是城乡规划导则的拟定还是城乡规划公共政策的制定，本身就是决策的过程。可见，城乡规划管理是通过决策履行其城市规划制定、实施和管理城市建设相关公共事务职责的，决策是城乡规划管理活动的主要体现。

3.决策的优化

决策的优化，尤其是重大决策的优化，就是要提高决策的科学性、合理性、可行性、连续性。而这一切仅靠人格化的决策是不能达到的，只能依靠现代化的科学决策，即决策的科学化、民主化和法制化。决策的科学化是核心，决策的民主化是前提，决策的法制化是保障。

（1）城乡规划管理决策的科学化

① 掌握城乡发展的客观规律，尊重城乡规划科学　城乡规划理论是城乡发展和建设实践经验的总结，它是对城乡发展客观规律的总结，从认识论的角度讲，无论是自然界还是人类社会，其发生发展的规律是客观的，是可以认识的，城乡规划科学也是如此。城乡规划科学对于建设城乡、管理城乡以及城乡的健康发展具有指导意义。城市的建设和发展也必须从现阶段本地区的经济发展水平出发，从当地自然地理和区位条件出发，合理地确定城市建设的速度、规模和水平，以及空间发展的模式，切忌主观随意性和盲目性。

② 明确决策科学化的标准　衡量决策科学化的标准应包括：

A.社会标准　决策是否有利于促进文化建设、环境建设、人口素质和整体生活质量的提高，是否有利于城市的可持续发展。

B.经济标准　决策是否有利于促进生产力发展，是否有利于经济、社会和环境的协调，是否能引导城市建设健康有序地发展。

C.国情标准　决策是否符合国情、省情、市情，既反映城市发展的客观趋势又具有实际可操作性，是否适应社会主义市场经济体制的建立和完善。

D.技术标准　决策是否具备技术上的可行性。

③ 优化决策结构　见前文P98页相应阐述。

（2）城乡规划管理决策的民主化

规划决策民主化是由城乡规划的本质所决定的。制定和实施城乡规划的目的就是为了广大人民群众根本的、长远的利益，规划决策民主化是情理之中的事。城乡的规划建设与市民的切身利益相关。随着经济社会的发展和科学技术的进步，各种不同人群对社会供应体系和保障体系的需求也越来越高。从满足于吃、穿、住、行的基本生活需求，逐步转向对城市环境和整体生活质量的关注，例如住宅的日照、小区的绿化、设施配套乃至城市重大设施的建设，都成为市民关心的热点，要求参政、议政的欲望也日益提高。虽然城乡规划对城市建设做了全面考虑和统筹安排，但是城乡规划是城市建设和发展的一种预案，难以尽善尽美，城市政府应当根据人民群众生产、生活需求的变化，以及发展中出现的新情况、新问题，在实施过程中，通过一定的决策程序，对规划进行必要的调整，使之更加完善。

城乡规划管理决策民主化是规划决策科学化的重要前提。作为政府行为的科学决策除了采用科学的方式、方法外，还需要群众智慧。这里所说的群众智慧包括市民群众和专家的智慧，广大市民对他们生活在其中的城市是最了解的，最有发言权的，是制定政策或解决城市建设中矛盾的重要信息反馈的源头，对科学决策的形成有着重要的作用。从这个意义上说，决策的民主化是形成科学决策的重要前提。

（3）城乡规划管理决策的法制化

城乡规划管理决策的法制化就是依法决策，它是城市政府依法行政的核心内容。实现依法行政就是将包括规划决策在内的政府行政行为纳入法制规范的轨道。决策，是政府行政行为中最普遍、最重要的行政行为。规划决策的正确与否涉及行政效果的成效，关系到人民的切身利益和城市发展的整体的、长远的利益。因此，依法规范政府决策行为，具有十分重要的意义。

决策的法制化，首先是决策者应加强法制观念，不能搞以权代法、权大于法，并将行之有效的决策科学化、民主化的若干制度纳入法制的轨道。还应当在以下两个方面加以完善和提高：

① 决策必须符合法律确定的原则和具体规定　法律是规范全社会行为的，老百姓不能违

反，决策者更不能违反。规划决策必须遵守《中华人民共和国城乡规划法》所确定的原则和具体规定，这些原则和具体规定是城市建设长期经验的总结，符合城市建设发展的规律；是经过人大审议批准的，符合人民群众根本的、整体的利益。城市规划依法决策首先应该依照这些原则和具体规定决策，不能违反。否则，谈不上依法行政、依法决策。

② 政府规划决策必须建立有效的监督制约机制　规划决策者应对决策后果负责，决策失误造成严重后果的，决策者负有法律责任。为保证决策的科学、正确，政府规划决策应当接受人大、上级政府和社会公众的监督。例如涉及全面性的重大决策应向人大报告，向上级政府报告，必要时要经请示后再作决策。又如规划决策实行公示制度，对于涉及社会公众利益的决策，听取社会公众意见等。

案例分析

上海市成都路南北高架道路建成后，因建高架道路，成都路路幅拓宽，地面交通繁忙，行人穿越成都路不便，存在着交通不安全的隐患，市政管理部门拟在此建人行天桥。最初提出的建设方案，考虑到行人穿越淮海中路的需要，人行天桥方案为口字形，且拟将人行天桥作为标志性工程建设，采用拉索结构，造型复杂。在即将建设前，方案送市规划局审核。经市规划局技术委员会专家们讨论研究认为：成都路宽40m为交通性干道，过往车辆多；淮海中路宽20m，为商业街。人行天桥主要解决穿越成都路的行人安全，如采用拉索结构的口字形人行天桥，由于拉索密布，会对淮海中路的道路空间造成阻塞感。因此建议人行天桥平面布置采用工字形，即穿越成都路架设两条人行天桥，穿越淮海中路的天桥可利用高架道路的立柱空隙架设一条即可。人行天桥的结构简化了，并建议将人行天桥出入口纳入拟建的路口建筑物中，上下扶梯设在建筑物内，避免占用人行道。市规划局技术委员会将修改方案送有关部门，说明理由，终被采纳。实践证明，修改后的方案结构合理，造价节约，对淮海中路道路空间的影响也小，修改后的方案优于最初的方案。

课后练习题

一、简述题

1.城乡规划管理的主要特征是什么？了解这些特征有什么意义？

2.论述认识城乡规划管理构成要素的必要性。

3.简述城乡规划管理四项主要职能在管理中的重要性。

4.结合实践论述城乡规划管理控制要求。

5.试述公共政策在城乡规划管理中的地位和作用。

6.论述城乡规划决策优化的途径和措施。

二、选择题

1.以下城乡规划管理工作的特征正确的是（　　　）

A.就管理的职能而言，规划管理具有专业和综合的双重属性

B.就管理的内容而言，城乡规划管理具有服务和制约的双重属性

C.就管理的对象而言，它具有宏观管理和微观管理的双重属性

D.就管理的过程而言，规划管理具有管理阶段性和发展长期性的双重属性

E.就管理的方法而言，规划管理具有规律性和主观能动性的双重属性

2.以下关于行政管理学概念的理解正确的是（　　　）

A.行政管理是一个历史的概念，随着阶级和国家的出现而出现

B.行政管理包括立法机关和司法机关的管理

C.行政管理既包括对国家事务的管理，又包括对社会公共事务的管理

D.行政管理是指公共管理，对公众负责

3.下列关于城乡规划管理的说法中，不正确的是（　　　）

A.城乡规划管理是城市政府的一项行政职能

B.城乡规划管理包括城市规划的组织编制和审批

C.城乡规划管理包括实施管理和监督检查

D.城乡规划编制所提供的城市规划方案和文本，是城市规划实施管理的依据

4.城乡规划管理中，决策必须民主化，决策的民主化主要表现在（　　　）

A.开放性　　　　　　　　　　B.统一性

C.公正性　　　　　　　　　　D.科学性

5.城乡规划管理系统的构成要素包括（　　　）

A.管理目标、管理人员、被管理者、管理对象、管理中介

B.管理目标、管理人员、被管理者、管理组织、管理机制

C.管理目标、管理人员、被管理者、管理法规、管理监督

D.管理目标、管理人员、被管理者、管理实施、管理审批

第七章

城乡规划编制管理

教学目标与要求

了解：城乡规划体系的组成，城乡规划编制的依据和程序。

熟悉：城乡规划编制各层次规划的具体内容，规划编制单位的资质管理和应负的法律责任，编制单位资质申请、审批、变更、备案等程序。

掌握：各类型城乡规划的组织编制主体，规划编制单位的资质等级和能承担的编制业务范围。

第一节　城乡规划编制体系

一、城乡规划体系

《城乡规划法》第二条规定，本法所称城乡规划，包括城镇体系规划、城市规划、镇规划、乡规划和村庄规划。城市规划、镇规划分为总体规划和详细规划。详细规划分为控制性详细规划和修建性详细规划。第十二条、第十三条又规定了全国城镇体系规划和省城城镇体系规划。第三十四条还规定了近期建设规划。这就形成了本法所法定的城乡规划体系，如图7-1所示。

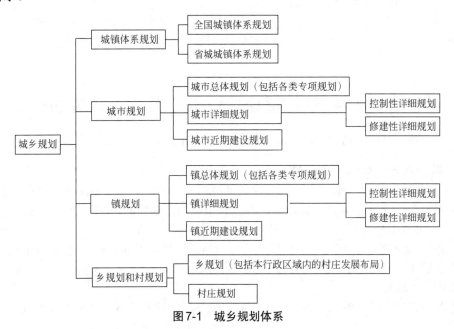

图7-1　城乡规划体系

二、城乡规划编制体系

根据《中华人民共和国城乡规划法》规定，城乡规划是以促进城乡经济社会全面协调可持续发展为根本任务、促进土地科学使用为基础、促进人居环境根本改善为目的，涵盖城乡居民点的空间布局规划。

《城乡规划法》第二条规定，"城乡规划，包括城镇体系规划、城市规划、镇规划、和乡规划和村庄规划。城市规划、镇规划分为总体规划和详细规划。详细规划分为控制性详细规划和修建性详细规划。"

城镇体系规划是政府综合协调辖区内城镇发展和空间资源配置的依据和手段。城镇体系规划将为政府进行区域性的规划协调提供科学的、行之有效的依据，它包括以下内容：确定区域城镇发展战略，合理布局区域基础设施和大型公共服务设施，明确需要严格保护和控制的区域，提出引导区域城镇发展的各项政策和措施。

镇总体规划是对镇行政区内的土地利用、空间布局以及各项建设的综合部署，是管制空间资源开发、保护生态环境和历史文化遗产、创造良好生活生产环境的重要手段，在指导镇的科学建设、有序发展，充分发挥规划的协调和社会服务等方面具有先导作用。城市总体规划是一定时期内城市发展目标、发展规模、土地利用、空间布局以及各项建设的综合部署和实施措施，是引导和调控城市建设，保护和管理城市空间资源的重要依据和手段。经法定程序批准的城市总体规划文件，是编制近期建设规划、详细规划、专项规划和实施城市规划行政管理的法定依据。

编制详细规划是以城市总体规划、镇总体规划为依据，对一定时期内城镇局部地区的土地利用、空间环境和各项建设用地指标作出具体安排。详细规划分为控制性详细规划和修建性详细规划。

编制乡规划和村庄规划，能够对新农村建设起到引导作用，防止农村建设陷入盲目状态。编制乡规划、村庄规划应当从农村实际出发，尊重村民意愿，体现地方和农村特色。并不是所有乡和村庄都编制规划，只有那些县级以上地方人民政府根据当地农村经济社会发展水平，按照因地制宜、切实可行的原则，确定应当制定乡、村庄规划的区域才制定乡、村庄规划。

三、城乡规划编制管理的概念

城乡规划组织编制管理，是指依据有关的法律、法规和方针政策，明确城乡规划组织编制的主体，规定规划编制的内容要求，设定规划编制和上报程序，从而保证城乡规划依法编制。

第二节　城乡规划组织编制主体、依据、内容和程序

由于城乡规划具有不同的层次，因此其组织编制的主体、依据、内容和程序也是不同的。

一、城乡规划组织编制的主体

《城乡规划法》第十二条规定"国务院城乡规划主管部门会同国务院有关部门组织编制全国城镇体系规划，用于指导省域城镇体系规划、城市总体规划的编制。"第十四条规定"城市人民政府组织编制城市总体规划。"第十五条规定"县人民政府组织编制县人民政府所在地镇的总体规划。"第二十二条规定"乡、镇人民政府组织编制乡规划、村庄规划。"因此，城乡规划组织编制的主体分别为：

1.城镇体系规划

根据建设部颁布的《城镇体系规划编制与审批办法》第七条规定，城镇体系规划组织编制

主体如下：

①　全国城镇体系规划由国务院行政主管部门组织编制；

②　省域城镇体系规划由省或自治区人民政府组织编制；

③　市域城镇体系规划由城市人民政府或地行署、自治州、盟人民政府组织编制；

④　县域城镇体系规划由县或自治县、族、自治族人民政府组织编制；

⑤　跨行政区域的城镇体系规划由有关地区的共同上一级人民政府规划行政主管部门组织编制。

2. 城市总体规划

根据《城乡规划法》第十四条规定，城市总体规划组织编制主体如下：

①　直辖市的城市总体规划由直辖市人民政府组织编制；

②　省、自治区人民政府所在地的城市以及国务院确定的城市的总体规划，由省、自治区人民政府组织编制；

③　其他城市的总体规划由城市人民政府组织编制。

3. 镇总体规划

根据《城乡规划法》第十五条规定，县人民政府所在地镇的总体规划由县人民政府组织编制。其他镇的总体规划由镇人民政府组织编制。

4. 乡规划、村庄规划

根据《城乡规划法》第二十二条规定，乡、镇人民政府组织编制乡规划、村庄规划。

5. 控制住详细规划

根据《城乡规划法》第十九条规定，城市人民政府城乡规划主管部门根据城市总体规划的要求，组织编制城市的控制性详细规划。

县人民政府所在地镇的控制性详细规划，由县人民政府城乡规划主管部门根据镇总体规划的要求组织编制。

其他镇的控制性详细规划由镇人民政府根据镇总体规划的要求组织编制。

6. 修建性详细规划

根据《城乡规划法》第二十一条规定，城市、县人民政府城乡规划主管部门和镇人民政府可以组织编制重要地块的修建性详细规划，其他地区的修建性详细规划的编制主体是建设单位。修建性详细规划应当符合控制性详细规划。

二、城乡规划编制的依据

1. 以已经批准的上一层次城乡规划为编制依据

城市规划因其规划范围大小不同，其规划控制范围也是有区别的。一般来说，上一层次的规划范围大，下一层次的规划范围小。下一层次的规划必须以上一层次的规划控制要求作为规划编制与审批的必要依据。否则，就会造成上下规划之间的脱节，最终是城市规划实施的失控。如城市的总体规划必须以国家和所在地省、自治区的区域城镇体系规划为依据，控制性详细规划必须以总体规划为依据。镇规划、乡规划、村庄规划也是如此。但是，上一层次的规划作为下一层次规划编制依据的前提是上一层次的规划是经过批准的具有法律效力的规划；否则不能指导下一层次规划的编制。

2. 以法律、法规、技术标准和规范为编制依据

城乡规划依法编制就是要以与城乡规划有关的法律、法规、技术标准和技术规范为依据进行编制。编制和实施规划要符合法律、法规的内容、要求和程序。城乡规划具有较强的技术特征，技术标准和技术规范应作为规划编制的重要依据。地方性的法规和规范性文件也作为规划编制的依据；但是其法律效力低于国家的法律、法规与技术标准、技术规范。

3. 以党和国家的方针政策和地方政府的规范性文件为编制依据

城乡规划具有很强的公共政策属性，规划编制本身也是一种政策性很强的工作。因此，城乡规划编制中的重大问题必须以党和国家的方针政策为依据。城乡规划又具有很强的属地特征，是地方政府制定公共政策的重要依据，在城乡规划编制中，必须充分体现政府对经济和社会发展的意见，必须与地方的国民经济和社会发展规划相衔接。

4. 以城乡地区的现状条件和环境、资源以及自然地理、历史特点作为规划编制的依据

城乡规划编制的重要内容是对城乡行政区域内的各种物质、环境要素进行统筹安排，使其保持合理的结构和布局。因此不能脱离该城市的自然、地理、历史特点等，应当对这些情况进行充分调查研究，综合分析，不能脱离具体实际编制规划。同时，一个城市、镇、乡和村庄不是孤立存在的，其周边条件会对城乡发展带来很大影响，也应该作为规划编制的依据。

三、城乡规划编制的内容

城乡规划编制内容及不同层次规划编制的强制性内容见表7-1。

表7-1 不同层次城乡规划编制主要内容

内容\层次	主要内容	强制性内容
市域城镇体系规划	（1）提出市域城乡统筹的发展战略 （2）确定生态环境、土地和水资源、能源、自然和历史文化遗产等方面的保护与利用的综合目标和要求，提出空间管制原则和措施 （3）预测市域总人口及城镇化水平，确定各城镇人口规模、职能分工、空间布局和建设标准 （4）提出重点城镇的发展定位、用地规模和建设用地控制范围 （5）确定市域交通发展策略；原则确定市域交通、通信、能源、供水、排水、防洪、垃圾处理等重大基础设施，重要社会服务设施，危险品生产储存设施的布局 （6）根据城市建设、发展和资源管理的需要划定城市规划区 （7）提出实施规划的措施和有关建议	空间管制区的相关原则和措施
城市城区总体规划	（1）分析确定城市性质、职能和发展目标 （2）预测城市人口规模 （3）划定禁建区、限建区、适建区和已建区，并制定空间管制措施 （4）确定村镇发展与控制的原则和措施；确定需要发展、限制发展和不再保留的村庄，提出村镇建设控制标准 （5）安排建设用地、农业用地、生态用地和其他用地 （6）研究中心城区空间增长边界，确定建设用地规模，划定建设用地范围 （7）确定建设用地的空间布局，提出土地使用强度管制区划和相应的控制指标（建筑密度、建筑高度、容积率、人口容量等） （8）确定市级和区级中心的位置和规模，提出主要的公共服务设施的布局 （9）确定交通发展战略和城市公共交通的总体布局，落实公交优先政策，确定主要对外交通设施和主要道路交通设施布局 （10）确定绿地系统的发展目标及总体布局，划定各种功能绿地的保护范围（绿线），划定河湖水面的保护范围（蓝线），确定岸线使用原则 （11）确定历史文化保护及地方传统特色保护的内容和要求，划定历史文化街区、历史建筑保护范围（紫线），确定各级文物保护单位的范围；研究确定特色风貌保护重点区域及保护措施	（1）城市规划区范围 （2）市域内应当控制开发的地域。包括：基本农田保护区、风景名胜区、湿地、水源保护区等生态敏感区，地下矿产资源分布地区 （3）城市建设用地。包括：规划期限内城市建设用地的发展规模，土地使用强度管制区划和相应的控制指标（建设用地面积、容积率、人口容量等）；城市各类绿地的具体布局；城市地下空间开发布局 （4）城市基础设施和公共服务设施。包括：城市干道系统网络、城市轨道交通网络、交通枢纽布局；城市水源地及其保护区范围和其他重大市政基础设施；文化、教育、卫生、体育等方面主要公共服务设施的布局

内容 层次	主要内容	强制性内容
城市 城区 总体 规划	（12）研究住房需求，确定住房政策、建设标准和居住用地布局。重点确定经济适用房、普通商品住房等满足中低收入人群住房需求的居住用地布局及标准 （13）确定电信、供水、排水、供电、燃气、供热、环卫发展目标及重大设施总体布局 （14）确定生态环境保护与建设目标，提出污染控制与治理措施 （15）确定综合防灾与公共安全保障体系，提出防洪、消防、人防、抗震、地质灾害防护等规划原则和建设方针 （16）划定旧区范围，确定旧区有机更新的原则和方法，提出改善旧区生产、生活环境的标准和要求 （17）提出地下空间开发利用的原则和建设方针（18）确定空间发展时序，提出规划实施步骤、措施和政策建议	（5）城市历史文化遗产保护。包括：历史文化保护的具体控制指标和规定；历史文化街区、历史建筑、重要地下文物埋藏区的具体位置和界线 （6）生态环境保护与建设目标，污染控制与治理措施 （7）城市防灾工程。包括：城市防洪标准、防洪堤走向；城市抗震与消防疏散通道；城市人防设施布局；地质灾害防护规定
镇总体 规划	镇的发展布局，功能分区，用地布局，综合交通体系，禁止、限制和适宜建设的地域范围，各类专项规划等	规划区范围、规划区内建设用地规模、基础设施和公共服务设施用地、水源地和水系、基本农田和绿化用地、环境保护、自然与历史文化遗产保护以及防灾减灾
近期建设 规划	（1）确定近期人口和建设用地规模，确定近期建设用地范围和布局 （2）确定近期交通发展策略，确定主要对外交通设施和主要道路交通设施布局 （3）确定各项基础设施、公共服务和公益设施的建设规模和选址 （4）确定近期居住用地安排和布局 （5）确定历史文化名城、历史文化街区、风景名胜区等的保护措施，城市河湖水系、绿化、环境等保护、整治和建设措施 （6）确定控制和引导城市近期发展的原则和措施	
控制性详 细规划	（1）确定规划范围内不同性质用地的界线，确定各类用地内适建、不适建或者有条件地允许建设的建筑类型 （2）确定各地块建筑高度、建筑密度、容积率、绿地率等控制指标；确定公共设施配套要求、交通出入口方位、停车泊位、建筑后退红线距离等要求 （3）提出各地块的建筑体量、体型、色彩等城市设计指导原则 （4）根据交通需求分析，确定地块出入口位置、停车泊位、公共交通场站用地范围和站点位置、步行交通以及其他交通设施。规定各级道路的红线、断面、交叉口形式及渠化措施，控制点坐标和标高 （5）根据规划建设容量，确定市政工程管线位置、管径和工程设施的用地界线，进行管线综合。确定地下空间开发利用具体要求 （6）制定相应的土地使用与建筑管理规定	确定各地块的主要用途、建筑密度、建筑高度、容积率、绿地率、基础设施和公共服务设施配套规定
修建性详 细规划	（1）建设条件分析及综合技术经济论证 （2）建筑、道路和绿地等的空间布局和景观规划设计，布置总平面图 （3）对住宅、医院、学校和托幼等建筑进行日照分析 （4）根据交通影响分析，提出交通组织方案和设计 （5）市政工程管线规划设计和管线综合 （6）竖向规划设计 （7）估算工程量、拆迁量和总造价，分析投资效益	
乡、村庄 规划	规划区范围，住宅、道路、供水、排水、供电、垃圾收集、畜禽养殖场所等农村生产、生活服务设施、公益事业等各项 建设的用地布局、建设要求，以及对耕地等自然资源和历史文化遗产保护、防灾减灾等的具体安排。乡规划还应当包括本行政区域内的村庄发展布局	

四、城乡规划组织编制的程序

城乡规划组织编制的一般程序为：制定规划编制计划；拟定规划编制要点；确定规划设计单位；签订技术合同（下达指令性任务单）；设计单位上报工作计划；中间指导；成果审查（初审、复审）；公示；上报审批；公布；成果发送与归档。具体流程如图7-2所示。

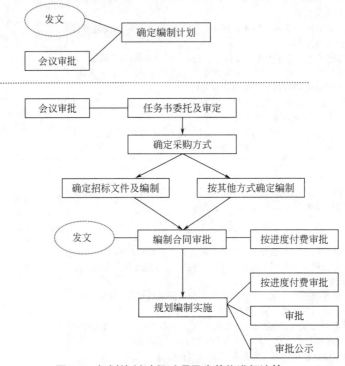

图7-2　规划编制过程以项目为单位进行流转

第三节　城乡规划编制单位资质管理

一、城乡规划编制单位的资质

根据《城乡规划法》第二十四条的规定，城乡规划组织编制机关应当委托具有相应资质等级的单位承担城乡规划的具体编制工作。

从事城乡规划编制工作应当具备下列条件，并经国务院城乡规划主管部门或者省、自治区、直辖市人民政府城乡规划主管部门依法审查合格，取得相应等级的资质证书后，方可在资质等级许可的范围内从事城乡规划编制工作。

① 有法人资格；

② 有规定数量的经相关行业协会注册的规划师；

③ 有相应的技术准备；

④ 有健全的技术、质量、财务管理制度。

规划师执业资格管理办法，由国务院城乡规划主管部门会同国务院人事行政部门制定。

二、与城乡规划编制管理有关的法律责任

《城乡规划法》第五十八条规定，对依法应当编制城乡规划而未组织编制，或者未按法定程序编制城乡规划的，由上级人民政府责令改正，通报批评；对有关人民政府负责人和其他直

接责任人员依法给予处分。

《城乡规划法》第五十九条规定，城乡规划组织编制机关委托不具有相应资质等级的单位编制城乡规划的，由上级人民政府责令改正，通报批评；对有关人民政府负责人和其他直接责任人员依法给予处分。

《城乡规划法》第六十二条规定，城乡规划编制单位有下列行为之一的，由所在地城市、县人民政府城乡规划主管部门责令限期改正，处合同约定的规划编制费1倍以上2倍以下的罚款；情节严重的，由原发证机关降低资质等级或者吊销资质证书；造成损失的，依法承担赔偿责任：

① 超越资质等级许可的范围承揽城乡规划编制工作的；

② 违反国家有关标准编制城乡规划的。

未依法取得资质证书承揽城乡规划编制工作的，由县级以上地方人民政府城乡规划主管部门责令停止违法行为，依照规定处以罚款；造成损失的，依法承担赔偿责任。以欺骗手段取得资质证书承揽城乡规划编制工作的，由原发证机关吊销资质证书，依照有关规定处以罚款；造成损失的，依法承担赔偿责任。

三、城乡规划编制单位资质的具体规定

根据建设部颁布的《城市规划编制单位资质管理规定》："从事城市规划编制的单位，应当取得《城市规划资质证书》（以下简称《资质证书》）。"并规定："城市规划编制单位应当在《资质证书》规定的范围内承担城市规划编制业务。""委托编制规划，应当选择具有相应资质的城市规划编制单位。""禁止转包城市规划编制任务。禁止无《资质证书》的单位和个人以任何名义承接城市规划编制任务。"依法对城市规划编制单位进行管理。

1.资质管理行政主体

国务院城乡规划行政主管部门负责全国城市规划编制单位的资质管理工作。

县级以上地方人民政府城乡规划行政主管部门负责本行政区域内城市规划编制单位的资质管理工作。

2.资质等级与标准

城市规划编制单位资质分为甲、乙、丙三级，其标准如下。

（1）甲级城市规划编制单位标准

① 具备承担各种城市规划编制任务的能力；

② 具有高级技术职称的人员占全部专业技术人员的比例不低于20%，其中高级城市规划师不少于4人（建筑、道路交通、给排水专业各不少于1人）；具有中级技术职称的城市规划专业人员不少于8人，其他专业（建筑、道路交通、园林绿化、给排水、电力通信、燃气、环保等）人员不少于15人；

③ 达到国务院城市规划行政主管部门规定的技术装备及应用水平考核标准；

④ 有健全的技术、质量、经营、财务管理制度并得到有效执行；

⑤ 注册资金不少于80万元；

⑥ 有固定的工作场所，人均建筑面积不少于10m²。

（2）乙级城市规划编制单位标准

① 具备相应的承担城市规划编制任务的能力；

② 具有高级技术职称的人员占全部专业技术人员的比例不低于15%，其中高级城市规划师不少于2人，高级建筑师不少于1人、高级工程师不少于1人；具有中级技术职称的城市规划专业人员不少于5人，其他专业（建筑、道路交通、园林绿化、给排水、电力、通信、燃气、环保等）人员不少于10人；

③达到省、自治区。直辖市城市规划行政主管部门规定的技术装备及应用水平考核标准；

④有健全的技术、质量、经营、财务管理制度并得到有效执行；

⑤注册资金不少于50万元；

⑥有固定的工作场所，人均建筑面积不少于10m²。

（3）丙级城市规划编制单位标准

①具备相应的承担城市规划编制任务的能力；

②专业技术人员不少于20人，其中城市规划师不少于2人，建筑、道路交通、园林绿化、给排水等专业具有中级技术职称的人员不少于5人；

③达到省、自治区、直辖市城市规划行政主管部门规定的技术装备及应用水平考核标准；

④有健全的技术、质量、经营、财务管理制度并得到有效执行；

⑤注册资金不少于20万元；

⑥有固定的工作场所，人均建筑面积不少于10m²。

3.各等级规划编制单位依法承担编制城市规划业务范围

（1）甲级城市规划编制单位承担城市规划编制任务的范围不受限制。

（2）乙级城市规划编制单位可以在全国承担下列任务：

①20万人口以下城市总体规划和各种专项规划的编制（含修订或者调整）；

②详细规划的编制；

③研究拟定大型工程项目规划选址意见书。

（3）丙级城市规划编制单位可以在本省、自治区、直辖市承担下列任务：

①建制镇总体规划编制和修订；

②20万人口以下城市的详细规划的编制；

③20万人口以下城市的各种专项规划的编制；

④中、小型建设工程项目规划选址的可行性研究。

4.资质管理程序

（1）申请程序

申请城市规划编制资质的单位，应当提出申请，填写《资质书》申请表。申请条件如下。

① 工程勘察设计单位、科研机构、高等院校及其他非以城市规划为主业的单位，符合本规定资质标准的，均可申请城市规划编制资质。其中高等院校、科研单位的城市规划编织机构中专职从事城市规划编制的人员不得低于技术人员总数的60%。

② 新设立的城市规划编制单位，在具备相应的技术人员、技术装备和注册资金时，可以申请暂定资质等级，暂定资质等级有效期2年。有效期满后，发证部门根据其业务情况，确定其资质等级。

③ 乙、丙级城市规划编制单位，取得《资质证书》至少满3年并符合城市规划编制资质分级标准的有关要求时。方可申请高一级的城市规划编制资质。

④ 甲、乙级城市规划编制单位跨省、自治区、直辖市设立的分支机构中，凡属独立法人性质的机构，应当按照本规定申请《资质证书》。非独立法人的机构，不得以分支机构名义承揽业务。

（2）审批程序

申请甲级资质的，由省、自治区、直辖市人民政府城市规划行政主管部门初审，国务院城市规划行政主管部门审批，核发《资质证书》。

申请乙级、丙级资质的，由所在地市、县人民政府城市规划行政主管部门审批，核发《资质证书》，并报国务院城市规划行政主管部门备案。

（3）变更程序

① 城市规划编制单位撤销或者更名，应当在批准之日起30日内到发证部门办理《资质证书》注销或者变更手续。

② 城市规划编制单位合并或者分立，应当在批准之日起30日内重新申请办理《资质证书》。

（4）换发、补发程序

《资质证书》有效期为6年，期满3个月前，城市规划编制单位应当向发证部门提出换证申请。城市规划编制单位遗失《资质证书》，应当在报刊上声明作废，向发证部门提出补发申请。

（5）备案程序

① 甲、乙级城市规划编制单位跨省、自治区、直辖市承担规划编制任务时，取得城市总体规划任务的，向任务所在地的省、自治区、直辖市人民政府城市规划行政主管部门备案；取得其他城市规划编制任务的，向任务所在地的市、县人民政府城市规划行政主管部门备案。

② 两个以上城市规划编制单位合作编制城市规划时，有关规划编制单位应当共同向任务所在地相应的主管部门备案。

（6）监管程序

发证部门或者其委托的机构对城市规划编制单位实行资质年检制度城市规划编制单位未按照规定进行年检或者资质年检不合格的，发证部门可以公告收回其《资质证书》。

5.《资质证书》形式

《资质证书》分为正本和副本，正本和副本具有同等法律效力。《资质证书》由国务院城市规划行政主管部门统一印制。

课后练习题

1.编制城市规划，（   ）应确定为强制性内容

  A.资源利用和环境保护   B.区域协调发展

  C.风景名胜资源管理   D.公共安全和公众利益

  E.重要基础设施布局

2.分区规划、详细规划由（   ）部门组织编制

  A.市级人民政府城市规划行政主管部门

  B.市人民政府

  C.市人民政府的上级领导机关

  D.市人民政府指定的专门部门

3.县人民政府在地镇的详细规划由（   ）组织编制

  A.县人民政府

  B.县人民政府城市规划行政主管部门

  C.县政府的上级政府

  D.县级以上人民政府的规划行政主管部门

4.在城市总体规划的编制中，对于（   ）应当由相关领域的专家领衔进行研究

  A.资源与环境保护   B.区域统筹与城乡统筹

  C.城市发展目标与空间布局   D.城市历史文化遗产保护

  E.重要基础设施布局

5.城市人民政府负责编制（　　　）

A.城市规划　　　　　　　　　B.流域规划

C.区域规划　　　　　　　　　A.乡镇规划

6.县级人民政府负责编制（　　　）的城市规划

A.乡镇规划　　　　　　　　　B.县级人民政府所在地镇

C.县域规划　　　　　　　　　D.乡村规划

7.编制城市规划一般分为（　　　）阶段，分别是（　　　）

A.一个　总体规划

B.两个　总体规划和详细规划

C.三个　总体规划、详细规划和控制性规划

D.四个　总体规划、详细规划、控制性规划和修建性规划

8.大、中城市可在总体规划基础上编制（　　　）

A.控制性规划　　　　　　　　B.详细规划

C.近期发展规划　　　　　　　D分区规划

9.国务院城市规划行政主管部门组织编制（　　　）的城镇体系规划

A.全国　　　　　　　　　　　B.全国及省、自治区、直辖市

C.全国及九大经济区　　　　　D.全国和跨省、市

10.省、自治区人民政府组织编制（　　　）城镇体系规划

A本区域的　　　　　　　　　B.部分区域的

C.全国的　　　　　　　　　　D.与本区域有关的

11.省域城镇体系规划由（　　　）组织编制

A.省、自治区、直辖市人民政府

B.省、自治区人民政府

C.国务院城市规划行政主管部门

D.有关地区的共同上一级人民政府城市规划行政主管部门

12.跨行政区域的城镇体系规划由（　　　）组织编制

A.有关地区的共同上一级人民政府

B.有关地区共同组织一个领导小组

C.有关地区人民政府规划行政主管部门共同组织一个指导小组

D.有关地区的共同上一级人民政府城市规划行政主管部门

13.下列不属于城市总体规划强制性内容的是（　　　）

A.城市人口规模　　　　　　　B.城市建设用地

C.城市基础设施　　　　　　　D.城市防灾工程

14.《城乡规划法》规定，"镇人民政府根据镇总体规划的要求，组织编制镇的控制性详细规划"。该规定集中体现了（　　　）

A.保护地方特色，民族特色的原则

B.先规划，后建设的原则

C.控制性详细规划全覆盖的原则

D.下位规划服从上位规划的原则

15.下列关于规划备案的叙述中，不正确的是（　　　）

A.镇人民政府编制的总体规划，报上一级人民政府备案

B.城市人民政府编制的控制性详细规划，报上一级人民政府备案

C.镇人民政府编制的近期建设规划，报上一级人民政府备案

D.城市人民政府编制的近期建设规划，报上一级人民政府备案

16.编制城市规划，应当考虑（　　　）

　　A.人民群众需要　　　　　　　　　B.改善人居环境，方便群众生活

　　C.城市建设发展需要　　　　　　　D.充分关注中低收入人群，扶助弱势群体

　　E.维护社会稳定和公共安全

17.城市规划组织编制和审批管理是政府（　　　）的体现

　　A.立法　　　　　　　　　　　　　B.意志

　　C.组织　　　　　　　　　　　　　D.动态

18.省会城市的城市总体规划纲要的组织编制由（　　　）负责

　　A.省人民政府　　　　　　　　　　B.省人民政府城市规划行政主管部门

　　C.市人民政府　　　　　　　　　　D.市人民政府城市规划行政主管部门

19.编制村镇规划，一般分（　　　）两个阶段

　　A.总体规划和详细规划　　　　　　B.总体规划和建设规划

　　C.总体规划和近期规划　　　　　　D.总体规划和分区规划

20.下列（　　　）类城市的总体规划中不需要编制城镇体系规划

　　A.直辖市的城市总体规划

　　B.设市的城市总体规划

　　C.县级人民政府所在地镇的总体规划

　　D.非县级人民政府所在地建制镇的总体规划

21.下列不属于城市详细规划强制性内容的是（　　　）

　　A.土地的主要用途　　　　　　　　B.建筑色彩

　　C.建设高度　　　　　　　　　　　D.绿化率

22.县级以上地方人民政府城市规划行政主管部门，对于所提交的规划编制成果不符合要求的城市规划编制单位，可以采取哪些措施（　　　）

　　A.给予警告

　　B.罚款

　　C.情节严重的，由发证部门公告《资质证书》作废，收回《资质证书》

　　D.追究行政责任

23.城市规划编制单位超越《资质证书》范围承接规划编制任务层级以上地方人民政府城市规划行政主管部门可以采取什么措施（　　　）

　　A.给予警告　　　　　　　　　　　B.情节严重的，由发证部门公告

　　C.追究行政责任　　　　　　　　　D.收回《资质证书》

24.甲、乙级城市规划编制单位跨省、自治区、直辖市承担规划编制任务，违反有关备案规定的，任务所在地的省、自治区、直辖市人民政府城市规划行政主管部门可以采取什么措施（　　　）

　　A.全省通报批评　　　　　　　　　B.给予警告

　　C.处1万元以上、3万元以下的罚款　D.责令其补办备案手续

25.城市规划编制单位未按照规定进行年检或者资质年检不合格的，发证部门可以采取什么措施（　　　）

　　A.责令其限期办理或者限期整改

　　B.给予警告

　　C.处1万元以下的罚款

　　D.逾期不办理或者逾期整改不合格的，发证部门可以公告收回其《资质证书》

26.新设立的城市规划编制单位，在具备相应的技术人员、技术装备和注册资金时，可以申请暂定资质等级，暂定等级有效期（　　）年

A.4　　　　　　　　　　　　B.3

C.2　　　　　　　　　　　　D.1

27.在审查规划设计文件时，要对规划设计单位的资格进行（　　）

A.调查　　　　　　　　　　B.核对

C.核实　　　　　　　　　　D.审查

28.《资质证书》是从事城市规划设计的资格凭证，它在承揽任务时只限于（　　）

A.同行单位使用　　　　　　B.同级别资格单位使用

C.合作单位使用　　　　　　D.持证单位使用

29.《资质证书》有效期为（　　）年，期满（　　）个月前，城市规划编制单位应当向发证部门推出换证申请。

A.六　三　　　　　　　　　B.五　六

C.五　三　　　　　　　　　D.六　六

30.城市规划编制单位撤销或者更名，应当在批准之日起（　　）日内到发证部门办理《资质证书》注销或者变更手续；城市规划编制单位合并或者分立，应当在批准之日起（　　）日内重新申请办理《资质证书》

A.十五　三十　　　　　　　D.十五　十五

C.三十　十五　　　　　　　D.三十　三十

第八章

城乡规划审批与修改管理

教学目标与要求

熟悉：城乡规划编制审批管理的主体；城乡规划审批的前置、上报、批准和公布程序。

掌握：城乡规划中各种类型规划审批的内容，城市、镇总体规划和详细规划的审批程序；省域城镇体系规划、总体规划、镇总体规划修改条件和程序；控制性详细规划的修改条件和程序。

第一节　城乡规划审批管理的主体、依据和内容

一、城乡规划审批管理的概念

城乡规划的审批管理，就是在城乡规划编制完成后，城乡规划组织编制单位按照法定程序向法定的规划审批机关提出规划报批申请，法定的审批机关按照法定的程序审核并批准城乡规划的行政管理工作。编制完成的规划，只有按照法定程序报经批准之后，方才具有法定约束力。

二、城乡规划审批管理的主体

城乡规划审批实行分级审批，编制和审批主体具体见表8-1。

表8-1　城乡规划编制、审批主体

	规划类型	编制主体	审批主体
城镇体系规划	全国	国务院行政主管部门	国务院
	省、自治区	省、自治区人民政府	国务院行政主管部门
	直辖市		纳入城市总体规划分级审批
	市域	市或行署、州、盟人民政府	纳入城市总体规划分级审批
	县域	县或自治县、旗人民政府	纳入县级政府所在地镇的总体规划分级审批
	跨行政区域	有关地区的共同上一级政府	编制主体的上级政府
城市总体规划	直辖市	直辖市人民政府	国务院
	市总体规划	市人民政府	省政府批，省政府所在地或特定市报国务院批
	县级政府所在地	县人民政府	市辖县报市政府批，其他报省政府批
镇总体规划	县人民政府所在地镇	县人民政府	设区的市级人民政府
	其他镇总体规划	镇人民政府	县人民政府，不设区的市人民政府

	规划类型	编制主体	审批主体
控制性详细规划	直辖市	直辖市城乡规划主管部门	直辖市人民政府
	城市内的控规	市人民政府城乡主管部门	市人民政府
	县政府所在地的镇	县城乡规划主管部门	县人民政府
	其他镇控规	镇人民政府	县级人民政府
修建性详细规划	重要地块	直辖市、市、县城乡主管部门和镇人民政府组织编制	直辖市、市、县城乡规划主管部门
	一般地块	建设单位	市、县城乡规划主管部门
乡规划、村庄规划		乡，镇人民政府	上一级人民政府

三、城乡规划审批的依据

城乡规划审批的依据是指，城乡规划的审批机关在受理了城乡规划的申报以后，如何把握有关法律、法规、上一层次城乡规划对拟审批规划的控制要求，以及与周边地区的关系等。

四、城乡规划审批的内容

规划的审批不同于其他设计的审批，既要注重对规划图纸的审核，更要注重对规划文本的审核；既要注重对规划定性内容的审核，也要注重对定量内容的审核。以下是规划审批时需要重点把握的内容，在审批过程中，针对不同类型、规模的规划，审批的要点和深度有所不同。

1.城镇体系规划审批内容

主要把握以下内容：

① 区域与城市的发展和开发建设条件；

② 区域人口、城镇用地规模；

③ 城市化目标；

④ 城镇体系；

⑤ 空间布局；

⑥ 区域基础设施、社会设施；

⑦ 近期重点发展城镇的规划建议；

⑧ 实施规划的政策和措施；

⑨ 其他内容。

2.城市总体规划审批内容

重点审核以下几方面的内容：

① 城市性质；

② 城市发展目标；

③ 城市规模；

④ 城市空间布局和功能分区

⑤ 城市交通；

⑥ 城市基础设施建设和环境保护；

⑦ 协调发展：总体规划编制是否做到统筹兼顾、综合部署；是否与国土规划、区域规划、江河流域规划、土地利用总体规划以及国防建设等协调；

⑧ 规划的实施：总体规划实施的政策措施和技术规定是否明确；是否具有可操作性；

⑨ 其他内容：是否达到了《城市规划编制办法》规定的基本要求；是否符合审批机关事

先提出的指导意见等。

3.城市分区规划审批内容

① 分区的功能；

② 分区的人口、建筑总量和基本分布；

③ 分区公共服务设施控制；

④ 分区的城市干道、绿地、对外交通设施、历史街区保护等控制；

⑤ 市政基础设施建设；

⑥ 其他内容：城市人民政府指导意见中的其他要求。

4.城市详细规划审批内容

一般审核以下几方面的内容：

① 规划用地性质；

② 规划控制指标和控制要素；

③ 空间布局和环境保护；

④ 道路文通；

⑤ 市政基础设施建设；

⑥ 规划的实施；

⑦ 其他内容：如区别居住区、工业区、风景区和历史风貌地区详细规划的不同要求，还需要审核其他的有关内容，以及城市人民政府或城市规划行政主管部门指导意见中的其他要求等。

第二节　城乡规划编制成果审批程序

一、城乡规划审批程序

行政程序是保障行政决策科学、合理、公正的措施。根据现行城乡规划法律规范的规定，城乡规划审批包括前置程序、上报程序、批准程序和公布程序。

1.前置程序

（1）报请审议

根据《城乡规划法》第十六条的规定：省域城镇体系规划和城市总体规划在报上一级人民政府审批前，应当先经本级人民代表大会常务委员会审议，常务委员会组成人员的审议意见交由本级人民政府研究处理。

镇总体规划在报上一级人民政府审批前，应当先经镇人民代表大会审议，代表的审议意见交由本级人民政府研究处理。

城乡规划的组织编制机关报送审批省域城镇体系规划、城市总体规划或者镇总体规划时，应当将本级人民代表大会常务委员会组成人员或者镇人民代表大会代表的审议意见和根据审议意见修改规划的情况一并报送。

根据《城乡规划法》第二十二条的规定，村庄规划在报送审批前，应当经过村民会议或者村民代表会议讨论同意。

（2）规划公告

根据《城乡规划法》第二十六条的规定，城乡规划报送审批前，组织编制机关应当依法将城乡规划草案予以公告，并采取论证会、听证会或者其他方式征求专家和公众的意见。公告的时间不得少于三十日。组织编制机关应当充分考虑专家和公众的意见，并在报送审批的材料中附具意见采纳情况及理由。

2.上报程序

在城乡规划法律规范中一般规定城乡规划由组织编制机关上报。

3.批准程序

根据《城乡规划法》第二十七规定，省域城镇体系规划、城市总体规划、镇总体规划批准前，审批机关应当组织专家和有关部门进行审查。城乡规划审批机关在对上报的城乡规划组织审查同意后，予以书面批复。

4.公布程序

根据《城乡规划法》第七条、第八条规定：经依法批准的城乡规划，是城乡建设和规划管理的依据。城乡规划组织编制机关应当及时公布经依法批准的城乡规划。但是法律、行政法规规定不得公开的内容除外。

二、各层次城乡规划编制成果审批程序

1.城镇体系规划的审批程序

《城乡规划法》规定省域城镇体系规划由国务院审批，并明确了省域城镇体系规划的报批程序。首先，规划在上报国务院前，须经本级人民代表大会常务委员会审议，审议意见和根据审议意见修改规划的情况应随上报审查的规划一并报送。其次，规划上报国务院后，由国务院授权国务院城乡规划主管部门负责组织相关部门和专家进行审查。

2.总体规划的审批程序

城市总体规划的编制审批程序见图8-1，镇总体规划的编制审批程序与之相类似，只是编制审批的主体不同。

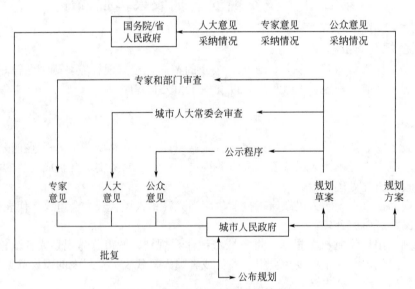

图8-1　城市总体规划编制审批程序

镇人民政府根据镇总体规划的要求，组织编制镇的控制性详细规划，报上一级人民政府审批。县人民政府所在地镇的控制性详细规划，由县人民政府城乡规划主管部门根据镇总体规划的要求组织编制，经县人民政府批准后，报本级人民代表大会常务委员会和上一级人民政府备案。

3.详细规划的审批程序

城市控制性详细规划的编制审批程序见图8-2。

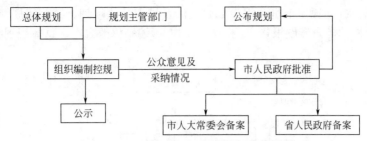

图8-2　城市控制性详细规划编制审批程序

各类修建性详细规划由城市、县人民政府城乡规划主管部门依法负责审定。根据各地多年的实践，重要地段的修建性详细规划通常应当报城市或县人民政府审批。各地可以根据实际情况，制定修建性详细规划审批管理的具体办法。

4.乡、村庄规划的审批程序

乡规划在报送审批前应当依法将规划草案予以公告，并采取论证会、听证会或者其他方式征求专家和公众的意见。公告的时间不得少于30日。组织编制机关应当充分考虑专家和公众的意见，并在报送审批的材料中附具意见采纳情况及理由。乡规划应当由乡人民政府先经本级人民代表大会审议，然后将审议意见和根据审议意见的修改情况与规划成果一并报送县级人民政府审批。

根据我国现在实行的村民自治体制，村庄规划成果完成后，必须要经过村民会议或者村民代表会议讨论同意后，方可由所在地的镇或乡人民政府报县级人民政府审批。

第三节　城乡规划修改管理

为了切实加强城乡规划的科学性和严肃性，全过程把关，以促进城乡建设的可持续发展。《城乡规划法》专门设立了"城乡规划的修改"一章，其目的就是从法律上明确严格的规划修改制度，防止随意修改法定规划，在规划实施过程中加强管理，防止人为随意更改规划从而造成环境资源遭到破坏、公众的合法权益受到侵害。

一、省域城镇体系规划、城市总体规划、镇总体规划的修改

1.规划实施情况评估

根据《城乡规划法》第四十六条的规定，省域城镇体系规划、城市总体规划、镇总体规划的组织编制机关应当组织有关部门和专家定期对规划实施情况进行评估，并采取论证会、听证会或者其他方式征求公众意见。组织编制机关应当向本级人民代表大会常务委员会、镇人民代表大会和原审批机关提出评估报告并附具征求意见的情况。

2.规划修改的条件

根据《城乡规划法》第四十七条的规定，有下列情况之一的，组织编制机关方可按照规定的权限和程序修改省域城镇体系规划、城市总体规划、镇总体规划：

①上级人民政府制定的城乡规划发生变更，提出修改规划要求的；

②行政区划调整确需修改规划的；

③因国务院批准重大建设过程确需修改规划的；

④经评估确需修改规划的；

⑤城乡规划的审批机关认为应当修改规划的其他情形。

3.规划修改的程序

修改省域城镇体系规划、城市总体规划、镇总体规划前，组织编制机关应当对原规划的实

施情况进行总结，并向原审批机关报告；修改涉及城市总体规划、镇总体规划强制性内容的，应当先向原审批机关提出专题报告，经同意后，方可编制修改方案，总体规划编制修改流程见图8-3。

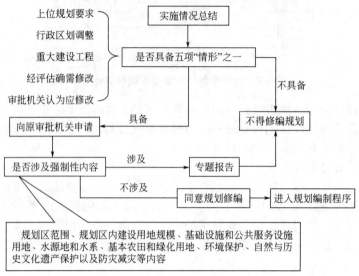

图8-3　城市总体规划修改程序

二、近期建设规划的修改

城市、县、镇人民政府修改近期建设规划的，应当将修改后的近期建设规划报总体规划审批机关备案。

三、控制性详细规划的修改

修改控制性详细规划的，组织编制机关应当对修改的必要性进行论证，征求规划地段内利害关系人的意见，并向原审批机关提出专题报告，经原审批机关同意后，方可编制修改方案。修改后的控制性详细规划应当依据《城乡规划法》第十九条、第二十条规定的审批程序报批。控制性详细规划修改涉及城市总体规划、镇总体规划的强制性内容的，应当先修改总体规划，具体流程如图8-4所示。

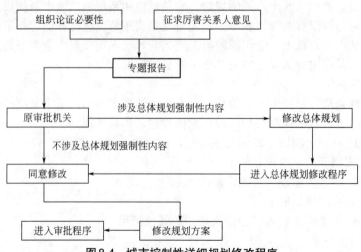

图8-4　城市控制性详细规划修改程序

四、修建性详细规划的修改

经依法审定的修建性详细规划、建设工程设计方案的总平面图不得随意修改；确需修改的，城乡规划主管部门应当采取听证会等形式，听取利害关系人的意见；因修改给利害关系人合法权益造成损失的，应当依法给予补偿。

五、乡规划、村庄规划的修改

修改乡规划、村庄规划的，应当经村民会议或者村民代表会议讨论同意，重新报上一级人民政府审批。

课后练习题

1. 关于城市规划审批下列哪项正确（　　　）
   - A.分级审批
   - B.分类审批
   - C.逐级审批
   - D.统一审批

2. 报同级人民代表大会常务委员会和原批准机关备案的，是对总体规划进行了（　　　）
   - A.重大修改
   - B.局部调整
   - C.较大修改
   - D.原则变更

3. 下列关于镇控制性详细规划编制审批的叙述中，不正确的是（　　　）
   - A.所有镇的控制性详细规划由城市、县城乡规划主管部门组织编制
   - B.镇控制性详细规划可以适当调整或减少控制指标和要求
   - C.规模较小的建制镇的控制性详细规划，可与镇总体规划编制相结合，提出规划控制指标和要求
   - D.县人民政府所在地镇的控制性详细规划，经县人民政府批准后，报本级人民代表大会常务委员会和上一级人民政府备案

4. 根据《城乡规划法》，下列关于城市总体规划可以修改的叙述中，不正确的是（　　　）
   - A.上级人民政府制定的城乡规划发生变更，提出修改规划要求的
   - B.行政区划调整确需修改规划的
   - C.因省、自治区政府批准重大建设工程确需修改规划的
   - D.经评估确需修改规划的

5. 详细规划调整应报（　　　）同意
   - A.城市人民政府
   - B.城市规划主管部门
   - C.原批准机关
   - D.上级人民政府

6. 太原市总体规划纲要应该报（　　　）审查
   - A.山西省政府
   - B.山西省政府建设主管部门
   - C.国务院
   - D.国务院建设主管部门

7. 城市规划经批准后，应由（　　　）公布
   - A.市人大常委会
   - B.城市规划主管部门
   - C.城市人民政府
   - D.市人大

8. 省级风景名胜区的详细规划，由（　　　）审批
   - A.省、自治区人民政府
   - B.省、自治区人民政府建设主管部门
   - C.直辖市人民政府风景名胜区主管部门
   - D.省、自治区人民政府建设主管部门或者直辖市人民政府风景名胜区主管部门

9. 珠江三角洲跨行政区域的城镇体系规划应该由（　　）审批
    A. 国务院
    B. 有关省、自治区政府
    C. 国务院城市规划主管部门
    D. 有关省、自治区政府城市规划主管部门

10. 省会城市的城市总体规划纲要的组织编制由（　　）负责
    A. 省人民政府
    B. 省人民政府城市规划行政主管部门
    C. 市人民政府
    D. 市人民政府城市规划行政主管部门

11.《城市规划强制性内容暂行规定》明确规定了下列哪几项规划必须具备强制性内容
（　　）
    A. 省域城镇体系规划
    B. 城市总体规划纲要
    C. 城市总体规划
    D. 城市分区规划
    E. 城市详细规划

12. 在城市总体规划审批管理工作中，下列审查的重点内容哪一项有误（　　）
    A. 城市性质、发展目标和规模
    B. 城市空间布局和功能分区
    C. 城市基础设施建设和环境保护
    D. 是否达到了《城市规划条例》规定的基本要求

13. 下列哪一项不属于近期建设规划的强制性内容（　　）
    A. 城市近期建设重点和发展规模
    B. 近期建设用地的具体位置和范围
    C. 近期内保护历史文化遗产和风景资源的具体措施
    D. 近期建设项目竖向设计

14. 下表中，城市修建性详细规划的编制主体都正确的是（　　）

选项	城市政府	规划主管部门	规划编制单位	建设单位
A	●	●		
B		●	●	
C			●	●
D		●		●

15. 修建性详细规划确需修改的，应当采取听证会等形式听取（　　）意见
    A. 有关部门
    B. 专家
    C. 利害关系人
    D. 公众

16. 城市地下空间建设规划，由（　　）批准
    A. 上一级人民政府
    B. 城市人大常委会
    C. 省、自治区、直辖市规划、建设行政主管部门
    D. 城市人民政府

17. 下列关于规划备案的叙述中，不正确的是（　　）
    A. 镇人民政府编制的总体规划，报上一级人民政府备案
    B. 城市人民政府编制的控制性详细，报上一级人民政府备案
    C. 镇人民政府编制的近期建设规划，报上一级人民政府备案
    D. 城市人民政府编制的近期建设规划，报上一级人民政府备案

18. 根据《城乡规划法》，下列关于城市总体规划可以修改的叙述中，不正确的是（   ）

A.上级人民政府制定的城乡规划发生变更，提出修改规划要求的

B.行政区划调整确需修改规划的

C.因省、自治区政府批准重大建设工程确需修改规划的

D.经评估确需修改规划的

19. 根据《城乡规划法》，（   ）的组织编制机关，应组织有关部门和专家定期对规划实施情况进行评估

A.省域城镇体系规划　　　　　　　B.城市总体规划

C.控制性详细规划　　　　　　　　D.近期建设规划

E.镇总体规划　　　　　　　　　　F.全国城镇体系规划

G.乡规划和村庄规划

20. 城市总体规划报送审批时，应当一并报送的内容有（   ）

A.省域城镇体系规划确定的城镇空间布局和规模控制要求

B.本级人民代表大会常务委员会的审议意见

C.根据本级人民代表大会常务委员会的审议意见提出修改规划的情况

D.对公众及专家意见的采纳情况及理由

E.城市总体规划编制单位的资质证书

第九章

城乡规划实施管理

教学目标与要求

了解：城乡规划管理的基本原则、目的和依据；"一书三证"的概念、意义和适用范围；临时建设和临时用地规划管理的概念。

熟悉：城乡规划实施管理的法律制度和管理方法；"一书三证"审核的行政主体和作用；临时建设和临时用地规划管理的任务和行政主体。

掌握："一书三证"的审核内容和管理程序；临时建设和临时用地规划管理的审核内容和程序。

城乡规划实施管理是一项行政职能，具有一般行政管理的特征。它是以依法实施城乡规划为目标行使行政权力的过程，是城乡规划制定和实施中的重要环节。依法进行城乡规划实施管理的过程就是依法行政、依法办事、依法监督的过程。任何单位和个人都应当遵守经依法批准并公布的城乡规划，服从规划管理。

第一节　城乡规划实施管理概述

一、城乡规划实施管理的含义和基本原则

1.城乡规划实施管理的含义

城乡规划实施管理，是指城乡规划管理部门依照《城乡规划法》所规定的程序编制和批准城乡规划，依据国家和各级政府颁布的城乡规划管理有关法规和具体规定，采用法制的、行政的、社会的、经济的和科学的管理方法，对城乡的各级用地和建设活动进行统一的安排和控制，引导、协调并监督城乡的各级建设事业有计划、有步骤、有秩序地协调发展，保证城乡规划的顺利实施。

2.城乡规划实施管理的基本原则

（1）法制化原则

对于城市、镇、乡和村庄规划区内的土地利用和各项建设活动，一定要依照《城乡规划法》的有关规定进行规划实施管理，实现依法行政、依法办事，纳入法制化的轨道。也就是要以经批准的城乡规划和有关法律法规为依据，并依照法定的程序履行职责，防止和抵制以权代法、以言代法、以情代法、以罚代法和其他形式的违法行为。充分运用法制管理手段是搞好城乡规划实施管理工作的根本保证。

（2）程序化原则

为使城乡规划实施管理能够遵循城乡发展和规划建设的客观规律，就必须按照科学合理的

行政审批、许可、管理程序来进行。这就要求城市、镇、乡和村庄规划区内的土地利用各项建设活动，都必须依照《城乡规划法》所规定的申请、审查或审核、征询意见、报批和核发有关法律凭证以及加强批后管理等环节和程序来施行，防止实施过程中的随意性、滥用职权、越权审批和暗箱操作等违法行为产生。

（3）协调原则

城乡规划实施管理的工作过程，是一个以科学发展观和构建和谐社会为指导，依法对城市、镇、乡和村庄规划区内的土地利用和各项建设活动进行合理布局和统筹安排的过程，需要协调各有关方面的利益和要求，理顺各有关方面的关系，包括城乡规划主管部门与其他相关行政主管部门之间的业务关系，实现分工合作，协调配合，各负其责，避免出现多头管理、相互制约、扯皮不止的现象发生，从而提高城乡规划实施管理的工作效率和水平。

（4）公开化原则

行政权力公开透明运行是保证权力正确行使的重要环节。经批准的城乡规划公布后，任何单位和个人都无权擅自改变。为保证和督促城乡规划实施管理能够依法按照规划要求进行，实现公开、公平、公正执法，实行政务公开是一个非常重要的环节和措施。只有这样，才能将城乡规划实施管理工作置于公众监督的视野之下，透明化、阳光操作，减少并杜绝各种渎职行为和不正之风出现，以便运用社会管理手段，有效制约、减少并避免工作中的失策、失当、失误，促进城乡规划实施管理工作顺利进行，并提高规划管理部门及其工作的公信力。

（5）科学性原则

《城乡规划法》规定城乡规划的实施应当根据当地经济社会发展水平，量力而行；应当合理确定建设规模和时序；应当因地制宜、节约用地；应当与经济和技术发展水平相适应；应当组织有关部门和专家定期对规划实施情况进行评估，并采取论证会、听证会或者其他方式征求公众意见等，强调了城乡规划实施管理的科学合理性原则，不能违背城乡建设和发展的客观规律办事，一定要从实际出发，实事求是，不能急功近利、盲目决策。要正确处理集中与分散、当前与长远、局部与全局、发展与保护、堵漏与疏导的关系，科学辩证地进行城乡规划实施管理工作。

（6）服务性原则

城乡规划实施管理是一项政府职能，人民政府是为人民谋福利和为人民服务的。城乡发展的根本目的是为了提高人民的工作和生活质量水平，为城乡人民提供一个美好、方便、舒适的生活条件和人居环境。城乡规划是指导、调控、具体安排各项城乡发展建设项目，因此，城乡规划实施管理必须贯彻以人为本、为人民服务的基本宗旨和原则。这就要求各级城乡规划主管部门在依法行政、实施规划管理的过程中，不能高高在上，以权制人，以势压人，不顾及建设单位和个人的合法权益和切身利益强迫命令、一意孤行。必须依法倾听群众的意见和呼声，以全心全意为人民服务的精神和态度，努力搞好城乡规划实施管理工作。

二、城乡规划实施管理的目的和依据

1.城乡规划实施管理的目的

① 将城乡各项建设活动纳入城乡规划的轨道，保障城乡规划的顺利实施。城乡规划作为一个实践的过程，它包括编制、审批和实施三个环节。有了城乡规划不等于城乡自然而然地就可以建设好，还必须通过城乡规划实施管理，使各项建设行为，遵循城乡规划的要求组织实施，促进城乡建设全面、协调和可持续地发展。

② 妥善处理各项建设中相关的矛盾，促进城乡建设协调、有序地发展。城乡规划就是通过城乡建设的统筹安排和有序发展来实施的。不论建设使用土地，还是建设工程的建设，会产生各种各样的矛盾。城乡规划实施管理有责任协调、解决相关的矛盾，促进城乡建设协调、有

序地发展。

③ 保障城乡建设和发展的公共利益，维护相关方面的合法权益。城乡的每一项建设不能影响、妨碍城乡发展的整体和长远利益，应该力求城乡建设经济效益、社会效益和环境效益相统一；同样，各项建设也不能侵犯相关方面的合法权益。城乡规划实施管理的责任就是，对于侵犯公共利益和相关各方合法权益的建设行为，必须予以制约、协调和控制，保护公共利益不受损害，相关方面的合法权益不受侵犯，正确行使行政管理职能。

2.城乡规划实施管理的依据

（1）城乡规划依据

主要包括城镇体系规划、总体规划、专项规划、控制性详细规划、修建性详细规划、乡规划和村庄规划、近期建设规划、历史文化名城名镇名村保护规划、风景名胜区规划、地下空间开发与利用规划、城乡规划主管部门提出的规划条件、经审定的建设工程设计方案的总平面图等，以及在规划实施过程中由城乡规划主管部门核发的选址意见书、建设用地规划许可证、建设工程规划许可证和乡村建设规划许可证等。

（2）法律规范与政策依据

我国已经颁布了一系列有关城乡规划的法律、行政法规、部门规章、地方性法规、地方政府规章以及规范性文件，包括《城乡规划法》、《土地管理法》、《环境保护法》、《文物保护法》、《风景名胜区条例》、《历史文化名城名镇名村保护条例》、《城市规划编制办法》、《建制镇规划建设管理办法》等，以及《国务院关于加强城乡规划监督管理的通知（国发〔2002〕13号）》等，都是城乡规划实施管理的依据。各级人民政府为依法行政的需要，根据实际情况在本辖区范围内所依法制定的各项有关政策，同样是城乡规划实施管理的依据。

（3）计划依据

《城乡规划法》规定，在城乡规划的实施中，应当根据城市总体规划、镇总体规划、土地利用总体规划和年度计划以及国民经济和社会发展规划，制定近期建设规划。应当有计划、分步骤地组织实施城乡规划。这就是说，国家和地方的国民经济和社会发展中长期规划、国民经济和社会发展计划、年度计划和城市建设综合开发设计批准文件等，都是城乡规划实施管理应当遵循的依据。

（4）技术规范、标准依据

《城乡规划法》规定，编制城乡规划必须遵守国家有关标准。那么，在城乡规划实施管理的过程中，城乡规划的各项技术标准和技术规范、国家在城乡规划建设方面所制定的经济技术定额指标和经济技术规范、以及城乡规划主管部门提出的经济技术要求等，理应是城乡规划实施管理的依据。尤其是城乡规划技术标准和技术规范中的强制性条文，必须严格遵守，不得突破和任意篡改。

三、城乡规划实施管理的法律制度

《城乡规划法》第三十六条、第三十七条、第三十八条、第四十条、第四十一条规定了城乡规划实施管理中，由城乡规划主管部门核发选址意见书、建设用地规划许可证、建设工程规划许可证、乡村建设规划许可证的法律制度，也就是规划行政审批许可证制度。它是城乡规划实施管理的主要法律手段和法定形式。

1.城镇规划实施管理的"一书两证"制度

《城乡规划法》第三十六条、第三十七条、第三十八条和第四十条规定了在城市、镇规划区范围内的建设项目选址、使用土地和进行各项工程建设，须由城乡规划主管部门实施规划管理，核发选址意见书、建设用地规划许可证和建设工程规划许可证的"一书两证"制度。选址意见书是城乡规划主管部门依法核发的有关以划拨方式提供国有土地使用权的建设项目选址和布局的法律凭证。建设用地规划许可证是经城乡规划主管部门依法确认其建设的项目位置、面积、允许建设的范围等的法律凭证。建设工程规划许可证是经城乡规划主管部门依法确认其建设工程项目符合控制性详细规划和规划条件的法律凭证。有没有"一书两证"、按没按"一书两证"的要求进行用地和从事城镇建设活动，是合法与违法的分水岭。

2.乡村规划实施管理的规划许可证制度

《城乡规划法》第四十一条规定了在乡、村庄规划区范围内使用土地进行各项建设，须由城乡规划管理部门核发乡村建设许可证的制度。建设单位或者个人在取得乡村建设规划许可证后方可办理用地审批手续和开展建设活动。乡村建设规划许可证是经城乡规划主管部门依法确认其符合乡、村庄规划要求的法律凭证。有没有乡村建设规划许可证，按没按乡村建设规划许可证的要求进行用地和从事乡村建设活动，是合法与违法的分水岭。

四、城乡规划实施管理的方法

根据《城乡规划法》的规定，城乡规划实施管理主要由依法采取行政的方式行使管理职能，兼采用科学技术的方法和社会监管的方法以及经济的方法，结合起来综合运用，达到加强城乡规划实施管理的目的。

1.行政的方法

《城乡规划法》第三章明确规定，城乡规划的实施，主要有城乡规划主管部门依法对建设项目选址、建设用地、建设工程、乡村建设的当前建设项目实施行政管理，即依法行政。需要经过申请、审查、核定、提出规划条件、报批、复核、核发规划许可证等一系列程序和手段来实施行政许可的管理职能。换而言之，就是依靠行政组织，根据行政权限，运用行政手段，履行行政手续，按照行政方式来进行城乡规划实施管理。城市、县人民政府城乡规划主管部门是具体进行城乡规划实施管理、核发规划许可证的行政主体。

2.法制的方法

我国已经颁布了一系列关于城乡规划、建设和管理的法律、行政法规、部门规章、地方性法规、地方政府规章和规范性文件，初步具备了有法可依的条件。依法行政，就是城乡规划主管部门在城乡规划实施管理的过程中，必须依照法律规范的规定行事，有法必依，严格执法，依法办事，不得违法，违法必究。城乡规划实施管理的过程是一个具体执法的过程：一方面，城乡规划主管部门要加强对法律法规的宣传，使大家知法、懂法、守法，以便规范自己的建设行为；另一方面，城乡规划主管部门要依法行政，运用法律手段认真执法，法有授权必须行，法无授权不得行，正确用法，自觉守法，充分调动法律规范来履行城乡规划实施管理工作。

3.科学技术的方法

《城乡规划法》第十条规定："国家鼓励采用先进的科学技术，增强城乡规划的科学性，提高城乡规划实施监督管理的效能。"这就指出了在城乡规划实施管理中运用科学技术方法的要求，即应当采用当代的先进科学方法、先进技术、先进设备来加强规划管理工作。采用科学技术的方法是一种辅助管理的方法，它能够提高城乡规划实施管理的效能，把管理工作提升到一个新的水平。科学技术的方法，不仅包括基础资料的科学准确性、电脑运用、办公自动化和网上实施管理等，还应包括先进的管理理念、专家咨询、科学决策和效能监察等。

4.社会监管的方法

《城乡规划法》不仅对城乡规划制定过程中的公众参与作了明确规定，对于城乡规划实施管理过程中的公众参与也作了规定：一是任何单位和个人有权就涉及其利害关系的建设活动是否符合规划的要求向城乡规划主管部门查询；二是有权举报或者控告违反城乡规划的行为；三是应将经审定的修建性详细规划、建设工程设计方案的总平面得以公布；四是应将依法变更后的规划条件公示等。这些措施和方式，就是通过法律规定，促进城乡规划实施管理中的政务公开，便于公众参与，增强社会监管的力度，从而运用社会监管的方法来加强城乡规划实施管理工作。

5.经济的方法

经济的方法，就是通过经济杠杆，运用价格、税收、奖金、罚款等经济手段，按照客观经济规律的要求来进行管理，这是对行政管理方法的补充。《城乡规划法》在"法律责任"一章中规定了对于违法建设的罚款和竣工验收资料逾期不补报的罚款处罚，就是城乡规划实施中关于经济方法的运用。

五、城乡规划实施管理的总流程

城乡规划实施管理流程包括建设项目选址审批阶段、建设用地规划许可阶段、建设项目规划与设计方案审查阶段、建设工程规划许可阶段、建设工程竣工规划验收阶段。其中规划与设计方案审查阶段又可以分为修建性详细规划审查阶段与建设工程设计方案审查阶段，总流程如图9-1所示。

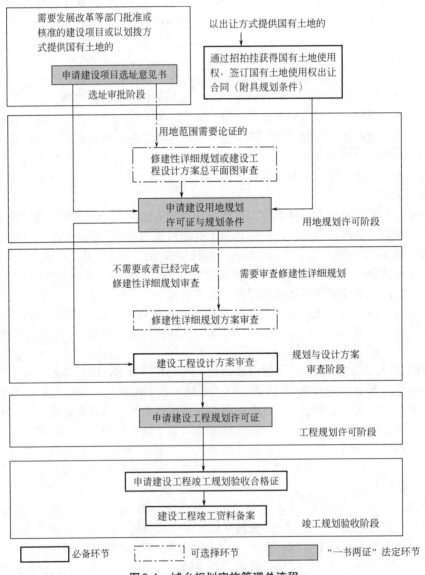

图9-1　城乡规划实施管理总流程

第二节 建设项目选址规划管理

一、建设项目选址规划管理的概念与意义

1.建设项目选址规划管理的概念

建设项目选址规划管理，是指城乡规划主管部门根据城乡规划及其有关法律法规对于按照国家规定需要有关部门进行批准或核准，以划拨方式取得国有土地使用权的建设项目，进行确认或选址，保证各项建设能够符合城乡规划的布局安排，核发建设项目选址意见书的行政管理工作。

2.建设项目选址规划管理的意义

建设项目的选址布局，不仅对建设项目本身的发展成败起着事关重要的决定性作用，而且对城乡布局结构和发展也产生深远的影响。一个选址合理的建设项目，既可有利于自身的发展，又能对城乡长远发展起到促进作用。通过建设项目规划管理和选址意见书的核发，既可以从规划管理上对建设项目加以引导和控制，充分合理利用现有土地资源，避免各自为政、无序建设和不为城乡的长远发展埋下隐患；又可以为建设项目的审批或核准提供重要依据，对于促进从源头上把好项目开工建设关，维持投资建设秩序，促进国民经济又好又快地发展具有重要意义。

建设项目选址规划管理，是城乡规划实施管理的首要环节和关键环节。在建设项目可行性研究阶段，城乡规划主管部门就参与管理，对建设项目的选址和布局是否符合城乡规划提出意见，并核发建设项目选址意见书，作为有关部门审批或核准建设项目的依据，不仅对建设项目合理选址和布局有利，对于城乡规划实施管理来讲也是十分重要的。

二、建设项目选址规划管理的任务

建设项目选址规划管理是城乡规划主管部门行使城乡规划实施管理职责的第一步，是建设用地规划管理和建设工程规划管理的重要前提，在实施城乡规划的过程中具有十分关键的调控作用。它的主要任务是：

1.保证建设项目的选址布局符合城乡规划要求

每一个建设项目的选址和布局，如果符合城乡规划要求，就会有利于城乡建设的相互协调发展和建设项目本身的发展，是一个合理的选择。否则，就会给城乡建设整体发展和建设项目本身发展带来制约阻碍以及不良后果。保证建设项目的选址布局能够符合城乡规划是建设项目可行性研究阶段不能忽缺的重要条件，是有关部门审批或核准建设项目的必要依据。只有加强城乡规划主管部门对建设项目选址和布局的管理工作，核发建设项目选址意见书，才能保证建设项目选址布局能够符合城乡规划要求，不致造成建设项目选址布局的失误。因此，建设项目选址规划管理的中心任务，就是保证建设项目的选址布局符合城乡规划。

2.履行城乡规划的宏观调控职能

随着改革开放和社会主义市场经济的不断深化，城乡建设投资主体和资金来源已经多样化，致使政府对各个建设项目和资源配置的宏观调控面对新的形势和新的情况，仅靠计划的宏观调控，已经不能适应形势的变化和现实的需要，必须加强规划的调控和土地管理、环境管理才能实现政府对建设项目和资源配置有效的宏观调控作用。于是，城乡规划作为政府宏观调控的重要手段在合理布局建设项目和配置资源，引导国民经济和社会发展方面具有重要地位与作用。客观形势和现实需要下，凡是以划拨方式提供国有土地使用权的须由有关部门批准或都核准的建设项目，都应当向城乡规划主管部门审核核发选址意见书，以便加强建设项目选址的规

划管理，并通过建设项目选址规划管理加强政府对于经济社会发展和城乡发展建设的宏观调控能力。从这个意义上讲，实施建设项目选址规划管理的任务，就是在履行城乡规划所担负的宏观调控职能。

3.评价建设项目是否可行的必要条件

建设项目在申报可行性研究报告阶段，之所以必须取得城市规划管理部门核发的选址意见书，也是建设项目可行性研究报告审批部门审核该项目选址是否可行的依据，以便综合评价建设项目的可行性。建设项目选址不符合城市规划的，不得审批该项目可行性研究报告。这样就把建设项目的计划管理和城市规划管理有机地结合起来，既保证建设项目的安排科学合理，也保证了城市规划的实施。

三、建设项目选址意见书的适用范围

《城乡规划法》第三十六条规定："按照国家规定需要有关部门批准或者核准的建设项目，以划拨方式提供国有土地使用权的，建设单位在报送有关部门批准或者核准前，应当向城乡规划主管部门申请核发选址意见书。"其中，按照国家规定需要有关部门批准或核准的建设项目，是指列入《国务院投资体制改革的决定》之中的建设项目。其他建设项目则不需要申请选址意见书。对于需要有关部门进行批准或核准，或通过划拨方式取得用地使用权的建设项目，从实施城乡规划的要求看，城乡规划管理首先应对其用地情况按照批准的城乡规划进行确认或选择，保证建设项目的选址、定点符合城乡规划，有利于城乡统筹发展和城乡各项功能的协调，才能办理相关规划审批手续。

四、建设项目选址意见书审核的内容

建设项目选址意见书审核的内容，主要是指实质性审核的内容。根据建设部颁发的《建设项目选址管理办法》，城市规划管理部门核发建设项目选址意见书，应该审核以下内容：

1.建设项目的基本情况

主要是了解建设项目的名称、性质、建设规模、用地大小、供水和能源的需求量、采取的交通运输方式及其运量、污水的排放方式及其污水量等，以便掌握该建设项目的基本情况，综合考虑建设项目选址的基本要求。

2.建设项目与城乡规划布局的协调

建设项目的选址，必须符合经批准的城乡规划的要求，其选址布局应与城乡规划布局相协调。《城乡规划法》第三十五条明确规定："城乡规划确定的铁路、公路、港口、机场、道路、绿地、输配电设施及输电线路走廊、通信设施、广播电视设施、管道设施。河道、水库、水源地、自然保护区、防汛通道、消防通道、核电站、垃圾填埋场及焚烧厂、污水处理厂和公共服务设施的用地以及其他需要依法保护的用地，禁止擅自改变用途。"第三十条至第三十二条，还规定要"严格保护自然资源和生态环境，""保护历史文化遗产和传统风貌，""依法保护和合理利用风景名胜资源"等，建设项目的选址必须考虑城乡规划所确定的这些项目内容，使建设项目的选址布局与城乡规划所确定的项目内容相协调，不发生相互冲突和重复或者是不恰当的选址布局。

3.建设项目与相关设施的衔接与配合

每个建设项目都有一定的交通运输、能源供应、市政公用设施配套和防灾等要求。在选址时，要充分考虑拟使用的土地是否具备这些条件，以及能否按照城乡规划得到配合建设的可能性，这是保证建设项目发挥效益的前提和必要条件。如果没有这些条件就不应当安排选址。同时，一般建设项目尤其是大中型建设项目都有生活设施配套的要求，亦需要考虑建设项目配套的生活设施与城乡居住区及公共服务设施规划的衔接与协调。

4.建设项目与周围环境的和谐

建设项目的选址布局不能造成对城乡环境的污染和破坏，应当与环境保护规划相协调。生产或存储易燃、易爆、剧毒物的工厂仓库等建设项目，以及严重影响环境卫生和公共安全的建设项目，应当避开市区，以免影响、损害和威胁居民健康与安全。产生有毒、有害物质的建设项目，应当避开城乡水源地和主导风向的上风向，避开文物古迹和风景名胜保护区。产生放射性危害物质的建设项目和设施，必须避开市区和城乡居民密集区，同时必须设置防护工程，妥善考虑事故处理应急措施和废弃物的处理设施。

5.其他规划要求

节约使用土地，尽量不占、少占城市近郊的良田和菜地；尽可能挖掘现有城市用地的潜力，合理调整使用土地。港口设施的建设必须综合考虑城市岸线的合理分配和利用，保证留有足够的城市生活岸线。城市铁路货运干线、编组站、过境公路、机场、供电高压走廊及重要的军事设施应当避开居民密集的城市市区，以免割裂城市，妨碍城市的发展，造成城市有关功能的相互干扰。根据建设项目的性质和规模以及所处区位，对涉及到环境保护、卫生防疫、消防、交通、绿化、河港、铁路、航空、气象、防汛、军事、国家安全、文物保护、建筑保护、农田水利等方面的管理要求的，必须符合有关规定并征求有关管理部门的意见，作为建设项目选址的依据。

五、建设项目选址规划管理的行政主体

1.省级城乡规划主管部门

省域城镇体系规划的实施主体是省级人民政府及其授权的城乡规划主管部门，具有区域性影响的重大建设项目和跨城市行政区的能源管道、引水工程、公路、铁路等线性基础设施建设项目等，需要从区域全局发展的角度确定建设项目区位，应由省级规划主管部门（省、自治区住房和城乡建设厅）依据省域城镇体系规划提出选址要求。因此，对于国家级的重大建设项目的跨城市行政区的建设项目，可向省级城乡规划主管部门申请办理选址意见书。

2.市、县城乡规划主管部门

按照国家规定需要有关部门批准或者核准的建设项目，以划拨方式提供国有土地使用权的，除国家级的重大建设项目和跨城市行政区的建设项目，可向省级城乡规划主管部门申请办理选址意见书外，一般应由市、县人民政府城乡规划主管部门实施建设项目选址规划管理，即建设单位在报送有关部门批准或都核准前，应当向市、县人民政府城乡规划主管部门申请核发选址意见书。

六、建设项目选址规划管理的程序

根据《城乡规划法》第三十六条的规定，建设项目选址规划管理的程序，一般划分为申请、审核、核发选址意见书三个步骤。

1.申请

凡是按照国家规定需要有关部门批准或者核准的建设项目，以划拨方式提供国有土地使用权的，建设单位在报送有关部门批准或者核准前，应当向省级、城市、县人民政府城乡规划主管部门提出书面申请，填写建设项目选址意见书申请表，以便城乡规划主管部门依法进行审核。

2.审核

城乡规划主管部门收到建设单位提出的建设项目选址意见书的申请之后，应在法定的时间内对其申请进行程序性和实质性审核。一是程序性审核，即审核建设单位是否符合法定资格，申请事项是否符合法定程序和法定形式，申请表及其所附图纸、资料是否完备和符合要求等；二是实质性审核，即根据有关法律规范和依法制定的城乡规划要求，对所申请的建设项目选址

提出审核意见。

　　3.核发选址意见书

　　选址意见书作为法定的审批凭证和划拨土地的前置条件，省级、城市、县人民政府城乡规划主管部门受理申请和依法审核后，应作出明确答复。对于符合城乡规划的选址，应当核发建设项目选址意见书。对于不符合城乡规划的选址，应当说明理由，给予书面回复。对于重大项目选址应要求作出选址比较论证后，重新申请建设项目选址意见书。

案例分析

　　案例1　某城市20世纪90年代初期，城市供电紧张，市政府招商准备建设一座50000kW燃油发电厂，作为城市补充电源。当时提供选址的用地经过比较只有靠近市区边缘的一处准备搬迁的工厂，但是该工厂周边是职工宿舍区，如果发电厂建设上马，势必会给临近的居住小区造成很大的污染，为此，市政府召开多次会议，各方意见争执不下，最后决定暂缓发电厂建设。经过2年以后，该市通过省电网提供了足够的电量，彻底解决该市长期电力不足的困难。

　　参考答案：①该项目选址，市政府还是考虑到了城市长期发展的需要，判断有严重污染的项目，即使近期有上马的必要，也还需要重点考虑项目的环境保护措施，如果措施不当，或措施不配套，污染项目将会给城市带来长期严重的危害。②在项目选址上，首先应严格按照城市总体规划统一安排，其次，应处理好近期利益与城市可持续发展的关系。只有多方面比较，经过合法程序，采用科学方法，项目选址才会合理可靠，上述例子由于市政府采纳了专家的意见，采取了暂缓建设的计划，从而避免了拆迁和今后的重复建设。

　　案例2　某小城市人口13万人，上届府领导班子选定在城市东区某某路东侧建设城市广场，广场面积5万平方米，建设场址为一低丘小山，该广场区位有些偏，但是由于没有拆迁，容易上马，因此上届政府不顾各方面的不同意见，开工建设，然而，在平整土地过程中，发现该低丘内部为花岗岩，建设成本比原先预计的大2倍，需要加大投资。但由于资金准备不到位，再加上周边项目建设无法跟上，广场建设被迫停工。新一届领导上台以后，经过认真分析，广泛调查研究，发现这个广场存在的关键问题是选址不当，当即拍板另行选址建设。

　　参考答案：①建设项目选址是一项非常严肃的事情，需要进行多方案比较，不但要考虑拆迁量大小，还要考虑工程地质条件，周边建设情况以及城市总体规划等多种因素。很明显上述问题出在当初广场选址过于轻率，决策过于武断。②建设城市广场应首先确定广场性质，广场一般分为城市中心广场，休闲购物广场，绿化景观广场，游行集会广场，交通集散广场等多种类型。每一种广场对位置的选择，用地规模，周边建设条件等都有不同的要求。③像该市的广场属于城市中心广场，应在城市中心，交通条件比较便利的，靠近城市主要的公共设施的位置上进行选址，而不应该只是考虑节省投资。在城市边缘选址建设，即使工程地质条件允许，广场建成后其使用效果也会很不理想。

第三节　建设用地规划实施管理

一、建设用地规划管理的概念

　　建设用地规划管理就是依据城乡规划（总体规划、分区规划、控制性详细规划、修建性详细规划、城市设计、专项规划）所确定的区位、总体布局、用地性质、土地利用强度、建筑及设施布置等，并满足建设工程功能和利用要求，确定建设工程位置、利用土地的面积、开发强度，经济、合理地利用城市土地。具体地说，就是城乡规划行政主管部门根据法定程序制定的城乡规划和国家、地方的法律法规通过法律的、行政的手段，按照一定的管理程序，对城乡规划区范围内建设项目用地进行审查，确定其建设地址，核定其用地范围及土地利用规划要求，核发建设用地规划许可证的行政行为。

二、建设用地规划管理的范围

《中华人民共和国城乡规划法》第二条规定："制定和实施城乡规划，在规划区内进行建设活动，必须遵守本法"。"本法所称规划区，是指城市、镇和村庄的建成区以及因城乡建设和发展需要，必须实行规划控制的区域。规划区的具体范围由有关人民政府在组织编制的城市总体规划、镇总体规划、乡规划和村庄规划中，根据城乡经济社会发展水平和统筹城乡发展的需要划定。"由此可知，城市建设用地规划管理的范围是城市规划区，城市规划区范围一般比规划建设用地范围大得多，因为城市基础设施、交通运输设施布局（如铁路、河道、公路、电力、通讯、给排水、煤气等工程建设）与周围地区关系密切；同时在规划管理中有关净空限制、水源保护、风景区建设等也涉及到城区以外的地区，需要城乡地区统一规划，统筹兼顾。

三、建设用地规划管理的行政主体

根据《城乡规划法》第三十七条和第三十八条的规定，建设用地规划管理的行政主体是城市、县人民政府城乡规划主管部门。

四、建设用地规划管理的作用

建设用地规划管理的目的是从城市全局和长远的利益出发，根据建设工程的用地要求，经济、合理地利用城市土地，保障城市综合功能和综合效益的正常发挥，实现城乡规划目标。建设用地规划管理是城乡规划管理的关键和核心，是实施城乡规划的基石。其主要作用如下。

1.合理利用规划区内的土地，保障城乡规划实施

影响城乡建设的因素很多，土地是其中一个极其重要的因素。土地是承载城乡一切活动最基本的物质条件，城乡土地的利用是否合理，对城乡建设和发展影响极为深远。不合理的用地对城乡发展所造成的不良后果和负面影响是很难挽回的。长期的城乡规划、建设、管理的实践经验证明，要实现城市和镇的健康、有序合理、可持续发展，必须依据城乡规划所确定的用地性质、建设容量、开发强度等，对各类建设用地进行合理布局和有效控制，合理地使用每一寸土地。在高度发达的现代社会中，依靠各建设单位在无组织、无控制、无管理的情况下实现合理用地、节约用地的目标是不可能的，也是不现实的，只有通过城乡规划主管部门依法实施统一的建设用地规划管理才能实现。为此，《城乡规划法》规定了建设用地规划管理和实施规划行政许可的制度和内容，以便有效控制各项建设合理使用规划区内的土地，保障城乡规划的实施，促进城镇健康、有序、合理和可持续发展。

2.节约城乡建设用地，促进城乡统筹和协调发展

我国是一个人口众多而耕地少的国家，十分珍惜并节约每一寸土地和切实保护耕地是我国的一项基本国策。通过建设用地规划管理，可以节约宝贵的土地资源，协调城乡建设与农业生产的关系。对建设用地加以控制与管理，通过严格审核建设工程总平面布置，提高土地利用率，防止获得国有土地使用权的土地征而不用、多征少用和非法占用土地，从而把节约用地、保护耕地的国策落到实处，促进城乡统筹和协调发展。

3.实现城乡建设的经济、社会与环境的综合效益

通过建设用地规划管理，综合协调各种建设用地矛盾和相关方面要求，提高工程建设的经

济、社会和环境效益。建设工程利用土地，既有自身对土地利用的要求，如区位、专业化协作、交通运输条件、市政设施条件等，又有城乡规划的要求，如功能布局、用地性质、建设容量、开发强度等。建设用地之间还存在一定的相互制约和影响，有关管理部门，如消防、环保、卫生防疫、园林绿化、防灾减灾等对建设工程也有特定的要求。这就需要通过建设用地规划管理，正确处理局部与整体、近期与远期、需要与可能、工业与农业、发展与保护等各方面的关系，妥善协调和解决有关方面的矛盾，协调有关部门提出的要求和意见，综合提出对建设用地的规划管理要求，合理确定建设用地位置、面积、允许建设的范围等，从而提高建设用地的经济、社会与环境的综合效益。

4.在实施中深化城乡规划

城乡规划的编制、审批、实施、修改是一个实践的过程。经依法批准的城乡规划为规划实施管理提供了依据。在规划实施管理的实践过程中，难免会遇到规划未预见的问题，或者规划的深度不能指导建设，在不违背规划原则的前提下，有必要及时修正规划中存在的问题，修正和完善规划内容，在这样不断完善和深化城乡规划的过程中，使城乡规划达到更加科学、合理。

五、建设用地规划管理的内容

1.控制土地利用性质

土地利用性质控制是建设用地规划管理的核心。为保证各类建设工程都能遵循土地利用性质及兼容性的原则安排，应按照依法批准的总体规划、分区规划、详细规划控制土地利用性质。需改变规划用地性质的，应先作出调整规划，并按规定程序报经批准同意后执行。

2.核定土地开发强度

城市土地利用强度的高低，直接影响到建设工程的投入和产出，以及一定范围内社会、经济和环境状况的变化。土地利用的强度过高，会造成市政基础设施的严重超负荷，引起交通拥挤、环境恶化等不良影响；利用的强度过低，会造成土地的极度浪费和开发效益的低下。建筑容积率和建筑密度是直接影响土地利用强度的重要指标，其中容积率是核心指标，也是规划管理部门与房地产开发部门之间矛盾的焦点。

3.核定其他土地利用规划管理要求

城市规划对建设用地的要求是多方面的，应根据建设用地所在区位相应的规划予以确定。如是否有规划道路穿越，是否要求设置绿化隔离带，是否要求设置配套公共设施等。建设用地、建设工程规划管理是一个连续的过程，在建设用地规划管理阶段，就应提出对建设工程规划设计的相关要求。

4.确定建设用地范围

建设用地规划管理主要审核建设工程的性质、规模和总平面布置是否符合规划设计和相关要求，据此确定用地范围。为缩短时间，提高效率，对于规模较小的单项建设工程，可一并审定建筑设计方案，核发建设工程规划许可证。对于规模较大的单项建设工程或成片开发的建设工程，在此阶段主要审核设计总平面或修建性详细规划，在建设工程规划管理阶段再审核建筑设计方案。

5.城乡用地调整

调整不合理的用地布局是建设用地规划管理的重要内容之一。一般城市旧区、近郊区、边缘区用地布局混乱，交通拥挤，市政基础设施不全不足，生活环境质量差。城乡规划管理部门会同相关部门，就有必要对这些矛盾突出，严重影响生产、生活的用地进行调整，优化用地布局，提高土地利用效率。

六、建设用地规划管理的审核内容

根据《城乡规划法》的规定，划分为以划拨方式提供国有土地使用权的建设项目与以出让方式提供国有土地使用权的建设项目分别对待的审核内容。

1. 划拨地块审核内容

① 审核建设用地申请条件　由有关部门批准、核准、备案的建设项目，建设单位应持申请建设用地规划许可证的各种文件、资料、图纸，包括批准、核准、备案文件，建设项目选址意见书、建设工程总平面设计方案，填写建设用地申请表，向城市、县人民政府城乡规划主管部门提出用地申请，城乡规划主管部门应首先审查各种文件、资料、图纸、表格是否完备，是否符合申请建设用地规划许可证的应有条件和要求。

② 提供规划条件　城乡规划主管部门受理建设用地申请后，应依据控制性详细规划对建设用地提出规划条件，包括土地使用规划性质、土地使用强度（包括建筑密度、建筑高度、容积率等）、基地的主要出入口、绿地比例以及紫线、蓝线、绿线、黄线的界限等，以供建设单位调整、修改和确定建设工程总平面设计方案。

③ 审核建设工程总平面　依据控制性详细规划所提供的规划条件，审核建设工程总平面，确定建设用范围、面积等，以便核发建设用地规划许可证。

2. 出让地块审核内容

① 提供规划条件　在国有土地使用权出让前，城乡规划主管部门应当依据控制性详细规划，对出让地块的位置、面积、使用性质、开发强度、基础设施、公共设施的配置原则等相关控制指标和要求，提出规划条件，作为国有土地使用权出让合同的组成部分。

② 审核建设用地申请条件　签订国有土地使用权出让合同后，建设单位应当持建设项目的批准、核准、备案文件和国有土地使用权出让合同，向城市、县人民政府城乡规划主管部门申请领取建设用地规划许可证。城乡规划主管部门应审查其各种条件、资料、图纸等是否完备，是否符合申请建设用地规划许可证的应有条件和要求。同时，对国有土地使用权出让合同中规定的规划条件进行核验，是否符合城乡规划主管部门在地块出让前所提供的规划条件。

③ 审核建设工程总平面　根据经核验确认的国有土地使用权出让合同中所附的规划条件，审核建设用地的位置、面积及建设工程总平面图，确定建设用地范围，以便核发建设用地规划许可证。建设单位在取得建设用地规划许可证之后，方可向国土部门申请办理土地权属证明。

七、建设用地规划管理的程序

根据《城乡规划法》第三十七条和第三十八条的规定，建设用地规划管理的程序根据国有土地使用权取得方式的不同，分为两种情况分别依法进行。

1. 申请

① 以划拨方式取得国有土地使用权的建设项目，建设单位取得城乡规划主管部门核发的建设项目选址意见书后，并经有关部门批准、核准建设项目可行性研究报告之后，建设单位可向有关市、县城乡规划主管部门提出建设用地规划许可申请，同时报送建设工程总平面设计方案。

② 以出让方式取得国有土地使用权的建设项目，地块出让前，城乡规划主管部门应提供规划条件，作为国有土地使用权出让合同的组成部分；签订出让合同后，建设单位可向市、县城乡规划主管部门提出建设用地规划许可证申请。

2. 审核

城乡规划主管部门对于建设用地申请，主要是进行程序性审核和实质性审核。程序性审核，即审核建设单位报送的各种有关文件、资料、图纸是否完备，是否符合申请核发建设用地规划许可证的应有条件和要求。实质性审核，即审查城乡规划主管部门提供的规划条件是否落实（核验），然后审核报送的建设工程总平面图，确定建设用地范围界限和面积等，对建设用地申请提出审核意见。

3.核发建设用地规划许可证

城乡规划主管部门对建设用地申请的有关材料，经审核后符合城乡规划要求的，向建设单位核发建设用地规划许可证及其附件。对于不符合城乡规划要求的建设用地项目不得发放建设用地规划许可证，但要说明理由，给予书面答复。

 **案例分析**

案例1 某食品厂址位于城市大型居住区的旁边，占地1.3万平方米，政府与食品厂达成协议，食品厂搬迁至郊外，原厂址按照规划，兴建住宅，食品厂与某房地产公司达成协议，合资建设2万平方米的商品房，按照有关程序，取得了建设用地规划许可证、建设工程规划许可证，但在施工过程中，某房地产公司无法按协议筹集到自身方面的资金，该房地产公司只好退出，食品厂后又与某建设集团达成协议，继续完成商品房的后续建设。

参考答案：建设单位申请对建设用地规划许可证、建设工程规划许可证中的建设单位名称进行变更时，应持计划管理部门变更建设单位名称的计划文件、原建设单位同意变更建设工程规划许可证、建设用地规划许可证中建设单位名称的证明或双方的协议书、原审批文件报规划主管部门。规划主管部门同意后可进行更改，并要在证件的修改处加盖校对章。建设单位在申请对建设工程规划许可证、建设用地规划许可证中的建筑性质或用地性质进行更改时，应持说明变更原因的函件及原审批文件，申报规划要点。建设单位持同意变更建筑性质或用地性质的规划要点通知书，到计划管理部门办理计划变更手续，然后持新批的计划文件，按照规划要点通知书规定的程序，重新办理规划管理手续。

案例2 某市位于城市规划区内的一个乡，拟在现为$0.5hm^2$养鸡场的规划村镇建设用地上，改建一所敬老院，建筑面积$4000m^2$，2～3层主要是老人的宿舍、食堂、活动室、医疗保健室等。还有一些工作人员用房。此建设项目经区计委立项并经城市规划行政主管部门选址确认。

试问：该项目是否需要办理建设用地规划许可证？

参考答案：利用集体土地为集体谋福利，将集体企业改为集体事业，其土地使用性质改变了，但其土地的集体所有性质并未改变。只要该土地在城市规划区内而且进行建设活动，就应该办理建设用地规划许可证，并且主管部门应对其建设提出规划设计条件，审查其建设方案。不能因为农村在自有土地上进行建设，城市规划行政主管部门就不去管它。这与养鸡场改为果树基地或变为养鱼场之类的情况不同，那是农业结构调整，与城市规划行政主管部门无关。现在是将养鸡场改为敬老院，有建设活动，又在城市规划区内，就与城市规划行政主管部门的职能有关了，不但应核发建设用地规划许可证，还应核发建设工程规划许可证。如果该乡不办理"两证"，那就是违法，城市规划行政主管部门理应区查处。

第四节　建设工程规划实施管理

一、建设工程规划管理的概念

建设工程规划管理，是指城乡规划主管部门和省、自治区、直辖市人民政府确定的镇人民政府，依据城乡规划及其有关法律、法规、规章以及技术规范，根据建设工程具体情况，综合有关专业管理部门要求，对建设工程的性质、位置、规模、开发强度、设计方案等内容进行审核，核发建设工程规划许可证的行政行为。

通过对建设工程的引导、控制、协调、监督，处理环保、卫生、安全、绿化、气象、防汛、抗震、排水、河港、铁路、机场、交通、工程管线、地下工程、测量标志、农田水利等有关各方面的矛盾，保证城市规划的顺利实施。建设工程规划管理是一项涉及面广，综合性、技术性强的行政管理工作，是城乡规划实施管理过程的重要环节，是落实城市总体规划、详细规划及城市设计的具体行政行为。

二、建设工程规划管理的行政主体

根据《城乡规划法》第四十条的规定，建设工程规划管理的行政主体是城市、县人民政府城乡规划主管部门或者省、自治区、直辖市人民政府确定的镇人民政府。

三、建设工程规划管理的作用

1.有效指导，保证符合规划要求

建设工程附着于土地，具有不可移动性，一旦建成，很难改变。任何违背城乡规划和各类专业系统规划的建设工程，都会对城乡规划的实施造成障碍。例如擅自改变用地和建筑性质，在工业用地内建住宅，在绿地内搞开发，占用高压走廊和占压地下管线进行建设等，不仅会降低生态环境质量，影响公共安全，还会影响城市总体布局，制约城市健康协调发展。通过建设工程规划管理，能有效控制和指导各项建设活动，协调有关矛盾，保证各项建设工程符合城乡规划的各项要求进行建设，促进城乡的健康发展。

2.维护社会公共利益和建设单位与个人的合法权益

建设工程与周边地区有一定的联系，建设工程规划管理必须考虑用地之间的相互影响。各类建设工程的安排，不能给相邻单位和地区带来易燃易爆威胁和环境污染，不能影响、侵蚀甚至破坏文物古迹、历史建筑、革命纪念地、园林绿化、风景名胜区，不能影响铁路、航空、地铁、桥梁、码头、道路的交通运输需要和正常运行，不能破坏给水、排水、电力、热力、燃气、通信等各种市政管线，不能侵占公园、风景名胜区、海滨浴场、滨江绿地、学校操场。建设工程规划管理作为城市政府的一项具体职能，必须维护公共利益、尽可能保障各单位、个人合法的权益，兼顾经济、社会和环境效益。

3.优化城乡环境景观

建设工程规划管理通过对影响城乡空间布局的各项指标，如容积率、建筑密度、建筑高度、建筑间距、建筑退让道路红线、绿地率、道路交通组织。停车方式、桥梁结构选型、立体交叉形式、快速道路线型、过街桥设置、广场形态、建筑风格与色彩、公交站点的布置、广告和灯光照明等要求的规划控制，完善城乡布局，使各类建设工程合理和优化组合，有利于保护和改善自然生态环境，保护文物古迹和具有历史、艺术和科学价值的建筑物，提高城乡环境质量水平。

4.综合协调相关矛盾

各类建设工程，由于性质、规模、功能和所处位置、周围环境的不同，涉及消防、环境保护、卫生防疫、防洪防汛、抗震防震、铁路、航空净空控制、农田水利、人民防空、污水排除、文物保护、园林绿化、工程管线、测量标志以及节能减排、房屋拆迁等各专业管理部门的不同要求，规划管理部门应综合有关部门的意见，保证建设工程符合各专业管理部门的要求，并充分发挥主观能动性，正确处理建设活动中的各种矛盾，促进建设工程在依法实施规划管理的前提下得以顺利进行建设。

5.确定建设活动的合法性

通过对建设工程的规划许可，可以确认建设活动符合法定规划的要求，确保建设主体的合法权益，也是进行城乡规划实施监督检查的法定依据。在建设工程规划管理中，对于建筑物、构筑物、道路、管线和其他工程的建设活动，依据经法定程序批准的城乡规划、依法严格实施建设工程规划许可，是保障城乡规划有效实施，防止对城乡建设健康、有序发展构成不利影响的前提。

四、建设工程规划管理的内容

1.建设工程使用性质的控制

建设工程使用性质的控制是指对建筑物、构筑物使用性质进行的控制，这样能保证建筑物、构筑物使用性质与土地利用规划相一致，保证城乡规划的合理布局。建筑物、构筑物使用性质的控制主要是审核建筑空间使用功能。在建设工程规划管理中，对建筑单体平面应仔细审阅，明确使用功能，避免不同性质建筑之间相互干扰。同时，要保证建设工程不能对周围建筑产生不利影响，不得安排有碍公共安全、卫生的建筑物等。

2.建筑容积率和建筑密度的控制

在市场经济条件下，由于经济利益的驱动，开发商盲目追求高容积率，往往会造成公众利益的缺失，对于那些为公众提供开敞空间、游憩场所、公共停车场、公共绿地等公共活动空间的建设工程，规划管理中可以通过增加建筑面积补偿，实行容积率奖励等办法，来鼓励开发商增加公共空间，丰富城市环境。

建筑密度是反映基地内建筑疏密关系的重要指标。审定建筑密度应确保建设基地内绿地率、消防通道、停车、回车场地、建筑间距。

3.绿地率的控制

控制绿地率是为了改善城市绿化环境质量，能反映地块绿地水平和环境质量的标志。绿地率控制与用地性质、地段位置等因素有关，不同的地块应有不同的绿地率控制指标。在规划中，为鼓励建设工程向公众提供开敞空间、公共绿地和垂直绿地，应给相应的地块增加建筑面积补偿。

4.建筑高度和间距的控制

建筑高度的控制是核定建筑规划设计要求和审核建筑设计方案的一项重要内容，建筑高度的核定应充分考虑视觉环境、文物保护、建筑保护、航空、微波通信、消防、防震等要求。

建筑间距的确定应考虑日照、消防安全、卫生防疫、施工安全、空间景观等因素。

5.建筑范围的控制

建筑物、构筑物与相邻控制线之间应保留一定的距离，即建筑退让距离，就是建筑范围的控制线。建筑退让距离包括建筑物、构筑物后退用地红线的距离，后退道路红线的距离，后退铁路线的距离，后退高压电力线的距离，后退河道蓝线的距离。

6.道路交通的控制

建设基地出入口、停车和交通组织应尽量减少对城市道路交通的影响，合理确定建设基地机动车、非机动车出入口方位，保持与交叉口有一定的距离，组织好行人、机动车、非机动车的交通，并按照规定设置停车泊位。

7.基地标高的控制

建筑物的室外地面标高，必须符合地区详细规划的要求，建设基地标高一般不低于相邻城市道路中心线标高0.3m以上。

8.建筑环境的协调管理

建设工程规划管理必须考虑与周围环境的关系，重点要处理好建筑物的造型、立面、色彩和整体环境的协调。

9.配套公共设施和无障碍设施的控制

成片开发的建设工程规划管理，要根据批准的详细规划和公共设施配套要求，对中小学、幼托及商业服务设施审核，考虑发展需求，留有一定备用地。公共设施如办公、商业、文化娱乐等建筑方案，应按规定审核无障碍设计。

五、建设工程规划管理的审核内容

1.审核建设工程申请条件

建设单位或者个人，申请办理建设工程规划许可证，应当提交使用土地的有关证明文件，包括建设项目批准、核准、备案文件，建设项目选址意见书或国有土地使用权出让合同，建设工程总平面和建设用地规划许可证以及土地权属证明文件等，填写建设工程申请表。城市、县人民政府城乡规划管理部门或者省、自治区、直辖市确定的镇人民政府首先要审查申请者是否符合法定资格，报送的资料、图纸、表格是否完备，是否符合申请建设工程规划许可证的应有条件和要求。

2.审核修建性详细规划

需要建设单位编制修建性详细规划的建设项目，比如房地产商对居住区成片开发建设项目，由建设单位委托具有相应规划资质的规划编制单位编制完成修建性详细规划后，应当提交城乡规划主管部门审定。城乡规划主管部门根据控制性详细规划和规划条件，以及《城市居住区规划设计规范》（2002年修订）等技术标准，对该居住区修建性详细规划进行审核。

3.审定建设工程设计方案

审核建设工程设计方案是实施建设工程规划管理的关键环节。建设单位或者个人，申请办理建设工程规划许可证，应当提交根据控制性详细规划、规划条件和经审定的修建性详细规划所编制的该建设工程的建设工程设计方案（提交2个以上的设计方案）。城市、县人民政府城乡规划主管部门或者省、自治区、直辖市人民政府确定的镇人民政府依法对建设工程设计方案进行技术经济指标分析比较和方案选择，经一定工作程序审定建设工程设计方案和提交规划设计修改意见。针对建筑工程、道路交通工程、市政管线工程的不同特点，其审核的主要内容是不相同的。

（1）建筑工程

对于每一个单项建筑工程的审核，主要是审核建筑物的使用性质、容积率、建筑密度、建筑高度、建筑间距、建筑退让道路红线以及建筑体量、造型、风格、色彩和立面效果等。同时，审核建筑设计是否符合消防、人防、抗震、防洪、防雷电等要求。对于办公、学校、商业、医疗、教育、文化娱乐等公共建筑的相关部位还应审核无障碍设施的设置等，如果是重大建筑工程项目，还需要听取有关部门和专家的意见。

（2）道路交通工程

对于道路交通工程的审核，包括对外交通和城镇道路交通等的工程项目，应当依据《城市道路交通规划设计规范》、《停车场规划设计规则（试行）》、《城市道路管理条例》等法规和技术规范对其进行审核。如果是公路和城镇道路交通工程，主要审核其地面道路走向、坐标、道路横断面、道路标高、路面结构类型、道路交叉口等是否符合规划要求，以及道路附属设施如隧道、桥梁、人行过街天桥、地道、广场、停车场、公交车站、收费站等的设置是否合理等。如果是高架道路交通工程，应注意参照建筑工程的规划要求进行审核，除审核其线路走向、控制点坐标、横断面等外，还需考虑对周围建筑与环境是否产生日照、噪声、废气、景观等影响及其所采取的措施。如果是地下轨道交通工程，不仅审核其走向、线型、断面是否符合轨道交通工程的相关技术规范，尚应考虑保证其上部和两侧现有建筑物的结构安全。当地下轨道交通工程在城镇道路下穿越时，应与相关城市道路工程相协调，并需满足市政管线工程敷设空间的需要。同时，必须考虑地铁车站、换乘站等垂直交通、出人口与地面的衔接，还应考虑通风、消防、防爆、防毒、人防等有关方面的要求。

（3）市政管线工程

对于市政管线工程的审核，应当依据《城市工程管线综合规划规范》、《城市电力规划规范》、《城市给水工程规划规范》、《城市排水工程规划规范》等有关法规和技术规范对其进行审核。主要审核管线的平面布置，包括埋设管线的排列次序、水平间距、架空管线之间及其建筑物、构筑物之间的水平净距。审核管线的竖向布置，包括埋设管线的垂直净距、覆土深度、架空管线的竖向间距。并审核管线敷设与行道树、绿化、城镇景观要求等方面的关系。市政管线工程穿越城镇道路、公路、铁路。地铁、隧道、河流、桥梁、绿化地带、人防设施以及涉及消防安全、净空控制等方面要求的，应征得有关部门的同意。

《城乡规划法》第四十条规定，城市、县人民政府城乡规划主管部门或者省、自治区、直辖市人民政府确定的镇人民政府应当依法将经审定的建设工程设计方案的总平面图予以公布。经审定的建设工程设计方案，应通知建设单位或者个人，签发设计方案审定通知书。

4.审查工程设计图纸文件

建设单位或者个人提交经审定的建设工程设计方案所确定的建设工程总平面图，单体建筑设计的平、立、剖面图及基础图，地下室平立、剖面图等施工图纸，道路交通工程应提交相应的设计图纸，以及有关文件，经审查批准后，核发建设工程规划许可证。

六、建设工程规划管理的程序

1.申请

建设单位或者个人在城市、镇规划区内从事各项建设活动，都应当向城市、县人民政府城乡规划主管部门或者省、自治区、直辖市人民政府确定的镇人民政府提出申请。申请时，需要提交使用土地的有关证明文件，包括国有土地使用权出让合同、建设用地规划许可证、土地使用权属证书等。需要提交修建性详细规划和建设工程设计方案等。建设工程设计方案审定后，还应当提交建设工程总平面图，单体建筑平、立、剖面图及基础图，地下室平、立、剖面图等施工图纸文件。道路交通和管线工程同样提交相应的工程设计图纸文件。此外，还应提供建设工程设计编制单位的资质证明材料等。具备申请条件的建设单位或者个人以书面方式提出申请，填写申请表格。

2.审核

城乡规划主管部门或者省级人民政府确定的镇人民政府受理建设工程办理规划许可证的申请后，进行程序性审核和实质性审核。程序性审核，即审核申请者是否符合法定资格，申请事项是否符合法定程序和法定形式，报送的有关文件、图纸、资料是否完备，是否符合申请核发建设工程规划许可证的应有条件和要求。实质性审核，即审核修建性详细规划、建设工程设计方案（对2个以上设计方案进行审查），签发设计方案审定通知书。建设工程设计方案审定后，审核依据审定的建设工程设计方案作出的应提交的有关图纸文件，提出审核意见。

3.核发建设工程规划许可证

城乡规划主管部门或者省级人民政府确定的镇人民政府对建设工程申请的有关材料，经审核后符合规划要求的，向建设单位或者个人核发建设工程规划许可证及其附件。经审查认为不合格并决定不给予规划许可的，应说明理由，并给予书面答复。

建设单位或者个人，只有在取得建设工程规划许可证和其他有关批准文件后，才可以申请办理建设工程开工手续。

4.竣工验收前的规划核实

建设工程施工后，到建设工程竣工验收前，县级以上地方人民政府城乡规划主管部门要按照国务院规定对建设工程是否按照建设工程规划许可证及其附件、附图确定的内容进行建设施工现场审核，对于符合规划许可内容要求的，发给建设工程规划核实证明。对于经规划核实，该建设工程违反规划许可内容要求的，要及时依法提出处理意见。如果经规划核实不合格的或者是未经规划核实的建设工程，建设单位不得组织竣工验收。

5.竣工验收资料的报送

建设工程竣工验收后六个月内，建设单位应向城乡规划主管部门报送有关竣工验收资料，包括竣工图纸和必要的有关材料，以便城乡规划主管部门收集、整理、保管各项建设工程竣工资料，建立完整、准确、系统、可靠的城镇建设档案

 案例分析

案例1 某市城市规划行政主管部门向该市一政单位A核发了建设工程（地下停车场）规划许可证。但该单位考虑自身发展建设需求，在地下停车场上部建了一幢高层办公写字楼。临近另一个行政单位B以该高层写字楼严重影响了其单位家属楼的生活及单位形象为由，向该市人民法院提出诉讼，要求行政单位A赔偿行政单位B一定损失，但是被法驳回了起诉。

试问：应该如何处理此案？

参考答案：①《城乡规划法》规定，在城市规划区内新建、扩建和改建建筑物等工程设施，应当取得建设工程规划许可证。虽然行政单位A取得了规划许可证，但规划许可证中建设工程项目仅限于地下停车场，其在停车场上建高层写字楼，违反了《城乡规划法》，属于越证建设，是违法建设；② 对违法建设进行查处是城市规划行政主管部门的法定职责，而不是法院。因此，行政单位B应请求城市规划行政主管部门查处违法建筑；③ 该市城市规划行政主管部门应责令建设单位停止施工，听候处理，并由行政单位对相关责任人给予一定行政处分；④ 该市规划行政主管部门应根据城乡规划要求办理，如果该高层写字楼的建设对城市规划及周围环境并无太严重影响，则要求行政单位A交纳罚款后，补办建设工程规划许可证；如果该写字楼确实对周围环境及城市规划有重大影响，则应在行政单位A交纳罚款后，拆除该建筑，并回复地形、地貌。

案例2 某联合企业有限公司欲在家属区内建一个老年活动中心。向城市规划行政主管部门提出申请，已获准核发了项目选址意见书及建设用地规划许可证后，开始进行施工。当工程地基处理完毕时，城市规划行政主管部门责令建设单位立即停工。并拆除已建部分。

试问：为什么责令其停工？应补办哪些手续？

参考答案：《中华人民共和国城乡规划法》规定："建设单位或者个人在取得建设工程规划许可证和其他有关批准文件后。方可申请办理开工手续"，该公司虽已取得"一书一证"，但尚缺"一证"属于修建手续不全。该工程仍属违法建设，城市规划行政主管部门责令其停工，进行立案调查，并处以一定罚款。交纳罚款后，仍需持有关证明到城市规划行政主管部门申请核发建设工程规划许可证。方可继续进行施工。

另外，该工程建设虽修建手续不全，但不属于严重违反城市规划。因此不需限期拆除已建部分，该规划管理部门的处罚显得过重，应及时给予纠正，避免造成不必要的损失。

案例3 张某家住某市中山区新安中里7号楼308号。未经城市规划部门的批准，擅自在新建楼12号楼东北侧便道上，搭建一间简易房屋用于经营。该区城市管理监察大队在检查中发现后，认为张某违反了《××市城市规划条例》的有关规定，遂依法通知其限期改

正、自行拆除。在规定期限内，张某未予改正。2008年12月9日，区城管大队又依据《违反<××市城市规划条例>行政处罚办法》第三条的规定，作出了区管限字[12008]第018号责令限期拆除决定，并于次日向张某送达了决定书，责令其于2008年12月14日前自行拆除违法建设。张某不服，向本区人民法院提起行政诉讼。认为其所搭建的简易房屋虽系违法建设，但其周围还有其他的违法建设，被告不应仅对其违法建设进行查处，故诉请法院撤销被告所作决定。

参考答案：这是一起个人违反建设工程规划许可证的实例。张某所建的简易房屋，既没有申请建设工程规划许可证，也没有申请临时建设工程规划许可证，明显属于违法建设。区城管大队系经国家和××市有关部门批准，依法成立的区级综合性行政执法机关，其有权依据城市规划管理法律、法规、规章的规定，对辖区内无建设工程规划许可证的违法建设进行查处，并可责令其改正或予以行政处罚。

根据《中华人民共和国城市规划法》和《××市城市规划条例》均明确规定，在城市规划区内进行建设，应取得《建设工程规划许可证》及其他有关批准文件，否则为违法建设。张××显已违反了上述法律、法规的规定，区城管大队对该违法建设行为进行的查处正确，基本事实清楚，适用法律、法规正确，处理程序合法，至于张某关于区城管大队需对他人的违法建设问题作出处理的要求，应通过其他途径解决，且与张某违法建设无关，以此作为区城管大队对其违法行为处理不公正的理由不能成立。

案例4　"华静苑"是某房地产开发公司与出租汽车公司共同合作的房地产项目，位于××市东环路5号，项目包括两部分，一部分是6.3万平方米的住宅工程；另一部分是和住宅相配套的3.4万平方米的综合楼。该项目的住宅工程各项手续和证件齐备，自2008年开工建设，到2011年4月已经竣工验收。而综合楼工程由于合作双方对于该工程是作为基建计划或开发计划申报问题没能统一意见，从而使得综合楼工程建设的手续未能办理。由于住宅工程已开工建设，配套工程急需跟上，在综合楼建筑工程规划许可证未审核批准的情况下，开发公司自行修改了综合楼的平面图，在东西方向上增加了轴线长度，面积增加了约2680m²，后经该市规划监督执法大队发现，及时制止，勒令停工。

参考答案：上述工程存在两个违法建设情况。其一，综合楼在未办理建设工程规划许可证的情况下，擅自动工建设，违反了城市规划法，即任何单位和个人在城市规划内新建和扩建、改建建筑物、构筑物、道路、管线和其他工程设施，必须依法向城市规划行政主管部门提出建设申请，经审查批准，核发建设工程规划许可证件（包括临时建设许可证）后，方可施工。因此，无论任何理由，项目在开工前必须持有该项目的建设工程规划许可证。其二，未经规划行政主管部门的同意，擅自修改正在审批阶段的建筑工程图纸。根据规划法的要求，任何项目的建筑工程图纸均需经规划行政主管部门审定，方可申请建设工程规划许可证，而该开发公司既未征得规划部门同意修改设计，增加面积，又提前开工，明显属于违法建设。

第五节　乡村规划实施管理

一、乡村建设规划管理的概念

乡和村庄建设规划管理，是指乡、镇人民政府负责在乡、村庄规划区内进行乡镇企业、乡村公共设施和公益事业建设的申请，报送城市、县人民政府城乡规划主管部门，根据城乡规划及其有关法律法规以及技术规范进行规划审查，核发乡村建设规划许可证，实施行政许可证制度，加强乡和村庄建设规划管理工作的总称。

乡镇企业，系指农村集体经济组织或者农民投资为主，在乡镇（包括所辖村）举办的承担支援农业义务的各类企业。所谓投资为主，是指农村集体经济组织或者农民投资超过50%，或者虽未超过50%但能起到控股或者实际支配作用。

乡村公共设施，系指由人民政府、村民委员会、乡镇企业及其他企业事业单位、社会组织建设的用于乡村社会公众使用的或享用的公共服务设施。比如乡村文化教育设施、乡村医疗卫生防疫设施、乡村文艺娱乐设施、乡村体育设施、乡村社会福利与保障设施。

乡村公益事业建设，系指直接或者间接地为乡村经济、社会活动和乡村居民生产、生活服务的公益公用事业建设，比如乡村公路与道路交通设施建设、乡村自来水生产建设、乡村电力供应系统建设、乡村信息与通信设施建设、乡村防灾减灾设施建设、乡村生产与生活供应系统建设等。

二、乡村建设规划管理的任务

1.有效控制乡村规划区内各项建设遵循先规划后建设原则进行，推进社会主义新农村建设

我国56.1%的人口集中在农村，42.6%的劳动力集中于农业，作为一个传统农业大国，农村始终是我国经济社会发展的基点和动力源，把乡和村庄规划建设好至关重要。如果乡和村庄的建设没有规划或者是规划的不科学以及不依照规划进行建设，就会带来随意选址、盲目建设、无序发展、乱占耕地、浪费土地、破坏生态、污染环境的不良后果和恶性循环，就会影响到社会主义新农村建设，农民生产生活和农业发展，进而影响我国城乡现代化建设的发展进程。因而从根本上改变农村建设中存在的随意、盲目、无序、混乱的发展建设状况，确立"先规划后建设"和按照规划进行建设的思想观念势在必行，必须加强管理，使其成为广大农村建设中的自觉行动。《城乡规划法》规定了乡和村庄建设的规划管理内容和要求，就是要通过法律的形式，加强对乡村建设的规划管理，建立乡村建设规划许可证制度，以便有效地控制乡和村庄规划区内各项建设遵循先规划后建设的原则并按照规划进行，以乡村建设的科学规划、合理布局、统筹安排、有序建设，依法管理，推动社会主义新农村建设。

2.切实保护农用地、节约土地，为确保国家粮食安全作出具体贡献

农用地是农民的命根子，也是确保国家粮食等安全生产的基础。《城乡规划法》第四十一条规定："在乡、村庄规划区内进行乡镇企业、乡村公共设施和公益事业建设以及农村村民住宅建设，不得占用农用地；确需占用农用地的，应当依照《土地管理法》有关规定办理农用地转用审批手续后，由城市、县人民政府城乡规划主管部门核发乡村建设规划许可证。"这就指明了乡和村庄建设，包括乡镇企业、乡村公共设施建设、乡村公益事业建设、使用土地进行的农村村民住宅建设等，原则上都不得占用农用地，尤其必须严格保护耕地，以确保农业粮食生产留有足够的土地。在乡、村庄的建设和发展中，应当因地制宜、节约用地，不能浪费土地资源，提高乡和村庄建设中土地的利用率，以便最大限度地不去占用农用地和保护耕地。为此，赋予乡村建设规划管理的一个重要任务，就是通过严格管理，有效地控制占用农用地，保护耕地，节约土地，为确保国家粮食安全作出积极贡献。

3.合理安排乡镇企业、乡村公共设施和公益事业建设，提升农村发展建设水平

乡镇企业是农村经济的重要支柱和国民经济的重要组成部分，国家对乡镇企业采取积极支持、合理规划、分类指导、依法管理的政策，鼓励和重点扶持经济欠发达地区。发展乡镇企业，在于增强农村经济实力，但必须注意不能给农村环境和农村生产带来污染和影响。加强乡村公共设施等社会性基础设施建设和乡村公益事业等工程性基础设施建设，是改善农村生产、生活条件，改善人居环境，提高农村生活质量水平的重要举措，在乡和村庄建设中必须给予足够的重视和合理的安排布局。对于乡村公共设施、公益事业建设以及乡镇企业的合理安排，不仅是乡规划、村庄规划的重要内容，而且需要通过乡和村庄建设的规划管理并核发乡村建设规划许可证予以落实就位，使其各得其所、各尽所能，从而获得乡和村庄建设的经济效益、社会效益和环境效益，提升农村发展建设的整体水平。

4. 结合实际，因地制宜地引导农村村民住宅建设有规划地合理进行

《土地管理法》规定，农村村民一户只能拥有一处宅基地，其宅基地的面积不得超过省、自治区、直辖市规定的标准。农村村民建住宅，应当尽量使用原有的宅基地和村内空闲地。农村村民出卖、出租住房后，再申请宅基地的，不予批准。对于在乡村规划区内使用原有宅基地进行农村村民住宅建设的规划管理办法，《城乡规划法》授权由省、自治区、直辖市根据本地的实际情况作出符合当地实际情况的规定。这就要求其应有规划并按规划进行建设，履行由省、自治区、直辖市所制定的规划管理程序和要求，以便结合实际，因地制宜，实事求是，并尊重村民意愿，能够体现地方和农村特色的要求来引导村民合理进行建设。

三、乡村建设规划管理的行政主体

根据《城乡规划法》第四十一条的规定，乡村建设规划管理的行政主体是乡、镇人民政府和城市、县人民政府城乡规划主管部门。《城乡规划法》明确规定，乡、镇人民政府负责乡村建设项目的申请审核，城市、县人民政府城乡规划主管部门负责对乡村建设项目申请的核定和核发乡村建设规划许可证。

市、县城乡规划主管部门接受由乡、镇人民政府报送的乡村建设项目的申请材料后，一方面要尊重乡、镇人民政府的审核意见；另一方面要依法对申报材料进行规划复核，对建设活动的内容进行核定，并审定建设工程总平面设计方案，以确定其性质、规模、位置和范围，如果是涉及占用农用地的，还应依法办理农用地转用审批手续，然后才能核发乡村建设规划许可证。

四、乡村建设规划管理的审核内容

1. 审核乡村建设的申请条件

建设单位或者个人，应当向乡、镇人民政府提交关于进行乡镇企业、乡村公共设施和公益事业建设，以及村民住宅建设的申请报告，并附建设项目的建设工程总平面设计方案等，填写乡村建设申请表。乡、镇人民政府应根据已经批准的乡规划、村庄规划，审核该建设项目的性质、规模、位置和范围是否符合相关的乡规划、村庄规划，并审核是否占用农用地，如果是占用农用地的，应提出是否同意办理农用地转用审核手续的审核意见。乡、镇人民政府确认报送的有关文件、资料、图纸、表格完备，符合申请乡村建设规划许可证的应有条件和要求后，签注初审意见，一并报城市、县人民政府城乡规划主管部门。

2. 审定乡村建设的规划设计方案

城市、县人民政府城乡规划主管部门接到乡、镇人民政府报送的乡村建设项目的申请材料后，首先应根据乡规划、村庄规划复核该建设项目的性质、规模、位置和范围是否复核相关的乡规划、村庄规划的要求，核定该建设项目是否符合交通、环保、文物保护、防灾（消防、抗震、防洪防涝、防山体滑坡、防泥石流、防海啸、防台风等）和保护耕地等方面的要求，是否符合关于乡村规划建设的法规和技术标准、规范的要求，然后，审定该乡村建设工程总平面设计方案。

3. 审核农用地转用审批文件

城市、县人民政府城乡规划主管部门接到乡、镇人民政府报送的乡村建设项目的申请材料后，经审核，如果该建设项目确需占用农用地，根据乡、镇人民政府的初审同意意见，该建设项目应依照《土地管理法》的有关规定办理农用地转用审批手续。如果该建设项目所占用的农

用地是在已批准的农用地转用范围内，该具体建设项目用地可以由市、县人民政府批准。建设单位或者个人向城市、县人民政府城乡规划主管部门提交农用地转用审批文件后，经审核无误，才能核发乡村建设规划许可证。

五、乡村建设规划管理的程序

1. 申请

建设单位或者个人在乡、村庄规划区内从事乡镇企业、乡村公共设施和乡村公益事业建设活动，应当持有关部门批准、核准的乡镇企业、公共设施、公益事业建设的批文，乡村建设项目的申请报告，建设项目的建设工程总平面设计方案等，向乡、镇人民政府提交申请材料，并填写乡村建设申请表。由乡、镇人民政府对报送的申请材料进行初步审核，签注审核意见。

2. 核定

市、县城乡规划主管部门收到乡、镇人民政府报送的乡村建设项目的申请材料后，应进行程序性复核和实质性核定。程序性复核，即审核建设单位或者个人报送的各种有关文件、资料、图纸是否完备，是否符合申请核发乡村建设规划许可证的应有条件和要求。实质性核定，即审查该建设项目是否符合乡规划、村庄规划要求，核定该建设项目是否符合交通、环保、文物保护以及历史文化名村保护、防灾和保护耕地等方面的要求，是否符合关于乡村规划建设的法规和技术标准、规范的要求，审定乡村建设工程总平面设计方案，并审核该建设项目是否占用农用地，如果占用农用地的须审核农用地转用审批文件。

3. 核发乡村建设规划许可证

市、县城乡规划主管部门对乡村建设项目申请的有关材料，经审查核定后符合城乡规划要求的，向建设单位或者个人核发乡村建设规划许可证及其附件。对于不符合城乡规划要求的乡村建设项目，不得发放乡村建设规划许可证，但要说明理由，给予书面答复。

4. 关于村民住宅建设的规划审批程序

根据《城乡规划法》第四十一条第二款的规定，对于在乡、村庄规划区内使用原有宅基地进行农村村民住宅建设的，其规划管理办法由省、自治区、直辖市制定。其程序，首先是应向乡村集体经济组织或者村民委员会提出建房申请，以便充分发挥村民自治组织的作用，经同意后报送乡、镇人民政府提出用地建设申请。是否由乡、镇人民政府实行规划许可管理，还是由市、县城乡规划主管部门实施规划许可管理，鉴于使用原有宅基地进行农村村民住宅建设，不涉及乡、村庄规划区内用地性质的调整，不能强求一致。从农村实际出发，为尊重村民意愿，体现地方和农村特色，并降低农民的建房成本和方便村民，其管理程序可以相对简单，以利切实可行，故由省、自治区、直辖市根据本辖区域内的实际情况，体现实事求是、因地制宜的原则来制定农村村民住宅建设的规划管理办法。

案例分析

以农业项目配套设施的名义，×××林科农业有限公司未经规划行政主管部门批准，没有办理征地和建设手续，投资建设家庭农场，建设地点是××城市郊区，地点原来是一片庄稼地，家庭农场包括：别墅、种菜大棚、车库、锅炉房等设施。销售对象是城市中高收入的居民，租赁期限为50年，租赁费用每套设施在80万元到100万元人民币，一次付清，一期别墅已经大部分售出，经调查核实，这一项目并不具备任何房地产手续。

参考答案：虽然该项目表面上不是房地产项目，搞所谓的出租，但实际上从其租赁期限、项目内容和开发规模来看，无疑属于非农建设，是变相搞房地产开发，是绕过有关审批手续，超越规划管理权限，擅自占用良田进行的违法建设。该市规划监察执法大队会同项目所在镇政府，对"××家庭农场"勒令停工，限期拆除174栋违法别墅。从上述例子可以看到，当前，在城市郊区，一些乡镇打着"新农村建设"、"农业产业结构调整"等旗号与开发商合作，大肆进行违法建设，而且由平房向楼房、由分散向成片发展，一些违法项目还大做广告，大肆兜售。这类新的违法建设项目产生的原因主要有三个：一是巨额利润的诱惑，目前近郊和远郊地区包括住宅在内的房地产市场需求仍然很大，违法占地建设别墅、公寓当作商品房出售可以获得巨大利润；二是一些乡镇村负责人从眼前利益出发，怂恿支持违法建设项目，给予越权审批，助长了违法建设的发生；三是规划法制意识淡薄，认为违反了规划法规顶多罚点款。

第六节 临时建设和临时用地规划管理

一、临时建设和临时用地规划管理的概念

1.临时建设的概念

临时建设是指经城市、县人民政府城乡规划主管部门批准，临时建设并临时性使用，必须在批准的使用期限内自行拆除的建筑物、构筑物、道路、管线或者其他设施等建设工程。

2.临时建设的特征

一是时间特征明显，使用期限一般不超过2年；

二是简易结构特征明显，不得建设成为永久性或者半永久性建筑物、构筑物等；

三是在临时建设使用期间，如果国家建设需要时，一般应无条件拆除；

四是临时建设应当在批准的使用期限内自行拆除；

五是临时建设规划批准证件到期后，该批准证件自行失效。如果需要继续使用时，应当重新申请临时建设规划批准证件。

3.临时用地的概念

临时用地是指由于建设工程施工、堆料、安全等需要和其他原因，需要在城市、镇规划区内经批准后临时使用的土地。

4.临时用地的特征

一是时间特征明显，《土地管理法》第五十七条规定"临时使用土地限期一般不超过两年"；

二是禁止在批准临时使用的土地上建设永久性建筑物、构筑物和其他设施；

三是临时用地批准证件到期后，该批准证件自行失效，如果需要继续使用时，应当重新申请临时用地批准证件。

一般来讲，临时建设和临时用地往往是同时出现的，临时建设需要临时占地，在临时用地范围内，只能修建临时建设工程。临时建设和临时用地需要占用城镇特定的公共空间，对城镇日常运行、规划的实施等都会产生一定影响，除因特殊需要外，必须进行严格控制和规划管理。《城乡规划法》第四十四条，对此作了明确的规定，并授权省、自治区、直辖市人民政府具体制定临时建设和临时用地规划管理办法。

5.临时建设和临时用地规划管理的概念

临时建设和临时用地规划管理就是指城市、县人民政府城乡规划主管部门，对于在城市、镇规划区内进行临时建设和临时使用土地，实行严格控制和审查批准，行使规划许可工作职责的总称。

二、临时建设和临时用地规划管理的任务

临时建设和临时用地在城市、镇的发展建设中是经常会发生的建设活动。《城乡规划法》第四十四条规定："临时建设影响近期建设规划或者控制性详细规划的实施以及交通、市容、安全等的，不予批准。"这就指明并强调了临时建设和临时用地规划管理的基本原则和主要任务。

1.保证近期建设规划和控制性详细规划的顺利实施

城镇的近期建设规划是以重要基础设施、公共服务设施和中低收入居民住房建设以及生态环境保护为重点内容，需要在近期实施的规划，明确近期建设的时序、发展方向和空间布局。如果在近期建设规划实施的用地范围内盲目进行临时建设和临时占用土地，势必影响近期建设的时序、空间布局以及近期建设工程项目的具体落实，并可能带来不应有的不良后果，因此，对于临时建设和临时用地必须严格控制，实施规划管理，不能放任自流、擅自进行建设。

控制性详细规划是以城镇总体规划为依据，确定建设地区的土地使用性质和使用强度的控制指标、道路和工程管线控制性位置，以及空间环境控制的规划要求，直接指导和控制各项建设和提供规划条件依据的规划，实施性很强。如果临时建设和临时用地的位置、布局、使用时间影响控制性详细规划的实施，比如占压建筑红线、道路红线、出入口、地下管线、消防通道、道路交叉口，以及绿线、蓝线、紫线、黄线等，对控制性详细规划的实施是不利的。

2.统筹兼顾，因地制宜，避免对交通、市容、安全等带来影响

临时建设和临时用地在城市、镇规划区内是经常可以看到的，如临街建造大型建筑，在大楼（施工期间）附近临时占用一定的土地，甚至一定面积的行人道；建造大型立体交叉桥，或者开挖铺设地下管线等，占用一定的城镇道路用地；以及因施工需要修建临时办公用房、施工棚、工人临时住所等，或者是临时搭建售票厅、收费站、书报亭、小卖部、宣传栏等，必然会与城镇的道路正常交通运行、消防公共安全和市容市貌产生一定的矛盾和影响，这就需要对临时建设和临时用地的规划管理，统筹兼顾，因地制宜地提出城乡规划主管部门的管理和控制要求，尽可能避免对交通、消防、公共安全、市容市貌和环境卫生等造成干扰性影响，更不能影响城镇局部地段的正常生产、生活秩序。

3.考虑周边环境要素，妥善解决矛盾、影响和利益问题

有的临时建设和临时用地，可能位于医院、住宅、文物保护单位、商场、学校、加油站、科学实验室等有一定要求的建筑物附近，或者是要毁坏行道树和园林绿化等。对于这些临时建设和临时用地，一定要慎重考虑其可能对周边环境带来的影响和周边环境的客观要求，不得对周边环境造成污染、干扰性影响甚至破坏，如果因特殊需要确实无法安全避免的，应当依法给予补偿，妥善解决矛盾、影响和利益问题。通过临时建设和临时用地规划管理的过程，也是全面考虑周边环境要求，协调和解决有关问题的过程，城乡规划主管部门应当尽到自己的责任。

三、临时建设和临时用地规划管理的行政主体

根据《城乡规划法》第四十四条的规定，城市、县级人民政府城乡规划行政主管部门是施行临时建设和临时用地规划管理职能的行政主体，依法对临时建设和临时用地的申请进行审核批准，行使规划许可权限。

四、临时建设和临时用地规划管理的审核内容

城乡规划主管部门对临时建设和临时用地项目的审核内容，一是以近期建设规划或者是控制性详细规划为依据，审核临时建设和临时用地项目是否影响近期建设规划和控制性详细规划的实施；二是审核临时建设和临时用地项目是否对城镇道路正常交通运行、消防通道、公共安全、市容市貌和环境卫生等构成干扰和影响；三是审核临时建设和临时用地项目是否对周边环

境尤其是历史文化保护、风景名胜保护、医院、学校、住宅、商场、科研、易燃易爆设施等造成干扰和影响；四是必须明确规定临时建设和临时用地的使用期限，临时建设必须在批准的使用期限内自行拆除。

1. 临时建筑的审核内容

① 临时建筑不得超过规定的层数和高度；

② 临时建筑应当采用简易结构；

③ 临时建筑不得改变使用性质；

④ 城镇道路交叉口范围内不得修建临时建筑；

⑤ 临时建筑使用期限一般不超过2年；

⑥ 车行道、人行道、街巷和绿化带上不应当修建居住或营业用的临时建筑；

⑦ 在临时用地范围内只能修建临时建筑；

⑧ 临时占用道路、街巷的施工材料堆放场和工棚，当建筑的主体建筑工程，第三层楼顶完工后，应当拆除，可利用建筑的主体工程建筑物的首层堆放材料和作为施工用房；

⑨ 屋顶平台、阳台上不得擅自搭建临时建筑；

⑩ 临时建筑应当在批准的使用期限内自行拆除。

2. 临时管线的审核内容

① 临时管线的埋设，必须首先申请临时用地，然后进行临时建设。管线埋设后必须恢复原来的地形地貌；

② 临时管线的埋设，不得影响，更不能破坏原有的地下管线和地面道路、建筑物、构筑物和其他设施；

③ 临时管线的架设，必须符合管线架设技术要求，不能随意走线和零乱设置，不能影响城镇观瞻和环境卫生；

④ 临时管线的架设，必须符合规划的高度要求，不能影响城镇道路交通运输的通畅和安全；

⑤ 易燃易爆的临时管线，必须考虑设防措施，并有明显标志；

⑥ 施工现场的临时管线，主体建筑竣工验收前必须拆除干净，不能留下后遗症；

⑦ 临时管线的使用期限一般不超过2年；

⑧ 临时管线应当在批准的使用期限内自行拆除。

3. 临时用地的审核内容

① 在临时用地范围内不得修建永久性、半永久性工程设施（包括建筑物、构筑物和其他设施）；

② 临时用地不得改变使用性质；

③ 临时用地的使用期限一般不超过2年；

④ 临时用地到期即应收回土地，如需要继续使用时，必须重新申请临时用地；

⑤ 临时用地在使用期限内，如果因国家建设需要该用地时，使用临时用地的单位应当交出该用地；

⑥ 临时用地上的临时建筑和设施应当在批准的使用期限内自行拆除。

五、临时建设和临时用地规划管理的程序

1. 申请

建设单位或者个人在城市、镇规划区内从事临时建设活动，应向城乡规划行政主管部门提交临时建设申请报告，阐明建设依据、理由、建设地点、建筑层数、建筑面积、建设用途、使用期限、主要结构方式、建筑材料和拆除承诺等内容，以及临时建设场地权属证件或临时用地批准证件，同时还应提交临时建筑设计图纸等。

临时用地的申请，同样应当提交临时用地申请报告，以及有关文件、资料、图纸（临时用地范围示意图，包括临时用地上的临时设施布置方案）等。

2. 审核

城乡规划主管部门受理临时建设申请后，可到拟建临时建设的场地进行现场踏勘，并依据近期建设规划或者控制性详细规划对其审核，审核其临时建设工程是否影响近期建设规划或者控制性详细规划的实施；是否影响道路交通正常运行、消防通道、公共安全、历史文化保护和风景名胜保护、市容市貌、环境卫生以及周边环境等；同时，要对临时建筑设计图纸进行审查，主要审查临时建筑布置与周边建筑的关系，建筑层数、高度、结构、材料，以及使用性质、用途、建筑面积、外部装修等是否符合临时建筑的使用要求等。如果是临时管线工程，则以临时管线的使用要求进行审核。

临时用地的审核，同样应当审核其是否影响近期建设规划或者控制性详细规划的实施以及交通、市容、安全等，审核临时用地的必要性和可行性，并审核临时用地范围示意图，包括临时用地上的临时设施布置方案等。

3. 批准

城乡规划主管部门对临时建设的申请报告、有关文件、材料和设计图纸经过审核同意后，核发临时建设批准证件，说明临时建设的位置、性质、用途、层数、高度、面积、结构、有效使用时间，以及规划要求和到期必须自行拆除的规定等，实施规划行政许可。如果该临时建设影响近期建设规划或者控制性详细规划实施以及交通、市容、安全等，不得批准，同时说明理由，给予书面答复。

临时用地的批准，同样是经审核同意后，核发临时用地批准证件，在临时用地范围示意图上明确划定批准的临时用地红线范围具体尺寸。如果不予批准，说明理由，给予书面答复。

4. 监察

城乡规划主管部门应根据《城乡规划法》第六十六条的规定，对临时建设和临时用地进行监督检查。对于未经批准进行临时建设的，未按照批准内容进行临时建设的，临时建筑物、构筑物和其他临时设施超过批准期限不拆除的行为，建设单位或者个人应当依法承担法律责任。

案例分析

某市一单位在市中心区有一片多层住宅楼。其中有两栋（每栋各六个单元门）住宅楼是临城市干路的。经市城市规划行政主管部门批准，占用了上述两栋住宅楼之间的空地（两栋楼山墙间距为16m），建设一栋两层轻体结构的临时建筑，使用期为两年。在建设期间，市规划监督检查科的两名执法人员到现场监督检查时发现：擅自加建了第三层，且结构部分已完成。为此，依法立案查处。随后，经科务会议紧急研究决定：对该违法建设处以数十万元罚款，并决定加建的第三层与临时建筑到期时一并拆除，同时，要求该单位在十五日内到市城市规划行政主管部门缴纳罚款。违法建设行政处罚决定书加盖监督检查科公章后，立即送达违法建设单位。

试就上述审批临建工程和处理违法建设的行政行为，评析哪些是不符合现行有关规定的。

参考答案：① 处罚违法建设的程序不对，一般程序为立案、调查取证、作出处罚决定、送达处罚通知单、执行；② 行政机关作出处罚之前应该遵守事先告知制度，即告知当事人作出行政处罚决定的事实、理由、依据以及当事人享有的权利；③ 当事人具有陈述、申辩的权利。行政机关应该听取当事人的意见，对当事人提出的事实、理由、依据应当进行复核，事实成立的行政机关应该采纳，且不能因此而加重处罚；④ 处罚要实行罚缴分离制度，作出行政处罚的行政机关应当与收罚款的机关分离，罚款要交到指定的银行，银行收到罚款后全部上缴国库；⑤ 行政机关采取行政方法对当事人权益造成的侵害不得与要达到的目的失衡，否则就是违反了行政法的相当性原则。经科务会议讨论研究决定处以数十万元罚款的决定明显有失公正；⑥ 处罚决定书中要盖上作出行政处罚决定的行政机关的章，而不是规划部门监督检查科的公章；⑦ 城市规划行政主管部门违反消防规范［沿街建筑超长（80m），中间16m间距的地方不能再批建临建项目］审批临建工程，属于违法行政行为；⑧ 城市规划监督科不是行政执法主体，违法处罚书不应由监督科作出；⑨ 较大数额的罚款未告知听证权利；⑩ 拆除已批准的临建工程应给予补偿。

课后练习题

一、选择题

1. 建设项目选址规划管理是（　　　）

   A. 城市规划实施的一个阶段 　　　B. 城市规划实施的重要阶段

   C. 城市规划实施的首要环节 　　　D. 城市规划实施的必需阶段

2. 在城市规划区内新建、扩建、改建工程建设项目，编制和审批项目建议书和设计任务书时，必须附有城市规划行政主管部门核发的（　　　）

   A. 建设项目选址意见书 　　　B. 建设用地规划许可证

   C. 建设工程规划许可证 　　　D. 建设项目开工许可证

3. 下列表述正确的是（　　　）

   A. 建设项目规划选址应在计划部门审批建设项目可行性报告之后立即进行

   B. 建设项目规划选址意见书应该作为计划部门审批该项目是否可行的参考意见

   C. 建设项目规划选址只是在该项目已有比较明确的建设地点情况下开展

   D. 没有规划部门核发的建设项目选址意见书，计划部门不得批准该项目可行性报告

4. 关于建设项目选址规划管理程序哪些环节是必需的（　　　）

   A. 申请程序 　　　B. 公示程序

   C. 颁布程序 　　　D. 审核程序

5. 建设项目选址特别要（　　　）与建设项目性质不符或不相容的城市公益设施规划用地。

   A. 结合 　　　B. 避开

   C. 远离 　　　D. 接近

6. 城市规划管理部门对选址申请给予答复有几种情况（　　　）

   A. 对于符合城市规划的选址，应当颁发建设项目选址意见书

   B. 对于不符合城市规划的选址，应当说明理由，给予书面答复

   C. 对于明显不符合城市规划的选址，应指定规划设计单位协助申请人完成选址工作

   D. 对于重大项目选址应要求作出选址论证后，重新申请建设项目选址意见书

7. 在本单位土地上，无需申请《建设项目选址意见书》的情形是（　　　）

   A. 扩建需要少量本单位以外土地，但与土地拥有者协商妥当

   B. 扩建需要少量本单位以外土地，但与土地拥有者未协商好

C.将原有低层住宅改建为多层住宅

D.将原有对住户有影响的工厂拆除，改建为办公楼

8.一个失败的项目选址可以（　　　）城市的发展

A.阻碍　　　　　　　　　　　　B.影响

C.干扰　　　　　　　　　　　　D.协调

9.建设单位向土地管理部门申办建设用地，必须得到（　　　）

A.项目选址意见书　　　　　　　B.建设用地规划许可证

C.建设工程规划许可证　　　　　D.批准的规划设计方案

10.建设用地管理和土地管理的主要区别有哪些（　　　）

A.程序　　　　　　　　　　　　B.内容

C.职责　　　　　　　　　　　　D.目的

11.关于建设用地规划设计条件哪些是正确的（　　　）

A.规划设计条件是建设单位与规划部门共同协商确定的规划要求

B.规划设计条件是控制性详细规划所确定的内容

C.规划设计条件是建设用地的规划要求

D.规划设计条件是建设工程设计的规划依据

12.建设用地规划管理程序有哪些环节（　　　）

A.申请程序　　　　　　　　　　B.审核程序

C.公示程序　　　　　　　　　　D.批准程序

13.临时建设用地需要审核吗（　　　）

A.需要　　　　　　　　　　　　B.特殊条件下需要

C.一般条件下需要　　　　　　　D.不需要

14.建设工程规划管理一般分为哪几项（　　　）

A.建筑工程　　　　　　　　　　B.地下设施工程

C.市政管线工程　　　　　　　　D.市政交通工程

15.居住区住宅规划布局主要审核哪些内容（　　　）

A.住宅外立面　　　　　　　　　B.住宅层数

C.住宅间距和侧面间距　　　　　D.容积率

16.居住区公共服务设施应该（　　　）

A.与住宅同步规划、同步建设和同步管理

B.与住宅同步规划、同步设计和同步建设

C.与住宅同步设计、同步建设和同步验收

D.与住宅同步规划、同步建设和同步使用

17.城市规划行政主管部门审查建筑工程方案是按照（　　　）的要求进行的

A.规划设计条件　　　　　　　　B.建设工程规模与功能

C.建筑工程项目总平面设计　　　D.建筑工程项目所在地环境

18.建设单位依法取得建设用地后，必须按照城市规划行政主管部门提出的规划设计条件提出建设项目的设计成果，经城市规划主管部门审查同意，核发（　　　）

A.建设项目选址意见书　　　　　B.建设用地规划许可证

C.建设工程规划许可证　　　　　D.建设项目开工许可证

19.建设单位在取得城市规划主管部门核发的（　　　）后，方可办理开工手续

A.建设项目选址意见书　　　　　B.建设用地规划许可证

C.建设工程规划许可证　　　　　D.规划设计条件

20.规划编制单位在编制详细规划过程中，若要改变规划设计条件的规定，必须取得（　　）同意的书面通知

    A.建设单位　　　　　　　　　　　　B.城市规划行政主管部门

    C.市经济计划部门　　　　　　　　　D.施工部门

21.下列表述不正确的是（　　）

    A.建设用地规划许可证，是土地部门审批土地的参考依据

    B.未取得建设用地规划许可证，土地部门在任何地点批准的土地使用文件均无效

    C.建设用地规划管理须合理制定土地使用费标准

    D.建设用地规划管理不包括制定土地使用费标准的内容

22.下列不属于违法建设的是（　　）

    A.经主管部门批准的临时建设工程

    B.因建设单位需要而对建设工程规划许可证规定的建设工程设计图纸做了局部修改

    C.主管部门未按法律规定批准建设的项目

    D.超过规定期限拒不拆除的临时建设工程

23.建设单位或个人在领取建设用地规划许可证并办理土地的使用手续后，规划行政管理部门要对建设用地进行（　　）

    A.复验　　　　　　　　　　　　　　B.检查

    C.审核　　　　　　　　　　　　　　D.测量

24.（　　）在批准临时使用的土地上建设永久性建筑物

    A.不宜　　　　　　　　　　　　　　B.禁止

    C.经批准可以　　　　　　　　　　　D.不应

25.在城市规划区内，未取得建设用地规划许可证而取得建设用地批准文件、占用土地的，批准文件无效，占用的土地由（　　）责令退回

    A.县级以上人民政府　　　　　　　　B.县级以上人民政府城市规划主管部门

    C.城市人民政府　　　　　　　　　　D.城市人民政府城市规划主管部门

26.建设用地规划许可证是取得（　　）证明的前提

    A.土地所有权　　　　　　　　　　　B.土地使用权属

    C.土地变更　　　　　　　　　　　　D.土地登记

27.下列建设用地规划管理与土地管理的几种关系，（　　）是正确的

    A.建设用地单位应同时向土地行政管理部门和城市规划行政主管部门提出建设用地申请

    B.土地行政主管部门核发的土地使用证是城市规划行政主管部门核发建设用地规划许可证的重要依据

    C.城市规划行政主管部门核发的建设用地规划许可证是土地行政主管部门核发土地使用证的重要依据

    D.城市规划行政主管部门与土地行政主管部门联合核发建设用地规划许可证和土地使用证

28.独立开发的地下交通、商业、仓储等设施，应持有关批准文件、技术资料，向城市规划行政主管部门申请办理（　　）

    A.选址意见书、建设用地规划许可证、建设工程规划许可证

    B.建设项目选址意见书、建设工程规划许可证

    C.可行性研究报告、选址意见书、建设工程规划许可证

    D.建设工程规划许可证

29.建设单位申请建设用地规划许可证应向城市规划行政主管部门报送（   ）文件、图纸

 A.建设工程设计总平面、设计说明等

 B.填报建设用地规划许可证申请或书面申请报告

 C.城市规划行政主管部门核发的建设项目选址意见书及附件，或经城市规划行政主管部门确认载明规划设计要求的国有土地使用权出让合同及附件

 D.设计单位的建筑设计资格证书　　E.地形图

30.在下列关于以出让方式取得国有土地使用权的建设项目出让地块的建设用地规划管理程序的表述中，不正确的是（   ）

 A.地块出让前——依据控制性详细规划提供规划条件，作为该地块出让合同的组成部分

 B.用地申请——建设项目批准、核准、备案文件；地块出让合同；建设单位用地申请表

 C.用地审核——现场踏勘；征询意见；核验规划条件；审查建设工程总平面图；核定建设用地范围；签发建设项目选址意见书

 D.核发许可证——领导签字批准；核发建设用地规划许可证

31.在建的建筑工程因故中止施工的，建设单位应当自中止施工之日起一个月内，向发证机关报告，并按照规定做好（   ）

 A.施工许可证延期申请　　　　　　B.建筑工程的维护管理

 C.建筑工程质量和安全　　　　　　D.满足施工需要的技术

32.建设单位应当在竣工验收后（   ）个月内向城乡规划主管部门报送有关竣工验收资料

 A.2　　　　　　　　　　　　　　B.4

 C.6　　　　　　　　　　　　　　D.8

33.在城市、镇规划区内进行临时建设的，应当经（   ）批准

 A.城市、县人民政府城乡规划主管部门

 B.城市、县人民政府城乡建设主管部门

 C.城市、县人民政府

 D.城市、县人民政府城乡土地主管部门

34.下列建设工程规划管理程序中，哪个过程中的内容有误（   ）

 A.建设申请——受理登记、现场踏勘、征询意见、核发建设用地规划许可证

 B.确定规划设计要求——提供规划道路红线、发出规划设计要求通知书

 C.审定设计方案——建设单位提出多个设计方案、设计方案审查、发出设计方案审定通知书

 D.建设审批——审查设计图纸文件、领导签字批准、核发建设工程规划许可证

35.根据《城乡规划法》，下列关于建设用地许可的叙述中，不正确的是（   ）

 A.建设用地属于划拨方式的，建设单位在取得建设用地规划许可证后，方可向县级以上人民政府土地管理部门申请用地

 B.建设用地属于出让方式的，建设单位在取得建设用地规划许可证后，方可签订土地出让合同

 C.城乡规划主管部门不得在建设用地规划许可证中擅自修改作为国有土地使用权出让合同组成部门的规划条件

 D.对未取得建设用地规划许可证的建设单位批准用地的，由县级以上人民政府撤销有

关批准文件

36.城乡规划主管部门核发建设用地规划许可证,属于(　　)行政行为

A.作为 　　　　　　　　　　　　B.不作为

C.依职权 　　　　　　　　　　　D.依申请

37.下列以出让方式取得国有土地使用权的建设项目规划管理程序中,不正确的是(　　)

A.地块出让前——提供规划条件作为地块出让合同的组成部分

B.用地申请——建设项目批准、核准、备案文件;地块出让合同;建设单位用地申请

C.用地审核——现场踏勘;征询意见;核发规划条件;审查建设工程总平面图;核发建设用地范围

D.行政许可——领导签字批准;核发建设工程规划许可证

38.接受建设申请并核发建设工程规划许可证的镇是指(　　)

A.国务院城乡规划主管部门确定的重点镇人民政府

B.省、自治区、直辖市人民政府确定的镇人民政府

C.城市人民政府确定的镇人民政府

D.县人民政府确定的镇人民政府

39.某乡镇企业乡镇人民政府提出建设申请,经镇人民政府审核后核发了乡村建设规划许可证,结果被判定是违法核发乡村建设规划许可,其原因是(　　)

A.镇人民政府无权接受建设申请,亦不能核发乡村建设规划许可证

B.乡镇企业应向县人民政府城乡规划主管部门提出建设申请,经审核后核发乡村建设规划许可证

C.乡镇企业向镇人民政府提出建设申请后,镇人民政府应报县人民政府城乡规划主管部门,由城乡规划主管部门核发乡村建设规划许可证

D.乡镇企业应向县人民政府城乡规划规划主管部门提出建设申请,经审核后交由镇人民政府核发乡村建设规划许可证

40.住房和城乡建设部印发的《关于规范城乡规划裁量权的指导意见》所称的"违法建设行为"是指(　　)的行为

A.未取得建设用地规划许可证或者未按照建设用地规划许可证的规定进行建设

B.未取得建设用地规划许可证或者未按照规划条件进行建设

C.未取得建设工程规划许可证或者未按照建设工程规划许可证的规定进行建设

D.未取得城乡规划主管部门的建设工程设计方案审查文件和规划条件进行建设

二、案例分析

案例1：×年×月×日,某市中级人民法院对个体工商户李某不服规划局及环保局的行政处罚作出的判决,驳回上诉。至此,这起行政诉讼案以规划局和环保局的胜诉而告终。上诉人李某在办理未报批手续的情况下,擅自将其经营的精研塑料厂从该市某某镇北海路迁至该镇新工业区,增设了八台切割机,新建了挤塑车间,且未取得建设工程许可证,未采取任何环境保护设施后擅自将主体工程正式投入生产。规划局和环保局联合执法,经过调查、取证和组织听证后,作出了《行政处罚决定书》,认定上述行为违反了《城乡规划法》《某某市建设项目环境保护管理条例》对上诉人作出责令停止生产、补办手续并处罚款3万元的行政处罚决定,李某不服,向某市人民法院提起行政诉讼,请求判决撤销处罚决定,李某认为自己是个个体工商户,不属于建设单位,另外,工厂搬迁经营场所,增加小型设备不属于要经建设管理部门、计划管理部门比准的项目,故不属于建设项目。

试问：这起行政诉讼案中李某有哪些违法行为?

案例2：某房地产开发小区物业管理部门为了方便居民存放自行车，提出在小区内两栋板式楼之间空地上建自行车棚，并向城乡规划行政主管部门提出申请，城乡规划部门征求有关居民意见后批准同意。可是当自行车棚建成后，两栋楼的居民发现，车棚有一侧紧邻底层住宅的卧室，遮挡了部分阳光，而且不满足防火及通行要求，居民还发现小区主要的自来水管道从车棚下穿过，于是两栋板式楼的住户以侵害居住生活条件及违反国家有关规定为由，将物业管理部门告上法院。

试问：此案结果如何？

案例3：某企业位于某市中心重点地区，占地面积30000m²，由于企业效益不好，打算利用区位优势，将一部分多余的工厂用地出让，建设住宅，经与房地产开发商洽谈达成协议，由房地产开发商向市规划行政主管部门申请建设住宅。规划行政主管部门经核实城市总体规划和控制性详细规划，该用地使用性质规划为公共设施用地。市规划行政主管部门经现场调研、并分析了周围建设情况和各种条件，认为可以改变用地性质，向市政府作了请示，经市政府批准后核发了"一书两证"。

试问：该市规划行政主管部门和市政府的做法是否妥当。

案例4：某市市区总体规划方案规定，市区东北部将为一绿化隔离地区，面积约600hm²。为使该隔离地区近期实施绿化，市政府采取鼓励政策，如在该地区已实施绿化面积达20%之后，可以利用2%用地开发经营不影响绿化的低层建设项目，并在开发建设的同时将该地区全部绿化。为此乡政府依据市政府的政策向城市规划行政主管部门提出申请，在该用地内建设5万平方米的二层乡村式别墅和2.0万平方米的游艺设施。经市规划行政主管部门审核，确定建设总用地为9.5hm²，并经市政府批准。

试问：经市政府批准的绿化用地改为建设用地是否需办理用地性质变更手续？

案例5：某市有一项引资宾馆工程，有关领导部门特别重视该项建设。投资方坚持要占用该市总体规划中心地区的一块规划绿地。有关领导自引资开始至选址、设计方案均迁就投资方要求，市城市规划行政主管部门曾提出过不同意见，建议另行选址。但未被采纳，也未坚持。之后，投资方依据设计方案擅自开工，市城市规划行政主管部门未予以制止。省城市规划行政主管部门在监督检查中发现此事，立即责令市城市规划行政主管部门依法查处此违法建设活动。

试问：该工程为什么受到查处？省、市城市规划行政主管部门该如何处理这件事？

第十章

文化和自然遗产规划管理

教学目标与要求

了解：进行历史文化遗产保护的意义；我国针对历史文化遗产保护制定的相关法律法规；我国历史文化遗产现存状况；风景名胜区保护规划的意义、目的和任务。

熟悉：历史文化遗产的相关概念、保护等级划分和保护措施；历史文化名城名镇名村保护规划的原则；风景名胜区的分级、范围划分、依据与体制；风景名胜区规划编制和管理的内容、修改要求。

掌握：历史文化名城名镇名村和历史街区的申报条件、申报程序；历史文化名城保护的内容和保护方法；风景名胜区规划实施管理中严格禁止的行为种类和严格控制的行为种类；风景名胜区监督检查要求和违反法律规定应承担的责任。

第一节　历史文化遗产保护管理

截至2015年，国务院已批准公布了125个国家级历史文化名城、252个历史文化名镇、276个历史文化名村、26处世界文化遗产、7处世界自然遗产、4处世界文化自然遗产、3处世界文化景观遗产。历史文化遗产保护工作，由早期的文物个体保护逐步扩大到历史建筑、历史地段、历史文化名城、街区和村镇，以及尚未列入不可移动文物的建筑；从文物本体拓展到文物环境和历史文化名城、街区、村镇的整体格局与传统风貌保护；从历史文化遗产保护扩大到自然遗产保护；从单一抢救性的静态式保护转变为文化遗产保护与经济社会发展结合；并且逐步走出大规模旧城改造的误区，转向对历史文化街区和历史建筑实施保护整治，渐进更新，不断努力为其注入活力，促进其永续发展。保护的对象在扩大，保护的方法不断完善，保护的法制体系日益健全。我国已颁布了《文物保护法》、《城乡规划法》、《文物保护法实施条例》、《历史文化名城名镇名村保护条例》、《历史文化名城保护规划编制要求》，许多省市也制定了相关的地方性法规等，使保护工作做到有法可依。

城乡建设的发展与历史文化遗产的保护是城乡规划管理经常碰到的一对矛盾。近几年随着我国城市化和城市旧区改造进程的加快，这一矛盾愈加突出。保护历史文化遗产更具有紧迫的现实性和重要的历史意义。

一、我国历史文化遗产保护的基本概况

1.历史文化遗产保护的重要意义

① 保护历史文化遗产是抢救我国濒危历史文化资源的需要。我国是历史悠久的文明古国，历史遗留大量珍贵的文化遗迹、遗址和可移动的珍贵文物。但新中国成立前多次战乱、盗匪窃

掠，历史文化遗产损失、流散严重。"文化大革命"中许多文物古迹被毁。20世纪90年代经济高速发展时期，从城市到乡村，历史文化遗产受到"建设性"的破坏更是到处可见。许多历史建筑、历史街区遭到不可恢复的毁坏，这就需要从政府到社会公众都行动起来，以对历史负责和对子孙后代负责的崇高责任感，做好历史文化遗产的抢救、保护工作。通过规划、立法和管理的手段，抢救濒危历史文化遗产免遭"建设性"破坏，更是当前城市规划管理工作者义不容辞的历史职责。

② 保护历史文化遗产是对人民群众和子孙后代进行爱国主义和历史唯物主义教育的需要。历史文化遗产是历代人民创造的历史结晶，历史文化遗产中闪耀着人类创造历史的智慧和反映一定时代的历史科学文化。景色壮美的高山大川、林莽草原是大自然的恩赐，后经历代能工巧匠加工，成为富有人文价值的自然与人工结合的环境，它们都是陶冶情操、激励心志的活教材。许多与革命事件联系的建筑物、环境、场所，身临其境可以缅怀革命的艰辛和创业之不易，使人受到爱国主义和历史唯物主义的教育。

③ 保护历史文化遗产是发展旅游业的需要。具有丰富历史文化遗产资源的城市，往往是旅游业十分发达的城市。如法国巴黎、意大利罗马，每年从世界各地前往旅游的人数都在千万以上，旅游业的收入占这些城市国内生产总值的比例大约在8%～10%。有些历史性城市更是以旅游业为主，由旅游业带动相关产业的发展，旅游业和依托旅游的产业收入，占这些城市国内生产总值的比重高达80%以上。我国一些山川灵秀、历史文化遗产保存较好的城市，这几年旅游收入呈直线上升趋势。随着我国经济发展和人民生活水平不断提高及节假日的增加，国内游客亦逐年有较大增长。因此，保护好历史文化遗产还可以为振兴地方经济带来巨大的效益。

④ 保护历史文化遗产是延续历史文脉，实现社会稳定和可持续发展的需要。城市在历史更新发展中形成了众多由历史建筑、道路格局和自然地理环境构成的城市空间特征，也形成了与此相适应的一定地域的社区生活结构。这些历史形成的环境和生活结构，是联系世世代代生活在其中的居民的精神纽带，是社会稳定的基础。保护好历史地段的环境，以及存在于这个环境中一切具有历史文化价值历史文化遗产，也是实现社会稳定，从而能够激起人们自豪感、认同感的、城市走有机更新和延续历史文脉的发展之路的重要保证。

2.历史文化遗产保护的成效

党中央、国务院历来高度重视文化遗产保护工作，新中国成立以来，已进行了三次全国文物普查，普查登记显示现存各类文物多达776215处。其中经国务院批准，已先后公布了六批全国重点文物保护单位，目前"国保"单位总数达到了2351个。各省、自治区、直辖市人民政府以及设区的市、自治州和县级人民政府核定公布的省、市、县级文物保单位更是不计其数。改革开放30多年来，经济建设强劲的发展势头与日益丰富的物质条件，为历史文化遗产保护提供了越来越多的资金保障和技术支持，极大地加强了历史文化遗产保护工作。

3.历史文化遗产保护的法规体系

为了进一步加强对我国历史文化遗产的保护力度，继承和弘扬中华民族优秀传统文化，推动社会主义先进文化建设，改革开放以来我国制定了一系列法律、法规、行政规章、技术规范和行政措施，并在实践中不断补充完善。

1982年4月26日，第五届全国人大常委会第二十三次会议通过了《中华人民共和国宪法修改草案》，首次将保护历史文化遗产写入宪法。

1982年11月19日，第五届全国人大常委会第二十五次会议通过了《中华人民共和国文物保护法》，明确了文物保护单位和历史文化名城的法律地位。

1982年12月4日，第五届全国人大第五次会议通过了《中华人民共和国宪法修改草案》，公布了宪法全文，确认了保护历史文化遗产的法律规定。

1994年国务院批转了建设部和国家文物局《关于审批第三批国家历史文化名城和加强保护管理请示的通知》。为切实贯彻落实国务院通知精神，建设部、国家文物局于1994年9月5日发布了《历史文化名城保护规划编制要求》，作为国家历史文化名城保护的依据。

2002年10月第九届全国人大常委会第三十次会议修订通过《文物保护法》。随后，2003年5月13日国务院第八次常务会议通过了《文物保护法实施条例》。

2005年7月建设部发布了《历史文化名城保护规划规范》（GB 50357—2005）这是国务院公布第一批国家历史文化名城23年以后，在总结实践经验的基础上，为编制历史文化名城保护规划制定的国家标准。

2005年12月22日国务院下发了《国务院关于加强文化遗产保护的通知》（国发［2005］42号）。

2007年10月28日第十届全国人大常委会第三十次会议通过了《中华人民共和国城乡规划法》。

2007年12月29日第十届全国人大常委会第三十一次会议决定修改并重新公布了《文物保护法》。

2008年4月2日国务院第三次常务会议通过了《历史文化名城名镇名村保护条例》，从而使我国历史文化遗产保护的法规体系得到了进一步完善。

二、历史文化遗产的几个概念

1.世界文化遗产

世界文化遗产是依据国际法，按照严格的申报程序，经联合国教科文组织世界遗产委员会批准，并受到国际社会公认的世界性历史文化遗产的总称。1972年11月21日通过的《世界遗产公约》规定，经联合国教科文组织世界遗产大会审议通过的世界文化遗产、世界自然遗产、世界文化与自然双重遗产，应列入《世界遗产名录》。

（1）世界文化遗产

《世界遗产公约》第一条规定下列各项为世界文化遗产：

文物：从历史、艺术或科学角度看，具有突出的普遍价值的建筑物、石雕和碑画、具有考古性质成分或结构、铭文、窑洞以及联合体；

建筑群：从历史、艺术或科学角度看，在建筑式样、分布均匀或与环境景色结合方面，具有突出的普遍价值的单立或连接的建筑群；

遗址：从历史、审美、人种学或人类学角度看，具有突出的普遍价值的人类工程或自然与人联合工程以及考古地址等地方。

我国目前拥有26处世界文化遗产，包括长城；明清故宫，包括北京故宫、沈阳故宫；秦始皇陵及兵马俑坑（陕西西安市）；莫高窟（甘肃敦煌市）；周口店，北京人遗址（北京市）；布达拉宫，大昭寺、罗布林卡（西藏拉萨市）；承德避暑山庄和周围寺庙（河北承德市）；孔庙、孔林、孔府（山东曲阜市）；武当山古建筑群（湖北丹江口市）；平遥古城（山西）；丽江古城（云南）；苏州古典园林（江苏苏州市）；颐和园（北京市）；天坛（北京市）；大足石刻（重庆大足县）；青城山一都江堰（四川都江堰市）；龙门石窟（河南洛阳市）；明清皇家陵寝，包括明显陵、清东陵、清西陵、明孝陵、十三陵；皖南古村落，含西递村和宏村（安徽黔县）；云冈石窟（山西大同市）；高句丽王城、王陵及贵族墓葬（辽宁桓仁县与吉林集安市）；澳门历史城区；殷墟（河南安阳市）；开平碉楼（广东开平市）；福建土楼；"天地之中"建筑群（河南登封市）。

（2）世界文化与自然双重遗产

根据《世界遗产公约》的定义，将在历史、艺术或科学、审美、人种学、人类学和保存形态方面具有突出的普遍价值的纪念文物、遗迹、建筑物、地形、生物、景观等融为一体的遗产构成世界文化与自然双重遗产。双重遗产同时含有文化遗产和自然遗产两方面的因素，是人类从改造自然、运用自然，到天人合一的自然和谐相处的价值升华。我国现有4处：泰山（山东泰安市）；黄山（安徽黄山市）；峨眉山 - 乐山（四川峨眉山市、乐山市）；武夷山（福建武夷山市）。

（3）世界文化景观遗产

文化景观是一个全新的遗产类型，和单纯层面的文化遗产或者自然遗产迥然不同。这类遗产主要由人类创意设计和建造的建筑及其环境景观构成，代表着"自然与人类的共同作品"。它们不是以文化物证为特征，而是以和自然因素、文化联系为特征，强调人与环境共荣共存、人与自然融合。文化景观遗产作为"连接自然与文化的纽带"，体现了生物多样性和文化的多样性相互之间的交叉互动。在我国已有的40项世界遗产中，仅有江西庐山、山西五台山和杭州西湖享有文化景观遗产的殊荣。

（4）非物质文化遗产

非物质文化遗产又称口头或无形遗产，是相对于有形遗产即可传承的物质遗产而言。《保护非物质文化遗产公约》确定的非物质文化遗产，指"来自某一文化社区的全部创作，这些创作以传统为根据，由某一群体或一些个体所表达，并被认为是符合社区期望的作为其文化和社会特性的表达形式，其准则和价值通过模仿或其他方式口头相传"，包括各种类型的民族传统和民间知识，各种语言，口头文学，风俗习惯，民族民间的音乐、舞蹈、礼仪、手工艺，传统医学，建筑艺术以及其他艺术。我国现有4项：昆曲；古琴；新疆维吾尔木卡姆艺术；蒙古族长调民歌。

2.历史文化遗产

历史文化遗产，在世界各国有不尽相同的解释。1972年11月16日联合国教科文组织在巴黎通过的《保护世界文化和自然遗产公约》指出，应当保护属于全人类的具有普遍价值的文化和自然遗产，并将这两类遗产作了如下解释。

① 文化遗产　是指从历史、艺术或科学角度来看，具有普遍价值的建筑物、雕刻、绘画、遗物、铭文、洞穴等文物；在景观、建筑样式、布局与环境景色结合方面具有突出价值的建筑或建筑群；从历史、美学或人类学角度看，具有突出的普遍价值的人工物品或人与自然共同创造的物品和工程。

② 自然遗产　是指从美学或科学的角度看具有突出普遍价值的由自然和生物结构或这类结构群落组成的一种自然面貌；地质、自然地理结构和明确划定的濒危动植物生长区；天然名胜或明确划定的自然保护区域。

3.文物、文物古迹、文物保护单位

（1）文物

《中华人民共和国文物保护法》第一章第二条明确规定，在中华人民共和国境内，受国家保护的文物有如下五类：

① 具有历史、艺术、科学价值的古文化遗址、古墓葬、古建筑、石窟寺和石刻、壁画；

② 与重大历史事件、革命运动和著名人物有关的，具有重要纪念意义、教育意义和史料价值的建筑物、遗址、纪念物；

③ 历史上各时代珍贵的艺术品、工艺美术品；

④ 重要的革命文献资料以及具有历史、艺术、科学价值的手稿、古旧图书资料等；

⑤ 反映历史上各时代、各民族社会制度、社会生产、社会生活的代表性实物。

以上5类经过鉴定并通过一定的程序确定需要保护的文物，按国家文物保护法及实施细则规定实时保护。

按照文物的不同存续方式，将上列文物划分为不可移动文物和可移动文物两大类别。

不可移动文物是指古文化遗址、古墓葬、古建筑、石窟寺、石刻、壁画、近代现代重要史迹和代表性建筑，包括文物保护单位、历史文化名城、历史文化街区、历史文化名镇、历史文化名村。

可移动文物是指历史上各时代重要实物、艺术品、文献、手稿、图书资料、代表性实物等。

（2）文物古迹

人类在历史上创造的具有价值的不可移动的实物遗存，包括地面与地下的古遗址、古建筑、古墓葬、古窟寺、古碑石刻、近代代表性建筑、革命纪念建筑等。

（3）文物保护单位

经县级以上人民政府核定公布应予以重点保护的文物古迹。

4.历史建筑和保护建筑

历史建筑是有一定历史、科学、艺术价值，反映城市历史风貌和地方特色的建（构）筑物。历史建筑大致可以分为：

① 在中国建筑史或城市规划建设史上具有一定地位和史料价值的建筑物、构筑物；

② 在建筑类型、空间、形式上有特色或具有较高艺术价值的建筑物、构筑物；

③ 在我国建筑科学技术发展方面具有重要意义的建筑物、构筑物；

④ 我国近现代著名建筑师设计的代表性作品；

⑤ 反映某一城市、地区传统文化风貌和地方特色的标志性建筑。

保护建筑是具有较高历史、科学和艺术价值，规划认为应按文物保护单位保护方法进行保护的建筑物、构筑物。

5.历史地段和历史文化街区

历史地段是指保留遗存较为丰富，能够比较完整、真实地反映一定历史时期传统风貌或民族、地方特色，存有较多文物古迹、近代史迹和历史建筑，并有一定规模的地区。

历史文化街区是指经省、自治区、直辖市人民政府核定公布的保存文物特别丰富、历史建筑集中成片、能够较完整和真实地体现传统格局和历史风貌，并具有一定规模的区域。

6.历史文化名城

城市是在历史的长河中不断更新和发展的。世界上由于战争的破坏和经济的发展，完全保存着历史面貌的城市是极其少见的。我国历史文化名城的概念最早见于1982年公布的《中华人民共和国文物保护法》，该法第八条规定，历史文化名城应是"保存文物特别丰富、具有重大历史价值和革命意义的城市"。1986年对历史文化名城规定了核定：目前是否还保存有较丰富完好的文物古迹和具有重大历史、科学、艺术价值；作为原则，历史文化名城的现状格局和风貌应保留着历史特色，并具有一定的代表城市传统风貌的街区；文物古迹主要分布在城市市区或郊区，保护和合理使用这些历史文化遗产对该城市的性质、布局、建设方针有重要影响。

三、历史文化遗产保护等级

基于历史文化遗产保护管理的需要，按照国际法和我国法律法规的规定，划分若干保护等级，并根据文物的不同类别实行分类保护，分级管理，具体分类如图10-1所示。

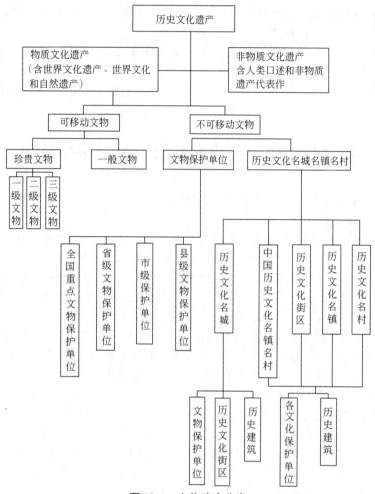

图10-1 文物遗产分类

1.可移动文物

分为珍贵文物、一般文物。一般文物分为一级文物、二级文物、三级文物。

2.不可移动文物

分为7个保护等级，上一等级不可移动文物须由下一等级不可移动文物遴选。

① 世界文化遗产与世界文化和自然遗产　符合《世界遗产公约》第一条规定标准的文化遗产，由联合国教科文组织世界遗产大会审议通过，列入《世界遗产目录》。

② 全国重点文物保护单位和历史文化名城　选择具有重大历史、艺术、科学价值的文物，由国务院核定公布为全国重点文物保护单位。保存文物特别丰富并且具有重大历史价值或者革命纪念意义的城市，由国务院核定公布为历史文化名城。

③ 中国历史文化名镇和中国历史文化名村　主管部门选择已批准公布的具有重大历史、艺术、文物科学价值的历史文化名镇、名村，为中国历史文化名镇、名村。国务院建设主管部门会同国务院确定。

④ 省级文物保护单位和历史文化街区、名镇、名村　省级文物保护单位，由省、自治区、直辖市人民政府核定公布，并报国务院备案。省域内保存文物特别丰富并且具有重大历史价值或者革命纪念意义的城镇、街道、村庄，由自治区、直辖市人民政府核定公布为历史文化街区、历史文化名镇和名村，并报国务院备案。

⑤ 市级文物保护单位　市级文物保护单位由设区的市、自治州人民政府核定公布，并报省、自治区、直辖市人民政府备案。

⑥ 县级文物保护单位　县级文物保护单位由县级人民政府核定公布，并报省、自治区、直辖市人民政府备案。

⑦ 其他文物　尚未核定公布为文物保护单位的不可移动文物，由县级人民政府文物行政部门予以登记并公布。

第二节　历史文化名城名镇名村保护管理

一、历史文化名城名镇名村保护基本原则

1.坚持在科学规划指导下实施严格保护

历史文化名城名镇名村保护规划是对历史文化名城、名镇、名村保护和监督管理工作的前提和依据。我国现有的历史文化名城、名镇、名村，涉及国土面积广阔，类型和保护状况差异很大，必须要有科学的规划指导，避免盲目性和随意性，防止急功近利造成文化遗产的损毁和破坏。历史文化名城名镇名村保护的根本目的在于传承文明，实现中华民族的伟大复兴。因此，保护规划的编制和实施，应当对历史文化名城名镇名村的自然人文资源、生态环境、历史变迁、文化遗产现状和经济社会发展态势等进行深入研究，充分发掘其历史价值和文化特色，将其空间形态保护与历史文脉传承很好地结合起来，正确把握文化遗产保护和经济社会发展的关系，明确历史文化名城名镇名村保护的指导思想、基本原则、保护与发展的总体思路、工作重点，制定行之有效的保护措施。

随着工业化和城镇化快速发展，我国的文化生态正在发生巨大的变化，由于对历史文化名城名镇名村保护范围内进行的过度房地产开发、旅游开发和商业开发监管不力，导致相当多历史城镇和村庄整体风貌遭到破坏，具有民族特色、地方特色的传统文化正在消失，因此，必须进一步加大力度，坚持在科学规划指导下实施严格保护，才能切实保障历史文化遗产的安全，促使历史文化名城名镇名村永续发展。

2.维护历史文化遗产的真实性和完整性

真实性和完整性是历史文化遗产的固有属性，也是取得历史文化名城名镇名村法律地位的基本要求。真实性是指历史遗存的原物原状及其保存着的全部历史信息，它所记载的是特定历史时期、历史阶段、历史环境、历史事件、历史人物，以及历史时代的文化艺术或科学成就的事实真相，反映了历史的本来面目和本质特征。历史文化遗产之所以珍贵，首先在于它的真实性，因而鉴别真伪，检验真实性的程度及品位，自然成为评定历史文化遗产价值的主要标准。

完整性体现的是历史文化遗产保存、保护的范围、规模和程度，同样也是真实性的一种表征。对于历史文化名城名镇名村，无论大小如何，其空间布局、传统肌理和建筑、街道、山丘、水系、古桥、古木，以及起居形态、邻里关系等，均有机地联系在一起，唇齿相依，互为条件，且离不开赖以存续的自然环境和人文环境。它们形成的传统格局和历史风貌共同阐释着历史文化名城名镇名村的文化和价值。维护历史文化遗产的完整性，强调整体保护原则，目的在于确保其整体的和谐关系。国际社会保护文化遗产的大量实践已经表明整体保护是成功经验之一。

3.正确处理遗产保护与经济发展的关系

历史文化名城、名镇、名村具有保护文化遗产和发展经济，推动社会进步的双重职能。一方面这些历史遗存的城镇和村庄是见证历史、传承文明的物质载体，一旦疏于保护，遭到破坏，犹如覆水难收，势必永久失去历史的记忆和立命的根基，从而割断历史文脉，变成没有历

史之魂的躯壳，而且还将影响经济竞争软实力；另一方面历史文化名城名镇名村同所有城镇和村庄一样，也需要发展经济，改善人居环境，提高生活质量，这是不以人的意志为转移的客观规律。因此要正确处理文化遗产保护与经济社会发展的关系。

二、历史文化名城名镇名村的申报与批准

1.历史文化名城名镇名村和街区的申报条件

（1）历史文化名城名镇名村的申报条件

① 保存文物特别丰富；

② 历史建筑集中成片；

③ 保留着传统格局和历史风貌；

④ 历史上曾经作为政治、经济，文化、交通中心或者军事要地，或者发生过重要历史事件，或者其传统产业、历史上建设的重大工程对本地区的发展产生过重要影响，或者能够集中反映本地区建筑的文化特色、民族特色。

同时对于申报历史文化名城的，特别规定了一条附加条件，即在所申报的历史文化名城保护范围内还应当有2个以上的历史文化街区。

（2）历史文化街区应当具备的条件。

① 有比较完整的历史风貌；

② 构成历史风貌的历史建筑和历史环境要素基本上是历史存留的原物；

③ 历史文化街区用地面积不小于1hm²；

④ 历史文化街区内文物古迹和历史建筑的用地面积宜达到保护区内建筑总用地的60%以上。

2.历史文化名城名镇名村申报材料

① 历史沿革、地方特色和历史文化价值的说明；

② 传统格局和历史风貌的现状；

③ 保护范围；

④ 不可移动文物、历史建筑、历史文化街区的清单；

⑤ 保护工作情况、保护目标和保护要求。

申报历史文化街区应当提交的申报材料参照以上规定

3.历史文化名城名镇名村申报程序

① 申报历史文化名城，由省、自治区、直辖市人民政府提出申请，经国务院建设主管部门会同国务院文物主管部门组织有关部门、专家进行论证，提出审查意见，报国务院批准公布。

② 申报历史文化名镇、名村，由所在地县级人民政府提出申请，经省、自治区、直辖市人民政府确定的保护主管部门会同国务院文物主管部门组织有关部门、专家进行论证，提出审查意见，报省、自治区、直辖市人民政府批准公布。

③ 对符合《历史文化名城名镇名村保护条例》规定的申报条件而没有申报历史文化名城的城市，国务院建设主管部门会同国务院文物主管部门可以向该城市所在地的省、自治区、直辖市人民政府提出申请建议；仍不申报的，可以直接向国务院提出确定该城市为历史文化名城的建议。

④ 对符合《历史文化名城名镇名村保护条例》规定的申报条件而没有申报历史文化名镇、名村的镇、村庄，省、自治区、直辖市人民政府确定的保护主管部门会同同级文物主管部门可以向该镇、村庄所在地县级人民政府提出申请建议；仍不申报的，可以直接向省、自治区、直辖市人民政府提出确定该镇、村庄为历史文化名镇、名村的建议。

⑤ 国务院建设主管部门会同国务院文物主管部门可以在已批准公布的历史文化名镇、名村中，严格按照国家有关评价标准，选择具有重大历史、艺术、科学价值的历史文化名镇、名村，经专家论证，确定为中国历史文化名镇、名村。

申报历史文化街区参照以上②的规定。

三、历史文化名城保护的规划管理

历史文化名城是历史文化遗产的综合体，涵盖历史文化街区、文物保护单位和大量历史建筑。因此其规划管理应当针对不同层次保护对象的历史价值、艺术价值、科学价值、文化内涵及其历史、社会、经济背景和现状条件，因地制宜采取保护措施，提出合理利用历史文化遗产的途径和方式。

1.保护原则

① 系统保护原则　要从城市整体出发，综合运用规划的、法律的、管理的手段，统筹考虑城市的新建、改建和历史文化遗产的保护。对历史文化名城中存在着的历史遗产和自然、人文景观资源，不能人为地阻断他们之间的联系，对于已经或正在被阻断的现象，要千方百计地通过规划和管理，由点到线、由线到面，将历史文化遗产从分散、分割的状态纳入名城的系统保护之中。

② 特色保护原则　历史文化名城不可能将整个城市全面保护，需要保护的是构成历史文化名城的特色部分。而特色必须在城市自身发展的历史脉络中，以及与国家、民族各个历史阶段政治、经济、文化背景的联系中分析提炼。

③ 物质形态与非物质形态的保护并重原则　构成历史文化名城特色的要素，通常都有物质形态和非物质形态两大部分。特色的传统文化风貌与特色的地球物质环境是魂与体的关系，两者都保护，历史文化名城才有生命力。

2.保护内容

历史文化名城保护的内容分物质形态和非物质形态两大类。从城市规划管理部门现有的职能看，主要是做好历史文化名城的物质形态的保护，并为非物质形态的保存创造规划和环境条件。

（1）物质形态保护

① 文物古迹、优秀历史建筑的保护　包括古建筑、古园林、古桥、古树、历史遗迹、遗址、纪念地，以及历史名人故居、近代优秀建构筑物等；

② 历史地段的保护　包括文物古迹、历史建筑集中、具有地区特色风貌、至今仍有生命力和文化魅力的地段、街区，这是名城保护的重点；

③ 城市形态特征的保护　包括历史形成的城市总体空间格局、几何形态、建筑总体风格以及记录各个时期城市形态演变历程的标志性特征；还包括构成名城形态特征中起着重要作用的山丘、河湖自然环境和经各个时代人类加工过的自然环境。

（2）非物质形态保存

① 语言文字；

② 城市文化传统、民俗风情、生活方式、礼仪习俗、道德伦理、审美观念、地方曲艺等；

③ 特色民间生产工艺、技术等。

3.保护方法

（1）历史文化名城的保护方法

1）组织编制历史文化名城保护规划　《文物保护法》第十四条第三款明确规定历史文化名城公布后，其所在地县级以上人民政府应当组织编制专门的历史文化名城保护规划，并纳入城市总体规划。为此《历史文化名城名镇名村保护条例》还单列一章，对保护规划的内容、规划期限、编制审批程序、规划公布、规划修改和保护规划实施情况的监督检查作出了若干规定。而且在第五章法律责任第三十八条，特别针对地方人民政府违反条例规定未组织编制保护规划，或者未按照法定程序组织编制保护规划，擅自修改保护规划，未将批准的保护规划予以公布行为，由上级人民政府责令改正，对直接负责的主管人员和其他直接责任人员，依法给予处分。由此可见保护规划对于历史文化名城保护至关重要的作用。

《历史文化名城名镇名村保护条例》规定保护规划的内容有如下五项：

① 保护原则、保护内容和保护范围；

② 保护措施、开发强度和建设控制要求；

③ 传统格局和历史风貌保护要求；

④ 历史文化街区的核心保护范围和建设控制地带；

⑤ 保护规划分期实施方案。

2）按照不同保护界线采取相应措施　在编制历史文化名城保护规划时，应当划定保护范围（含核心保护范围建设控制地带）的具体界线，根据不同层次保护界线的具体要求，采取相应的保护措施。

① 不同层次保护界线的概念及划定　由于历史文化名城的主体部分由历史文化街区构成，因此保护范围分为核心保护范围和建设控制地带两个层次。核心保护范围是指在保护范围以内需要重点保护的区域，是历史文化街区的精华所在；而建设控制地带则位于历史文化名城保护范围以内、核心保护范围以外，是为确保核心保护范围的风貌、特色完整性而必须进行建设控制的地区。在编制保护规划时，按照《保护规范》要求，也可以根据实际需要，在历史文化街区的建设控制地带以外，划定环境协调区界线。

② 针对不同保护界线的相应措施　在保护范围内要求各类活动不得损害历史文化遗产的真实性和完整性，不得对其传统格局和历史风貌构成破坏性影响。保护措施分为两种，一是禁止；二是控制。

严格禁止的活动包括：开山、采石、开矿等破坏传统格局和历史风貌的活动；占用保护规划确定保留的园林绿地、河湖水系、道路等；修建生产、储存爆炸性、易燃性、放射性、毒害性、腐蚀性物品的工厂、仓库等；在历史建筑上刻画、涂污。

严格控制的活动包括：改变园林绿地、河湖水系等自然状态的活动；在核心保护范围内进行影视摄制、举办大型群众性活动；其他影响传统格局、历史风貌或者历史建筑的活动。要求进行这些活动应当保护其传统格局、历史风貌和历史建筑；制订保护方案，经城市、县人民政府城乡规划主管部门会同同级文物主管部门批准，并依照有关法律、法规的规定办理相关手续。

在建设控制地带内应当严格控制建筑的性质、高度、体量、色彩及形式。建设控制地带以外的地区，应考虑延续历史风貌的要求。

在核心保护范围内应当满足历史文化街区、历史建筑、文物古迹和文物埋藏区的安全要求，确保必要的安全距离，防止建设活动对其真实性和完整性带来破坏。要求除新建、扩建必要的基础设施和公共服务设施以外，不得进行其他新建、扩建活动。即使拆除历史建筑以外的建筑物、构筑物或者其他设施的，也应经城市、县人民政府城乡规划主管部门会同同级文物主管部门批准。

3）古城保护与新区建设相结合　开辟新区，保护古城，是西方国家在经济加速发展、城市规模迅速膨胀阶段采用的有效办法。我国经过几十年实践探索，表明古城保护与新区建设相结合同样是一条有效途径。在城乡建设中，为了避免对历史文化名城进行大规模的拆迁改造，可以在古城保护范围以外另辟新区，这样既可以比较完整地保护古城或历史文化街区，减轻现代经济建设和社会生活对古城的冲击，又可以保证发展经济和改善居住生活所需的空间，成本低，投资少，见效快，有利于迅速发展现代综合功能集中的新区；而古城则主要承担居住、文化和旅游功能。

4）遗产保护与旅游开发相结合　在切实保护好历史文化名城的基础上，合理利用其丰厚的遗产资源发展文化旅游，不仅可以赋予文化遗产新的实用功能，使文化遗产及其文化内涵得到充分展示，让旅游者从中感受和体验中华文明，加深对中国优秀历史文化的认知，而且可以从旅游收益中，为保护文化遗产源源不断地增加巨额资金投入，形成遗产保护与旅游发展的良性循环。

（2）历史文化街区的保护方法

① 历史文化街区的保护界线　由内向外分为保护区、建设控制地带和环境协调区三个圈层。在历史文化名城内的历史文化街区的保护区，又称核心保护范围。

划定保护界线应按《历史文化名城保护规划规范》的三项要求进行定位：其一，文物古迹或历史建筑的现状用地边界；其二，在街道、广场、河流等处视线所及范围内的建筑物用地边界或外观边界；其三，构成历史风貌的自然景观边界。

② 历史文化街区的控制要求　在历史文化街区核心保护范围内进行建设活动，按以下要求进行规划控制：不得擅自改变街区空间格局和建筑原有的立面、色彩；除确需建造的建筑附属设施外，不得进行新建、扩建活动，对现有建筑进行改建时，应当保持或者恢复其历史文化风貌；不得擅自新建、扩建道路，对现有道路进行改建时，应当保持或者恢复其原有的道路格局和景观特征；不得新建工业企业，现有妨碍历史文化街区保护的工业企业应当有计划迁移。

在历史文化街区建设控制地带内进行建设活动，应当符合以下要求：新建、扩建、改建建筑时，应当在高度、体量、色彩等方面与历史风貌相协调；新建、扩建、改建道路时，不得破坏传统格局和历史风貌；不得新建对环境有污染的工业企业，现有对环境有污染的工业企业应当有计划迁移。

历史文化街区内应保护文物古迹、保护建筑、历史建筑和环境要素。当历史文化街区的核心保护范围与文物保护单位或保护建筑的建设控制地带出现重叠时，应服从核心保护范围的规划控制要求。当文物保护单位或保护建筑的保护范围与历史文化街区出现重叠时，应服从文物保护单位或保护建筑的保护范围的规划控制要求。历史文化街区建设控制地带内应严格控制建筑的性质、高度、体量、色彩及形式。位于历史文化街区外的历史建筑群，应按照历史文化街区内保护历史建筑的要求予以保护。

③ 历史文化街区的保护整治　我国历史文化街区的建筑大都是传统的砖木结构房屋，因资金不足，长期缺乏维修保养，损坏严重。加之居住人口增加，住房拥挤，以致乱搭、乱建、乱改造，造成环境风貌的严重破坏。因此对其保护的主要目标是保护整体风貌，注重风貌的保持和延续。保护方法除按《文物保护法》关于"必须遵守不改变文物原状的原则"要求，重点保护历史街区内的文物保护单位和历史建筑中具有较高历史、科学和艺术价值的保护建筑以外，还应结合当地实际，采取"控制-整治-更新利用"的方式，区分不同情况，实行分类保护和管理。

第一，严格控制各项建设活动，防止新建不协调建筑，遏制传统风貌继续破坏。

在快速工业化和城镇化发展的同时，由于思想认识、经济水平和保护监管等原因，我国历史文化街区在很大程度上遭到了严重破坏，现存数量日益减少，街区内持续新增不协调建筑，文物古迹和历史建筑的用地面积仍然被大量蚕食，文化遗产的历史环境正在消失。这种状况给历史文化街区保护带来了极大困难。许多地方即使编制了保护规划，也无力投入巨大的资金拆除不协调建筑，尽快完成保护整治和更新利用。因此首要任务是按照《历史文化名城名镇名村保护条例》、《历史文化名城保护规划规范》和保护规划对历史文化街区的要求及其分期实施方案，对各项建设活动进行规划控制，并根据当地经济条件，逐步疏解人口压力，整治街区环境和现有的不协调建筑，完善市政公用设施以及防灾减灾设施，提高人居环境质量。通过对历史文化街区的保护性整治，按照历史建筑和一般建（构）筑物的功能、保护性更新利用，以期适应现代生活的需要。

第二，加强历史街区保护整治，禁止大拆大建改造，维护传统格局和历史风貌。

在历史文化街区核心保护范围和建设控制地带内，禁止进行大规模拆迁改造，禁止任何单位或个人损坏或者擅自迁移、拆除历史建筑。应当坚持渐进式的保护和整治，控制新建、扩建建筑物、构筑物，切实维护传统格局，延续历史风貌。保护和整治包括四个方面：一是对与历史风貌相冲突的一般建筑物、构筑物进行整修、改造或者拆除；二是对与历史风貌相冲突的环境要素进行清理、整顿、修缮、维护；三是对历史建筑群进行维修、改善；四是对市政公用设施和现代生活设施进行改善和整饰。保护和整治的目的是在空间肌理、街道尺度、建筑高度、体量、外观及色彩等方面，维护历史文化街区的传统格局和历史风貌。

第三，探索合理的更新利用方式，赋予文化遗产适当功能，服务于现代经济社会。

对于历史文化街区，要在保护历史信息真实遗存的同时，不断探索合理的更新利用的方式，使其满足现代经济社会发展的需要，促进古代文明与现代文明有机结合，为历史文化遗产注入新的活力。更新利用的核心，是在保护历史文化街区传统格局和历史风貌的前提下，千方百计为那些不再用作原来用途的文化遗产寻找新的合适用途。其中对于原使用功能和文化特征仍可适应时代发展的文物、历史建筑，则使其融入现代经济与社会生活中，继续发挥作用，通过鲜活的形态保护和利用，传承历史信息与历史文脉；对于原使用功能已有部分不再适合现代社会发展，但其文化特征仍然具有重要影响的文物和历史建筑，应当通过寻找与原来功能贴近的合适用途，赋予新的功能，使新用途和新功能既能体现历史文化内涵，传承其历史文脉，也能直接为发展旅游产业创造条件，使人们从居住、游憩、娱乐、购物、餐饮活动中获得独特感受。更新利用贵在合理，应当在有限制的条件下和适度的范围内，通过对历史建筑内部及非特色空间部位的合理改建、适度增建及使用空间调整、内部设施更新，达到提升现代生活质量和环境质量，创造历史空间有机延续的目的。

（3）历史建筑的保护方法

历史建筑是历史文化街区，乃至历史文化名城名镇名村中大量留存的建筑群落，也是构成历史文化名城名镇名村街区传统格局以及历史风貌的主体。

对于历史建筑，城市和县人民政府应当设置保护标志，建立历史建筑档案。

对于历史建筑的保护方法主要有如下三种。

① 历史建筑的维护修缮 《历史文化名城名镇名村保护条例》第三十三条规定，历史建筑的所有权人应当按照保护规划的要求，负责历史建筑的维护和修缮。县级以上地方人民政府可以从保护资金中对历史建筑的维护和修缮给予补助。历史建筑有损毁危险，所有权人不具备维护和修缮能力的，当地人民政府应当采取措施进行保护。任何单位或者个人不得损坏或者擅自迁移、拆除历史建筑。

② 历史建筑的原址保护 《历史文化名城名镇名村保护条例》第三十四条规定，建设工程选址，应当尽可能避开历史建筑；因特殊情况不能避开的，应当尽可能实施原址保护。因公共利益需要进行建设活动，对历史建筑无法实施原址保护、必须迁移异地保护或者拆除的，应当由城市、县人民政府城乡规划主管部门会同同级文物主管部门，报省、自治区、直辖市人民政府确定的保护主管部门会同同级文物主管部门批准。

③ 历史建筑的改建更新 《历史文化名城名镇名村保护条例》第三十五条规定，对历史建筑进行外部修缮装饰、添加设施以及改变历史建筑的结构或者使用性质的，应当经城市、县人民政府城乡规划主管部门会同同级文物主管部门批准，并依照有关法律、法规的规定办理相关手续。

（4）文物保护单位的保护方法

① 文物保护基本要求　历史文化名城内的文物保护单位有的地处历史文化街区，有的独立存在。无论存续方式如何，均应贯彻"保护为主、抢救第一、合理利用、加强管理"的方针，依法划定必要的保护范围和建设控制地带。在文物保护单位的保护范围和建设控制地带内，不得建设污染文物保护单位及其环境的设施，不得进行可能影响文物保护单位安全及其环境的活动。对已有的污染文物保护单位及其环境的设施，应当限期治理。

文物保护应当按照原址、原状保护的原则，采取相应的保护措施。无法实施原址保护，必须迁移异地保护或者拆除的，应当报省、自治区、直辖市人民政府批准；迁移或者拆除省级文物保护单位的批准前须征得国务院文物行政部门同意。全国重点文物保护单位不得拆除；需要迁移的，须由省、自治区、直辖市人民政府报国务院批准。不可移动文物已经全部毁坏的，应当实施遗址保护，不得在原址重建。但因特殊情况需要在原址重建的，由省、自治区、直辖市人民政府文物行政部门报省、自治区、直辖市人民政府批准；全国重点文物保护单位需要在原址重建的，由省、自治区、直辖市人民政府报国务院批准。

② 文物保护范围内管理　《文物保护法》第十五条规定："各级文物保护单位，分别由省、自治区、直辖市人民政府和市、县人民政府划定必要的保护范围，作出标志说明，建立记录档案，并区别情况分别设置专门机构或者专人负责管理。其中，全国重点文物保护单位的保护范围，由省、自治区、直辖市人民政府文物行政部门报国务院文物行政部门备案。"

文物保护单位的保护范围是对文物保护单位本体及其周围一定范围实施重点保护的区域。文物保护单位的保护范围，应当根据文物保护单位的类别、规模、内容以及周围环境的历史和现实情况合理划定，并在文物保护单位本体之外保持一定的安全距离，确保文物保护单位的真实性和完整性。历史文化街区内的文物保护单位的保护界线划定和具体规划控制要求，应与历史文化街区保护界线划定及控制要求一致。

文物保护单位的保护范围内不得进行其他建设工程或者爆破、钻探、挖掘等作业。但是，因特殊情况需要在文物保护单位的保护范围内进行其他建设工程或者爆破、钻探、挖掘等作业的，必须保证文物保护单位的安全，并经核定公布该文物保护单位的人民政府批准，在批准前应当征得上一级人民政府文物行政部门同意；在全国重点文物保护单位的保护范围内进行其他建设工程或者爆破、钻探、挖掘等作业的，必须经省、自治区、直辖市人民政府批准，在批准前应当征得国务院文物行政部门同意。

③ 建设控制地带内管理　文物保护单位的建设控制地带是指在文物保护范围外，为保护文物保护单位的安全、环境、历史风貌对建设项目加以限制的区域。文物保护单位的建设控制地带应当根据文物保护单位的类别、规模、内容以及周围环境的历史和现实情况合理划定。在建设控制地带内，不得破坏文物保护单位的历史风貌；工程设计方案应当根据文物保护单位的级别，经相应的文物行政部门同意后，报城乡建设规划部门批准。

全国重点文物保护单位的建设控制地带，经省、自治区、直辖市人民政府批准，由省、自治区、直辖市人民政府的文物行政主管部门会同城乡规划主管部门划定并公布。省级、设区的市、自治州级和县级文物保护单位的建设控制地带，经省、自治区、直辖市人民政府批准，由核定公布该文物保护单位的人民政府的文物行政主管部门会同城乡规划主管部门划定并公布。

第三节　风景名胜区资源保护与规划管理

风景名胜资源是大自然和前人留给我们的珍贵自然和文化遗产，是一种不可再生的资源。新中国成立后，在党中央、国务院的高度重视下，不断加强风景名胜资源保护，特别是改革开放以来，我国陆续制定了一系列法规、规章和规范性文件，并于1982年设立第一批国家级风景名胜区，开始将大批珍贵的风景名胜资源纳入了国家保护和管理的轨道。各地以风景名胜区为载体，大力发展旅游业，带动了地方经济与社会的发展，对于推动国民经济持续快速健康发展，增强综合国力，改善和提高人民生活水平作出了重要贡献。但是，近些年来随着我国旅游消费迅速增长，一些风景名胜区追求眼前经济利益，忽视风景名胜资源保护，超强度开发，造成自然生态和景观资源的严重破坏；擅自在风景名胜区内批地建房进行酒店宾馆建设的问题屡有发生；在风景名胜区内开山取石、毁林垦荒和滥伐树木、污染环境等现象也仍未停止。为了加强对风景名胜区的管理，更好地保护、利用和开发风景名胜区资源，制定了《风景名胜区条例》，并于2006年9月19日公布，自2006年12月1日起施行。

一、风景名胜区的概念、设立与分级

1.风景名胜区的内涵

风景名胜的称谓早已有之，古往今来人们总是把有文物古迹或者优美风景的名山大川称为风景胜地。这些风景名胜是大自然的奇妙造化和人类巧夺天工的创造，自然景观别具风采，人文景观特立独行，常常摄人心魄令人流连忘返。因此风景名胜也总是和观赏游览紧密联系在一起，以景物环境作为历史文化的载体。我国的风景名胜不计其数，广布各地，却不是所有的风景名胜均可以设立为风景名胜区。

2.风景名胜区的法定概念

风景名胜区有别于通常所说的风景名胜或者名胜古迹。最大的区别在于它是一个严格的法定概念。《风景名胜区条例》所谓风景名胜区，是指经过特别法定程序，由国家和地方政府批准设立的"具有观赏、文化或者科学价值，自然景观、人文景观比较集中，环境优美，可供人们游览或者进行科学、文化活动的区域。"这一特殊区域属于我国风景名胜的佼佼者，代表着国家的经典风景名胜。但是风景名胜区并非远离尘世、与世隔绝的净土仙境，而是与地方经济社会发展有着极为密切联系。许多风景名胜区地处城市、镇和村庄的规划区内，甚至位于城市的中心城区，成为当地居民生产生活的环境和载体，为当地居民提供了生产生活资料，是人们获得物质利益和精神享受的源泉。即使位于规划区以外的风景名胜区，也仍然是接纳人们观赏、游览、考察、研究的资源环境所在。人的行为和活动是风景名胜资源保护的主体。

3.风景名胜区的主要功能

风景名胜区的主要功能在于保护生态、生物多样性与自然环境、文化遗产；发展休闲观光旅游和文化旅游；开展科研和文化教育活动；促进风景名胜所在地经济社会发展。

4.风景名胜区的设立

风景名胜区是由国家认证登录，并受国家法律保护的特殊风景名胜资源区域。如同国际社会保护世界遗产资源那样，必须取得相应法定资格，才能享有法律地位。《风景名胜区条例》规定风景名胜区的设立，也是国家认证登录制度的一种，旨在保护、利用和管理不可再生的风景名胜资源，是在风景名胜区内开展各项工作的前提和基础。为了便于对风景名胜区进行监督管理，《风景名胜区条例》还规定在设立风景名胜区的同时，根据申报风景名胜区的风景名胜资源所具有的保护价值和代表性，进行等级划分，按照不同的保护等级，确定不同管理机构，明确相应的管理职责与要求。

严格保护和合理利用风景名胜资源是我国设立风景名胜区的出发点和落脚点，贯穿在风景名胜区发展的始终，是我国风景名胜区工作的根本任务。为此《风景名胜区条例》第七条第一款明确规定："设立风景名胜区，应当有利于保护和合理利用风景名胜资源。"同时鉴于风景名胜区和自然保护区既有密切联系，又在设立目的、性质、功能、服务对象、管理方式和保护管理的法规依据等方面有着很大差异，因此为了避免重合或者交叉，给实际保护、利用和管理工作造成冲突，《风景名胜区条例》第七条第二款还作出了以下规定："即新设立的风景名胜区与自然保护区不得重合或者交叉；已设立的风景名胜区与自然保护区重合或者交叉的，风景名胜区规划与自然保护区规划应当相协调"。

5.风景名胜区的分级

风景名胜区以自然景观为主，得益于大自然禀赋，具有地域性、多样性的鲜明特征。加之融入了深厚的历史文化，创造了品位价值很高的人文景观，或者在某一地域，或者在全国，乃至在世界范围内产生重要影响。为了适应风景名胜区的管理和发展需要，按照《风景名胜区条例》规定，根据不同风景名胜区资源的观赏、文化、科学价值、环境质量、规模大小、旅游条件，将设立的风景名胜区划分为国家级风景名胜区和省级风景名胜区。

① 自然景观和人文景观能够反映重要自然变化过程和重大历史文化发展过程，基本处于自然状态或者保持历史原貌，具有国家代表性的，可以由省、自治区、直辖市人民政府提出申请，国务院建设主管部门会同国务院环境保护主管部门、林业主管部门、文物主管部门等有关部门组织论证，提出审查意见，报国务院批准公布，设立为国家级风景名胜区。

② 具有区域代表性的，可以由县级人民政府提出申请，省、自治区人民政府建设主管部门或者直辖市人民政府风景名胜区主管部门，会同其他有关部门组织论证，提出审查意见，报省、自治区、直辖市人民政府批准公布，设立为省级风景名胜区。

6.风景名胜区范围的划定

为了对拟设立风景名胜区的可行性和必要性进行充分研究和论证，并为风景名胜区设立后的依法管理、资源保护、规划建设和合理利用工作奠定良好基础，《风景名胜区条例》对申请设立风景名胜区需要提交的材料内容作了以下五项规定：

① 风景名胜资源的基本情况；

② 拟设立风景名胜区的范围以及核心景区的范围；

③ 拟设立风景名胜区的性质和保护目标；

④ 拟设立风景名胜区的游览条件；

⑤ 与拟设立风景名胜区的土地、森林等自然资源和房屋等财产所有权人、使用权人协商的内容和结果。

其中，科学合理划定设立风景名胜区的范围以及核心景区的范围，并在上报材料中附具相关范围界限图件是一项至关重要的内容。它决定了《风景名胜区条例》适用的范围，直接关系到编制规划和实施规划的工作，既不宜过大，也不宜过小。划定风景名胜区的范围应当符合以下原则：即自然与人文景观及其生态环境的完整性；历史文化与社会的连续性；地域单元和生态系统的相对独立性和完整性；保护、利用、管理的必要性和可行性以及兼顾与行政区划的协调一致性。

核心景区是指风景名胜区范围内自然景观和人文景观最集中、最具观赏价值、最需要严格保护的区域，是衡量一个风景名胜区自然景观、历史文化、生态环境品质和价值高低的重要条件，也是实现可持续利用的基础，是特别需要加强保护的区域。

7.风景名胜区与世界遗产

风景名胜区与世界遗产之间有着紧密的内在联系。世界遗产包括世界自然遗产和世界文化与自然遗产。根据《世界遗产公约》第二条规定，"从审美或科学角度看，具有突出的普遍价值，由物质和生物结构或这类结构群组成的自然面貌"，并符合下列其中一项标准的，经联合国教科文组织世界遗产大会审议通过，可以列为世界自然遗产：

① 从科学或保护角度看，具有突出的普遍价值的地质和自然地理结构，以及明确划为受威胁的动物和植物生境区；

② 从科学、保护或自然美角度看，具有突出的普遍价值的天然名胜或明确划分的自然区域。

其中符合《世界遗产公约》第二条关于"自然遗产"标准的，均为联合国教科文组织各缔约国精心筛选申报的项目。目前我国的泰山、黄山、峨眉山-乐山大佛和武夷山4处已被列为世界文化与自然双重遗产。另外，还有湖南武陵源、四川九寨沟、黄龙、云南三江并流、四川大熊猫栖息地、南方喀斯特地貌、江西三清山、中国丹霞地貌等8处已被列为世界自然遗产。我国这些世界遗产项目均来自国家级风景名胜区，堪称国之精粹。

二、风景名胜区资源保护的意义

风景名胜区作为国家重要的自然文化遗产和生物保护基地，在改善生态、保护资源、丰富群众文化生活等社会服务方面发挥着重要作用。我国经济快速增长，人民物质生活水平大大提高，旅游度假成了人们必不可少的生活内容和生活情趣。尤其国家施行带薪休假制度后，风景名胜区已经成为最受旅游者青睐的旅游地之一。风景名胜区特有的属性使其在国民经济和社会发展中具有重要作用。保护风景名胜区不仅关系到我国生态环境和资源的永续利用，也关系到广大人民群众的切身利益和国民经济可持续发展的全局，同时还关系到我国在国际社会中的地位和影响。

风景名胜区，特别是国家级风景名胜区，作为旅游业发展的主要载体，为带动地方经和社会的快速发展，增强综合国力，改善人民生活水平，作出了重要的贡献，但是风景名胜区管理工作也存在着突出问题。由于保护风景名胜资源的社会意识还比较薄弱，管理体制和管理机构不健全，没有编制风景名胜区保护规划，或者风景名胜区规划管理工作不到位，导致规划滞后、盲目建设、管理不力，因此难以适应旅游发展的需要，也存在着一些十分突出的问题。主要是在短期经济利益和急功近利思想驱动下，随意在风景名胜区内上项目、搞建设，设立各类开发区、度假区，搞什么标志性建筑。有些风景名胜区把风景名胜资源当作廉价的运营资本，进行毫无节制的杀鸡取卵、竭泽而渔式过度开发，大量引进商业经营，出现了严重的商业化问题。有的风景名胜区甚至以各种名义和方式出让或变相出让风景名胜资源及其景区土地。如果不引起足够的重视，加强规划管理，我国珍贵的风景资源将在方兴未艾的旅游开发热潮中遭到大量毁坏。由此可见，我国加强风景名胜区保护已经迫在眉睫。

三、风景名胜区规划管理

风景名胜区规划管理是风景名胜区保护、利用和监督管理的主要手段和途径，包括对规划编制和规划实施的监督管理，以及依法对违法行为和违法活动的查处，并追究行政责任、民事责任、刑事责任。规划管理的基本依据是风景名胜区总体规划与详细规划，也是做好风景名胜资源保护、利用和管理的重要基础。

1.风景名胜区规划管理的目的和任务

① 风景名胜区规划管理的目的　加强风景名胜区保护的根本目的在于有效保护生态、生物多样性和自然环境，永续利用风景名胜资源，服务当代，造福人类。这也是风景名胜区保护工作的出发点和归宿点，集中体现了各项保护工作和保护措施的绩效。

② 风景名胜区规划管理的任务　根据可持续发展的原则，正确处理资源保护与开发利用的关系，采取行之有效的规划措施，对风景名胜区内各类建设活动依法实施规划管理，严格保护和合理利用风景名胜资源，促进我国经济社会又好又快地健康发展。

鉴于我国风景名胜区现阶段存在的突出问题，规划管理的当务之急是加快编制风景名胜区规划，加强规划实施管理，严格控制各类建设活动，严禁违法建设，坚决遏制急功近利式过度开发和商业化，避免造成风景名胜资源的旅游性破坏。

2.风景名胜区规划管理的基本原则

风景名胜区规划管理实行"科学规划、统一管理、严格保护、永续利用"的原则。其中"科学规划"是实现"永续利用"的途径与措施；统一管理是实现"永续利用"的手段和保证；"严格保护"是实现"永续利用"的基础和前提；"永续利用"是规划管理的终极目的与核心。在风景名胜区规划管理中，只有坚持科学规划，统一管理，严格保护，综合运用控制与疏导相结合的管理手段，刚柔并济，相辅相成，才能使风景名胜资源的保护和利用并举双赢，达到有效保护、永续利用风景名胜资源的目的。

① 科学规划是风景名胜区管理的基本依据　风景名胜区规划是指导和驾驭整个风景名胜区保护、建设、管理的基本依据。风景名胜区规划建立在对风景名胜资源进行认真发掘、研究分析和评价的基础上，通过对各种规划要素的系统分析，提出生态资源保护措施、重大建设项目布局、开发利用强度；合理确定风景名胜区的功能结构，安排风景名胜区的空间布局；分别划定在风景名胜区内禁止开发和限制开发的范围；规划风景名胜区的游客容量，并使有关专项保护、建设、管理等项工作有章可循。

② 统一管理是风景名胜区管理的可靠保障　统一管理是指统一监督管理部门，建立统一的监督管理制度，明确主管部门和其他部门的责任分工，各司其职，各负其责，有效配合，通力协作。实行统一管理的原则，是风景名胜区监督管理的保障。有了一个科学的规划，还必须通过规划实施过程的政府监督管理才能实现。

③ 严格保护是风景名胜区管理的强制要求　《风景名胜区条例》把严格保护纳入风景名胜区管理的基本原则，是以行政法规对于风景名胜区内各项建设行为和相关活动进行规范的强制性要求。风景名胜区管理机构必须照此原则行使管理职能，对风景名胜区内的景观和自然环境实行严格保护，不得破坏或者随意改变。

④ 永续利用是风景名胜区管理的根本目的　风景名胜区的一项主要功能在于根据其特点，通过对风景名胜资源的开发利用，在风景名胜区内发展旅游经济，开展游览观光和文化娱乐活动，满足人民群众的精神和文化需求，促进地方经济发展，提高公众的资源意识和环保意识。

但是必须清醒地看到，在经济快速增长和旅游开发方兴未艾的社会背景下，风景名胜资源显得异常脆弱，极容易遭到破坏。因此风景名胜区管理工作必须从人民群众的根本利益出发，把经济发展利益和生态环境效益相结合，统筹人与自然的和谐发展，妥善处理好风景名胜资源开发利用和风景名胜区生态环境之间的关系，实现可持续发展。

3.风景名胜区规划管理的依据与体制

（1）风景名胜区规划管理的依据

在规划管理中主要依据的行政法规是《风景名胜区条例》。依据的相关法律法规包括《城乡规划法》、《文物保护法》、《环境保护法》、《土地管理法》、《水法》、《水污染防治法》、《森林法》、《海洋环境保护法》、《村庄和集镇规划建设管理条例》、《自然保护区条例》、《宗教事务条例》、《文物保护法实施条例》等。依据的政策性文件和技术规范有《国务院办公厅关于加强风景名胜区保护管理工作的通知》、《国务院办公厅关于加强和改进城乡规划工作的通知》、《关于加强风景名胜区规划管理工作的通知》、《建设部关于立即制止在风景名胜区开山采石加强风景名胜区保护的通知》、《关于严格限制在风景名胜区内进行影视拍摄等活动的通知》、《关于加强和改进世界遗产保护管理工作的意见》，以及《风景名胜区规划编制审批管理办法》、《风景名胜区规划规范》等。

（2）风景名胜区规划管理的体制

风景名胜区管理集中体现在对风景资源的管理。资源的多样性决定了行政管理具有多元执法主体的特征，除了规划管理以外，还有其他方面的管理工作和管理职责。因此，我国对风景名胜区实行的是属地管理，由县级以上地方人民政府设立风景名胜区管理机构，负责风景名胜区的保护、利用和统一管理工作。国务院和省级人民政府相关职能部门按照规定的职责分工，负责业务指导和监督检查。

其中国务院建设主管部门负责全国风景名胜区规划管理方面的监督管理工作。国务院其他有关部门按照国务院规定的职责分工，负责风景名胜区的有关监督管理工作。省、自治区人民政府建设主管部门和直辖市人民政府风景名胜区主管部门，负责本行政区域内风景名胜区规划管理方面的监督管理工作。省、自治区、直辖市人民政府其他有关部门按照规定的职责分工，负责风景名胜区的有关监督管理工作。

在风景名胜区管理体制中，同为省级政府，但是《风景名胜区条例》授权的责任主体具有明显区别。省、自治区人民政府的责任主体是建设主管部门，而直辖市人民政府的责任主体是风景名胜区主管部门。

四、风景名胜区规划编制管理

《风景名胜区条例》明确了风景名胜区的规划阶段；规定了风景名胜区总体规划和详细规划的编制原则、要求、内容和期限；规定了风景名胜区规划的组织编制主体、编制单位、报批主体，确立了风景名胜区规划的工作制度；明确了风景名胜区规划修编与修改的要求。

1.规划阶段及编制要求

风景名胜区规划分为总体规划和详细规划两个阶段。根据《风景名胜区条例》第十四条规定，风景名胜区应当自设立之日起2年内编制完成总体规划。总体规划的规划期一般为20年。

对于组织编制主体，《风景名胜区条例》第十六条按照两个不同规划阶段作出规定："国家级风景名胜区规划由省、自治区人民政府建设主管部门或者直辖市人民政府风景名胜区主管部门组织编制。省级风景名胜区规划由县级人民政府组织编制。"对于规划编制单位，《风景名胜区条例》第十七条规定："编制风景名胜区规划，应当采用招标等竞争的方式选择具有相应资质等级的单位承担。"

对于规划审批主体，《风景名胜区条例》第十九条、第二十条按照风景名胜区分级，分别对审批风景名胜区总体规划和详细规划的主体作了明确规定："国家级风景名胜区的总体规划，由省、自治区、直辖市人民政府审查后，报国务院审批。国家级风景名胜区的详细规划，由省、自治区人民政府建设主管部门或者直辖市人民政府风景名胜区主管部门报国务院建设主管部门审批。""省级风景名胜区的总体规划，由省、自治区、直辖市人民政府审批，报国务院建设主管部门备案。省级风景名胜区的详细规划，由省、自治区人民政府建设主管部门或者直辖市人民政府风景名胜区主管部门审批。"

2.规划的原则和内容

《风景名胜区条例》规定"风景名胜区总体规划的编制应当体现人与自然和谐相处、区域协调发展和经济社会全面进步的要求，坚持保护优先、开发服从保护的原则，突出风景名胜资源的自然特性、文化内涵和地方特色。"编制风景名胜区总体规划，必须树立和落实科学发展观，符合我国基本国情和国家有关方针政策的要求，促进风景名胜区功能和作用的全面发挥。鉴于风景名胜区是人与自然协调发展的典型地域单元，有别于城市和乡村的人类生活游憩空间，一旦破坏，难以恢复甚至无法恢复。因此风景名胜区总体规划应当突出保护优先的指导思想，使一切开发建设服从风景名胜资源保护，防止和杜绝掠夺性开发和"杀鸡取卵"。并且编制风景名胜区总体规划一定要坚持因地制宜，根据其自身特有的自然特性、文化内涵和地方特色，合理定性定位，找准本地主要优势和发展动力，确定合理利用的方案。

《风景名胜区条例》第十三条还具体规定了风景名胜区总体规划的内容，包括：风景资源评价；生态资源保护措施、重大建设项目布局、开发利用强度；风景名胜区的功能结构和空间布局；禁止开发和限制开发的范围；风景名胜区的游客容量；有关专项规划。从这些内容可以清楚地看出，编制总体规划的重点在于体现保护优先、开发服从保护的原则。

风景名胜区详细规划，是对风景名胜区总体规划的深化和延伸，因此《风景名胜区条例》明确规定风景名胜区详细规划应当符合风景名胜区总体规划的原则。在具体内容上，应当根据核心景区和其他景区的不同要求编制，确定基础设施、旅游设施、文化设施等建设项目的选址、布局与规模，并明确建设用地范围和规划设计条件。

3. 修改规划的要求

《风景名胜区条例》第二十三条规定，风景名胜区总体规划的规划期届满前2年，规划的组织编制机关应当组织专家对规划进行评估，作出是否重新编制规划的决定。在新规划批准前，原规划继续有效。

经批准的风景名胜区规划不得擅自修改。确需对风景名胜区总体规划中的风景名胜区范围、性质、保护目标、生态资源保护措施、重大建设项目布局、开发利用强度以及风景名胜区的功能结构、空间布局、游客容量进行修改的，应当报原审批机关批准；对其他内容进行修改的，应当报原审批机关备案。

风景名胜区详细规划确需修改的，应当报原审批机关批准。

五、风景名胜区规划实施管理

风景名胜区规划实施管理，是指依照《风景名胜区条例》规定的法定程序编制，并经审批机构批准的风景名胜区总体规划和详细规划，采取法律、行政和经济手段进行的管理活动。主要针对在风景名胜区范围、核心景区范围内进行的各项建设行为和相关活动，实施包括规划禁止、规划控制在内的规划措施以及规划督察，从而规范风景名胜区事业健康有序地发展，保护风景名胜资源，促进人与自然和谐相处，确保风景名胜资源永续利用。

1. 严格禁止的行为

《风景名胜区条例》第二十一条规定，风景名胜区规划未经批准的，不得在风景名胜区内进行各类建设活动。

《风景名胜区条例》第二十六条规定了四类活动属于禁止范围：一是开山、采石、开矿、开荒、修坟立碑等破坏景观、植被和地形地貌的活动；二是修建储存爆炸性、易燃性、放射性、毒害性、腐蚀性物品的设施；三是在景物或者设施上刻画、涂污；四是乱扔垃圾。

《风景名胜区条例》第二十七条规定，禁止违反风景名胜区规划，在风景名胜区内设立各类开发区和在核心景区内建设宾馆、招待所、培训中心、疗养院以及与风景名胜资源保护无关的其他建筑物；已经建设的，应当按照风景名胜区规划，逐步迁出。

《风景名胜区条例》第三十九条规定，风景名胜区管理机构不得从事以营利为目的的经营活动，不得将规划、管理和监督等行政管理职能委托给企业或者个人行使。

2. 严格控制的行为

《风景名胜区条例》第二十八条规定，在风景名胜区内从事上述禁止范围以外的建设活动，应当经风景名胜区管理机构审核后，依照法律、法规的规定办理审批手续。《风景名胜区条例》还在第二十八条对在国家级风景名一胜区内修建缆车、索道等重大建设工程的审批权限集中在中央政府部门，特别规定其项目的选址方案应当报国务院建设主管部门核准。

《风景名胜区条例》第二十九条规定，在风景名胜区内进行下列活动，应当经风景名胜区管理机构审核后，依照有关法律、法规的规定报有关主管部门批准：这些活动包括设置、张贴商业广告；举办大型游乐等活动；改变水资源、水环境自然状态的活动；其他影响生态和景观的活动。

《风景名胜区条例》第三十条规定，风景名胜区内的建设项目应当符合风景名胜区规划，并与景观相协调，不得破坏景观、污染环境、妨碍游览。在风景名胜区内进行建设活动的，建设单位、施工单位应当制定污染防治和水土保持方案，并采取有效措施，保护好周围景物、水体、林草植被、野生动物资源和地形地貌。

六、风景名胜区规划监督管理

1.风景名胜区监督检查

风景名胜区监督检查是风景名胜区规划督察的重要方面，是风景名胜区管理机构对行政相对人，以及风景名胜区管理机构上级机关对该机构及其工作人员是否遵守《风景名胜区条例》和相关法律法规的规定，所依法实施的强制性监督监察。其特征表现为一种具体行政行为；实施这种行为要以行政机关的名义；规划监督检查必须依法进行。

为了加强对风景名胜区的保护监管，《风景名胜区条例》第三十一条还规定："国家建立风景名胜区管理信息系统，对风景名胜区规划实施和资源保护情况进行动态监测。""国家级风景名胜区所在地的风景名胜区管理机构应当每年向国务院建设主管部门报送风景名胜区规划实施和土地、森林等自然资源保护的情况；国务院建设主管部门应当将土地、森林等自然资源保护的情况，及时抄送国务院有关部门。"

第三十五条规定："国务院建设主管部门应当对国家级风景名胜区的规划实施情况、资源保护状况进行监督检查和评估。对发现的问题，应当及时纠正、处理。"

2.风景名胜区法律责任

在风景名胜区规划督察中，对违反《风景名胜区条例》有关规定，应当承担法律责任的违法案件，必须根据违法者的违法事实、违法性质、违法情节及违法后果，依法追究行政责任、民事责任或者刑事责任。对行政主体追究行政责任，应当给予警告、记过、记大过、降级、撤职、开除等相应的行政处分；对行政相对人追究行政责任，应当给予行政处罚，包括警告、罚款、没收违法所得、责令停止违法建设、暂扣或者吊销许可证、执照及有关证照，以及行政拘留和法律、行政法规规定的其他行政处罚。承担法律责任的特点：一是行政责任与民事责任并存，即构成行政违法和民事违法的，不仅要承担行政责任，而且同时还要承担经济赔偿责任；二是"一事不再罚"，即对于违反《风景名胜区条例》第四十条第一款、第四十一条、第四十三条、第四十四条、第四十五条、第四十六条规定的违法行为，有关部门依照有关法律、行政法规规定已经予以处罚的，风景名胜区管理机构不再处罚。

根据上述原则，《风景名胜区条例》规定了不同违法行为应当承担相应的法律责任：

（1）违反《风景名胜区条例》第四十条规定，在风景名胜区内有下列行为之一的，由风景名胜区管理机构责令停止违法行为、恢复原状或者限期拆除，没收违法所得，并处罚款。这些行为包括三项：开山、采石、开矿等破坏景观、植被、地形地貌活动的；修建储存爆炸性、易燃性、放射性、毒害性、腐蚀性物品的设施的；在核心景区内建设宾馆、招待所、培训中心、疗养院以及与风景名胜资源保护无关的其他建筑物的。

县级以上地方人民政府及其有关主管部门批准实施上列规定行为的，对直接负责的主管人员和其他直接责任人员依法给予降级或者撤职的处分；构成犯罪的，依法追究刑事责任。

（2）违反《风景名胜区条例》第四十一条规定，在风景名胜区内从事禁止范围以外的建设活动，未经风景名胜区管理机构审核的，由风景名胜区管理机构责令停止建设、限期拆除，对个人处2万元以上5万元以下的罚款，对单位处20万元以上50万元以下的罚款。

（3）违反《风景名胜区条例》第四十二条规定，在国家级风景名胜区内修建缆车、索道等重大建设工程，项目的选址方案未经报国务院建设主管部门核准，县级以上地方人民政府有关主管部门核发选址意见书的，对直接负责的主管人员和其他直接责任人员依法给予处分；构成犯罪的，依法追究刑事责任。

（4）违反《风景名胜区条例》第四十三条规定，个人在风景名胜区内进行开荒、修坟立碑等破坏景观、植被、地形地貌活动的，由风景名胜区管理机构责令停止违法行为、限期恢复原状或者采取其他补救措施，没收非法所得，并处1000元以上1万元以下的罚款。

（5）违反《风景名胜区条例》第四十四条规定，在景物、设施上刻画、涂污或者在风景名胜区内乱扔垃圾的，由风景名胜区管理机构责令限期恢复原状或者采取其他补救措施，处50元的罚款；刻画、涂污或者以其他方式故意损坏国家保护的文物、名胜古迹的，按照治安管理处罚法的有关规定予以处罚；构成犯罪的，依法追究刑事责任。

（6）违反《风景名胜区条例》第四十五条规定，未经风景名胜区管理机构审核，在风景名胜区内进行下列活动的，由风景名胜区管理机构责令停止违法行为、恢复原状或者限期拆除，没收违法所得，并处5万元以上10万元以下的罚款；情节严重的，并处10万元以上20万元以下的罚款。这些活动包括：设置、张贴商业广告；举办大型游乐等活动；改变水资源、水环境自然状态的活动；其他影响生态和景观的活动。

（7）违反《风景名胜区条例》第四十六条规定，施工单位在施工过程中，对周围景物、水体、林草植被、野生动物资源和地形地貌造成破坏的，由风景名胜区管理机构责令停止违法行为、限期恢复原状或者采取其他补救措施，并处2万元以上10万元以下的罚款；逾期未恢复原状或者采取有效措施的，由风景名胜区管理机构责令停止施工。

（8）违反《风景名胜区条例》第四十七条规定，国务院建设主管部门、县级以上地方人民政府及其有关主管部门有下列行为之一的，对直接负责的主管人员和其他直接责任人员依法给予处分；构成犯罪的，依法追究刑事责任。这些行为包括六项：① 违反风景名胜区规划在风景名胜区内设立各类开发区的；② 风景名胜区自设立之日起未在2年内编制完成风景名胜区总体规划的；③ 选择不具有相应资质等级的单位编制风景名胜区规划的；④ 风景名胜区规划批准前批准在风景名胜区内进行建设活动的；⑤ 擅自修改风景名胜区规划的；⑥ 不依法履行监督管理职责的其他行为。

（9）违反《风景名胜区条例》第四十八条规定，风景名胜区管理机构有下列行为之一的，由设立该风景名胜区管理机构的县级以上地方人民政府责令改正情节严重的，对直接负责的主管人员和其他直接责任人员依法给予降级或者撤职的处分；构成犯罪的，依法追究刑事责任。这些行为包括七项：① 超过允许容量接纳游客或者在没有安全保障的区域开展游览活动的；② 未设置风景名胜区标志和路标、安全警示等标牌的；③ 从事以营利为目的的经营活动的；④ 将规划、管理和监督等行政职能委托给企业或者个人行使的；⑤ 允许风景名胜区管理机构的工作人员在风景名胜区内的企业兼职的；⑥ 审核同意在风景名胜区内进行不符合风景名胜区规划的建设活动的；⑦ 发现违法行为不予查处的。

（10）依照《风景名胜区条例》的规定，责令限期拆除在风景名胜区内违法建设的建筑物、构筑物或者其他设施的，有关单位或者个人必须立即停止建设活动，自行拆除；对继续进行建设的，作出责令限期拆除决定的机关有权制止。有关单位或者个人对责令限期拆除决定不服的，可以在接到责令限期拆除决定之日起15日内，向人民法院起诉；期满不起诉又不自行拆除的，由作出责令限期拆除决定的机关依法申请人民法院强制执行，费用由违法者承担。

课后练习题

1.风景名胜区应当自设立之日起（　　　）年内编制完成总体规划，总体规划的规划期一般为（　　）年

A.1；10

B.1；20

C.2；10

D.2；20

2.省级风景名胜区的详细规划，由（　　　）审批

    A.省、自治区人民政府

    B.省、自治区人民政府建设主管部门

    C.直辖市人民政府风景名胜区主管部门

    D.省、自治区人民政府建设主管部门或者直辖市人民政府风景名胜区主管部门

3.风景名胜区按其景物的观赏、文化、（　　　）和环境质量、游览条件等，划分为省级风景名胜区、国家重点风景名胜区两个级别

    A.社会价值   B.科学价值

    C.生态   D.自然

4.可移动文物不包括（　　　）

    A.石刻壁画   B.历史实物

    C.文献资料   D.古艺术品

5.国家对风景名胜区实行"科学规划、统一管理、严格保护、永续利用"的原则。其中统一管理是实现永续利用的（　　　）

    A.初衷和前提   B.途径和措施

    C.基础和条件   D.手段和保证

6.在风景名胜区内进行（　　　），由风景名胜区管理机构责令停止违法行为，限期恢复原状或者采取其他补救措施，没收违法所得，并处罚款

    A.不符合风景名胜区规划的建设活动

    B.以营利为目的的经营活动

    C.超过允许容量接纳游客的游览活动

    D.改变水资源、水环境自然状态的活动

7.指出下列哪一种方法不是历史文化名城总体规划保护的常用方法（　　　）

    A.开辟新区、保护古城

    B.保护城市总体空间格局和历史标志

    C.对文物保护单位的古迹单体采取及时维修、利用的方法保护

    D.保护城市宏观环境

8.根据《文物保护法》规定，我国境内受国家保护的具有历史、艺术、科学价值的文物有下列哪几类（　　　）

    A.具有历史、艺术、科学价值的古文化遗址、古建筑等

    B.历史上各时代珍贵的艺术品、工艺美术品

    C.反映历史上各时代、各民族社会制度、社会生产、社会生活的代表性实物

    D.明确划定的濒危动植物生长区

    E.天然名胜或明确划定的自然保护区域

9.下列关于历史文化保护的几个概念，哪几项有误（　　　）

    A.历史文化名城——国务院或省级人民政府核定公布的，保存文物特别丰富，具有重大历史价值和革命意义的城市

    B.历史文化保护区——城市中文物古迹比较集中连片，或能完整地体现一定历史时期的传统风貌和民族地方特色的街区

    C.历史地段——经县级以上人民政府核定公布的，应予以重点保护的地段

    D.历史文化名城保护规划——以确定历史文化名城保护的原则、内容和重点，划定保护范围，提出保护措施为主要内容的规划

    E.历史地段保护——对城市中历史地段及其环境的鉴定、保存、维护、整治以及必要

的修复和复原的活动

10. 使用或对不可移动文物采取保护措施，必须遵守的原则是（　　　）
    A. 不改变文物用途　　　　　　　B. 不改变文物修缮方法
    C. 不改变文物权属　　　　　　　D. 不改变文物原状

11. 根据《风景名胜区条例》，禁止在风景名胜区核心区内建设（　　　）
    A. 各类宾馆酒店　　　　　　　　B. 生态资源保护站
    C. 游客服务中心　　　　　　　　D. 景区疗养院　　　　　　　E. 培训中心

12. 某国家历史文化名城在历史文化街区保护中，为求得资金就地平衡，采取土地有偿出让的办法，将该老街原有商铺和民居全部拆除，重新建起了仿古风貌的商业街，这就（　　　）
    A. 体现了历史文化街区的传统特色
    B. 增添了历史文化街区的更新活力
    C. 提高了历史文化街区的综合效益
    D. 破坏了历史文化街区的真实完整

13. 对历史文化名城、名镇、名村核心保护范围内的建筑物、构筑物，应当区分不同情况，采取相应措施，实行（　　　）
    A. 原址保护　　　　　　　　　　B. 分级保护
    C. 分类保护　　　　　　　　　　D. 整体保护

14. 在文物保护单位的保护范围内进行建设须经（　　　）批准
    A. 城市规划主管部门
    B. 核定公布的人民政府
    C. 上一级文化行政管理部门
    D. 核定公布的人民政府和上一级文化行政管理部门

15. 根据《保护世界文化和自然遗产公约》第一条规定，下列哪一项不是"文化遗产"（　　　）
    A. 古迹　　　　　　　　　　　　B. 建筑群
    C. 天然名胜　　　　　　　　　　D. 遗址

第十一章

城乡规划监督检查与法律责任

教学目标与要求

了解：进行城乡规划监督检查的目的；监督检查的特征和实行监督检查必须具备的条件。

熟悉：权力机关、城乡规划自身监督、社会监督和行政监督检查的内容；进行城乡规划行政监督检查的原则；违法建设的界定以及查处违法建设的依据、范围。

掌握：查处违法建设和违法建筑的程序、操作要点；规划核实的内容与办理程序；《城乡规划法》规定的违法行为的具体内容；各有关部门违反《城乡规划法》的表现行为及应承担的法律责任。

城乡规划实施的监督检查，是城乡规划行政主管部门的一项重要工作。其目的是为了实现城乡规划管理的目标，依照城乡规划法律、法规及批准的城乡规划和规划许可，对城市的土地使用、各项建设活动、实施城乡规划的情况，进行行政检查并查处违法用地和违法建设的行政执法工作。城乡规划监督检查贯穿于城乡规划制定和实施的全过程，是保障城乡规划工作科学性与严肃性的重要手段。

第一节　城乡规划的监督检查

一、城乡规划的法制监督检查

1.权力机关对城乡规划工作的监督

《城乡规划法》第二十八条规定，有计划、分步骤地组织实施城乡规划是地方各级人民政府的职责，是地方各级人民政府工作的重要内容之一。因此，对城乡规划的实施情况进行监督，也自然地成为各级人民代表大会履行监督职能的重要内容。地方人民政府应当向本级人民代表大会常务委员会或者乡、镇人民代表大会报告城乡规划的实施情况，接受人民代表大会及其常务委员会的监督和检查。

此外，按照《宪法》规定，地方各级人民政府还应当接受本级人民代表大会常务委员会或者乡；镇人民代表大会依法对城乡规划实施情况进行的其他方式的行政法制监督。如，接受本级人民代表大会常务委员和本级人民代表大会的代表对城乡规划的视察；对《城乡规划法》实施情况进行执法检查；人民代表大会及其常务委员会通过受理人民群众的申诉、控告等，责成人民政府依法处理；人民代表大会及其常务委员会对特定的问题进行调查、询问、质询等。

2.城乡规划的行政自我监督

县级以上人民政府及其城乡规划主管部门对下级政府及其城乡规划主管部门执行城乡规划

编制、审批、实施、修改的情况进行监督检查。即行政机关内部的层级监督。住房和城乡建设部建立和推行的城乡规划督察员制度，就是上级政府或其城乡规划主管部门履行其规划监督行政职能的行为。

城乡规划的层级监督包括：

① 上级政府城乡规划主管部门对下级政府城乡规划主管部门具体行政行为进行检查。如住房和城乡建设部会同所在地省级人民政府对国务院批准的城市总体规划的实施情况进行经常性的监督检查。同样，省级城乡规划主管部门也可以会同地方政府对省级政府审批的城乡规划的实施情况进行经常性的监督检查。

② 上级政府城乡规划主管部门对下级城乡规划主管部门的制度建设情况进行检查，如规划行政许可程序是否合法，是否建立了规划公示制度，城乡规划是否实行集中统一管理等。

3.城乡规划的社会监督

城乡规划是重要的公共政策之一，它关乎国计民生，是社会舆论关注的焦点。因此，在

城乡规划法中，明确规定了城乡规划公开制度和公众参与制度。城乡规划在制定和实施过程中，在维护公众利益的同时，也需要更多关注私人权益的保障；更加处理好公共管理和私人权利之间的关系。这就要求城乡规划在制定和实施的过程中，要有全社会的共同参与。

① 在规划编制过程中，要求规划组织编制机关应当先将规划草案予以公告，并采取论证会、听证会或其他方式征求专家和公众意见。在报送规划审批材料时，应附具意见采纳情况及理由；

② 在规划实施阶段，要求城乡规划主管部门应当将经审定的修建性详细规划、建设工程设计方案的总平面图予以公布。城乡规划主管部门批准建设单位变更规划条件申请的，应当依法将变更后的规划条件公示；

③ 在修改省域城镇体系规划、城市总体规划、镇总体规划时，组织编制机关应当组织有关部门和专家定期对规划实施情况进行评估，并采取论证会、听证会或者其他方式征求公众意见。在提出评估报告时，附具征求意见的情况；

④ 在修改控制性详细规划、修建性详细规划和建设工程设计总平面图时，规划部门应当征求规划地段内利害关系人的意见；

⑤ 任何单位和个人有查询规划和举报或者控告违反城乡规划行为的权利；

⑥ 在进行城乡规划实施情况的监督后，监督检查情况和处理结果应当公开，供公众查阅和监督。

这些措施保证了公众对规划的参与权和知情权，增加了公众参与规划的积极性，加强了城乡规划的社会监督和舆论监督。

二、城乡规划的行政监督检查

1.城乡规划行政监督检查的内涵

城乡规划行政监督检查，是指城乡规划主管部门依法对建设单位或者个人是否遵守城乡规划行政法律、法规或规划行政许可的实施所作的强制性检查的具体行政行为。

2.城乡规划行政监督检查的特征

① 规划行政监督检查是城乡规划主管部门的具体行政行为，它是以行政机关的名义进行的；

② 规划行政监督检查是城乡规划主管部门的单向强制性行政行为，不需要征得行政相对人的同意。行政主体在进行监督检查时，应当出示执法证件，建设单位或个人有服从和协助的义务，否则必须承担相应的法律责任；

③ 规划行政监督检查必须依法进行，由于监督检查涉及面广，对建设单位或个人权利的影响广泛且直接，因此，必须要有直接的法律依据，否则，建设单位或个人有权拒绝检查的

权利。

3.城乡规划行政监督检查的内容

① 验证有关土地使用和建设申请的申报条件是否符合法定要求，有无弄虚作假；

② 复验建设用地坐标、面积等与建设用地规划许可证的规定是否相符；

③ 对已领取建设工程规划许可证并放线的建设工程，履行验线手续，检查其坐标、标高、平面布局等是否与建设工程规划许可证相符；

④ 建设工程竣工验收之前，检查、核实有关建设工程是否符合规划条件。

4.城乡规划行政监督检查的原则

县级以上人民政府城乡规划主管部门实施行政监督检查权，其基本前提是必须遵循依法行政的原则，具体内容包括：

① 内容合法　即监督检查的内容必须是城乡规划法律、法规中规定的要求当事人遵守或执行的行为。不属于应当遵守或执行城乡规划法律、法规的行为，不是城乡规划行政监督检查的内容。

② 程序合法　城乡规划监督检查人员应依照法律、法规的要求和程序进行监督检查工作。在履行监督检查职责时应当出示统一制发的规划监督检查证件；城乡规划监督检查人员提出的建议或处理意见要符合法定程序。对于违反法律规定进行监督检查的，被检查单位和个人有权拒绝接受和进行举报。

③ 采取的措施合法　即只能采取城乡规划法律、法规允许采取的措施。监督检查人员采取的措施超出法律、法规允许的范围，给当事人造成财产损失的，要依法赔偿；构成犯罪的，要依法追究刑事责任。

5.城乡规划行政监督检查的实行

（1）监督检查的方法和措施

在进行监督检查时可以采取执法检查、案件调查、不定期抽查、接受群众举报等措施。

根据《城乡规划法》第五十三条的规定，城乡规划主管部门在进行规划监督检查时有权采取以下措施：要求有关单位和人员提供与监督事项有关的文件、资料，并进行复制；要求有关单位和人员就监督事项涉及的问题作出解释和说明，并根据需要进入现场进行勘测；责令有关单位和人员停止违反有关城乡规划法律、法规的行为。

（2）监督检查的人员、证件

行政监督检查的人员必须具备较高的政治素质和业务素质，要求规划工作人员要做到政务公开、依法行政，自觉接受群众监督，要加强对监督检查人员的培训与考核，对考核合格符合法定条件的，发给城乡规划监督检查证件，持证上岗。

城乡规划监督检查证件是县级以上人民政府城乡规划主管部门依法制发的，格式统一，是证明城乡规划监督检查人员身份和资格的证书。

（3）规划监督检查程序

城乡规划监督检查人员在履行监督检查职责时，必须出示合法证件；实施监督检查时，监督检查人员应通知被检查人在场，检查必须公开进行。从检查开始到检查结束不能超过正常工作时间；检查人员应当对检查结果承担法律责任。

第二节　违法用地和违法建设的查处

一、概念

违法建设指未依法取得建设用地规划许可证和建设工程规划许可证（含临时用地规划许可证和临时建设工程规划许可证），或者违反规划许可证件的规定进行的建设。城市规划行政主管部门超越或者变相超越职责权限核发规划许可证件以及其他有关部门非法批准进行建设的，违法批准的规划许可证或者其他批准文件无效，违法批准进行的建设按照违法建设处理。

对违法用地和建筑查处是为了加强城市规划管理，禁止违法建设，提高城市环境质量。

二、违法建设查处的依据

《中华人民共和国城乡规划法》第六十四条规定："未取得建设工程规划许可证或者未按照建设工程规划许可证的规定进行建设的，由县级以上地方人民政府城乡规划主管部门责令停止建设；尚可采取改正措施消除对规划实施的影响的，限期改正，处建设工程造价5%以上10%以下的罚款；无法采取改正措施消除影响的，限期拆除，不能拆除的，没收实物或者违法收入，可以并处建设工程造价10%以下的罚款。"

第六十五条规定："在乡、村庄规划区内未依法取得乡村建设规划许可证或者未按照乡村建设规划许可证的规定进行建设的，由乡、镇人民政府责令停止建设、限期改正；逾期不改正的，可以拆除。"

以上规定，是城乡规划行政主管部门对违法用地和建筑进行查处的依据。

三、违法建设查处的范围

确认建设工程是否为违法建设的标准是：

① 未取得或者以欺骗手段骗取《建设用地规划许可证》的；擅自变更《建设用地规划许可证》的；

② 未取得或以欺骗手段骗取《建设工程规划许可证》的；擅自变更《建设工程规划许可证》规定事项，改变批准的图纸、文件的；

③ 未取得或者以欺骗手段骗取《临时用地规划许可证》的，或者违反《临时用地规划许可证》规定事项，擅自变更用地性质、位置、界限；逾期不退回临时用地的；

④ 未取得或者以欺骗手段骗取《临时建设工程规划许可证》的；擅自变更《临时建设工程规划许可证》规定事项，改变批准的图纸、文件的；擅自改变临时建设工程规划许可证使用性质的；将临时建设工程建成永久性、半永久性建设工程的；逾期不拆除临时建设工程的；

⑤ 城市规划行政主管部门超越或者变相超越职责权限核发规划许可证以及其他有关部门非法批准进行建设工程的；

⑥ 对于取得《建设工程规划许可证》但超过许可证时效进行施工的建设工程；

⑦ 占用道路、广场、绿地、高压输电线走廊和占压地下管线进行建设的；

⑧ 未经批准开矿采石、挖沙取土、掘坑填塘等改变地形地貌，破坏城市环境，影响城市规划实施的；

⑨ 建设单位代征公共用地，不按规定拆除公共用地范围内的建筑物、构筑物和其他设施的；

⑩ 不符合规划监督管理各阶段要求的建设工程。

立案的标准要求违法事实清楚，且属于经办人查处范围。

四、违法建设必须拆除的范围

违法建设工程属于下列情形之一的，应予以拆除，不得只给予罚款的行政处罚：

① 占用城市道路、公路、广场、公共绿地、居住小区、铁路干线两侧隔离地区、市区河道两侧隔离地区、文物保护区、风景名胜区、自然保护区、水源保护区、电力设施保护区、工矿区以及占压地下管线的；

② 不符合城市容貌标准、环境卫生标准的；

③ 影响市政基础设施、城市公共设施、交通安全设施、交通标志使用或者妨碍安全视距

和车辆、行人通行的；

④ 危害公共安全的；

⑤ 严重影响生产和人民群众生活的。

五、违法用地和违法建筑查处的程序和操作要求

违法用地和违法建筑查处共有四个阶段，即立案阶段、处罚审批阶段、制作行政处罚决定书和送达阶段、结案阶段，每个阶段的操作程序要点见表11-1所示。

表11-1　违法用地和违法建筑查处程序及操作要点

阶段	操作程序及要点
立案阶段	（1）经办人根据违法建设发生的具体情况，确认是否属于自己管辖范围 （2）经办人填写《立案审批表》，报主管领导审核 　主管领导审核或签发《立案审批表》，如主管领导不同意立案的，应注明理由并在"立案审批表"上签署不同意见
处罚审批阶段	（1）经办人对违法建设单位做询问笔录，并要求该单位提供以下书面材料：违法建设工程平面图两张（1：500或1：2000）；违法建设单位企事业单位法人营业执照复印件（原件验后退还该单位）；法人授权委托书（原件）；违法建设单位的书面检查及情况说明；钉桩坐标成果通知单；建设用地规划许可证及附件复印件（原件验后退还该单位）；建设工程规划许可证及附件复印件（原件验后退还该单位）；违法建设照片两张 （2）经办人制作《现场勘查记录》 （3）经办人填写《违法建设处理审批表》报室副主任审核。主管领导审核后，同意经办人意见的在科室意见栏目中签署拟同意意见，并报主管副大队长审核或审批；不同意经办人意见的，应在科室意见栏中签署不同意意见和理由 （4）经行政处罚案件审定委员会集体讨论后，同意行政处罚意见的，逐级批转经办人继续办理 （5）符合听证要求的，应由经办人填写《听证告知书》，报主管领导。主管领导审核或签发《听证告知书》。经办人将《听证告知书》送达违法建设单位或个人，并由接收人填写《送达回证》，与《听证告知书》（存根）一并存档。违法建设单位要求听证的，应根据有关行政处罚听证程序实施办法安排听证
制作行政处罚决定书和送达阶段	（1）经办人填写《规划行政主管部门行政处罚决定书》，报主管领导审核 （2）主管领导审核或签发《规划行政主管部门行政处罚决定书》 （3）经办人将《规划行政主管部门行政处罚决定书》及《行政处罚缴款书》送达违法建设单位或个人，并由接收人填写《送达回证》存档 操作要求：《行政处罚缴款书》应与《城市规划行政主管部门行政处罚决定书》一同送达违法建设单位或个人。对放弃听证权利的违法建设单位或个人，经办人应在送达《听证告知书》三日后，且作出行政处罚决定7日内送达以上文书
结案阶段	（1）经办人收到违法建设单位或个人缴纳罚款收据后，复印一份存档（财政部门转来原件后替换该复印件），原件退回该单位 （2）经办人在违法建设单位或个人提供的两份总平面图上，标明违法建设详细位置及《城市规划行政主管部门行政处罚决定书》处罚文号。一份总平面图交给违法建设单位，另一份存档 （3）经办人填写结案报告，并报主管领导审核。主管领导审核，并在领导意见栏填写同意结案 （4）经办人制作案卷目录，打印各相关材料后，将案件批转结束。经办人将所有书面材料认真编号、装订成册，存档保存 （5）如违法建设单位或个人逾期不申请行政复议，也不向人民法院起诉，又不履行处罚决定的，经办人应经主管领导批准后，将案卷递交人民法院申请强制执行。发出《城市规划行政主管部门行政处罚决定书》60日后，向人民法院申请强制执行

六、规划核实的内容与办理程序

为了及时发现问题、改正违法行为，减少损失，规划核实贯彻在建设过程的始终，即灰线阶段、验正负零阶段、结构完工阶段和规划验收等阶段，各阶段核实的内容、标准和具体操作程序见表11-2所示。

表11-2 规划核实的操作程序及要点

阶段	核实内容及标准	操作程序
验灰线阶段	经办人应按照《建设工程规划许可证》附图（总平面图）中的标准审核：拟建建筑与用地红线间距离；拟建建筑与相关规划道路的距离；拟建建筑与相邻建筑的距离；拟建建筑（两栋以上）之间的距离。满足有关建筑间距规定，同时在符合消防间距有关法规的前提下，施工误差控制在审批尺寸的1%，同时绝对值不超过0.5m	（1）经办人收到申报的验线材料后，确认是否属于自己的管辖范围，并在计算机系统上进行签收操作 （2）经办人对"工程测量成果"进行初步审核 （3）经办人组织建设单位、施工单位、设计单位、测绘单位对建设工程进行现场验线 （4）经现场审核，对于符合建设工程规划许可证要求的建设项目，经办人在计算机系统上填写《建设工程验线规划核实部门审核表》，经办人制作《建设工程验线结果通知单（合格）》，送达建设单位。经办人结案，并生成相应的规划核实案卷 （5）经现场审核，对于不符合建设工程规划许可证要求的建设项目经办人在计算机系统上填写《建设工程验线规划核实部门审核表》，经办人制作《建设工程验线结果通知单（不合格）》，送达建设单位。经办人结案，并将书面材料退还建设单位 （6）主管领导审核或签发《建设工程验线规划核实部门审核表》
验正负零阶段	建设工程施工至±0.00位置时，对各建筑单体外围轴线位置的检测及±0.00标高的检测。 （1）经办人应按照《建设工程规划许可证》附图（总平面图）中的标准审核拟建建筑与用地红线间距离；拟建建筑与相关规划道路的距离；拟建建筑与相邻建筑的距离；拟建建筑（两栋以上）之间的距离 （2）在满足有关建筑间距规定，同时符合消防间距有关法规的前提下，施工误差控制在审批尺寸的1%，同时绝对值不超过0.5m （3）建设项目正负零的高程误差应控制0.1m以内	（1）经办人收到建设单位申请的正负零阶段"工程测量成果"后，进行初步审核 （2）经办人到施工现场对建设项目进行现场审核 （3）经办人填写《建设工程规划核实现场勘察记录》 （4）符合建设工程规划许可证要求的，经力人通知建设单位复验合格 （5）不符合建设工程规划许可证要求的：经办人责令建设单位停工，要求限期改正，并向主管领导汇报情况。主管领导根据实际情况、提出初步处理意见。经办人填写《违法建设停工通知书》 （6）主管领导审核或签发《违法建设停工邀知书》。经办人送达《违法建设停工通知书》，按照违法建设查处的工作程序进行立案处理
结构完工阶段	（1）应重点对主体总平面图位置、层数和建筑高度进行审核 （2）同正负零阶段标准 （3）建设工程主体因施工误差造成高度变化，但与周边相邻建筑物尺寸能满足有关建筑间距规定，同时符合消防间距有关法规的，误差应控制在1m以下 （4）建设工程主体因施工误差造成高度变化，但与周边相邻建筑物的尺寸不能满足有关建筑间距规定，或不符合消防间距有关法规的，要求其限期改正。如不能限期改正的，转入违法建设行政处罚的工作程序，进行立案处理	（1）经办人到现场对建设项目的主体工程进行审核。经办人填写《建设工程规划核实现场勘察记录》 （2）符合建设工程规划许可证要求的，经办人通知建设单位复验合格 （3）不符合建设工程规划许可证要求的：经办人责令建设单位停工，要求限期改正，并向主管领导汇报情况。经办人根据实际情况，提出初步处理意见。经办人填写《违法建设停工通知书》。主管领导审核或签发《违法建设停工通知书》。经办人送达《违法建设停工通知书》，按照违法建设查处的工作程序进行立案处理

阶段	核实内容及标准	操作程序
规划验收阶段	（1）所有建筑物的总平面位置、层数、高度、立面、建筑规模和使用性质等 （2）用地范围内和代征地范围内应当拆除的建筑物、构筑物及其他设施的拆除情况 （3）代征地、绿化用地的腾退情况 （4）单独设立的配套设施的建设情况 （5）调档审核中发现的问题 具体验收标准： （1）建筑总平面位置、高度参照结构完工标准 （2）建筑物的层数不应有增加或减少 （3）建筑面积因设计误差、内部平面调整等，误差应限制在总建筑面积的5%，且绝对值不超过300m² （4）建筑工程使用性质、外立面、高度、层数、面积不变的前提下，只是内部平面布局的变更，可以不再重新办理审批手续，但须办理备案手续 （5）住宅建筑要和其他配套的公共设施和环境建设同步验收：小区道路初步完工，绿地、地上车位腾退满足相关要求。未与其他建筑同步完成的环境、道路、配套设施等应与居住区住宅总量20%左右的住宅建筑一同验收。对于施工场地、施工用房屋占用建设用地的按有关规定在全部居住区验收完毕后一个月内拆除	（1）经办人收到建设单位申报的验收材料后，在计算机系统上进行签收 （2）经办人调阅有关用地、建筑档案 （3）经办人根据档案对《建设工程竣工测量成果报告书》进行审核 （4）经办人通知建设单位组织现场规划验收 （5）经办人填写《建设工程规划验收审核表》 （6）主管领导审核或签发《建设工程规划验收审核表》 （7）经办人在计算机系统上填写《建设工程规划验收合格（或不合格）通知书》 （8）经办人将全部书面材料装订后存档 根据《城乡规划法》第四十五条规定，县级以上地方人民政府城乡规划主管部门按照国务院规定对建设工程是否符合规划条件予以核实。未经核实或者经核实不符合规划条件的，建设单位不得组织竣工验收 建设单位应当在竣工验收后6个月内向城乡规划主管部门报送有关竣工验收资料

第三节　违反《城乡规划法》的法律责任

法律责任，是指违反法律的规定而必须承担的法律后果。法律责任是法律的重要组成部分，是法律运行、实施的保障，是法治不可或缺的要素。没有法律责任作为最后的保障，任何法律都将流于形式，成为一纸空文。法律责任按违法行为的性质不同可以分为民事法律责任、行政法律资任和刑事法律责任三大类。具体采取哪一种法律责任形式，应当根据调整违法行为人所侵害的社会关系的性质、特点以及侵害的程度等多种因素来确定。违反《城乡规划法》强制性规定和有关民事、刑事法律规定的，即构成《城乡规划法》规定的法律责任。《城乡规划法》规定的法律责任包括民事法律责任、行政法律责任和刑事法律责任。

《城乡规划法》"法律责任"一章规定了有关违法行为的内容如下：

1.构成《城乡规划法》规定的法律责任的违法行为

① 依法应当编制城乡规划而未编制，或者未按规定程序编制、审批、修改城乡规划，或者委托不具有相应资质等级的单位编制城乡规划；

② 违法核发选址意见书、建设用地规划许可证、建设工程规划许可证、乡村建设规划许可证，或者未依法对经审定的修建性详细规划、建设工程设计方案的总平面图予以公布，或者在批准修改修建性详细规划、建设工程设计方案的总平面图前，未听取利害关系人的意见，或者发现未依法取得规划许可或者违反规划许可的规定在规划区内进行建设的行为，而不予查处或者接到举报后不依法处理；

③ 对未依法取得选址意见书的建设项目核发建设项目批准文件，或者未依法在国有土地使用权出让合同中确定规划条件，或者改变国有土地使用权出让合同中依法确定的规划条件，或者对未依法取得建设用地规划许可证的建设单位划拨国有土地使用权；

④ 城乡规划编制单位超越资质等级许可的范围，未取得资质证书，以欺骗手段取得资质证书承揽城乡规划编制工作，或者违反国家有关标准编制城乡规划；

⑤ 未取得建设工程规划许可证，或者未按照建设工程规划许可证的规定进行建设，或者在乡、村庄规划区内未依法取得乡村建设规划许可证，或者未按照乡村建设规划许可证的规定进行建设；

⑥ 未经批准或者未按照批准内容进行临时建设，或者临时建筑物、构筑物超过批准期限不拆除；

⑦ 建设单位未在工程竣工验收后6个月内向城乡规划主管部门报送有关竣工验收资料。

2.构成《城乡规划法》规定的法律责任的违法行为主体

① 有关人民政府负责人和其他直接责任人员；

② 城乡规划主管部门与相关行政部门直接负责的主管人员和其他直接责任人员；

③ 城乡规划编制单位；

④ 有关的建设单位和个人。

3.构成《城乡规划法》违法行为的责任主体应承担的法律责任

① 有关人民政府负责人和其他直接责任人员、城乡规划主管部门与相关行政部门直接负责的主管人员和其他直接责任人员违反（城乡规划法）规定，应当承担行政法律责任；

② 城乡规划编制单位违反《城乡规划法》规定，应当承担行政法律责任、民事法律责任；

③ 有关的建设单位违反《城乡规划法》规定，应当承担行政法律责任；

此外，对于违法建设工程，《城乡规划法》赋予县级以上地方人民政府可以责成有关部门采取查封施工现场、强制拆除等措施的权力。对于违反《城乡规划法》的规定，构成犯罪的，要依法追究刑事责任。

一、有关人民政府违反《城乡规划法》的行为及承担的法律责任

① 依法应当编制城乡规划而未组织编制，或者未按法定程序编制、审批、修改城市规划的，由上级人民政府责令改正，通报批评；对有关人民政府负责人和其他责任人员依法给予处分；

② 委托不具有相应资质等级的单位编制城乡规划的，由上级人民政府责令改正，通报批评；对有关人民政府负责人和其他责任人员依法给予处分。

二、城乡规划主管部门违反《城乡规划法》的行为及承担的法律责任

城乡规划主管部门有下列行为之一的，由本级人民政府、上级人民政府城乡规划主管部门或者监察机关依据其职权责令改正，通报批评；对直接负责的主管人员和其他直接责任人员依法给予处分。

① 未依法组织编制城市的控制性详细规划、一县人民政府所在地镇的控制性详细规划的；

② 超越职权或者对不符合法定条件的申请人核发选址意见书、建设用地规划许可证、建设工程规划许可证、乡村建设规划许可证的；

③ 对符合法定条件的申请人未在法定期限内核发选址意见书、建设用地规划许可证、建设工程规划许可证、乡村建设规划许可证的；

④ 未依法对经审定的修建性详细规划、建设工程设计方案的总平面图予以公布的；

⑤ 同意修改修建性详细规划、建设工程设计方案的总平面图前未采取听证会等形式听取

利害关系人的意见的；

⑥ 发现未依法取得规划许可或者违反规划许可的规定在规划区内进行建设的行为，而不予查处或者接到举报后不依法处理的。

三、相关行政部门违反《城乡规划法》的行为及承担的法律责任

县级以上人民政府有关部门有下列行为之一的，由本级人民政府或者上级人民政府有关部门责令改正，通报批评；对直接负责的主管人员和其他直接责任人员依法给予处分：

① 对未依法取得选址意见书的建设项目核发建设项目批准文件的；

② 未依法在国有土地使用权出让合同中确定规划条件或者改变国有土地使用权出让合同中依法确定的规划条件的；

③ 对未依法取得建设用地规划许可证的建设单位划拨国有土地使用权的。

四、城乡规划编制单位违反《城乡规划法》的行为及承担的法律责任

城乡规划编制单位有下列行为之一的，由所在地城市、县人民政府城乡规划主管部门责令限期改正，处合同约定的规划编制费1倍以上2倍以下的罚款；情节严重的，责令停业整顿，由原发证机关降低资质等级或者吊销资质证书；造成损失的，依法承担赔偿责任：

① 超越资质等级许可的范围承揽城乡规划编制工作的；

② 违反国家有关标准编制城乡规划的。

未依法取得资质证书承揽城乡规划编制工作的，由县级以上地方人民政府城乡规划主管部门责令停止违法行为，依照前款规定处以罚款；造成损失的，依法承担赔偿责任。

以欺骗手段取得资质证书承揽城乡规划编制工作的，由原发证机关吊销资质证书，依照前款规定处以罚款；造成损失的，依法承担赔偿责任。

城乡规划编制单位取得资质证书后，不再符合相应的资质条件的，由原发证机关责令限期改正；逾期不改正的，降低资质等级或者吊销资质证书。

五、行政相对方违反《城乡规划法》的行为及承担的法律责任

① 未取得建设工程规划许可证或者未按照建设工程规划许可证的规定进行建设的，由县级以上地方人民政府城乡规划主管部门责令停止建设；尚可采取改正措施消除对规划实施的影响的，限期改正，处建设工程造价5%以上10%以下的罚款；无法采取改正措施消除影响的，限期拆除，不能拆除的，没收实物或者违法收入，可以并处建设工程造价10%以下的罚款；

② 建设单位或者个人有下列行为之一的，由所在地城市、县人民政府城乡规划主管部门责令限期拆除，可以并处临时建设工程造价1倍以下的罚款：

未经批准进行临时建设的；

未按照批准内容进行临时建设的；

临时建筑物、构筑物超过批准期限不拆除的。

③ 建设单位未在建设工程竣工验收后6个月内向城乡规划主管部门报送有关竣工验收资料的，由所在地城市、县人民政府城乡规划主管部门责令限期补报；逾期不补报的，处1万元以上5万元以下的罚款。

六、乡村违法建设所应承担的法律责任

在乡、村庄规划区内未依法取得乡村建设规划许可证或者未按照乡村建设规划许可证的规定进行建设的，由乡、镇人民政府责令停止建设、限期改正；逾期不改正的，可以拆除。

七、对违法建设的强制执行

城乡规划主管部门作出责令停止建设或者限期拆除的决定后，当事人不停止建设或者逾期

不拆除的，建设工程所在地县级以上地方人民政府可以责成有关部门采取查封施工现场、强制拆除等措施。

八、违反《城乡规划法》的规定应承担的刑事法律责任

违反《城乡规划法》规定，构成犯罪的，依法追究刑事责任。

课后练习题

案例1：某市粮食局以建粮食批发市场为由，通过当地政府，以每亩3.2万元的价格，从小北村征走耕地109亩（1亩＝667m²）。粮食局当年征地申请的计划是：每年批发、零售粮油2000万吨，成交额可达2000万元实现利税100万元，据说其规模要达到全省第一，使该市的经济得到繁荣，但是其后发生的事情却让小北村村民多年来一直气愤不平。粮食批发市场没有建起来，对国家和当地老百姓的承诺没有兑现，一百多亩耕地却落到粮食局手里。随后这些耕地即被分割成若干份，每份约为420m²，以股金的形式把土地使用权转移到个人和一些单位手里，每份3.5万元，得到土地使用权的人，便各自建起了民宅、商店、酒店、公司等。粮食局自己所建的粮油交易大厅仅有200m²，而且从未开张，征用了100多亩地，只盖了这么小的交易厅。就连交易大厅现在也租给了私人，做了存放方便面的库房。二十多名村民代表表示，如果被征走的土地真是国家需要，他们能理解支持。但是现在看到的这种情况，真让人不服气。无论如何弄个明白，讨个说法。

试问：该起案件有哪些违法行为？

案例2：某市城市规划区的东南部，按照批准的总体规划方案，有一个约60hm²的城市规划绿地。某科研单位与当地村委会签订协议，在规划绿地内（现在为耕地）占用3hm²土地建设住宅，补偿费用1000万元。一年后建成多层住宅五栋，建筑面积25000m²，该科研单位在分房的过程中有职工向城乡规划行政主管部门举报该单位领导搞违法建设，要求查处。经查后，城乡规划执法人员认为，该科研单位和村委会对农村集体土地进行变相买卖违法侵占耕地，同时也未报城乡规划行政主管部门审批，没有办理建设用地规划许可证和建设工程规划许可证。即行占地建设属于违法建设，且侵占规划绿地，严重影响城市规划，违法事实清楚，不用再找当事人调查，于是根据城乡规划法第六十四条规定对违法建设作出予以没收的行政处罚决定，并经部门领导批准发出了行政处罚决定书。送达后，科研单位不服该行政处罚，向人民法院提起诉讼，经法院审理，判城乡规划行政主管部门败诉。

试问：城乡规划行政主管部门败诉的原因是什么？城乡规划主管部门应该如何正确处理此案？

案例3：某市市中心有一个污染严重的工厂，占地3.2hm²，依据经市政府批准的该地区控制性详细规划，该厂应搬迁，拟改为商业用地。厂方根据控制性详细规划提出的改建方案经城市规划行政主管部门初审并认为可行。然后，厂方依据初审方案找到了一个投资方，并与其签订了出让协议。投资方未办理规划管理审批手续即开工建设。在完成基础和地下一层结构工程时，收到市规划行政主管部门查处。

试问：城乡规划行政主管部门应如何处理该工程？投资方应办理哪些审批手续？

案例4：某市的市区北部有一段古城墙，为省级文物保护单位，并划定古城墙内外各100m为保护区，只准绿化，不许建设，由园林绿化队管理。有一投资者看中这块风水宝地，以每年支付100万元的租金在离古城墙50m处投资建设五栋两层青瓦灰砖小别墅，在与绿化队签订了协议后，随即组织施工。此时，被该市城乡规划行政主管部门规划监督检查执法队发

现，责令立即停工。

试问：这个工程属于什么性质？为什么？应该如何处理？

案例5：某市一工厂位于市区内，因生产不景气，经总公司批准，同意改建一座高层宾馆。占地面积32000m²，总公司在批准时指出市委、市规划行政主管部门根据规划，经研究并口头同意该厂用地使用性质可以调整。随后该厂便与合作方签订协议，由合作方出资建成以后各得一半的建筑面积，合作双方的建设方案报经总公司批准后，即着手进行建设。正当开始施工时，城乡规划行政主管部门查处了该工程建设，责令立即停工，听后处理。

试问：该工程为什么会受到城乡规划行政主管部门的查处？城乡规划主管部门应如何处置？

案例6：某市新建一处占地80hm²的公园，现已初具规模，市园林行政主管部门为加强该园管理工作，拟在公园总体规划已确定的管理用房位置，向市规划行政主管部门提出审查，要求兴建要幢3层办公管理用房，经市规划行政主管部门研究同意该项申请，并核发了建筑工程许可证。该工程建设期间，市规划行政主管部门两名执法人员，到现场监督检查时，发现该项工程在砌4层墙体，有的已砌到了2m多高，与此同时，还发现该工程擅自增建了一层地下室，并且还在该楼的每个房间内增设了一个卫生间，为此执法人员当即找到了该工程的主管负责人和单位法人，在核对、查清事实之后，发出了停工通知书，责令该工程立即停工，听候处理。

试问：该工程被查责令立即停工的具体原因是什么？市规划行政主管部门应如何处理？

案例7：某区政府大力开展旧城改造工作，建设单位对城市中心旧城危房地段拆迁后，进行住宅建设，该地块用地面积22700m²，用地性质为住宅，总建设规模为58000m²，建设高度控制不超过18m。区政府主要领导根据地区发展需要，决定沿街的建设性质调整为高层商业及办公楼，另外，整个项目的总建筑规模调整为87000m²。区土地部门与建设单位签订了国有土地使用合同，土地用途为住宅。区规划局经请示区领导同意，为该项目直接核发了建设工程规划许可证。当该地块两栋住宅已封顶，商业办公楼已建设到地下1层部分，市规划巡查执法部门在检查中发现了该项目的有关建设情况，责令建设单位立即停工，听候处理。

试问：该项目为什么受到查处？市规划部门应如何处理？

案例8：某公司准备开工建设一个商住楼，已经按照规定办理了相应手续并开工。但在开工过程中，该公司严重违规，采取两套图纸的做法，一套报审、一套施工，擅自加层。并擅自少退红线。

试问：规划管理部门可以通哪些方式和方法来对该项目进行监督检查？对以上情况，应该如何处理？

案例9：某建设单位在自有用地范围内建设一栋综合办公楼，建筑面积约5000m²，在申报并取得建设用地规划许可证后，为了按期完成建设任务，该单位在未拿到建设工程规划许可证时就急于开工建设吗，在建设项目即将竣工时被规划行政主管部门查处。

试问：该单位的建设行为是否违法？为什么？规划行政管理部门应如何处理？

案例10：某单位在该市城北区有一栋距离道路红线5m，且平行于道路走向的六层单身宿舍楼。由于情况变化和经济发展，经单位领导研究决定，并报请有关主管部门同意，拟将该单身宿舍楼改建为对外营业的旅馆使用。为安排旅馆接待大厅的需要，该单位向城北区城市规划行政主管部门报送了一份新建一层接待大厅的申请。经城北区城市规划部门研究，同意该单位的申请方案，并核发了建设工程规划许可证。该工程在施工期间，市城乡规划行政主管部门的两名执法人员在现场监督检查时发现，该工程正在进行两层的结构施工。经执法人员进一步核查发现，由城北区规划行政主管部门审批的接待大厅建设位置实际已侵入了道路红线3米，并占压了两条现状地下管线。为此，两名执法人员当即找到了该单位法人和工程施工负责人，在核查事实后，填发了停工通知书，责令该工程立即停工，听候处理。

试问：该工程被责令停工的原因是什么？市城乡规划行政主管部门应如何处理本案？

案例11：某公司拟在城市规划区内建设一座面积1万平方米的综合楼，该项目经过是规划行政主管部门批准，取得了建设工程规划许可证。该公司委托一家甲级设计单位进行施工图设计，对原报批方案的总平面布局做了调整，增加了建筑面积3000m²。该设计单位负责人几次向该公司催要相关部门的批准文件，却一直未得到。在该公司的再三催促下，该设计单位完成了施工图设计。两年后工程竣工，在工程竣工验收时，被城乡规划行政主管部门认定为违法建设。

试问：该项目为何被认定为违法建设？请结合案例提出处理意见。

案例12：在某城市规划区边缘，某单位未经城乡规划行政主管部门审批，擅自在单位内部建地下停车库，在施工过程中，城乡规划行政主管部门向该单位下达了《违法建筑停工通知书》，责令其停工听候处理。但该建设单位不予自觉履行，因此城乡规划行政主管部门会同城市监察大队，对该建设单位的地下停车库进行了强行拆除。该建设单位不服，将城乡规划行政主管部门诉至人民法院．

试问：该城乡规划行政主管部门的处理是否正确？

案例13：2008年，市民张某在未经城乡规划行政主管部门批准的情况下，在自家四合院内将原靠外缘的住宅改建为二层，其邻居王某以张某住宅严重损害自家采光、通风权益为由，要求城乡规划管理部门依法处理，一个月后城乡规划行政主管部门下达了《关于张某违法建筑的处罚决定》，要求张某自行拆除二层部分的建筑。张某在收到处罚决定后拒不自动履行，三个月后王某将城乡规划行政主管部门告上人民法院，人民法院经调查判城乡规划行政主管部门败诉。

试问：城乡规划行政主管部门败诉的原因是什么？城乡规划行政主管部门应如何处理此案？

案例14：某公司拟在城市规划区内建设一座面积为1万平方米的综合楼。该项目经过是规划行政主管部门批准，取得了建设工程规划许可证，该公司委托一家甲级设计单位进行施工图设计，对原审批方案的总平面布局做了调整，增加了建筑面积3000m²。该设计单位负责人几次向该公司催要相关部门的批准文件，却一直未得到。在该公司的再三催促下，该设计单位完成了施工图设计。两年后工程竣工，在工程竣工验收时，被城乡规划行政主管部门认定为违法建设。

试问：该项目为何被认定为违法建设？请结合案情提出处理意见。

案例15：

处罚决定书

建设单位：某公司

地址：某地

负责人：某某

经查实，某公司在某地建造了办公楼项目，未办理建设用地规划许可，该公司违法了行政许可法第四十条、六十四条。根据行政处罚法，按照造价的20%进行处罚，建造单价为770元/平方米，建筑面积为7709m²，共罚款107万。

如果不服，可以在60天内向人民政府和上一级主管部门反映，或者在30天向法院提起诉讼。

某规划局

某日

试问：该处罚决定书中的错误之处有哪些？

第三篇　城乡规划法规基础知识

第十二章

《城乡规划法》配套行政法规与规章

教学目标与要求

了解：《城乡规划法》配套行政法规、部门规章和规范性文件的立法背景、适用范围和管理机构。

熟悉：《城乡规划法》配套行政法规、部门规章和规范性文件的具体内容，熟悉《历史文化名城名镇名村保护条例》的内容和保护措施。

掌握：《历史文化名城名镇名村保护条例》中历史文化名城的申报条件和程序、批准机关和批准程序；各层次城市规划的强制性内容；《城市"四线"管理办法》的主管部门，四线的划定、调整和撤销等具体要求。

《城乡规划法》配套行政法规与规章，是指为实施《城乡规划法》，由国务院制定的若干法规，以及由国务院城乡规划主管部门制定的一系列部门规章。这些法规和规章分别是对《城乡规划法》某一专项内容的延展和细化，与《城乡规划法》共同组合成一整套具有内在联系的法律规范体系。它们所调整的行政法律关系与《城乡规划法》一致，确定的行政主体是各级城乡规划或建设主管部门。我国现行的《城乡规划法》配套行政法规有《村庄和集镇规划建设管理条例》、《历史文化名城名镇名村保护条例》、《风景名胜区条例》；部门规章及规范性文件包括《建设项目选址规划管理办法》、《城市规划强制性内容暂行规定》、《城市紫线管理办法》、《城市绿线管理办法》、《城市蓝线管理办法》、《城市黄线管理办法》等。

第一节 行政法规

一、《村庄和集镇规划建设管理条例》

1. 立法背景及其适用范围

为了加强村庄、集镇的规划建设管理，改善村庄、集镇的生产、生活环境，促进农村经济和社会发展，1993年6月29日国务院以第116号令发布了《村庄和集镇规划建设管理条例》并于同年11月1日起施行。

本《条例》适用于制定和实施村庄、集镇规划以及在村庄、集镇规划区内进行居民住宅、乡（镇）村企业、乡（镇）村公共设施和公益事业等的建设。国家征用集体所有的土地进行的建设除外。

由于城乡二元化的规划管理体制，使得城市和乡村之间在资源配置和空间布局上缺乏统筹协调，很难适应快速发展的工业化和城镇化需要。根据党中央贯彻落实科学发展观的指导方针，2007年10月28日，第十届全国人大常委会第三十次会议通过了《城乡规划法》。这部行政法贯彻了城乡统筹的原则，把乡规划和村庄规划纳入了城乡规划概念，并对其规划编制组织、编制内容、编制程序等作出了明确规定。由于法律的效力高于行政法规，因而《城乡规划法》的实施也使《村庄和集镇规划建设管理条例》中相当一部分内容相应作了调整。

2.《城乡规划法》对本条例的调整

（1）规划目标与原则

《城乡规划法》明确了乡规划和村庄规划应当以服务农业、农村和农民为基本目标。坚持因地制宜、循序渐进、统筹兼顾、协调发展的基本原则。规定"乡规划、村庄规划应当从农村实际出发，尊重村民意愿，体现地方和农村特色。"

（2）规划名称及内容

《城乡规划法》第十八条对本条例的名称及内容作了重大调整。

其一，将本条例中村庄、集镇总体规划和建设规划改称乡规划、村庄规划；

其二，将规划内容规定为：规划范围，住宅、道路、供水、排水、供电、垃圾收集、畜禽养殖场所等农村生产、生活服务设施、公益事业等各项建设的用地布局、建设要求，以及对耕地等自然资源和历史文化遗产保护、防灾减灾等的具体安排。

乡规划还应当包括本行政区域内的村庄发展布局。

（3）规划编制与审批

《城乡规划法》第二十二条对本条例也作了调整。规定由乡、镇人民政府组织编制乡规划、村庄规划，报上一级人民政府审批。村庄规划在报送审批前，应当经村民会议或者村民代表会议讨论同意。

3.本条例内容的实施

由于全国人大常委会通过并公布的《城乡规划法》明确规定自2008年1月1日起施行，但是法律没有明确规定同时废止《村庄和集镇规划建设管理条例》，因此本条例部分内容仍然具有法律效力，主要是村庄和集镇规划的实施、村庄和集镇建设的设计、施工管理、房屋、公共设施、村容镇貌和环境卫生管理、处罚等有关规定。

二、《历史文化名城名镇名村保护条例》

为了加强历史文化名城、名镇、名村的保护与管理，继承中华民族优秀历史文化遗产，国务院以第524号令颁布了2008年4月2日经国务院第3次常务会议通过的《历史文化名城名镇名村保护条例》，自2008年7月1日起施行。

1.条例适用范围

历史文化名城、名镇、名村的申报、批准、规划、保护，适用本条例。

2.保护原则与要求

历史文化名城、名镇、名村的保护应当遵循科学规划、严格保护的原则，保持和延续其传统格局和历史风貌，维护历史文化遗产的真实性和完整性，继承和弘扬中华民族优秀传统文化，正确处理经济社会发展和历史文化遗产保护的关系。

3.保护监管责任主体

历史文化名城、名镇、名村的保护和监督管理的责任主体分两个层次，在中央一级是国务院建设主管部门会同国务院文物主管部门；在地方则是各级人民政府。

4.申报与批准

（1）申报条件

条例规定申报条件为四项：① 保存文物特别丰富；② 历史建筑集中成片；③ 保留着传统格局和历史风貌；④ 历史上曾经作为政治、经济、文化、交通中心或军事要地，或者发生过重要历史事件，或者其传统产业、历史上建设的重大工程对本地区的发展产生过重要影响，或者能够集中反映本地区建筑的文化特色、民族特色。

其中还特别规定了申报历史文化名城的，在所申报的历史文化名城保护范围内还应当有2个以上的历史文化街区。

（2）审批机关及审批程序

历史文化名城的审批机关和名镇、名村的审批机关也分两个层次，分别是国务院和省、自治区、直辖市省、自治区、直辖市人民政府。对于确定中国历史文化名镇、名村，则授权国务院建设和文物主管部门。

申报历史文化名城，由省、自治区、直辖市人民政府提出申请，经国务院建设主管部门会同国务院文物主管部门组织有关部门、专家进行论证，提出审查意见，报国务院批准公布。

申报历史文化名镇、名村，由所在地县级人民政府提出申请、经省、自治区、直辖市人民政府确定的保护主管部门会同同级文物主管部门组织有关部门、专家进行论证，报省、自治区、直辖市人民政府批准公布。

国务院建设主管部门会同国务院文物主管部门可以在已批准公布的历史文化名镇、名村中，严格按照国家有关评价标准，选择具有重大历史、艺术、科学价值的历史文化名镇、名村，经专家论证，确定为中国历史文化名镇、名村。

（3）濒危名单公布与补救

为了加强保护工作，增强所在地政府的责任，针对某些地方因保护不力，导致历史文化名城、名镇、名村遭受破坏的突出问题，在条例中设立了濒危历史文化名城、名镇、名村名单公布制度，并责成所在地政府采取补救措施，防止文化遗产破坏情况继续恶化。这是对已有的法律法规的进一步完善。本条例第十二条明确规定：

已批准公布的历史文化名城、名镇、名村，因保护不力使其历史文化价值受到严重影响的，批准机关应当将其列入濒危名单，予以公布，并责成所在地城市、县人民政府采取补救措施，防止情况继续恶化，并完善保护制度，加强保护工作。

5.保护规划

（1）组织编制主体和编制期限

条例要求历史文化名城、名镇、名村均应在批准公布后编制保护规划，组织编制保护规划的主体分别是历史文化名城人民政府和名镇、名村所在地县级人民政府。保护规划的编制期限均应当自名城、名镇、名村批准公布之日起一年内编制完成。

（2）规划内容与期限

条例规定保护规划的内容包括五个方面，和城乡规划管理中确定规划区范围相对应的是划定保护范围，包括核心保护范围和建设控制地带，在保护范围内按照木同层次、不同对象采取分类保护的措施。

其一，保护原则、保护内容和保护范围；

其二，保护措施、开发强度和建设控制要求；

其三，传统格局和历史风貌保护要求；

其四，历史文化街区、名镇、名村的核心保护范围和建设控制地带；

其五，保护规划分期实施方案；

还要求历史文化名城、名镇保护规划的规划期限应当与城市、镇总体规划的规划期限相一致；历史文化名村保护规划的规划期限应当与村庄规划的规划期限相一致。

（3）规划审批前后的规定

保护规划报送审批前，应广泛征求意见，必要时可以举行听证。

条例规定所有保护规划均由省、自治区、直辖市人民政府审批；其中保护规划的组织编制机关尚应将依法批准的历史文化名城和中国历史文化名镇、名村保护规划，报国务院建设主管部门和国务院文物主管部门备案。

保护规划的组织编制机关有责任及时公布依法批准的保护规划。

经依法批准的保护规划，不得擅自修改；确需修改的，保护规划的组织编制机关应当向原审批机关提出专题报告，经同意后，方可编制修改方案。修改后的保护规划，应当按照原审批程序报送审批。

国家主管部门和县级以上地方人民政府的监督检查责任。

6.保护措施

（1）保护原则和内容

实施保护规划，首先要明确保护原则及其保护内容，这是做好保护工作的前提。保护原则集中体现在两点，一是整体保护；二是处理好保护与发展的关系。整体保护的内容包括历史文化名城、名镇、名村的格局、风貌和景观、环境。处理保护与发展关系的基本内容包括控制人口数量和改善各种设施、为此本条例在第二十一条、第二十二条分别作出了如下规定：

历史文化名城、名镇、一名村应当整体保护，保持传统格局、历史风貌和空间尺度，不得改变与其相互依存的自然景观和环境，以确保其整体和谐关系。同时规定县级以上人民政府要妥善处理好保护与发展的关系，根据当地经济社会发展水平，按照保护规划，控制人口数量，改善基础设施、公共服务设施和居住环境。

历史文化名城、名镇、名村的各项保护措施，是保护规划的具体落实，是科学保护历史文化名城、名镇、名村的重要保障。这些措施主要针对发生在历史文化名城，名镇、名村保护范围、建设控制地带、核心保护范围的建设活动以及经济社会活动。

（2）在保护范围内的保护措施

保护范围是指历史文化名城、名镇、名村。对于空间形态完整的名城、名镇、名村，其保护范围一般应覆盖其历史城区或村庄的范围；其他名城、名镇、名村需要根据历史文化遗产分布的具体情况来确定。

在保护范围内从事建设活动和经济社会活动分别作出了规定，要求建设活动应当符合保护规划的要求，不得损害历史文化遗产的真实性和完整性，不得对其传统格局和历史风貌构成破坏性影响。

禁止进行下列活动：开山、采石、开矿等破坏传统格局和历史风貌的活动；占用保护规划确定保留的园林绿地、河湖水系、道路等；修建生产、储存爆炸性、易燃性、放射性、毒害性、腐蚀性物品的工厂、仓库等；在历史建筑上刻画涂污。

在保护范围内控制进行下列活动：改变园林绿地、河湖水系等自然状态的活动；在核心保护范围内进行影视摄制、举办大型群众性活动；其他影响传统格局、历史风貌或者历史建筑的活动。要求进行这些活动应当保护其传统格局、历史风貌和历史建筑；制定保护方案，经城市、县人民政府城乡规划主管部门会同同级文物主管部门批准，并依照有关法律、法规的规定办理相关手续。

（3）在建设控制地带内的保护措施

建设控制地带，位于历史文化名城、名镇、名村保护范围以内、核心保护范围以外，是为确保核心保护范围的风貌、特色完整性而必须进行建设控制的地区。历史文化街区、名镇、名村建设控制地带内的新建建筑物、构筑物，应当符合保护规划确定的建设控制要求。

（4）在核心保护范围内的保护措施

核心保护范围是指在保护范围以内需要重点保护的区域，是指历史文化街区、名镇、名村保护的精华所在。对建筑物和构筑物应当区分不同情况，采取相应措施，实行分类保护。

在历史文化街区、名镇、名村核心保护范围内，不得进行新建、扩建活动。但是，新建、扩建必要的基础设施和公共服务设施除外。

在历史文化街区、名镇、名村核心保护范围内，拆除历史建筑以外的建筑物、构筑物或者其他设施的，应当经城市、县人民政府城乡规划主管部门会同同级文物主管部门批准。

（5）历史建筑保护措施

保护措施包括对历史建筑实施原址保护；不得损坏或者擅自迁移、拆除历史建筑；明确历史建筑的所有权人是维护修缮的主体；地方人民政府在维护修缮历史建筑中的责任；对其外部修缮装饰、添加设施以及改变历史建筑的结构或者使用性质的审批。

第二节　部门规章及规范性文件

一、《建设项目选址规划管理办法》（建规[1991]583号）

1.制定本法的目的

为了保障建设项目的选址和布局与城市规划密切结合，科学合理，提高综合效益，根据《中华人民共和国城市规划法》和国家基本建设程序的有关规定，制定本办法。

2.本法适用的范围

在城市规划区内新建、扩建、改建工程项目，编制、审批项目建议书和设计任务书，必须遵守本办法。

3.管理机构

县级以上人民政府城市规划行政主管部门负责本行政区域内建设项目选址和布局的规划管理工作。

城市规划行政主管部门应当了解建设项目建议书阶段的选址工作。各级人民政府计划行政主管部门在审批项目建议书时，对拟安排在城市规划区内的建设项目，要征求同级人民政府城市规划行政主管部门的意见。

城市规划行政主管部门应当参加建设项目设计任务书阶段的选址工作，对确定安排在城市规划内的建设项目从城市规划方面提出选址意见书。设计任务书报请批准时，必须附有城市规划行政主管部门的选址意见书。

4.建设项目选址意见书应当包括的内容

（1）建设项目的基本情况

主要是建设项目名称、性质，用地与建设规模，供水与能源的需求量，采取的运输方式与运输量，以及废水、废气、废渣的排放方式和排放量。

（2）建设项目规划选址的主要依据

经批准的项目建议书；

建设项目与城市规划布局的协调；

建设项目与城市交通、通讯、能源、市政、防灾规划的衔接与协调；

建设项目配套的生活设施与城市生活居住及公共设施规划的衔接与协调；

建设项目对于城市环境可能造成的污染影响，以及与城市环境保护规划和风景名胜、文物古迹保护规划的协调。

5.建设项目选址意见书的规划管理

县人民政府计划行政主管部门审批的建设项目，由县人民政府城市规划行政主管部门核发选址意见书。

地级、县级市人民政府计划行政主管部门审批的建设项目，由该市人民政府城市规划行政主管部门核发选址意见书。

直辖市、计划单列市人民政府计划行政主管部门审批的建设项目，由直辖市、计划单列市人民政府城市规划行政主管部门核发选址意见书。

省、自治区人民政府计划行政主管部门审批的建设项目，由项目所在地县、市人民政府城市规划行政主管部门提出审查意见、报省、自治区人民政府城市主管部门核发选址意见书；

中央各部门、公司审批的小型和限额以下的建设项目，由项目所在地县、市人民政府城市规划行政主管部门核发选址意见书。

国家审批的大中型和限额以上的建设项目，由项目所在地县、市人民政府城市规划行政主管部门提出审查意见，并报国务院城市规划行政主管部门备案。

二、《城市国有土地使用权出让转让规划管理办法》（建设部令[1992]第22号）2011年1月26日修正

1.制定本法的目的

第一条　为了加强城市国有土地使用权出让、转让的规划管理，保证城市规划实施，科学、合理利用城市土地，根据《中华人民共和国城乡规划法》、《中华人民共和国土地管理法》、《中华人民共和国城镇国有土地使用权出让和转让暂行条例》和《外商投资开发经营成片土地暂行管理办法》等制定本办法。

2.本法的适用范围

在城市规划区内城市国有土地使用权出让、转让必须符合城市规划，有利于城市经济社会的发展，并遵守本办法。

3.管理机构

国务院城市规划行政主管部门负责全国城市国有土地使用权出让、转让规划管理的指导工作。

省、自治区、直辖市人民政府城市规划行政主管部门负责本省、自治区、直辖市行政区域内城市国有土地使用权出让、转让规划管理的指导工作。

直辖市、市和县人民政府城市规划行政主管部门负责城市规划区内城市国有土地使用权出让、转让的规划管理工作。

4.具体内容

① 城市国有土地使用权出让的投放量应当与城市土地资源、经济社会发展和市场需求相适应。土地使用权出让、转让应当与建设项目相结合。城市规划行政主管部门和有关部门要根据城市规划实施的步骤和要求，编制城市国有土地使用权出让规划和设计，包括地块数量、用地面积、出让步骤等、保证城市国有土地使用权的出让有规划、有步骤、有计划地进行。

② 出让城市国有土地使用权，出让前应当制定控制性详细规划。出让的地块，必须具有城市规划行政主管部门提出的规划设计条件及附图。

规划设计条件应当包括：地块面积，土地使用性质，容积率，建筑密度，建筑高度，停车泊位，主要出入口，绿地比例，须配置的公共设施、工程设施，建筑界线，开发期限以及其他要求。

附图应当包括：地块区位和现状、地块坐标、标高，道路红线坐标、标高、出入口位置，建筑界线以及地块周围地区环境与基础设施条件。

③ 城市国有土地使用权出让、转让合同必须附具规划设计条件及附图；

规划设计条件及附图，出让方和受让方不得擅自变更。在出让转让过程中确需变更的，必须经城市规划行政主管部门批准。

④ 已取得土地出让合同的，受让方应当持出让合同依法向城市规划行政主管部门申请建设用地规划许可证。在取得建设用地规划许可证后，方可办理土地使用权属证明。

⑤ 受让方在符合规划设计条件外为公众提供公共使用空间或设施的，经城市规划行政主

管部门批准后，可给予适当提高容积率的补偿。受让方经城市规划行政主管部门批准变更规划设计条件而获得的收益，应当按规划比例上交城市政府。

⑥ 凡持未附具城市规划行政主管部门提供的规划设计条件及附图的出让、转让合同，或擅自变更的，城市规划行政主管部门不予办理建设用地规划许可证。凡未取得或擅自变更建设用地规划许可证而办理土地使用权属证明的，土地权属证明无效。

三、《城市规划强制性内容暂行规定》（建设部建规[2002]218号）

1. 定义

本规定所称强制性内容，是指省域城镇体系规划、城市总体规划、城市详细规划中涉及区域协调发展、资源利用、环境保护、风景名胜资源管理、自然与文化遗产保护、公众利益和公共安全等方面的内容

城市规划强制性内容是对城市规划实施进行检查的基本依据。

2. 城市规划强制性内容的基本要求

① 城市规划强制性内容是省域城镇体系规划、城市总体规划和详细规划的必备内容，应当在图纸上有准确标明，在文本上有明确、规范的表述，并应当提出相应的管理措施；

② 编制省域城镇体系规划、城市总体规划和详细规划，必须明确强制性内容（见第三条、第四条）。

3. 省域城镇体系规划的强制性内容

① 省域内必须控制开发的区域　包括：自然保护区、退耕还林（草）地区、大型湖泊、水源保护区、分滞洪地区，以及其他生态敏感区。

② 省域内的区域性重大基础设施的布局　包括：高速公路、干线公路、铁路、口、机场、区域性电厂和高压输电网、天然气门站、天然气主干管、区域性防洪、滞洪骨干工程、水利枢纽工程、区域引水工程等。

③ 涉及相邻城市的重大基础设施布局　包括：城市取水口、城市污水排放口、城市垃圾处理场等。

4. 城市总体规划的强制住内容

① 市域内必须控制开发的地域。

② 城市建设用地　包括：规划期限内城市建设用地的发展规模、发展方向，根据建设用地评价确定的土地使用限制性规定；城市各类园林和绿地的具体布局。

③ 城市基础设施和公共服务设施　包括：城市主干道的走向、城市轨道交通的线路走向、大型停车场布局；城市取水口及其保护区范围、给水和排水主管网的布局；电厂位置、大型变电站位置、燃气储气罐站位置；公共服务设施的布局。

④ 历史文化名城保护　包括：历史文化名城保护规划确定的具体控制指标和规定；历史文化保护区、历史建筑群、重要地下文物埋藏区的具体位置和界线。

⑤ 城市防灾工程　包括：城市防洪标准、防洪堤走向；城市抗震与消防疏散通道；城市人防设施布局；地质灾害防护规定。

⑥ 近期建设规划　包括：城市近期建设重点和发展规模；近期建设用地的具体位置和范围；近期内保护历史文化遗产和风景资源的具体措施（见第六条）。

5. 城市详细规划的强制住内容

① 规划地段各个地块的土地主要用途；

② 规划地段各个地块允许的建设总量；

③ 对特定地区地段规划允许的建设高度；

④ 规划地段各个地块的绿化率、公共绿地面积规定；

⑤ 规划地段基础设施和公共服务设施配套建设的规定；

⑥ 历史文化保护区内重点保护地段的建设控制指标和规定，建设控制地区的建设控制指标。

6.有关规划强制性内容的调整

① 调整省域城镇体系规划强制性内容，省（自治区）人民政府必须组织论证，提出专题报告，经审查批准后方可进行调整。调整后的省域城镇体系规划按照《城镇体系规划编制审批办法》规定的程序重新审批。

② 调整城市总体规划强制性内容，城市人民政府必须组织论证，提出专题报告经审查批准后方可进行调整。调整后的总体规划，必须依据《城市规划法》规定的程序重新审批。

③ 调整详细规划强制性内容的，城乡规划行政主管部门必须就调整的必要性组织论证，涉及公众权益的，应当进行公示。调整后的详细规划必须依法重新审批后方可执行。

④ 历史文化保护区详细规划强制性内容原则上不得调整。因保护工作的特殊要求确需调整的，必须组织专家进行论证，并依法重新组织编制和审批。

四、《城市紫线管理办法》

2003年11月15日建设部第22次常务会议审议通过，自2004年2月1日起施行。

1.定义

本办法所称城市紫线，是指国家历史文化名城内的历史文化街区和省、自治区、直辖市人民政府公布的历史文化街区的保护范围界线，以及历史文化街区外经县级以上人民政府公布保护的历史建筑的保护范围界线。本办法所称紫线管理是划定城市紫线和对城市紫线范围内的建设活动实施监督、管理。

2.主管部门

国务院建设行政主管部门负责全国城市紫线管理工作。省、自治区人民政府建设行政主管部门以及市、县人民政府城乡规划行政主管部门负责本行政区域内的城市紫线管理工作。

3.划定紫线应当遵循的原则

① 历史文化街区的保护范围应当包括历史建筑物、构筑物和其风貌环境所组成的核心地段，以及为确保该地段的风貌、特色完整性而必须进行建设控制的地区；

② 历史建筑的保护范围应当包括历史建筑本身和必要的风貌协调区；

③ 控制范围清晰，附有明确的地理坐标及相应的界址地形图；

④ 城市紫线范围内文物保护单位保护范围的划定，依据国家有关文物保护的法律、法规。

4.城市紫线的调整与撤销

① 历史文化名城和历史文化街区保护规划一经批准，原则上不得调整。确需调整的，由所在城市人民政府提出专题报告，经省、自治区、直辖市人民政府城乡规划主管部门审查同意后，方可组织编制调整方案。调整保护规划审批后应当报历史文化名城批准机关备案，其中国家历史文化名城报国务院建设行政主管部门备案；

② 历史文化街区和历史建筑已经破坏，不再具有保护价值的，有关市、县人民政府应当向所在省、自治区、直辖市人民政府提出专题报告，经批准后方可撤销相关的城市紫线。撤销国家历史文化名城中的城市紫线，应当经国务院建设行政主管部门批准。

5.城市紫线范围内禁止进行下列活动

① 违反保护规划的大面积拆除、开发；

② 对历史文化街区传统格局和风貌构成影响的大面积改建；

③ 损坏或者拆毁保护规划确定保护的建筑物、构筑物和其他设施；

④ 修建破坏历史文化街区传统风貌的建筑物、构筑物和其他设施；

⑤ 占用或者破坏保护规划确定保留的园林绿地、河湖水系、道路和古树名木等；

⑥ 其他对历史文化街区和历史建筑的保护构成破坏性影响的活动。

6. 紫线范围内建设的要求

① 历史文化街区内的各项建设必须坚持保护真实的历史文化遗存，维护街区传统格局和风貌，改善基础设施、提高环境质量的原则。历史建筑的维修和整治必须保持原有外形和风貌，保护范围内的各项建设不得影响历史建筑风貌的展示。

② 在城市紫线范围内确定各类建设项目，必须先由市、县人民政府城乡规划行政主管部门依据保护规划进行审查，组织专家论证并进行公示后核发选址意见书。

③ 在城市紫线范围内进行新建或者改建各类建筑物、构筑物和其他设施，对规划确定保护的建筑物、构筑物和其他设施进行修缮和维修以及改变建筑物、构筑物的使用性质，应当依照相关法律、法规的规定，办理相关手续后方可进行。

④ 城市紫线范围内各类建设的规划审批，实行备案制度。省、自治区、直辖市人民政府公布的历史文化街区，报省、自治区人民政府建设行政主管部门或者直辖市人民政府城乡规划行政主管部门备案。其中国家历史文化名城内的历史文化街区报国务院建设行政主管部门备案。

⑤ 在城市紫线范围内进行建设活动，涉及文物保护单位的，应当符合国家有关文物保护的法律、法规的规定。

五、《城市绿线管理办法》

2002年9月9日建设部第63次常务会议审议通过，自2002年日11月1日起施行。

1. 定义

本办法所称城市绿线，是指城市各类绿地范围的控制线。本办法所称城市，是指国家按行政建制设立的直辖市、市、镇。

2. 主管部门

国务院建设行政主管部门负责全国城市绿线管理工作。省、自治区人民政府建设行政主管部门负责本行政区域内的城市绿线管理工作。城市人民政府规划、园林绿化行政主管部门，按照职责分工负责城市绿线的监督和管理工作。

3. 城市绿线的划定

① 城市规划、园林绿化等行政主管部门应当密切合作，组织编制城市绿地系统规划。城市绿地系统规划是城市总体规划的组成部分，应当确定城市绿化目标和布局，规定城市各类绿地的控制原则，按照规定标准确定绿化用地面积，分层次合理布局公共绿地，确定防护绿地、大型公共绿地等的绿线。

② 控制性详细规划应当提出不同类型用地的界线、规定绿化率控制指标和绿化用地界线的具体坐标。

③ 修建性详细规划应当根据控制性详细规划，明确绿地布局，提出绿化配置的原则或者方案，划定绿地界线。

4. 城市绿线内建设的要求

① 城市绿线范围内的公共绿地、防护绿地、生产绿地、居住区绿地、单位附属绿地、道路绿地、风景林地等，必须按照《城市用地分类与规划建设用地标准》、《公园设计规范》等标准，进行绿地建设。

② 城市绿线内的用地，不得改作他用，不得违反法律法规、强制性标准以及批准的规划进行开发建设。

③ 有关部门不得违反规定，批准在城市绿线范围内进行建设。因建设或者其他特殊情况，需要临时占用城市绿线内用地的，必须依法办理相关审批手续。

④ 在城市绿线范围内，不符合规划要求的建筑物、构筑物及其他设施应当限期迁出。

⑤ 任何单位和个人不得在城市绿地范围内进行拦河截溪、取土采石、设置垃圾堆场、排放污水以及其他对生态环境构成破坏的活动。

⑥ 近期不进行绿化建设的规划绿地范围内的建设活动，应当进行生态环境影响分析，并按照《城市规划法》的规定，予以严格控制。

⑦ 居住区绿化、单位绿化及各类建设项目的配套绿化都要达到《城市绿化规划建设指标的规定》的标准。各类建设工程要与其配套的绿化工程同步设计，同步施工，同步验收。达不到规定标准的，不得投入使用。

六、《城市蓝线管理办法》

2005年11月28日经建设部第80次常务会议讨论通过，自2006年3月1日起施行。

1. 定义

本办法所称城市蓝线，是指城市规划确定的江、河、湖、库、渠和湿地等城市地表水体保护和控制的地域界线。城市蓝线的划定和管理，应当遵守本办法。

2. 主管部门

国务院建设主管部门负责全国城市蓝线管理工作。县级以上地方人民政府主管部门（城乡规划主管部门）负责本行政区域内的城市蓝线管理工作。

3. 城市蓝线划定

城市蓝线由直辖市、市、县人民政府在组织编制各类城市规划应当与一并报批。

4. 城市蓝线划定原则

① 考虑城市水系的整体性、协调性、安全性和功能性，改善城市生态居环境，保障城市水系安全；

② 与同阶段城市规划的深度保持一致；

③ 控制范围界定清晰；

④ 符合法律、法规的规定和国家有关技术标准、规范的要求。

5. 城市蓝线调整

① 在城市总体规划阶段，应当确定城市规划区范围内需要保护和控制的主要地表水体，划定城市蓝线，并明确城市蓝线保护和控制的要求；

② 在控制性详细规划阶段，应当依据城市总体规划划定的城市蓝线，规定城市蓝线范围内的保护要求和控制指标，并附有明确的城市蓝线坐标和相应的界址地形图；

③ 城市蓝线一经批准，不得擅自调整。确实需要调整城市蓝线的，应当依法调整城市规划，并相应调整城市蓝线。调整后的城市蓝线，应当随调整后的城市规划一并报批。调整后的城市蓝线应当在报批前进行公示。

6. 城市蓝线内所禁止的活动

① 违反城市蓝线保护和控制要求的建设活动；

② 擅自填埋、占用城市蓝线内水域；

③ 影响水系安全的爆破、采石、取土；

④ 擅自建设各类排污设施；

⑤ 其他对城市水系保护构成破坏的活动。

7. 在城市蓝线内进行建设的要求

① 在城市蓝线内进行建设，必须符合经批准的城市规划。在城市蓝线内新建、改建、扩

建各类建筑物、构筑物、道路、管线和其他工程设施，应当依法向建设主管部门（城乡规划主管部门）申请办理城市规划许可，并依照有关法律、法规办理相关手续。

② 需要临时占用城市蓝线内的用地或水域的，应当报经直辖市、市、县人民政府建设主管部门（城乡规划主管部门）同意，并依法办理相关审批手续；临时占用后，应当限期恢复。

七、《城市黄线管理办法》

2005年11月8日经建设部第78次常务会议讨论通过，自2006年3月1日起施行。

1. 定义

本办法所称城市黄线，是指对城市发展全局有影响的、城市规划中确定的、必须控制的城市基础设施用地的控制界线。本办法适用于城市黄线的划定和规划管理。

2. 列入黄线控制的城市基础设施

① 城市公共汽车首末站、出租汽车停车场、大型公共停车场；城市轨道交通线站、场、车辆段、保养维修基地；城市水运码头；机场；城市交通综合换乘枢纽；城市交通广场等城市公共交通设施；

② 取水工程设施和水处理工程设施等城市供水设施；

③ 排水设施；污水处理设施；垃圾转运站、垃圾码头、垃圾堆肥厂、垃圾焚烧厂。卫生填埋场（厂）；环境卫生车辆停车场和修造厂；环境质量监测站等城市环境卫生设施；

④ 城市气源和燃气储配站等城市供燃气设施；

⑤ 城市热源、区域性热力站、热力线走廊等城市供热设施；

⑥ 城市发电厂、区域变电所（站）、市区变电所（站）、高压线走廊等城市供电设施；

⑦ 邮政局、邮政通信枢纽、邮政支局；电信局、电信支局；卫星接收站、微波站。广播电台、电视台等城市通信设施；

⑧ 消防指挥调度中心、消防站等城市消防设施；

⑨ 防洪堤墙、排洪沟与截洪沟、防洪闸等城市防洪设施；

⑩ 避震疏散场地、气象预警中心等城市抗震防灾设施；

⑪ 其他对城市发展全局有影响的城市基础设施。

3. 主管部门

国务院建设主管部门负责全国城市黄线管理工作，县级以上地方人民政府建设主管部门（城乡规划主管部门）负责本行政区域内城市黄线的规划管理工作。

4. 城市黄线划定的原则

① 与同阶段城市规划内容及深度保持一致；

② 控制范围界定清晰；

③ 符合国家有关技术标准、规范。

5. 城市黄线的划定

① 城市黄线应当在制定城市总体规划和详细规划时划定；

② 编制城市总体规划，应当根据规划内容和深度要求，合理布置城市基础设施。确定其用地位置和范围，划定其用地控制界线；

③ 编制控制性详细规划，应当依据城市总体规划，划定城市基础设施用地界线规定城市黄线范围内的控制指标和要求，并明确城市黄线的地理坐标；

④ 修建性详细规划应当依据控制性详细规划，按不同项目具体落实城市基础设施用地界线，提出城市基础设施用地配置原则或者方案，并标明城市黄线的地理坐标和相应的界址地形图；

⑤ 城市黄线作为城市规划的强制性内容，与城市规划一并报批；

⑥ 城市黄线经批准后，应当与城市规划一并由直辖市、市、县人民政府予以公布，但法律、法规规定不得公开的除外；

⑦ 城市黄线一经批准，不得擅自调整。确需要调整城市黄线的，应当组织专家论证，依法调整城市规划，并相应调整城市黄线。调整后的城市黄线，应当随调整后的城市规划一并报批。

6.在城市黄线内进行建设的要求

① 在城市黄线内进行建设活动，应当贯彻安全、高效、经济的方针，处理好近远期关系，根据城市发展的实际需要，分期有序实施；

② 在城市黄线内进行建设，应当符合经批准的城市规划；

③ 在城市黄线内进行建设，应当向建设主管部门（城乡规划主管部门）申请办理城市规划许可，并依据有关法律、法规办理相关手续。迁移、拆除城市黄线内城市基础设施的，应当依据有关法律、法规办理相关手续；

④ 因建设或其他特殊情况需要临时占用城市黄线内土地的，应当依法办理相关审批手续。

7.在城市黄线范围内禁止进行下列活动

① 违反城市规划要求，进行建筑物、构筑物及其他设施的建设；

② 违反国家有关技术标准和规范进行建设；

③ 未经批准，改装、迁移或拆毁原有城市基础设施；

④ 其他损坏城市基础设施或影响城市基础设施安全和正常运转的行为。

八、《城市地下空间开发利用管理规定》

1997年10月27日建设部令第58号发布，2001年11月20日建设部令第108号第一次修正，2011年1月26日住房和城乡建设部令第9号第二次修正。

1.适用范围

适用范围为城市规划区。本规定所称的城市地下空间，是指城市规划区内地表以下的空间。编制城市地下空间规划，对城市规划区范围内的地下空间进行开发利用，必须遵守本规定。

2.地下空间开发利用的原则

城市地下空间的开发利用应贯彻统一规划、综合开发、合理利用、依法管理的原则，坚持社会效益、经济效益和环境效益相结合，考虑防灾和人民防空等需要。

3.地下空间规划的编制原则和要求

（1）原则

城市地下空间规划是城市规划的重要组成部分。城市地下空间的规划编制应注意保护和改善城市的生态环境，科学预测城市发展的需要，坚持因地制宜，远近兼顾，全面规划，分步实施，使城市地下空间的开发利用同国家和地方的经济技术发展水平相适应。

（2）要求

各级人民政府在组织编制城市总体规划时，应根据城市发展的需要，编制城市地下空间开发利用规划。各级人民政府在编制城市详细规划时，应当依据城市地下空间开发利用规划对城市地下空间开发利用作出具体规定。

4.地下空间开发利用规划的主要内容

地下空间现状及发展预测，地下空间开发战略，开发层次、内容、期限，规模与布局，以及地下空间开发实施步骤等。

5.地下空间开发利用规划的审批

城市地下空间规划作为城市规划的组成部分，依据《城乡规划法》的规定进行审批和调整。城市地下空间建设规划由城市人民政府城市规划行政主管部门负责审查后，报城市人民政府批准。城市地下空间规划需要变更的，须经原批准机关审批。

6.地下空间的工程建设

城市地下空间的工程建设必须符合城市地下空间规划，服从规划管理。地下工程建设均应向城市规划行政主管部门申请办理选址意见书、建设用地规划许可证、建设工程规划许可证。

7.地下空间的工程管理

城市地下工程由开发利用的建设单位或者使用单位进行管理，并接受建设行政主管部门的监督检查。进行城市地下空间的开发建设，违反城市地下空间的规划及法定实施管理程序规定的，由县级以上人民政府城市规划行政主管部门依法处罚。

九、《城市抗震防灾规划管理规定》

建设部2003年9月19日以建设部令第117号颁布了《城市抗震防灾规划管理规定》，自2003年11月1日起施行。

1.定义

在抗震设防区的城市，编制与实施城市抗震防灾规划，必须遵守本规定。抗震设防区，是指地震基本烈度六度及六度以上地区（地震动峰值加速度≥0.05g的地区）。

2.管部门

国务院建设行政主管部门负责全国的城市抗震防灾规划综合管理工作；省、自治区人民政府建设行政主管部门负责本行政区域内的城市抗震防灾规划的管理工作；直辖市、市、县人民政府城乡规划行政主管部门会同有关部门组织编制本行政区域内的城市抗震防灾规划，并监督实施。

3.规划编制要求

① 城市抗震防灾规划是城市总体规划中的专业规划。在抗震设防区的城市，编制城市总体规划时必须包括城市抗震防灾规划。城市抗震防灾规划的规划范围应当与城市总体规划相一致，并与城市总体规划同步实施。城市总体规划与防震减灾规划应当相互协调。

② 城市抗震规划的编制要贯彻"预防为主，防、抗、避、救相结合"的方针，结合实际、因地制宜、突出重点。

③ 编制和实施城市抗震防灾规划应当符合有关的标准和技术，应当采用先进技术方法和手段。

4.规划编制基本目标

① 当遭受多遇地震时，城市一般功能正常；

② 当遭受相当于抗震设防烈度的地震时，城市一般功能及生命系统基本正常，重要工矿企业能正常或者很快恢复生产；

③ 当遭受罕遇地震时，城市功能不瘫痪，要害系统和生命线工程不遭受破坏，不发生严重的次生灾害。

5.城市抗震防灾规划的内容

① 地震的危害程度估计，城市抗震防灾现状、易损性分析和防灾能力评价，不同强度地震下的震害预测等；

② 城市抗震防灾规划目标、抗震设防标准；

③ 建设用地评价与要求：城市抗震环境综合评价；抗震设防区划，提出用地布局要求；各类用地上工程设施建设的抗震性能要求。

④ 抗震防灾措施：市、区级避震通道及避震疏散场地和避难中心的设置与人员疏散的措施；城市基础设施的规划建设要求：城市交通、通讯、给排水、燃气、电力、热力等生命线系统，及消防、供油网络、医疗等重要设施的规划布局要求；防止地震次生灾害要求，提出对地

震可能引起的次生灾害的防灾对策；重要建（构）筑物、超高建（构）筑物、人员密集的教育、文化、体育等设施的布局、间距和外部通道要求。

6.城市抗震防灾规划的编制要求

① 城市抗震防灾规划中的抗震设防标准、建设用地评价与要求、抗震防灾措施应当列为城市总体规划的强制性内容，作为编制城市详细规划的依据。

② 城市抗震防灾规划应当按照城市规模、重要性和抗震防灾的要求，分为甲、乙、丙三种模式：位于地震基本烈度七度及七度以上地区（地震动峰值加速度＞0.10g的地区）的大城市应当按照甲类模式编制；中等城市和位于地震基本烈度六度地区（地震动峰值加速度等于0.059的地区）的大城市按照乙类模式编制；其他在抗震设防区的城市按照丙类模式编制；抗震防灾规划的编制深度应当按照有关的技术规定执行。

7.有关的建设要求

① 在抗震设防区城市的各项建设必须符合城市抗震防灾规划的要求；

② 在城市抗震防灾规划所确定的危险地段不得进行新的开发建设，已建的应当限期拆除或者停止使用；

③ 重大建设工程和各类生命线工程的选址与建设应当避开不利地段，并采取有效的抗震措施；

④ 地震时可能发生严重次生灾害的工程不得建在城市人口稠密地区，已建的应当逐步迁出；正在使用的，迁出前应当采取必要的抗震防灾措施；

⑤ 严禁在抗震防灾规划确定的避震疏散场地和避震通道上搭建临时性建（构）筑物或者堆放物资；

⑥ 重要建（构）筑物、超高建（构）筑物、人员密集的教育、文化、体育等设施的外部通道及间距应当满足抗震防灾的原则要求。

十、《城建监察规定》

1996年由建设部颁布实施，于2010年12月31日经住房和城乡建设部第68次常务会议审议通过，自发布之日起施行。

1.定义

城建监察是指对城市规划、市政工程、公用事业、市容环境卫生、园林绿化等的监督、检查和管理，以及法律、法规授权或者行政主管部门委托实施行政处罚的行为。国务院建设行政主管部门负责人全国城建监察工作。县级以上地方人民政府建设行政主管部门负责本行政区域内的城建监察工作。

2.适用范围

适用于国家按行政建制设立的直辖市、市、镇。

3.建设行政主管部门的主要职责

县级以上人民政府建设行政主管部门在城建监察工作中有关城市规划管理的职责：负责对城市规划、市政工程、公用事业、园林绿化、市容环境卫生等行业的城建监察的业务指导。

4.城建监察队伍的基本职责

① 实施城市规划方面的监察　依据《城市规划法》及有关法规和规章，对城市规划区内的建设用地和建设行为进行监察。

② 实施城市市政工程设施方面的监察　依据《城市道路管理条例》及有关法律法规和规章，对占用、挖掘城市道路、损坏城市道路、桥涵、排水设施、防洪堤坝等方面违法、违章行为进行监察。

③ 实施城市公用事业方面的监察　依据《城市供水条例》及有关法律、法规和规章，对

危害、损坏城市供水、供气、供热、公交通设施的违法、违章行为和对城市客运交通营运、供气安全、城市规划区地下水资源的开发、利用、保护以及城市节约用水等方面的违法、违章行为进行监察。

④ 实施城市市容环境卫生方面的监察　依据《城市市容和环境卫生管理条例》及有关法律、法规和规章，对损坏环境卫生设施、影响城市市容环境卫生等方面的违法、违章行为进行监察。

⑤ 实施环境城市园林绿化方面的监察　依据《城市绿化条例》及有关法律、法规和规章，对损坏城市绿地、花草、树木、园林绿化设施及乱砍树木等方面的违法、违章行为进行监察。

5. 城建监察人员在进行城建监察时的要求

应当严格执行法律、法规和规章，贯彻以事实为依据，以法律以准绳和教育与处罚相结合的原则，秉公执法，服从组织纪律，保守国家秘密。在上岗时应当持城建监察证、佩戴标志、自动接受监察，不得滥用职权，徇私舞弊。

课后练习题

1. 《外商投资开发经营成片土地暂行管理办法》属于（　　　）
   A. 行政规章　　　　　　　　　　B. 部门规章
   C. 行政法规　　　　　　　　　　D. 部门法规

2. 下列对应正确的是（　　　）
   A. 紫线——对城市发展全局有影响的、城市规划中确定的、必须控制的城市基础设施用地的控制界线
   B. 蓝线——城市规划确定的江、河、湖、库、渠和湿地等城市地表水体保护和控制的地域界线
   C. 黄线——国家历史文化名城内的历史文化街区和省、自治区、直辖市人民政府公布的历史文化街区的保护范围界线，以及历史文化街区外经县级以上人民政府公布保护的历史建筑的保护范围界线
   D. 绿线——城市及乡村各类农业用地范围的控制线

3. 城市国有土地使用权出让规划设计条件和附图内容规划设计条件不应当包括（　　　）
   A. 容积率　　　　　　　　　　　B. 基础设施条件
   C. 建筑高度　　　　　　　　　　D. 开发期限

4. 《城建监察规定》中明确规定，城建监察队伍的基本职责主要有（　　　）
   A. 实施环境城市园林绿化方面的监察
   B. 实施城市地下空间利用程度方面的监察
   C. 实施城市市容环境卫生方面的监察
   D. 实施城市公用事业方面的监察
   E. 实施城市市政工程设施方面的监察

5. 城市抗震防灾规划是城市总体规划中的（　　　）规划
   A. 基础　　　　B. 具体　　　　C. 专业　　　　D. 通用

6. 《城市地下空间开发利用管理规定》中明确规定，城市地下空间的开发利用应贯彻（　　　）的原则，坚持社会效益、经济效益和环境效益相结合，考虑防灾和人民防空等需要
   A. 综合开发　　　　　　B. 重点控制　　　　　　C. 依法管理
   D. 合理利用　　　　　　E. 统一规划

7.根据《国务院关于加强城乡规划监督管理的通知》，调整总体规划和详细规划的强制性内容，须进行总结、论证、提交专题报告、认定、重新审批等一系列程序，而调整规划的非强制性内容，则应由规划编制单位对规划的实施情况进行总结，（　　　）

    A.提出调整的技术依据，提出专题报告，经原审批单位认证后备案

    B.提出调整的技术依据，报规划原审批机关备案

    C.对原规划的实施情况进行总结，编制调整方案后经规划原审批机关备案

    D.对原规划的实施情况进行总结，编制调整方案后经上级政府认定后重新审批，报规划原审批机关备案

8.城市规划主管部门在文物保护单位的保护范围内进行建设须经（　　　）批准

    A.城市规划主管部门

    B.核定公布的人民政府

    C.上一级文化行政管理部门

    D.核定公布的人民政府和上一级文化行政管理部门

9.编制城市规划，应当考虑（　　　）

    A.人民群众需要   B.改善人居环境，方便群众生活

    C.城市建设发展需要   D.充分关注中低收入人群，扶助弱势群体

    E.维护社会稳定和公共安全

10.在城市总体规划的编制中，对于（　　　）应当由相关领域的专家领衔进行研究

    A.资源与环境保护   B.区域统筹与城乡统筹

    C.城市发展目标与空间布局 D.城市历史文化遗产保护

    E.重要基础设施布局

11.编制城市规划，（　　　）应确定为强制性内容

    A.资源利用和环境保护   B.区域协调发展

    C.风景名胜资源管理   D.公共安全和公众利益

    E.重要基础设施布局

12.市域城镇体系规划纲要的内容包括（　　　）

    A.提出市域城乡统筹发展战略

    B.确定生态环境、土地和水资源、能源、自然和历史文化遗产保护等方面的综合目标和保护要求，提出空间管制原则

    C.预测市域总人口及城镇化水平，确定各城镇人口规模、职能分工、空间布局方案和建设标准

    D.原则确定市域交通发展策略

    E.提出重点城镇的发展定位、用地规模和建设用地控制范围

13.涉及空间管制的规划有（　　　）

    A.城镇体系规划   B.总体规划

    C.总体规划纲要   D.城镇体系规划纲要

    E.县域城镇体系规划

14.城市规划区的具体范围，应由（　　　）来划定

    A.由城市上一级政府在审批城市总体规划中划定

    B.由城市人民政府在编制的城市总体规划中划定

    C.由当地城市规划、行政主管部门划定

    D.由城市规划设计单位受委托编制城市总体规划时划定

15.编制村镇规划,一般分(　　　　)两个阶段

A.总体规划和详细规划　　　　　　　　B.总体规划和建设规划

C.总体规划和近期规划　　　　　　　　D.总体规划和分区规划

16.下列法律法规中,属于部门规章的是(　　　　)

A.《历史文化名城名镇名村保护条例》　　B.《土地管理法实施办法》

C.《城市规划规划编制办法》　　　　　　D.《城市抗震防灾规划管理规定》

E.《城市黄线管理办法》

17."历史文化街区应当编制专门的保护性详细规划"的出处是(　　　　)

A.《城乡规划法》　　　　　　　　　　B.《城镇体系规划编制审批办法》

C.《城市规划编制办法》　　　　　　　D.《城市规划编制办法实施细则》

18.城市总体规划的强制性内容应当包括必须控制开发的生态敏感区,下列属于生态敏感区的是(　　　　)

A.基本农田保护区　　　　　　　　　　B.风景名胜区

C.水源保护区　　　　　　　　　　　　D.地下矿产资源分布区

19.在城市紫线范围内确定各类建设项目,按照《城市紫线管理办法》规定,应依下列哪种程序核发选址意见书(　　　　)

A.先由市、县文物保护部门审查,组织专家论证,并进行公示后,由城乡规划行政主管部门核发选址意见书

B.先由批准建设项目可行性研究报告的行政部门审查,组织专家论证,并进行公示后,由城乡规划行政主管部门核发选址意见书

C.先由建设单位组织专家论证,由城乡规划行政主管部门公示后,核发选址意见书

D.先由城乡规划行政主管部门进行审核,组织专家论证并进行公示后,核发选址意见书

20.以下各项属于城市绿线内建设要求的是(　　　　)

A.绿线内的用地,可以改作他用,但不得违反法律法规、强制性标准以及批准的规划进行开发建设

B.城市绿线范围内,不符合规划要求的建筑物、构筑物及其设施应当限期迁出

C.各类建设工程要与其配套的绿化工程同步设计,同步施工,同步验收

D.因建设或者其他特殊情况,需要临时占用城市绿线内用地的,不违反法律原则的无需办理相关审批手续

E.居住区绿化、单位绿化及各类建设项目的配套绿化都要达到《城市绿化规划建设指标的规定》的标准

第十三章

城乡规划技术标准与规范

教学目标与要求

了解：城乡规划技术标准和规范的施行时间、制定目的和适用范围。

熟悉：城市用地分类的具体内容，规划人均建设用地指标、规划人均单项建设用地指标和规划建设用地结构；镇用地分类标准和规划人均建设用地指标、建设用地比例和建设用地选择。

掌握：城市用地分类与镇规划用地分类的异同；城市防洪标准的确定和分类；城市用地分类标准中绿地划分与城市绿地分类标准的异同；居住区规划设计中用地、住宅、公服、绿地、道路、管线的设计要求；道路绿化规划与设计要求；城市用地竖向设计的具体规定。

城乡规划管理是一项技术性很强的行政管理工作，它需要以城市规划及其相关的技术标准和技术规范作为其管理的依据。《城乡规划法》第二十四条强调"编制城乡规划必须遵守国家有关标准"。城乡规划依据技术标准和技术规范进行编制、审批、实施、修改和监察检查，是实现城乡规划科学化、规范化、标准化和保证城乡规划质量水平的重要环节和管理手段。

第一节　技术标准

一、《城乡规划基础术语标准》

1. 出台背景

为了科学地统一和规范城市规划术语，1998年8月13日建设部发布了国家标准《城市规划基础术语标准》，与1999年2月1日起施行。根据住房和城乡建设部建标标函（2008）106号文件及建标标函（2011）75号文件，对《城市规划基本术语标准》GB/T 50280—1998进行全面修订，同时名称调整为《城乡规划基本术语标准》。

"基本术语"的规范将有利于城乡规划领域在科学研究和技术交流中用语的规范化、行业管理的标准化、规划设计成果的严谨描述及合同文本的准确表达。

2. 适用范围

本标准适用于城乡规划领域的规划、设计、管理、教学科研及其他相关领域。

城乡规划使用的术语，除应符合本标准的规定外，尚应符合国家有关强制性标准、规范的规定。

3. 基本内容

正文包括：总则、城乡规划基础、城乡规划体系、城乡规划要素、城乡规划制定、城乡规划实施和监督检查。

4. 增减内容

本次修编在原标准的基础上进行增加和删减，筛选了数百个常见的城乡规划术语，最终收入177条术语，其中保留原标准术语54个，修改后保留术语31个，新增术语92个。

二、《城市用地分类与规划建设用地标准》（GB 50137—2011）

1. 出台背景

为统筹城乡发展，集约节约、科学合理地利用土地资源，依据《中华人民共和国城乡规划法》的要求制定、实施和监督城乡规划，促进城乡的健康、可持续发展，2011年建设部组织编制并颁布了《城市用地分类与规划建设用地标准》，编号为GB 50137—2011，自2012年1月1日起实施。

2. 适用范围

本标准适用于城市和县人民政府所在地镇的总体规划和控制性详细规划的编制、用地统计和用地管理工作。

编制城市（镇）总体规划和控制性详细规划除应符合本标准外，尚应符合国家现行有关标准的规定。

3. 用地分类

用地分类包括城乡用地分类、城市建设用地分类两部分，按土地使用的主要性质进行划分。用地分类采用大类、中类和小类3级分类体系。

（1）城乡用地分类

城乡用地按照土地使用的主要性质分为建设用地（H）和非建设用地（E）两大类，9中类、14小类。

（2）城市建设用地分类

城市建设用地分为8大类，分别为：居住用地（R）、公共管理与公共服务设施用地（A）、商业服务业设施用地（B）、工业用地（M）、物流仓储用地（W）、道路与交通设施用地（S）、公用设施用地（U）、绿地与广场（G）。在大类下，又根据土地的不同使用用途和使用条件划分了35中类、42小类。并在大类代码下，加注阿拉伯数字代码，以表明其中类、小类的具体类别。如R1表示一类居住用地，R11表示一类居住用地中的住宅用地等。

4. 城市用地计算原则

在计算城市现状和规划的用地时，应统一以城市总体规划用地的范围为界进行汇总统计。城市用地应按平面投影面积计算，每块用地只可计算一次，不得重复。城市（镇）总体规划宜采用1/10000或1/5000比例尺的图纸进行建设用地分类计算，控制性详细规划宜采用1/2000或1/1000比例尺的图纸进行用地分类计算。现状和规划的用地分类计算应采用同一比例尺。用地的计量单位应为万平方米（公顷），代码为"hm^2"。数字统计精度应根据图纸比例尺确定，1/10000图纸应精确至个位，1/5000图纸应精确至小数点后一位，1/2000和1/1000图纸应精确至小数点后两位。城市建设用地统计范围与人口统计范围必须一致，人口规模应按常住人口进行统计。规划建设用地标准应包括规划人均城市建设用地面积标准、规划人均单项城市建设用地面积标准和规划城市建设用地结构三部分。

5. 规划建设用地标准

规划建设用地的标准，应包括人均建设用地指标、规划人均单项建设用地指标和规划建设用地结构三部分。

（1）规划人均城市建设用地指标

根据现状人均城市建设用地面积指标、城市（镇）所在的气候区以及规划人口规模，按表

13-1的规定综合确定，并应同时符合表中允许采用的规划人均城市建设用地面积指标和允许调整幅度双因子的限制要求。

表13-1　规划人均城市建设用地面积指标　　　　　　　　　　单位：m²/人

气候区	现状人均城市建设用地面积指标	允许采用的规划人均城市建设用地面积指标	允许调整幅度		
			规划人口规模 ≤20.0万人	规划人口规模 20.1万～50.0万人	规划人口规模 >50.0万人
I II VI VII	≤65.0	65.0～85.0	>0.0	>0.0	>0.0
	65.1～75.0	65.0～95.0	+0.0～+20.0	+0.1～+20.0	+0.1～+20.0
	75.1～85.0	75.0～105.0	+0.0～+20.0	+0.1～+20.0	+0.1～+15.0
	85.1～95.0	80.0～110.0	+0.0～+20.0	−5.0～+20.0	−5.0～+15.0
	95.1～105.0	90.0～110.0	−5.0～+15.0	−10.0～+15.0	−10.0～+10.0
	105.～115.0	95.0～115.0	−10.0～−0.1	−15.0～−0.1	−20.0～−0.1
	>115.0	≤115.0	<0.0	<0.0	<0.0
III IV V	≤65.0	65.0～85.0	>0.0	>0.0	>0.0
	65.1～75.0	65.0～95.0	+0.0～+20.0	+0.1～+20.0	+0.1～+20.0
	75.1～85.0	75.0～100.0	−5.0～+20.0	−5.0～+20.0	−5.0～+15.0
	85.1～95.0	80.0～105.0	−10.0～+15.0	−10.0～+15.0	−10.0～+10.0
	95.1～105.0	85.0～105.0	−15.0～+10.0	−15.0～+10.0	−15.0～+5.0
	105.～115.0	90.0～110.0	−20.0～−0.1	−20.0～−0.1	−25.0～−5.0
	>115.0	≤110.0	<0.0	<0.0	<0.0

　　新建城市（镇）的规划人均城市建设用地面积指标应在（85.1～105.0）m²/人内确定；首都的规划人均城市建设用地面积指标应在（105.1～115.0）m²/人内确定；边远地区、少数民族地区城市（镇），以及部分山地城市（镇）、人口较少的工矿业城市（镇）、风景旅游城市（镇）等，不符合表13-1规定时，应专门论证确定规划人均城市建设用地面积指标，且上限不得大于150.0m²/人。编制和修订城市（镇）总体规划应以本标准作为规划城市建设用地的远期控制标准。

　　（2）规划人均单项城市建设用地指示

　　规划人均居住用地面积指标（m²/人）：I、II、VI、VII建筑气候区28.0～38.0，III、IV、V建筑气候区23.0～36.0；规划人均公共管理与公共服务设施用地面积不应小于5.5m²/人；规划人均道路与交通设施用地面积不应小于12.0m²/人；规划人均绿地与广场用地面积不应小于10.0m²/人，其中人均公园绿地面积不应小于8.0m²/人。编制和修订城市（镇）总体规划应以本标准作为规划单项城市建设用地的远期控制标准。

　　（3）规划建设用地结构

　　城市建设用地中居住用地占25.0%～40.0%，公共管理与公共服务设施用地占5.0%～8.0%，工业用地占15.0%～30.0%，道路与交通设施用地占10.0%～25.0%，绿地与广场用地占10.0%～15.0%。

工矿城市（镇）、风景旅游城市（镇）以及其他具有特殊情况的城市（镇），其规划城市建设用地结构可根据实际情况具体确定。

三、《镇规划标准》（GB 50188—2007）

1.出台背景

为了科学地编制镇规划，加强规划建设和组织管理，创造良好的劳动和生活条件，促进城乡经济、社会和环境的协调发展，2007年1月，建设部发布了《镇规划标准》，于2007年5月1日起施行。

2.适用范围

本标准适用于全国县级人民政府驻地以外的镇规划，乡规划可按本标准执行。

编制镇规划，除应符合本标准外，尚应符合国家现行有关标准的规定。

3.镇用地分类

镇用地按土地使用的主要性质划分为9大类，30小类。其中大类为：居住用地（R）、公共设施用地（C）、生产设施用地（M）、仓储用地（W）、对外交通用地（T）、道路广场用地（S）、工程设施用地（U）、绿地（G）、水域和其他用地（E）。在大类下，又根据土地的不同使用用途和使用条件划分了30小类，并在大类代码下，加注阿拉伯数字代码，以表明其小类的具体类别。如R1表示一类居住用地，C1表示行政管理用地，S1表示道路用地，G1表示公共绿地等。镇用地分类代号用于镇规划文件的编制和用地统计工作。

4.镇用地计算原则

镇的现状和规划用地应统一按规划范围进行计算。规划范围应为建设用地以及因发展需要实行规划控制的区域，包括规划确定的预留发展、交通设施、工程设施等用地，以及水源保护区、文物保护区、风景名胜区、自然保护区等。分片布局的规划用地应分片计算用地，再进行汇总。现状及规划用地应按平面投影面积计算，用地的计算单位应为公顷（hm^2）。用地面积计算的精确度应按制图比例尺确定。1：10000、1：25000、1：50000的图纸应取值到个位数；1：5000的图纸应取值到小数点后一位数；1：1000、1：2000的图纸应取值到小数点后两位效。

5.规划建设用地标准

规划的建设用地标准，应包括人均建设用地指标、建设用地比例和建设用地选择三部分。镇建设用地应包括除水域和其他用地（E）类外的其他8大类用地。人均建设用地指标应为规划范围内的建设用地面积除以常住人口数量的平均数量，人口统计应与用地统计的范围相一致。

（1）人均建设用地指标（表13-2）

表13-2　人均建设用地指标

级别	一	二	三	四
人均建设用地指标/（m^2/人）	>60～≤80	>80～≤100	>100～≤120	>120～≤140

新建镇区的规划人均建设用地指标应按上表中第二级确定；当地处现行国家标准《建筑气候区划标准》GB 50178的Ⅰ、Ⅶ建筑气候区时，可按第三级确定；在各建筑气候区内均不得采用第一、四级人均建设用地指标。

对现有的镇区进行规划时，其规划人均建设用地指标应在现状人均建设用地指标的基础上，按上表规定的幅度进行调整。第四级用地指标可用于Ⅰ、Ⅶ建筑气候区的现有镇区。

地多人少的边远地区的镇区，可根据所在省、自治区人民政府规定的建设用地指标确定。

（2）建设用地比例（表13-3）

表13-3 建设用地比例

类别代号	类别名称	占建设用地比例/%	
		中心镇镇区	一般镇镇区
R′	居住用地	28～38	33～43
C′	公共设施用地	12～20	10～18
S′	道路广场用地	11～19	10～17
G1	公共绿地	8～12	6～10
四类用地之和		64～84	65～85

（3）建设用地选择

建设用地的选择应根据区位和自然条件、占地的数量和质量、现有建筑和工程设施的拆迁和利用、交通运输条件、建设投资和经营费用、环境质量和社会效益以及具有发展余地等因素，经过技术经济比较，择优确定。

镇建设用地宜选在生产作业区附近，并应充分利用原有用地调整挖潜，同土地利用总体规划相协调。需要扩大用地规模时，宜选择荒地、薄地，不占或少占耕地、林地和牧草地。

建设用地宜选在水源充足，水质良好，便于排水、通风和地质条件适宜的地段。

建设用地应避开如下地段：河洪、海潮、山洪、泥石流、滑坡、风灾、发震断裂等灾害影响以及生态敏感的地段；水源保护区、文物保护区、自然保护区和风景名胜区；有开采价值的地下资源和地下采空区以及文物埋藏区。

在不良地质地带严禁布置居住、教育、医疗及其他公众密集活动的建设项目。因特殊需要布置本条严禁建设以外的项目时，应避免改变原有地形、地貌和自然排水体系，并应制订整治方案和防止引发地质灾害的具体措施。

建设用地应避免被铁路、重要公路、高压输电线路、输油管线和输气管线等所穿越。

位于或邻近各类保护区的镇区，宜通过规划，减少对保护区的干扰。

四、《防洪标准》（GB 50201—2014）

1.出台背景

为了适应国民经济各部门、各地区的防洪要求和防洪建设的需要，维护人民生命财产的防洪安全，建设部发布了强制性国家标准《防洪标准》，于2015年5月1日起施行。

2.适用范围

本标准适用于防洪保护区、工矿企业、交通运输设施、电力设施、环境保护设施、通信设施、文物古迹和旅游设施、水利水电工程等防护对象、防御暴雨洪水、融雪洪水、雨雪混合洪水和海岸、河口地区防御潮水的规划、设计、施工和运行管理工作。

各类防护对象的防洪标准除应符合本标准外，尚应符合国家现行有关标准的规定。

3.防洪标准的确定

① 防护对象的防洪标准应以防御的洪水或潮水的重现期表示；对于特别重要的防护对象，可采用可能最大洪水表示。根据不同防护对象的需要，采用设计一级或设计、校核两级。

② 下列防护对象的防洪标准应按下列规定确定：

当防护区内有两种以上的防护对象，又不能分别进行防护时，该防护区和防洪标准，应按防护区和主要防护对象两者要求的防洪标准中较高者确定。

对于影响公共防洪安全的防护对象，应按其自身和公共防洪安全两者要求的防洪标准中较高者确定。

兼有防洪作用的路基、围墙等建筑群、构筑物，其防洪标准应按防护区和该建筑物、构筑物的防洪标准中较高者确定。

遭受洪灾或失事后损失巨大，影响十分严重的防护对象，可采用高于本标准规定的防洪标准。

遭受洪灾或失事后损失及影响均较小或使用期限较短及临时性的防护对象，可采用低于本标准规定的防洪标准。

4.城市防洪标准

城市根据其社会经济地位的重要性或非农业人口的数量分为四个等级：

大于或等于150万人的特别重要的城市，防洪标准为大于或等于200年；

大于50万小于150万人的重要城市，防洪标准为100～200年；

大于20万小于50万人的中等城市，防洪标准为50～100年；

小于或等于20万人的一般城镇，防洪标准为20～50年。

5.其他规定

本标准还规定了乡村、工矿企业、铁路、公路、航运、民用机场、管道工程、木材水运工程、水利水电枢纽工程、水库和水电站工程、灌溉、治涝和供水工程、堤防工程、动力设施、通信设施、文物古迹和旅游设施的防洪标准。

五、《城市绿地分类标准》(CJJ/T 85—2002)

1.出台背景

为了统一全国城市绿地分类，科学地编制、审批、实施城市绿地系统规划，规范绿地的保护、建设和管理，改善城市生态环境，促进城市的可持续发展，2002年6月建设部公布了《城市绿地分类标准》于2002年9月1日起施行。

2.适用范围

本标准适用于城市绿地的规划、设计、建设、管理和统计等工作。

绿地分类除执行本标准外，尚应符合国家现行有关强制性标准的规定。

3.城市绿地分类

城市绿地按主要功能进行分类，并与城市用地分类相对应。绿地分类采用大类、中类、小类三个层次。绿地类别采用英文字母和阿拉伯数字混合型代码表示。

本标准将城市绿地分为5大类、13中类、11小类，以反映绿地的实际情况以及绿地与城市其他各类用地之间的层次关系，满足绿地的规划设计、建设管理、科学研究和统计等工作使用的需要。大类用G和一位阿拉伯数字表示，中类和小类各增加一位阿拉伯数字表示。如G1表示公园绿地，G11表示公园绿地中的综合公园，G111表示综合公园中的全市性公园。

应注意的是本标准取消了"公共绿地"的分类名称，本标准将"公共绿地"改称为"公园绿地"。

4.城市绿地计算原则与方法

计算城市现状绿地和规划绿地指标时，应分别采用相应的城市人口数据和城市用地数据；规划年限、城市建设用地面积、规划人口应与城市总体规划一致，统一进行汇总计算。

绿地应以绿化用地的平面投影面积为准，每块绿地只应计算一次。绿地计算所用图纸比例，计算单位和统计数字精确度均应与城市规划相应阶段的要求一致。

为统一绿地主要指标的计算工作，便于绿地系统规划的编制与审批，以及有利于开展城市间的比较研究，本标准提出了人均公园绿地面积、人均绿地面积、绿地率三项主要的绿地统计指标的计算公式。

第二节 技术规范

一、《城市居住区规划设计规范》（GB 50180—1993）（2002）

1.出台背景

为了确保居民基本的居住生活环境，经济、合理、有效地使用土地和空间，提高居住区的规划设计质量，1993年7月建设部组织编制并发布了该规范，并于1994年2月1日起施行。1998年起，有关部门根据建设部的要求，对该规范进行局部修订，于2002年3月发出《关于国家标准〈城市居住区规划设计规范〉局部修订的公告》，决定自2002年4月1日起施行。

2.适用范围

本规范适用于城市居住区的规划设计。

3.规划设计基本要求

居住区按居住户数或人口规模可分为居住区、小区、组团三级，其控制规模为：居住区（10000～16000户，30000～50000人）、小区（3000～5000户、10000～1000人）、组团（300～1000户，1000～3000人）；其规划组织结构可根据不同情况，采用多种组合形式。

居住区的规划设计应符合城市总体规划的要求；应符合统一规划、合理布局、因地制宜、综合开发、配套建设的原则；应适应居民的活动规律，综合考虑日照、采光、通风、防灾、配建设施及管线要求；创造安全、卫生、方便、舒适和优美的居住生活环境，并为老年人、残疾人的生活和社会活动提供条件。

4.用地

建筑与规划布局居住区规划总用地，应包括居住区用地和其他用地两类。其中居住区用地分为：住宅用地（R01）、公建用地（R02）、道路用地（R03）、公共绿地（R04）等四类。

本规范还规定了不同等级居住区的用地构成控制指标和不同城市、不同等级居住区、不同层数居住建筑的人均居住用地控制指标。

居住区居住用地内建筑，应包括住宅建筑和公共建筑两部分；在居住区规划用地内的其他建筑的设置，应符合无污染不扰民的要求。

居住区的规划布局，应综合考虑路网结构，公建与住宅布局、群体组合、绿地系统及空间环境的内在联系，构成一个完善的、相对独立的有机整体。

5.住宅

对住宅建筑的规划设计应综合考虑用地条件、选型、朝向、间距、绿地、层数与密度、布置方式、群体组合、空间环境和不同使用者的需要等因素确定。

住宅间距，应以满足日照为基础，针对我国（Ⅰ～Ⅶ）七类建筑气候区，分为大城市及中小城市，提出了住宅不同日照标准规定。老年居住建筑不应低于冬至日日照2h的标准。在原有建筑外增加任何设施不应使相邻住宅原有日照标准降低。对旧区改造可酌情降低，但不宜低于大寒日日照1h的标准。住宅侧面间距、条式住宅、多层之间不宜小于6m，高层与各种层数住宅之间不宜小于13m。

住宅层数，应根据城市规划要求和综合经济效益，确定经济的住宅层数与合理的层数结构，无电梯住宅不应超过6层。

6.公共服务设施

本规范规定了不同人口规模的不同级别的居住区公共服务设施配置的千人指标和各分类指标。居住区公共服务设施应包括：教育、医疗卫生、文化体育、商业服务、金融邮电、市政公用、行政管理和其他八类；凡国家确定的一、二类人防重点城市均应按规定配建防空地下室，并将居住区使用部分面积，按其使用性质纳入配套公共服务设施。

当规划用地内的居住人口规模介于组团和小区之间或小区和居住区之间时，除配建下一级应配建的项目外，还应根据所增人数及规划用地周围的设施条件，增配高一级的有关项目及增加有关指标；旧区改造和城市边缘的居住区，其配建项目与千人总指标可酌情增减。

7.绿地

居住区内绿地，应包括公共绿地、宅旁绿地、配套公建所属绿地和道路绿地等，其中包括了满足当地植树覆土要求、方便居民出人的地下或半地下建筑的屋顶绿地。绿地率：新区建设不应低于30%，旧区改建不宜低于25%；应根据居住区不同的规划布局形式，设置相应的中心公共绿地；居住区内公共绿地的总指标，应根据居住人口规模分别达到：组团不少于0.5m²/人，小区（含组团）不少于1m²/人，居住区（含小区与组团）不少于1.5m²/人；旧区改造可酌情降低，但不得低于相应指标的70%。

8.道路

居住区内道路可分为：居住区道路、小区路、组团路和宅间小路四级，其道路宽度应符合下列规定：居住区道路红线宽度不宜小于20m；小区路路面宽6～9m，建筑控制线之间的宽度，需敷设供热管线的不宜小于14m，无供热管线的不宜小于10m；组团路路面宽3～5m，建筑控制线之间的宽度，需敷设供热管线的不宜小于10m，无供热管线的不宜小于8m；宅间小路路面宽不宜小于2.5m。

小区内主要道路至少应有两个出入口；居住区内主要道路至少应有两个方向与外围道路相连；机动车对外出入口间距不应小于150m。沿街建筑物长度超过150m时，应设不小于4m×4m的消防车通道。人行出口间距不宜超过80m。

9.竖向、管线综合与技术经济指标

居住区的竖向规划，应包括地形地貌的利用、确定道路控制高程和地面排水规划等内容。

居住区内应设置给水、污水、雨水和电力管线。在采用集中供热居住区内还应增设供热管线。同时，还应考虑燃气、通讯、电视共用天线、闭路电视、智能化等管线的设置或预留埋设位置。

居住区规划应有综合技术经济分析，其综合经济指标项目应包括必要指标和可选用指标两类。

二、《城市道路交通规划设计规范》(GB 50220—1995)

1.出台背景

为了科学、合理地进行城市道路交通规划设计，优化城市用地布局，提高城市的运转效能，提供安全、高效、经济、舒适和低公害的交通条件，1995年1月建设部组织编制并发布了《城市道路交通规划设计规范》，并于1995年9月1日起施行。

2.适用范围

本规范适用于全国各类城市的城市道路交通规划设计。城市道路交通规划设计除应执行本规范的规定外，尚应符合国家现行的有关标准、规划的规定。

3.规划设计基本要求

城市道路交通规划应以市区内的交通规划为主，处理好市际交通与市内交通的衔接、市域范围内的城镇与中心城市的交通联系。

城市道路交通规划必须以城市总体规划为基础，满足土地使用对交通运输的需求，发挥城市道路交通对土地开发强度的促进和制约作用。

城市道路交通发展战略规划，应包括城市道路交通发展战略规划和城市道路交通综合网路规划两个组成部分。其中城市道路交通发展战略规划应包括：确定城市交通发展目标和水平，交通方式和交通结构，城市道路交通综合网路布局，城市对外交通和市内的客货运设施的选址和用地规模；提出实施规划过程中需要的技术经济对策，有关交通发展政策和交通需求管理政策的建议。

城市道路交通综合网络规划应包括：确定城市公共交通系统，各种交通衔接方式，大型公共换乘枢纽和公共交通场站设施的分布和用地范围；确定各级城市道路红线宽度、横断面形式、主要交叉口的形式和用地范围，以及广场、公共停车场、桥梁、渡口的位置和用地范围；平衡各种交通方式的运输能力和运量；对网络规划方案做技术经济评估，提出分期建设与交通建设项目排序的建议。

城市客运交通应按照市场经济的规律，优先发展公共交通，组成公共交通、个体交通又是互补的多种方式客运网络，减少市民出行时耗。

城市货运交通宜向社会化、专业化、集装化的联合运输方式发展。

4.城市公共交通

城市公共交通规划，应根据城市发展规模、用地布局和道路网规划，在客流预测的基础上，确定公共交通方式、车辆数、线路网、换乘枢纽和场站设施用地等，并应使公共交通的客运内力满足高峰客流的需求。

大、中城市应优先发展公共交通，逐步取代远距离出行的自行车；小城市应完善市区至郊区的公共交通线路网。

城市公共汽车和电车的规划拥有量，大城市应每800～1000人一辆标准车，中、小城市应每1200～1500人一辆标准车。人口特大规模的城市，应控制预留设置快速轨道交通的用地。在市中心区规划的公共交通路网的密度，应达到3～4km/km²在城市边缘地区应达到2～2.5km/km²。市区公共汽车与电车主要线路的长度宜为8～12km，快速轨道交通的线路长度不宜大于40min的行程。

5.自行车交通

自行车最远的出行距离，在大、中城市应按6km计算，小城市应按10km计算。自行车道路网规划应由单独设置的自行车专用路、城市干路两侧的自行车道、城市支路和居住区内的道路共同组成一个能保证自行车连续交通的网络。大、中城市干路网规划设计时应使自行车与机动车分道行驶。

6.步行交通

城市人行道、人行天桥、人行地道、商业步行街、城市滨河步行道或林荫道的规划应与居住区的步行系统，与城市中车站、码头集散广场、城市游憩集会广场等的步行系统紧密结合，构成一个完整的步行系统。步行交通设施应符合无障碍交通的要求。沿人行道设置行道树、公共交通停靠站和候车亭、公用电话亭等设施时，不得妨碍行人的正常通行。在城市的主干路和次干路的路段上，人行横道或过街通道的间距宜为250～300m。当道路宽度超过四条机动车道时，人行横道应在车行道的中央分隔带或机动车道与非机动车道之间的分隔带上设置行人安全岛。

7.城市货运交通

城市货运交通应包括过境货运交通、出入市货运交通与市内货运交通三个部分。货运车辆场站的规模与布局宜采用大、中、小相结合的原则。大城市宜采用分散布点；中小城市宜采用集中布点。场站选址应靠近主要货源点，并与货物流通中心相结合。货运道路应能满足城市货运交通的要求，以及特殊运输、救灾和环境保护的要求，并与货物流向相结合。

8.城市道路系统与道路交通设施

城市道路系统应满足客、货车流和人流的安全与畅通；反映城市风貌、城市历史和文化传统；为地上地下工程管线和其他市政公用设施提供空间；满足城市救灾避难和日照通风的要求。

城市道路应分为快速路、主干路、次干路和支路四类。城市道路用地面积应占城市建设用地面积的8%～15%，对规划人口200万以上的大城市宜为15%～20%。城市道路网规划应适应城市用地扩展，并有利于向机动化和快速交通的方向发展。城市主要出入口每个方向应有两条对外放射的道路。

当旧城道路网改造时，在满足道路交通的情况下，应兼顾旧城的历史文化、地方特色和原有道路网形成的历史；对有历史文化价值的街道应适当加以保护。城市道路交叉口，应根据相交道路的等级，分向流量等情况，确定交叉口的形式及其用地范围。道路交叉口的通行能力应与路段的通行能力相协调，平面交叉白的进出口应设展宽段。

全市车站、码头的交通集散广场用地总面积可按规划城市人口每人0.07～0.10m²计算。车站、码头前的交通集散广场的规模由聚集人流量决定，集散广场的人流密度宜为1.0～1.4人/m²。

城市公共停车场应分为外来机动车公共停车场、市内机动车公共停车场和自行车公共停车场三类，其用地总面积可按规划城市人口每人0.8～1.0m²计算。城市公共加油站应大、中、小相结合，其服务半径宜为0.9～1.2km。

三、《城市道路绿化规划与设计规范》（CJJ 75—1997）

1.出台背景

城市道路绿化是城市道路的重要组成部分，在城市绿化覆盖率中占较大比例。随着城市机动车辆的增加，交通污染日趋严重，利用道路绿化改善道路环境，已成当务之急。城市道路绿化也是城市景观风貌的重要体现。目前，我国城市道路建设发展迅速，为使道路绿化更好发挥绿化功能，协调道路绿化与相关市政设施的关系，利于行车安全，有必要统一技术规定，以适应城市现代化建设需要。1997年10月建设部发布了《城市道路绿化规划与设计规范》，于1998年5月1日起施行。

2.适用范围

本规范的适用范围是用于城市的主干路、次干路、支路用地，公共广场用地与公共使用停车场用地范围内的绿地规划与设计。

3.基本原则

城市道路绿化主要功能是庇荫、滤尘、减弱噪声、改善道路沿线的环境质量和美化城市。以乔木为主，乔木、灌木、地被植物相结合，不得裸露土壤。

道路绿化应符合车行视线和行车净空要求，在道路交叉口视距三角形范围内和弯道内侧的规定范围内种植的树木不影响驾驶员的视线通透，保证行车视距；在弯道外侧的树木沿边缘整齐连续栽植，预告道路线形变化，诱导驾驶员行车视线。道路设计规定在各种道路的一定宽度和高度范围内为车辆运行的空间，树木不得进入该空间。具体范围应根据道路交通设计部门提供的数据确定。

绿化树木与市政公用设施的相互位置应统筹安排，并应保证树木有必要的立地条件与生长空间。修建道路时，宜保留有价值的原有树木，对古树名木应予以保护。道路绿地应根据需要配备灌溉设施；道路绿地的坡向、坡度应符合排水要求，并与城市排水系统结合，防止绿地内积水和水土流失。

4.道路绿化规划

在规划道路红线宽度时，应同时确定道路绿地率。园林景观路绿地率不得小于40%；红线宽度大于50m的道路绿地率不得小于30%；宽度在40～50m的道路绿地率不得小于25%；红线宽度小于40m的道路绿地率不得小于20%。

5.绿地布局与景观规划

种植乔木的分车绿带宽度不得小于1.5m；路上的分车绿带不宜小于2.5m；行道树绿带宽度不得小于1.5m。主、次干路中间分车绿带和交通岛绿地不得布置成开放式绿地。在绿地系统规划中，应确定园林景观路与主干路的绿化景观特色。园林景观路应配置价值高、有地方特色的植物，并与街景结合；主干路应体现城市道路绿化景观风貌；同一路段上的各类绿带，在植物配置上应相互配合，并应协调空间层次、树形组合、色彩搭配和季相变化的关系。

6.道路绿带设计

中间分车绿带应阻挡相向行驶车辆的眩光，在距相邻机动车道路面高度0.6～1.5m之间的范围内，配置植物的树冠应常年枝叶茂密，其株距不得大于冠幅的5倍。行道树定植株距，应以其树种壮年期树冠为准，最小种植株距应为4m。行道树树干中心至路缘石外侧最小距离宜为0.75m。

7.交通岛、广场和停车场绿地设计

交通岛周边的植物配置宜增强导向作用，在行车视距范围内应采用通透式配置。

公共活动广场周边宜种植高大乔木、集中成片绿地不应小于广场总面积的25%，并宜设计成开放式绿地。车站、码头、机场的集散广场绿化应选择具有地方特色的树种。集中成片绿地不应小于广场总面积的10%。

停车场种植的庇荫乔木可选择行道树，其树枝下高度应符合停车位净高度的规定：小型汽车为2.5m；中型汽车为3.5m；车为4.5m。

8.道路绿化与有关设施

道路绿化与架空电力线路、地埋各类管线及其他设施的最小垂直和水平距离应符合本规范的相关规定。

四、《城市工程管线综合规划规范》(GB 50289—1998)

1.出台背景

为了合理利用城市用地，统筹安排工程管线在城市的地上和地下空间位置，协调工程管线之间及城市工程管线与其他各项工程之间的关系，并为工程管线规划设计和规划管理提供依据，1998年12月建设部组织编制并发布了《城市工程管线综合规划规范》，1999年5月1日起施行。

2.适用范围

适用于城市总体规划（含分区规划），详细规划阶段的工程管线综合规划。

3.管线综合规划基本要求

城市工程管线综合规划应重视近期建设规划，并应考虑远景发展的需要；应结合城市的发展合理布置，充分利用城市地上、地下空间；应与城市道路交通、城市居住区、城市环境等规划相协调。

城市工程管线综合规划除执行本规范外，尚应符合国家现行有关标准、规范的规定。

4.城市工程管线综合规划主要内容

确定城市工程管线在地下敷设时的排列顺序和工程管线间的最小水平净距、最小垂直净距；确定城市工程管线在地下敷设时的最小覆土深度；确定城市工程管线在架空敷设时管线及杆线的平面位置及周围建（构）筑物、道路、相邻工程管线间的最小水平净距和最小垂直净距。

5.地下敷设

城市工程管线应结合城市道路网规划，宜采用地下敷设。其平面位置和竖向位置均应采用城市统一的坐标系统和高程系统。

工程管线的布置应与城市现状及规划的地下铁道、地下通道、人防工程等地下隐蔽性工程协调配合。

当工程管线竖向位置发生矛盾时，其处理原则是：压力管线让重力自流管线；可弯曲管线让不易弯曲管线；分支管线让主干管线；小管径管线让大管径管线。

直埋敷设的给水、排水、燃气等工程管线在严寒或者寒冷地区应根据土壤冰冻深度确定其覆土深度；热力、电信、电力电缆等工程管线以及严寒或寒冷以外的地区的工程管线，应根据土壤性质和地面承受荷载的大小确定管线的覆土深度；河底（渠底）敷设的工程管线应选择在稳定河段，埋设深度应按不妨碍河道的整治和管线安全的原则确定。

沿城市道路、铁路、公路敷设的工程管线应与线路平行。工程管线在道路下面的规划位置宜相对固定。从道路红线向道路中心线方向平行布置的次序，应根据工程管线的性质、埋设深度等确定，布置次序宜为电力电缆、电信电缆、燃气配气、给水配水、热力干线、燃气输气、给水输水、雨水排水、污水排水。

道路红线宽度超过30m的城市干道宜两侧布置给水配水和燃气配气管线；道路红线宽度超过50m的城市干道应在道路两侧布置排水管线。

各种工程管线不应在垂直方面上重叠敷设。当工程管线交叉敷设时，自地表面向下的排列顺序宜为：电力管线、热力管线、燃气管线、给水管线、雨水排水管线、污水排水管线，其交叉时的最小垂直净距，不同管线间分别有不同的控制要求。

6.综合管线沟

本规范规定在配合新建地下铁道、立体交叉等工程地段、广场或主要道路的交叉处等不宜开挖的路段、道路与铁路或河流的交叉处、道路宽度难以满足直埋敷设多种管线的路段等宜采用综合管沟集中敷设。工程管线干线综合管沟的敷设，应设置在机动车道下面；综合管沟内相互无干扰的工程管线可设置在管沟的同一小室；综合管沟内宜敷设电信电缆管线、低压配电电缆管线、给水管线、热力管线、污雨水排水管线（排水管线应布置在综合管沟的底部）。

7.架空敷设

架空敷设的城市工程管线应与工程管线通过地段的城市详细规划相结合，其位置应根据规划道路的横断面确定，应符合城市景观要求，并应保障交通畅通、居民的安全及工程管线的正常运行；同一性质的工程管线宜合杆架设；除可燃、易燃工程管线外，其他工程管线跨越河流时，宜采用管道桥或利用交通桥梁进行架设。

五、《城市给水工程规划规范》（GB 50282—1998）

1.出台背景

为了在城市给水工程规划中贯彻执行《水法》、《环境保护法》，提高城市给水工程规划编制质量，1988年8月建设部组织编制并发布《城市给水工程规划规范》，已于1999年2月1日起施行。

2.适用范围

本规范适用于城市总体规划的给水工程规划。

城市给水工程规划除应符合本规范外，尚应符合国家现行的有关强制性标准的规定

3.规划基本要求

城市给水工程规划期限应与城市总体规划期限一致。在规划水源地、地表水厂或地下水水厂、加压泵站等工程设施用地时，应节约用地，保护耕地。城市给水工程规划应与城市排水工程规划相协调。

4.城市给水工程规划的主要内容

预测城市用水量，并进行水资源与城市用水量之间的供需平衡分析；选择城市给水水源提

出相应的给水系统布局框架；确定给水枢纽工程的位置和用地；提出水资源保护以及开源节流的要求和措施。

5.城市水资源及用水量

城市水资源和城市用水量之间保持平衡，以确保城市可持续发展。在几个城市共享同一水源或水源在城市规划区以外时，应进行市域区域、流域范围的水资源供需平衡分析。

城市用水量由两部分组成，一为规划期由城市给水工程统一供给的居民生活用水、工业用水、公共设施用水及其他用水量的总和；二为城市给水统一供给以外的工业和公共设施自备水源供给的用水、河湖环境用水和航道用水、农业灌溉和养殖及畜牧业用水、农村居民和乡镇企业用水等用水水量的总和。

6.给水范围和规模、水源、水厂

城市给水工程规划范围应和城市总体规划范围一致。

给水规模应根据城市给水工程统一供给的城市最高日用水量确定。

选择城市给水水掘，应以水资源勘察或分析研究报告和区域、流域水资源规划及城市供水水源开发利用规划为依据，并应满足规划区城市用水量和水质等方面的要求。水资源不足的城市宜以城市污水再生处理后用作工业用水、生活杂用水及河湖环境用水、农业灌溉用水等，其水质应符合相应标准的规定。水源地应设有水量、水质有保证和易于实施水源环境保护的地段。

城市给水系统应满足城市的水量、水质、水压及城市消防、安全给水的要求，并应按城市地形、规划布局、技术经济等因素经济综合评价后确定。市区的配水管网应布置成环状。

地表水水厂的位置应根据给水系统的布局确定，宜选择在交通便捷以及供电安全可靠和水厂生产废水处置方便的地方。城市应采用管道或暗渠输送原水。当采用明渠时，应采用保护水质和防止水量流失的措施。

六、《城市排水工程规划规范》（ GB 50318—2000 ）

1.出台背景

为了在城市排水工程规划中贯彻执行国家有关法规和技术经济政策，提高城市排水工程规划的编制质量，2000年12月，建设部发布了《城市排水工程规划规范》，自2001年6月1日起施行。

2.适用范围

本规范适用于城市总体规划的排水工程规划。

城市排水工程规划除应符合本规范外，尚应符合国家现行的有关强制性标准的规定。

3.主要内容

划定城市排水范围、预测城市排水量、确定排水体制、进行排水系统布局；原则确定处理后污水污泥出路和处理程度；确定排水枢纽工程的位置、建设规模和用地。

排水范围：当城市污水处理厂或污水排出口设在城市规划区范围以外时，应将污水处理厂或污水排出口及其连接的排水管渠纳入城市排水工程规划规范。

排水体制：城市排水体制应分为分流制与合流制两种基本类型。新建城市、扩建新区、新开发区或旧城改造地区的排水系统应采用分流制。合流制排水体制应适用于条件特殊的城市，且应采用截流式合流制。

污水量：城市污水量应由城市给水工程统一供水的用户和自备水源供水的用户排出的城市综合生活污水量和工业废水量组成。城市污水量宜根据城市综合用水量（平均日）乘以城市污水排放系数确定

排水规模：城市污水工程规模和污水处理厂规模应根据平均日污水量确定。城市雨水工程

规模应根据城市雨水汇水面积和暴雨强度确定。

污水系统应根据城市规划布局，结合竖向规划和道路布局、坡向以及城市污水受纳体和污水处理厂位置进行流域划分和系统布局。

雨水系统应根据城市规划布局、地形，结合竖向规划和城市废水受纳体位置，按照就近分散、自流排放的原则进行流域划分和系统布局。

排水系统的安全性应注意：污水处理厂和排水泵站供电应采用二级负荷；雨水管道、合流管道出水口受水体水位顶托时，应根据地区重要性和积水所造成的后果，设置潮门、闸门或排水泵站等设施；污水管渠系统应设置事故出口。

排水管的设置应注意：排水管道应以重力流为主，宜顺坡敷设；排水干管应布置在排水区域内地势较低或便于雨水、污水汇集的地带；排水管渠断面尺寸应根据规划期排水规划的最大秒流量，并考虑城市远景发展的需要确定。

城市污水处理一般应到达二级生化处理标准。城市污水处理厂的选址宜符合下列要求：在城市水系的下游并应符合供水水源防护要求；在城市夏季最小频率风向的上风侧；与城市规划居住、公共设施保持一定的卫生防护距离；靠近污水、污泥的排放和利用地段；应有方便的交通、运输和水电条件。

七、《城市电力规划规范》（GB/T 50293—2014）

1. 出台背景

为更好地贯彻执行国家城市规划、电力、能源的有关法规和方针政策，提高城市电力规划的科学性、合理性和经济性，确保规划编制质量，2014年8月建设部组织编制并发布了《城市电力规划规范》，自2015年5月1日起实施。

2. 适用范围

本规范适用于城市规划的电力规划编制工作。

城市电力规划除应符合本规范的规定外，尚应符合国家现行有关标准的规定。

3. 规划基本原则

城市电力规划应遵循远近结合、适度超前、合理布局、环境友好、资源节约和可持续发展的原则。规划城市规划区内发电厂、变电站、开关站和电力线路等电力设施的地上、地下空间位置和用地时，应贯彻合理用地、节约用地的原则。

4. 主要内容

预测城市电力负荷，确定城市供电电源、城市电网布局框架、城市重要电力设施和走廊的位置和用地。

5. 基本规定

城市电力规划应符合地区电力系统规划总体要求，并应与城市总体规划相协调。城市电力规划编制阶段、期限和范围应与城市规划相一致。城市电力规划应根据所在城市的性质、规模、国民经济、社会发展、地区能源资源分布、能源结构和电力供应现状等条件，结合所在地区电力发展规划及其重大电力设施工程项目近期建设进度安排，由城市规划、电力部门通过协商进行编制。城市电力规划编制过程中，应与道路交通、绿化、供水、排水、供热、燃气、通信等规划相协调，统筹安排，空间共享，妥善处理相互间影响和矛盾。

6. 城市用电负荷

城市用电负荷按产业和生活用电性质可分为第一产业用电、第二产业用电、第三产业用电和城乡居民生活用电等四类。规范还规定了城市建设用电负荷的分类；城市建筑用电负荷的分类；城市民用负荷预测的内容、方法及相应的指标等。城市用电负荷按城市负荷分布特点，可分为一般负荷（均布负荷）和点负荷两类。

7.城市供电电源、电网和供电设施

城市供电电源可分为城市发电厂和接受市域外电力系统电能的电源变电站。城市供电电源的选择，应综合研究所在地区的能源资源状况、环境条件和可开发利用条件，进行统筹规划，经济合理地确定城市供电电源。以系统受电或以水电供电为主的大城市，应规划建设适当容量的本地发电厂，以保证城市用电安全及调峰的需要。布置城市发电厂应满足发电对地形、地貌、水文地质、气象、防洪、抗震、可靠水源等建厂条件的要求和有方便的交通运输条件，发电厂的厂址宜选用城市非耕地或安排在城市规划规定的三类工业用地内。

城市电网规划应分层分区，各分层分区应有明确的供电范围，并应避免重叠、交错。

城市电网应简化电压等级、减少变压层次、优化网络结构；其电压等级应符合国家电压标准的下列规定500kV、330kV、220kV、110kV、66kV、35kV、10kV和380V、220V。

城市电网的规划建设和改造，应按城市规划布局和道路综合管线的布置要求，统筹安排，合理预留城网中各级电压变电所、开关站、配电所、电力线路等供电设施的位置和用地。规划新建或改建的城市供电设施的建设标准、结构选型，应与城市现代化建设整体水平相适应。城市变电所规划选址应符合城市总体规划用地布局要求、靠近负荷中心、便于进出线、交通运输方便；在大、中城市的超高层公共建筑群区、中心商务区及繁华金融、商贸街区规划新建的变电所可与其他建筑混合建设，或建设地下变电所。城市电力线路分为架空线路和地下电缆线路两类。

八、《城市环境卫生设施规划规范》（GB 50337—2003）

1.出台背景

为了在城市环境卫生设施规划中贯彻执行国家城市规划、环境保护的有关法规和技术政策，提高城市环境卫生设施规划编制质量，满足城市环境卫生设施建设的需要，落实城市环境卫生设施规划用地，保持与城市协调发展，2003年9月建设部组织编制并发布了《城市环境卫生设施规划规范》，于2003年12月1日起施行。

2.适用范围

本规范适用于城市总体规划、分区规划、详细规划及城市环境卫生设施专项规划。市（区、县）域城镇体系规划及乡村、独立工矿区、风景名胜区及经济技术开发区的相应规划可参照本规范执行。

3.基本要求

城市环境卫生设施的规划设置必须从整体上满足城市生活垃圾收集、运输、处理和处置等功能，贯彻生活垃圾处理无害化、减量化和资源化原则，实现生活垃圾的分类收集、分类运输、分类处理和分类处置。

重大环境卫生工程设施的规划设置宜做到区域共享、城乡共享，实现环境卫生重大基础设施的优化配置。

本规范分别对城市总体规划、分区规划、城市环境卫生设施专项规划、详细规划等规定了环境卫生设施的规划要求。

城市环境卫生设施的设置应满足城市用地布局、环境保护、环境卫生和城市景观等要求。

4.主要内容

① 环境卫生公共设施　包括公共厕所、生活垃圾收集点、废物箱、粪便污水前端处理设施等。环境卫生公共设施应方便社会公众使用，满足卫生环境和城市景观环境要求；其中生活垃圾收集点、废物箱的设置还应满足分类收集的要求。

② 环境卫生工程设施　包括生活垃圾转运站、水上环境卫生工程设施、粪便处理厂、生活垃圾卫生填埋场、生活垃圾焚烧厂等。环境卫生工程设施的选址应满足城市环境保护和城市

景观要求，并应减少其运行时产生的废气、废水、废渣等污染物对城市的影响。生活垃圾处理、处置设施及二次转运站宜位于城市建成区夏季最小频率风向的上风侧及城市水泵的下游，并符合城市建设环境影响评价的要求。

③ 其他环境卫生设施 包括车辆清洗站、环境卫生车辆停车场、环境卫生车辆通道、洒水车供水站等。

九、《城市用地竖向规划规范》（CJJ 83—1999）

1. 出台背景

为了规范城市用地竖向规划基本技术要求，提高城市规划质量和规划管理水平，1999年4月，建设部发布了《城市用地竖向规划规范》，自1999年10月1日起施行。

2. 适用范围

本规范适用于各类城市的用地竖向规划。

3. 主要内容

城市用地竖向规划应根据城市规划各阶级的要求，其内容主要包括：制定利用与改造地形的方案；确定城市用地坡度、控制点高程、规划地面形式及场地高程；合理组织城市用地的土石方工程和防护工程；提出有利于保护和改善城市环境景观的规划要求。

4. 规划地面形式

根据城市用地的性质、功能、结合自然地形，规划地面形式可分为平坡式、台阶式和混合式。用地自然坡度小于5%时，宜规划为平坡式；用地自然坡度大于8%时，宜规划为台阶式。

5. 城市用地选择及用地布局

城市中心区用地应选择地质及防洪排涝条件较好且相对平坦、完整的用地，自然坡度宜小于15%；居住用地宜小于30%；工业、仓储用地宜小于15%。挡土墙、护坡与建筑的最小间距应符合：居住区内的挡土墙与住宅建筑的间距应满足住宅日照和通风的要求；高度大于2m的挡土墙和护坡的上缘与建筑间水平距离不应小于3m，其下缘与建筑间的水平距离不应小于2m。

6. 道路广场竖向规划应与道路平面规划同时进行。

机动车车行道最小纵坡为0.2%；主干路最大纵坡5%；非机动车规划纵坡宜小于2.5%；机动车与非机动车混行道路，其纵坡应按非机动车车行道的纵坡取值。广场的最小坡度为0.3%，最大坡度平原地区为1%，丘陵和山区为3%。

7. 地面排水

地面排水坡度不宜小于0.2%；小于0.2%时宜采用多坡向或特殊措施排水；地块的规划高程应比周边道路的最低路段高程高出0.2m以上；用地的规划高程应高于多年平均地下水位。

8. 防护工程

台阶式用地的台阶之间应用护坡或挡土墙连接，相邻台地间高差大于1.5m时，应在挡土墙或坡比值大于0.5的护坡顶加设安全防护设施。

土质护坡的坡比值应小于或等于0.5；砌筑护坡的坡比值宜为0.5～0.10人口密度大、工程地质条件差、降雨量多的地区，不宜采用土质护坡。挡土墙的高度宜为1.5～3.0m，超过6.0m时宜退台处理，退台宽度不应小于1.0m；在条件许可时，挡土墙宜以1.5m左右高度退台。

十、《城镇老年人设施规划规范》（GB 50437—2007）

1. 出台背景

为了适应我国人口结构老龄化，加强老年人设施的规划，为老年人提供安全、方便、舒适、卫生的生活环境，满足老年人日益增长的物质与精神文化需要，2007年10月建设部颁布了《城镇老年人设施规划规范》，自2008年6月1日起施行。

2.适用范围

本规范适用于城镇老年人设施的新建、扩建或改建的规划。

3.基本原则

老年人设施的规划，应符合城镇总体规划及其他相关规划的要求；符合"统一规划、合理布局、因地制宜、综合开发、配套建设"的原则；符合老年人生理和心理的要求，并综合考虑日照、通风、防寒、采光、防灾及管理等要求；符合社会效益、环境效益和经济效益相结合的原则。

4.分级、规模和内容

老年人设施按服务范围和所在地区性质分为市（地区）级、居住区（镇）级、才、区级等三级。老年人设施项目（新建项目、旧城区新建、扩建或改建项目）的配建规模、要求及指标应符合相关规定。老年人设施中养老院、老年公寓与老年人护理院配置的总床位数量，应按1.5～3.0床位/百老人的指标进行计算。

5.布局与选址

市（地区）级的老年护理院、养老院用地应独立设置。居住区内的老年人设施宜靠近其他生活服务设施，统一布局，但应保持一定的独立性，避免干扰。建制镇老年人设施布局宜与镇区公共中集中设置，统一安排，并宜靠近医疗设施与公共绿地。

课后练习题

1.下列关于"城市性质"的定义中，符合《城市规划基本术语标准》的是（　　　）

A.对城市经济、社会、环境发展所作的规定

B.城市在一定地域内经济、社会发展中所发挥的作用和承担的分工

C.城市在一定地区、国家以致更大范围内的政治、经济与社会发展中所处的地位和所担负的主要职能

D.城市在一定时期内的发展所应达到的目的和指标

2.根据《城市用地分类与规划建设用地标准》，居住地的组成正确的是（　　　）

A. R=R1+R2 　　　　　　　　　　B. R=R1+R2+R3

C. R=R1+R2+R3+R4 　　　　　　D. R=R1+R2+R3+R4+R5

3.在城市总体规划用地分类中，城乡规划区内的村镇建设用地应归于（　　　）

　A.居住区用地 　　　　　　　　　B.保留地

　C.特殊用地 　　　　　　　　　　D.水域和其他用地

4.比较《防洪标准》和《城市防洪工程设计规范》，判断下列说法中错误的是（　　　）

A.《标准》适用于各类防护对象的规划、设计、施工和运行管理

B.《规范》适用于防洪工程的规划设计

C.《标准》中防洪建筑级别是指被防护对象的防洪级别

D.《规范》中防洪建筑级别是指防洪工程的防洪规划

5.下列关于城市绿地计算指标的说法中，不正确的是（　　　）

A.计算人均绿地时应以城市人口数量为准

B.计算绿地率时应以城市用地面积为准

C.山丘、坡地上的绿地不能以表面积计算

D.不同规划阶段计算绿地面积时，应使用同一比例尺地形图纸计算，以保证数据统一

6.根据《城市用地分类与规划建设用地标准》的规定，在计算城市现状和规划的用地时，应统一以（   ）为界进行汇总统计

    A.城市总体规划用地　　　　　　　　B.城市总体规划实际用地

    C.城市近期建设规划用地　　　　　　D.城市近期建设实际用地

7.在城市用地分类中，城市高压走廊下的控制范围内的用地（   ）

    A.计入市政公用设施用地中的供电用地

    B.其中的水面不计入城市用地

    C.其中的农田不计入城市用地

    D.按地面实际用途归类

8.任何单位和个人不得占用（   ）进行建设

    A.道路　　　　　　　　　　　B.广场　　　　　　　　　　C.绿地

    D.高压供电走廊和压占地下管线　　　　E.未利用地

9.土地利用总体规划中属于建设用地的是（   ）

    A.工矿用地　　　　　　　　　B.军事设施　　　　　　　　C.农田水利用地

    D.旅游用地　　　　　　　　　E.未利用地

10.《城市绿地分类标准》与《城市用地分类与规划建设用地标准》相比，区别在于（   ）

    A.将公共绿地改为公园绿地

    B.将绿地划分为五大类

    C.将生产防护绿地分为生产绿地和防护绿地

    D.突破了以平面投影面积计算用地面积的规定

    E.突破了10大类划分标准

11.计算建设基地绿地率的绿地面积时，应包括建设基地内的（   ）

    A.基地内的集中绿地　　　　　　B.房前屋后、建筑间距内的绿地

    C.已植草皮砖的停车用地　　　　D.基地内道路两侧的绿化用地

12.根据城市绿地分类标准，不参与城市建设用地平衡的是（   ）

    A.特殊绿地　　　　　　　　　　B.其他绿地

    C.附属绿地　　　　　　　　　　D.生产绿地

13.根据《城市居住区规划设计规范》的规定，下列关于城市居民区的住宅建筑间距表述中不正确的是（   ）

    A.在原有建筑外增加任何设施不应使相邻住宅原有日照标准降低

    B.住宅侧面间距、条式住宅、多层之间不宜小于8m，高层与各种层数住宅之间不宜小于15m

    C.老年居住建筑不应低于冬至日日照2h的标准

    D.住宅间距应以满足日照为基础

14.根据《城市道路绿化规划与设计规范》的规定，下列关于在规划城市道路红线宽度时，同时确定的道路绿地率表述中不正确的是（   ）

    A.城市道路红线宽度小于40m的道路绿地率不得小于20%

    B.城市道路红线宽度在40～50m的道路绿地率不得小于25%

    C.城市道路红线宽度大于50m的道路绿地率不得小于30%

    D.城市道路园林景观路绿地率不得小于30%

15.根据《城市用地竖向规划规范》的规定，下列关于城市用地竖向规划的防护工程表述中正确的是（   ）

A.在条件许可时，挡土墙宜以3.0m左右高度退台

B.挡土墙的高度宜为1.5～3.0m，超过6.0m时宜退台处理，退台宽度不应小于1.0m

C.人口密度大、工程地质条件差、降雨量多的地区，不宜采用砌筑护坡

D.土质护坡的坡比值应小于或等于0.5～0.1；砌筑护坡的坡比值宜为0.5

16.按照《城镇老年人设施规划规范》要求老年人设施场地坡度应不大于（　　）

A.1%　　　　　　B.2%　　　　　　C.3%　　　　　　D.4%

17.《城市给水工程规划规范》（GB 50282—1998）中明确规定，城市给水工程规划的主要内容应包括（　　）

A.确定给水枢纽工程的位置和用地

B.选择城市给水水源，提出相应的给水系统布局框架

C.确定城市水资源和城市用水量之间的平衡点

D.提出水资源保护以及开源节流的要求和措施

E.预测城市用水量，并进行水资源与城市用水量之间的供需平衡分析

18.《城市排水工程规划规范》规定，城市雨水系统应根据城市规划布局、地形，结合竖向规划和城市废水受纳体位置，按照（　　）的原则进行流域划分和系统布局

A.就近集中、自流排放　　　　　　B.就近分散、自流排放

C.就近集中、分流排放　　　　　　D.就近分散、分流排放

19.根据《防洪标准》（GB 50201—1994）中的规定，下列防护对象的防洪标准按该规定正确确定的是（　　）

A.遭受洪灾或失事后损失及影响均较小或使用期限较短及临时性的防护对象，可采用低于本标准规定的防洪标准

B.兼有防洪作用的路基、围墙等建筑群、构筑物，其防洪标准应按防护区和该建筑物、构筑物的防洪标准中较低者确定

C.对于影响公共防洪安全的防护对象，应按其自身和公共防洪安全两者要求的防洪标准中较高者确定

D.当防护区内有两种以上的防护对象，又不能分别进行防护时，该防护区和防洪标准，应按防护区和主要防护对象两者要求的防洪标准中较低者确定

E.遭受洪灾或失事后损失巨大，影响十分严重的防护对象，可采用高于本标准规定的防洪标准

20.住宅建筑的规划设计应考虑的因素为（　　）

①用地条件②选型③朝向④空气质量⑤群体组合⑥空间环境⑦经济繁杂程度

A.①②③④⑤⑥⑦　　　　　　B.①③⑤⑥

C.①②③④⑤⑥　　　　　　D.②③④⑤⑥⑦

21.某单位拟对建成区内的一栋宿舍进行扩建，审查其扩建方案时可直接引用《城市居住区规划设计规范》的哪项标准（　　）

A.住宅建筑面积净密度　　　　　　B.住宅建筑净密度

C.住宅间距　　　　　　D.绿地率

22.关于住宅侧面间距的确定，下列说法不正确的是（　　）

A.条式住宅不宜小于10m

B.多层之间不宜小于6m

C.高层与各种层数住宅之间不宜小于13m

D.高层塔式住宅、多层和高层点式住宅与侧面有窗的各种住宅之间应考虑视觉卫生因素，适当加大间距

23.下列公共服务设施的服务半径，不符合《城市居住区规划设计规范》的要求的是（　　）

    A.垃圾站200m   B.幼儿园300m   C.小学500m

    D.商业服务设施800m   E.中学1000m

24.根据《城市道路绿化规划与设计规范》的要求，绿地采用通透式配置的是（　　）

    A.以装点美化街景让行人进入的绿地   B.城市重点地段，以体现城市风貌特色道路

    C.供行人进入游览休息的开放式绿地

    D.被人行横道或者道路出入口断开的分车绿带的端部

25.在城市污水处理厂的选址要求中，判断下列说法不完全符合《城市排水工程规划规范》的是（　　）

    A.在城市水系的下游，并符合城市供水水源保护要求

    B.在城市最小风频的上风侧

    C.与城市规划居住、公共设施保持一定的卫生防护距离

    D.应有方便的交通、运输和水电条件

26.技术标准是编制和实施城市规划的重要依据，下列属于强制性行业标准的是（　　）

    A.《城市规划制图标准》

    B.《城市用地竖向规划规范》

    C.《城市规划工程地质勘察规范》

    D.《城市规划基本术语标准》

27.下列内容不属于居住区的规划布局原则的是（　　）

    A.方便居民生活，有利组织管理

    B.方便经营，使用和社会化管理

    C.合理组织人流、车流、有利安全防卫

    D.构思新颖，体现地方特色

28.下列关于住宅日照标准的表述中正确的有（　　）

    A.老年人居住建筑不应低于冬至日日照2h的标准

    B.老年人居住建筑不应低于大寒日日照2h的标准

    C.旧区改建的项目内新建住宅日照标准可酌情降低，但不应低于冬至日日照1h的标准

    D.旧区改建的项目内新建住宅日照标准可酌情降低，但不应低于大寒日日照1h的标准

    E.中等城市不应低于大寒日日照2h

29.居住区内尽端式道路长度一般（　　），应设回车场的尺寸大小为（　　）

    A.不宜大于100m；不小于10～10m

    B.不宜大于150m；不小于15～15m

    C.不宜大于120m；不小于12m×12m

    D.不宜大于160m；不小于16m×16m

30.城市快速路规划设计应符合下列（　　）要求

    A.规划人口在100万以上的大城市和长度超过40km的带形城市应设快速路

    B.快速路上的机动车道两侧不应设非机动车道，机动车道应设中央隔离带

    C.快速路与其他道路交汇的道路的数量应严格控制

    D.快速路立体交叉口宜采用下穿式，路面宜采用柔性路面

第十四章

城乡规划相关法律与法规

教学目标与要求

了解：城乡规划相关法律的适用范围；城乡规划相关法规的法定概念和适用范围。

熟悉：《土地管理法》、《文物保护法》、《环境保护法》、《基本农田保护条例》、《公共文化体育设施条例》等内容。

掌握：《环境影响评价法》、《军事设施保护法》、《消防法》、《国家赔偿法》、《保守国家秘密法》、《城市绿化条例》等内容。

城乡规划管理涉及政治、经济、文化和社会生活等广泛领域，如城市用地布局、建设规划管理等，应与土地、环境、房地产、建设工程管理相衔接。自然与历史文化遗产保护的规划管理又涉及文物保护、环境保护和森林保护、水资源保护等有关规定。城乡规划管理属于行政管理范畴，还应遵守我国行政管理法律、法规的普遍规定。

第一节　相关法律

一、土地管理法

1.主要内容

包括总则，土地的所有权和所有权管理，土地利用总体规划和土地利用年度计划的编制、审批，实施制度，耕地的特殊保护规定，建设用地的取得和审批规定，土地管理的监督检查制度以及违反《土地管理法》的相关法律责任。

2.基本规定

① 土地所有制和使用制度　我国实行土地的社会主义公有制，即全民所有制和劳动群众集体所有制。国家为了公共利益的需要，可以依法对土地实行征收或者征用并给予补偿。任何单位和个人不得侵占、买卖或者以其他形式非法转让土地。土地使用权可以依法转让。

国家为公共利益的需要，可以依法对集体所有的土地实行征用。

国家依法实行国有土地有偿使用制度。划拨国有土地使用权的除外。

② 土地管理基本国策　十分珍惜、合理利用土地和切实保护耕地是我国的基本国策。各级人民政府应当采取措施，全面规划，严格管理、保护、开发土地资源，制止非法占用土地的行为。

③ 土地用途管理制度　国家编制土地利用总体规划，规定土地用途、将土地分为农用地、建设用地和未利用地。严格限制农用地转为建设用地，控制建设用地的总量，对耕地实行特殊保护。

④ 土地管理责任主体　国务院土地行政主管部门统一负责全国土地的管理和监督工作。县级以上地方人民政府土地行政主管部门的设置及其职责、由省、自治区、直辖市人民政府根据国务院有关规定确定。

3.与城乡规划相关的规定

（1）城市总体规划与土地利用总体规划

建设用地规模应当符合国家规定的标准，充分利用现有建设用地，不占或者尽量少占农用地。城市总体规划、村庄和集镇规划，应当与土地利用总体规划相衔接，城市总体规划、村庄和集镇规划中建设用地规模不得超过土地利用总体规划确定的城市和村庄、集镇建设用地规模。

在城市规划区内、村庄和集镇规划区内，城市和村庄、集镇建设用地应当符合城市规划、村庄和集镇规划。

（2）城市规划区闲置土地开发利用

在城市规划区范围内，以出让方式取得土地使用权进行房地产开发的闲置土地，依照《城市房地产管理法》的有关规定办理。

（3）国有土地行政划拨类型

建设单位使用国有土地，应当以出让等有偿使用方式取得；但是，下列建设用地，经县级以上人民政府依法批准，可以以划拨方式取得：

① 国家机关用地和军事用地；

② 城市基础设施用地和公用事业用地；

③ 国家重点扶持的能源、交通、水利等基础设施用地；

④ 法律、行政法规规定的其他用地。

（4）在城市规划区内改变土地用途

建设单位使用国有土地的，应当按照土地使用权出让等有偿使用合同的约定或者土地使用权划拨批准文件的规定使用土地；确需改变该幅土地建设用途的，应当经有关人民政府土地行政主管部门同意，报原批准用地的人民政府批准。其中，在城市规划区内改变土地用途的，在报批前，应当先经有关城市规划主管部门同意。

（5）城市规划临时用地

建设项目施工和地质勘查需要临时使用国有土地或者农民集体所有的土地的，由县级以上人民政府土地行政主管部门批准。其中在城市规划区内的临时用地，在报批前应当先经有关城市规划主管部门同意。

临时使用土地的使用者应当按照临时使用土地合同约定的用途使用土地，并不得修建永久性建筑物。

使用土地期限一般不超过2年。

（6）调整使用土地

为公共利益需要使用土地、为实施城市规划进行旧城区改建，需要调整使用土地的，由有关人民政府土地行政主管部门报经原批准用地的人民政府或者有批准权的人民政府批准，可以收回国有土地使用权。

（7）村庄和集镇建设

乡镇企业、乡（镇）村公共设施、公益事业、农村村民住宅等乡（镇）村建设，应当按照村庄和集镇规划，合理布局，综合开发，配套建设；建设用地，应当符合乡（镇）土地利用总体规划和土地利用年度计划，并依照规定办理审批手续。

二、文物保护法

文物工作贯彻保护为主、抢救第一、合理利用、加强管理的方针。

1.不可移动文物

① 文物保护单位 古文化遗址、古墓葬、古建筑、石窟寺、石刻、壁画、近代现代重要史迹和代表性建筑等不可移动文物，根据它们的历史、艺术、科学价值，可以分别确定为全国重点文物保护单位，省级文物保护单位，市、县级文物保护单位。

② 文物保护单位定级 国务院文物行政部门在省级、市、县级文物保护单位中，选择具有重大历史、艺术、科学价值的确定为全国重点文物保护单位，或者直接确定为全国重点文物保护单位，报国务院核定公布。

省级文物保护单位，由省、自治区、直辖市人民政府核定公布，并报国务院备案。

市级和县级文物保护单位，分别由设区的市、自治州和县级人民政府核定公布，并报省、自治区、直辖市人民政府备案。

尚未核定公布为文物保护单位的不可移动文物，由县级人民政府文物行政部门予以登记并公布。

③ 历史文化名城 保存文物特别丰富并且具有重大历史价值或者革命纪念意义的城市，由国务院核定公布为历史文化名城。

④ 历史文化街区、村镇 保存文物特别丰富并且具有重大历史价值或者革命纪念意义的城镇、街道、村庄，由省、自治区、直辖市人民政府核定公布为历史文化街区、村镇，并报国务院备案。

⑤ 规划编制与保护办法制定 历史文化名城和历史文化街区、村镇所在地的县级以上地方人民政府应当组织编制专门的历史文化名城和历史文化街区、村镇保护规划，并纳入城市总体规划。

⑥ 历史文化名城、街区、村的保护办法 历史文化名城和历史文化街区、村镇的保护办法，由国务院制定。

2.文物保护单位监管措施

① 划定保护范围 各级文物保护单位，分别由省、自治区、直辖市人民政府和市；县级人民政府划定必要的保护范围，作出标志说明，建立记录档案，并区别情况分别设置专门机构或者专人负责管理。

② 保护措施应纳入城乡规划 各级人民政府制定城乡建设规划，应当根据文物保护的需要，事先由城乡建设规划部门会同文物行政部门商定对本行政区域内各级文物保护单位的保护措施，并纳入规划。

③ 保护范围内保护措施 文物保护单位的保护范围内不得进行其他建设工程或者爆破、钻探、挖掘等作业。但是，因特殊情况进行其他建设工程或者爆破、钻探、挖掘等作业的，必须保证文物保护单位的安全，并经核定公布该文物保护单位的人民政府批准，在批准前应当征得上一级人民政府文物行政部门同意，在全国重点文物保护单位的保护范围内进行其他建设工程或者爆破、钻探、挖掘等作业的，必须经省、自治区、直辖市人民政府批准；在批准前应当征得国务院文物行政部门同意。

④ 建设控制地带内保护措施 根据保护文物的实际需要，经省、自治区、直辖市人民政府批准，可以在文物保护单位的周围划出一定的建设控制地带，并予以公布。

在在文物保护单位的建设控制地带内进行建设工程，不得破坏文物保护单位的历史风貌；工程设计方案应当根据文物保护单位的级别，经相应的文物行政部门同意后，报城乡建设规划部门批准。

在文物保护单位的保护范围和建设控制地带内，不得建设污染文物保护单位及其环境的设施，不得进行可能影响文物保护单位安全及其环境的活动。对已有的污染文物保护单位及其环境的设施，应当限期治理。

⑤ 建设工程选址　应当尽可能避开不可移动文物，因特殊情况不能避开的，对文物保护单位应当尽可能实施原址保护。

⑥ 文物实施原址保护　实施原址保护的，建设单位应当实现确定保护措施，根据文物保护单位的级别报相应的文物行政部门批准，并将保护措施列入可行性研究报告或者设计任务书。

⑦ 文物异地保护或拆除　无法实施原址保护，必须迁移异地保护或者拆除的，应当报省、自治区、厂直辖市人民政府批准；迁移或者拆除省级文物保护单位的，批准前须征得国务院文物行政部门同意。全国重点文物保护单位不得拆除；需要迁移的，须由省、自治区、直辖市人民政府报国务院批准。

⑧ 毁坏文物遗址保护与原址重建　不可移动文物已经全部毁坏的，应当实施遗址保护，不得在原址重建。但是，因特殊情况需要在原址重建的，由省、自治区、直辖市人民政府文物行政部门报省、自治区、直辖市人民政府批准；全国重点文物保护单位需要在原址重建的，由省、自治区、直辖市人民政府报国务院批准。

⑨ 国有不可移动文物监管　国有不可移动文物不得转让、抵押。建立博物馆、保管所或者辟为参观游览场所的国有文物保护单位，不得作为企业资产经营。

⑩ 使用不可移动文物原则　使用不可移动文物，必须遵守不改变文物原状的原则，负责保护建筑物及其附属文物的安全，不得损毁、改建、添建或者拆除不可移动文物。

对危害文物保护单位安全、破坏文物保护单位历史风貌的建筑物、构筑物，当地人民政府应当及时调查处理，必要时，对该建筑物、构筑物予以拆迁。

三、环境保护法

1.环境保护基本要求

① 环境保护规划　县级以上人民政府环境保护行政主管部门，应当会同有关部门对管辖范围内的环境状况进行调查和评价，拟定环境保护规划，经计划部门综合平衡后、报同级人民政府批准实施。

② 建设项目环境影响报告书　建设项目污染环境的，必须出具环境影响报告书。建设项目的环境影响报告书必须对建设项目产生的污染和对环境的影响作出评价，规定防治措施，经项目主管部门预审并依照规定的程序报环境保护行政主管部门批准。环境影响报告书经批准后，计划部门方可批准建设项目立项。

2.环境保护与城乡规划

① 保护区域建设项目限制　国务院有关部门和省、自治区、直辖市人民政府划定的风景名胜区、自然保护区和其他需要特别保护的区域内，不得建设污染环境的工业生产设施；建设其他设施，其污染物排放不得超过规定的排放标准。已经建成的设施，其污染排放标准超过规定的，限期治理。

城市规划的环境保护内容：制定城市规划，应当确定保护和改善环境的目标和任务。

② 城乡建设应当保护环境　城乡建设应当结合当地自然环境的特点，保护植被、水域和自然景观，加强城市园林、绿地和风景名胜区的建设。

四、环境影响评价法

1.规划的环境影响评价

（1）环境影响评价的概念

本法所称环境影响评价是指对规划和建设项目实施后可能造成的环境影响进行分析、预测和评估，提出预防或者减轻不良环境影响的对策和措施，进行跟踪监测的方法与制度。

（2）环境影响评价的规划范围

国务院有关部门、设区的市级以上地方人民政府及其有关部门，对其组织编制的土地利用的有关规划，区域、流域、海域的建设、开发利用规划，应当在规划编制过程中组织进行环境影响评价，编写该规划有关环境影响的篇章或者说明。

（3）环境影响评价的内容与审批

编写该规划有关环境影响的篇章或者说明，应当对规划实施后可能造成的环境影响作出分析、预测和评估，提出预防或者减轻不良环境影响的对策和措施，作为规划草案的组成部分一并报送规划审批机关。

未编写有关环境影响的篇章或者说明的规划草案，审批机关不予审批。

（4）专项规划的环境影响评价

国务院有关部门、设区的市级以上地方人民政府及其有关部门，对其组织编制的工业、农业、畜牧业、林业、能源、水利、交通、城市建设、旅游、自然资源开发的有关专项规划，应当在该专项规划草案上报审批前，组织进行环境影响评价，并向审批该专项规划的机关提出环境影响报告书。

（5）专项规划环境影响报告书要求：

① 实施该规划对环境可能造成影响的分析、预测和评估；

② 预防或者减轻不良环境影响的对策和措施；

③ 环境影响评价的结论。

（6）对专项规划附送环境影响报告书的要求

专项规划的编制机关在报批规划草案时，应当将环境影响报告书一并附送审批机关审查，未附送环境影响报告书的，审批机关不予审批。

2.建设项目的环境影响评价

（1）环境影响评价分类管理

国家根据建设项目对环境的影响程度，对建设项目的环境影响评价实行分类管理。建设单位应当按照下列规定组织编制环境影响报告书、环境影响报告表或者填报环境影响登记表。

① 可能造成重大环境影响的，应当编制环境影响报告书，对产生的环境影响进行全面评价；

② 可能造成轻度环境影响的，应当编制环境影响报告表，对产生的环境影响进行分析或者专项评价；

③ 对环境影响很小、不需要进行环境影响评价的，应当填报环境影响登记表。建设项目的环境影响评价分类管理名录，由国务院环境保护行政主管部门制定并公布。

（2）建设项目环境影响评价文件审批

建设项目的环境影响评价文件，由建设单位按照国务院的规定报有审批权的环境保护行政主管部门审批；建设项目有行业主管部门的，其环境影响报告书或者环境影响报告表应当经行业主管部门预审后，报有审批权的环境保护行政主管部门审批。

（3）未批环境影响评价文件的建设项目不得开工

建设项目的环境影响评价文件未经法律规定的审批部门审查或者审查后未予批准的，该项目审批部门不得批准其建设，建设单位不得开工建设。

五、国家赔偿法

1.国家赔偿法适用范围

国家机关和国家机关工作人员违法行使职权侵犯公民、法人和其他组织的合法权益造成损害的，受害人有依照本法取得国家赔偿的权利。

2.行政赔偿范围

行政机关及其工作人员在行使行政职权时，有侵犯人身权或侵犯财产权情形的，受害人有取得赔偿的权利。

3.承担行政赔偿的情形

属于下列情形之一的，国家不承担赔偿责任：

① 行政机关工作人员与行使职权无关的个人行为；

② 因公民、法人和其他组织自己的行为致使损害发生的；

③ 法律规定的其他情形。

4.行政赔偿请求人

① 受害的公民、法人和其他组织有权要求赔偿；

② 受害的公民死亡，其继承人和其他有抚养关系的亲属有权要求赔偿；

③ 受害的法人或者其他组织终止，承受其权利的法人或者其他组织有权要求赔偿。

5.赔偿义务机关

① 行政机关及其工作人员行使行政职权侵犯公民、法人和其他组织的合法权益造成损害的，该行政机关为赔偿义务机关；

② 两个以上行政机关共同行使行政职权时侵犯公民、法人和其他组织的合法权益造成损害的，共同行使行政职权的行政机关为共同赔偿义务机关；

③ 法律、法规授权的组织在行使授予的行政权力时侵犯公民、法人和其他组织的合法权益造成损害的，被授权的组织为赔偿义务机关；

④ 受行政机关委托的组织或者个人在行使受委托的行政权力时侵犯公民、法人和其他组织的合法权益造成损害的，委托的行政机关为赔偿义务机关；

⑤ 赔偿义务机关被撤销的，继续行使其职权的行政机关为赔偿义务机关；没有继续行使其职权的行政机关的，撤销该赔偿义务机关的行政机关为赔偿义务机关。

6.经行政机关复议造成侵权的赔偿义务机关

经复议机关复议的，最初造成侵权行为的行政机关为赔偿义务机关，但复议机关的复议决定加重损害的，复议机关对加重的部分履行赔偿义务。

7.刑事赔偿范围

行使侦查、检察、审判、监狱管理职权的机关及其工作人员在行使职权时，对没有犯罪事实或者没有事实证明有犯罪重大嫌疑的人，有侵犯人身权和财产权的情形，受害人有取得赔偿的权利。

六、军事设施保护法

1.军事设施涵盖范围

本法所称军事设施，是指国家直接用于军事目的的：指挥机关、地面和地下的指挥工程、作战工程；军用机场、港口、码头；营区、训练场、试验场；军用洞库、仓库；军用通信、侦察、导航、观测台站和测量、导航、助航标志；军用公路、铁路专用线、军用通信、输电线路，军用输油、输水管道以及国务院和中央军事委员会规定的其他军事设施。

2.军事设施保护方针

国家对军事设施实行分类保护、确保重点的方针。

3.军事禁区保护

军事禁区管理单位应当根据具体条件，按照划定的范围，为陆地军事禁区修筑围墙、设置铁丝网等障碍物；为水域军事禁区设置障碍物或者界线标志。

4.军事禁区外安全控制范围

在军事禁区外围安全控制范围内,当地群众可以照常生产、生活,但不得进行爆破、射击以及其他危害军事设施安全和使用的活动。

5.军事管理区保护

军事管理区管理单位应当按照划定的范围,为军事管理区修筑围墙、设置铁丝网或者界线标志。

6.没有划入军事禁区、军事管理区的军事设施保护

在没有划入军事禁区、军事管理区的军事设施一定距离内,进行采石、取土、爆破等活动,不得危害军事设施的安全和使用效能。

七、人民防空法

1.人民防空的方针

人民防空实行长期准备、重点建设、平战结合的方针,贯彻与经济建设协调发展、与城市建设相结合的原则。

2.防护重点

① 城市是人民防空的重点,国家对城市实行分类防护。城市的防护类别、防护标准,由国务院、中央军事委员会规定。

② 城市人民政府应当制定人民防空工程建设规划,并纳入城市总体规划。

③ 城市的地下交通干线以及其他地下工程的建设,应当兼顾人民防空需要。

④ 工矿企业、科研基地、交通枢纽、通信枢纽、桥梁、水库、电站等重要的经济目标,应列为规划重点防护目标。

3.人民防空工程

① 国家对人民防空工程建设,按照不同的防护要求,实行分类指导;

② 建设人民防空工程,应当在保证战时使用效能的前提下,有利于平时的经济建设、群众的生产生活和工程的开发利用。

4.新建民用建筑防空要求

城市新建民用建筑,按照国家有关规定修建战时可以用于防空的地下室。

5.建设用地保障和必要条件

县级以上人民政府有关部门对人民防空工程所需的建设用地应当依法予以保障;对人民防空工程连接城市的道路、供电、供热、供水、排水、通讯等系统的设施建设,应当提供必要的条件。

八、消防法

1.消防工作的方针、原则和责任制

消防工作贯彻预防为主、防消结合的方针,坚持专门机关与群众相结合的原则,实行防火安全责任制。

2.城市消防规划的内容

城市人民政府应当将消防安全布局、消防站、消防供水、消防通道、消防车通道、消防装备等内容的消防规划纳入城市总体规划,并负责组织有关主管部门实施。

3.建设项目选址要求

生产、存储和装卸易燃、易爆危险物品的工厂、仓库和专用车站、码头,必须设置在城市边缘或者相对独立的安全地带。易燃、易爆气体和液体的充装站、供应站、调压站,应当设置在合理的位置,符合防火防爆要求。

4.建筑设计审核要求

① 按照国家工程建筑消防技术标准需要进行消防设计的建筑工程，设计单位应当按照国家工程建筑消防技术标准进行设计，建设单位应当将建筑工程的消防设计图纸及有关资料报送公安消防机构审核；未经审核或者经审核不合格的，建设行政主管部门不得发给施工许可证，建设单位不得施工。

② 按照国家工程建筑消防技术标准进行消防设计的建筑工程竣工时，必须经公安消防机构进行消防验收；未经验收或者经验收不合格的，不得投入使用。

九、保守国家秘密法

1.国家秘密的范围

下列涉及国家安全和利益的事项，泄漏后可能损害国家在政治、经济、国防、外交等领域的安全和利益的，应当确定为国家秘密。

① 国家事务重大决策中的秘密事项；

② 国防建设和武装力量活动中的秘密事项；

③ 外交和外事活动中的秘密事项以及对外承担保密义务的秘密事项；

④ 国民经济和社会发展中的秘密事项；

⑤ 科学技术中的秘密事项；

⑥ 维护国家安全活动和追查刑事犯罪中的秘密事项；

⑦ 经国家保密行政管理部门确定的其他秘密事项。

政党的秘密事项中符合前款规定的，属于国家秘密。

2.国家秘密的密级

国家秘密的密级分为"绝密"、"机密"、"秘密"三级。绝密级国家秘密，是最重要的国家秘密，泄漏会使国家安全和利益遭受特别严重的损害；机密级国家秘密是重要的国家秘密，泄漏会使国家安全和利益遭受严重的损害；秘密级国家秘密是一般的国家秘密，泄漏会使国家安全和利益遭受损害。

3.国家秘密的保密期限

除另有规定外，绝密级不超过30年，机密级不超过20年，秘密级不超过10年。

国家秘密的保密期限已满的，自行解密。

4.国家秘密标志的规定

机关、单位对承载国家秘密的纸介质、光介质、电磁介质等载体（以下简称国家秘密载体）以及属于国家秘密的设备、产品，应当作出国家秘密标志。不属于国家秘密的，不应当作出国家秘密标志。

5.保密制度

（1）加强对涉密信息系统的管理

机关、单位应当加强对涉密信息系统的管理，任何组织和个人不得有下列行为：

① 将涉密计算机、涉密存储设备接入互联网及其他公共信息网络；

② 在未采取防护措施的情况下，在涉密信息系统与互联网及其他公共信息网络之间进行信息交换；

③ 使用非涉密计算机、非涉密存储设备存储、处理国家秘密信息；

④ 擅自卸载、修改涉密信息系统的安全技术程序、管理程序；

⑤ 将未经安全技术处理的退出使用的涉密计算机、涉密存储设备赠送、出售、丢失或者改作其他用途。

（2）加强对国家秘密载体的管理

机关、单位应当加强对国家秘密载体的管理，任何组织和个人不得有下列行为：

① 非法获取、持有国家秘密载体；

② 买卖、转送或者私自销毁国家秘密载体；

③ 通过普通邮政、快递等无保密措施的渠道传递国家秘密载体；

④ 邮寄、托运国家秘密载体出境；

⑤ 未经有关主管部门批准，携带、传递国家秘密载体出境。

（3）其他保密纪律

① 禁止非法复制、记录、存储国家秘密；

② 禁止在互联网及其他公共信息网络或者未采取保密措施的有线和无线通信中传递国家秘密；

③ 禁止在私人交往和通信中涉及国家秘密。

（4）公布信息和采购设备的保密规定

机关、单位公开发布信息以及对涉及国家秘密的工程、货物、服务进行采购时，应当遵守保密规定。

十、广告法

1.适用范围

广告主、广告经营者、广告发布者在中华人民共和国境内从事广告活动，应当遵守本法。

2.禁止设置户外广告的区域

有下列情形之一的，不得设置户外广告：

① 利用交通安全设施、交通标志的；

② 影响市政公共设施、交通安全设施、交通标志使用的；

③ 妨碍生产或者人民生活，损害市容市貌的；

④ 国家机关、文物保护单位和名胜风景点的建筑控制地带；

⑤ 当地县级以上地方人民政府禁止设置户外广告的区域。

3.户外广告设置的规划和管理

户外广告设置规划和管理办法，由当地县级以上地方人民政府组织广告监督管理、城市建设、环境保护、公安等有关部门制定。

第二节　相关法规

一、《城市道路管理条例》

1.城市道路的定义

本条例所称城市道路，是指城市供车辆、行人通行的，具备一定技术条件的道路、桥梁及其附属设施。

2.适用范围

本条例适用于城市道路规划、建设、养护、维修和路政管理。

3.城市道路管理的原则

城市道路管理实行统一规划、配套建设、协调发展和建设、养护、管理并重的原则。

4.城市道路发展规划的编制

县级以上城市人民政府应当组织市政工程、城市规划、公安交通等部门，根据城市总体规划编制城市道路发展规划。

5.城市道路的组织建设

① 政府投资建设城市道路的，应当根据城市道路发展规划和年度建设计划，由市政工程行政主管部门组织建设；

② 单位投资城市道路的，应当符合城市道路发展，并经市政工程行政主管部门批准；

③ 城市住宅小区、开发区内的道路建设，应当分别纳入住宅小区、开发区的开发建设计划配套建设。

6.城市道路管线建设原则

城市供水、排水、燃气、热力、供电、通信、消防等依附于城市道路的各种管线、杆线等设施的建设计划，应当与城市道路发展规划和年度建设计划相协调，坚持先地下、后地上的施工原则，与城市道路同步建设。

7.新建城市道路与铁路干线相交的处理

新建的城市道路与铁路干线相交的，应当根据需要在城市规划中预留立体交通设施的建设位置。

二、《基本农田保护条例》

1.相关概念

① 基本农田　是指按照一定时期人口和社会经济发展对农产品的需求，依据土地利用总体规划确定的不得占用的耕地。

② 基本农田保护区　是指为对基本农田实行特殊保护而依据土地利用总体规划和依照法定程序确定的特定保护区域。

③ 基本农田保护方针　全面规划、合理利用、用养结合、严格保护的方针。

④ 基本农田保护应纳入土地利用总体规划　各级人民政府在编制土地利用总体规划时，应当将基本农田保护作为规划的一项内容，明确基本农田保护的布局安排、数量指标和质量要求；县级和乡（镇）土地利用总体规划应当确定基本农田保护区。

2.基本农田的划定

省、自治区、直辖市划定的基本农田保护区应当占本行政区域内耕地面积的80%以上，具体数量指标根据全国土地利用总体规划逐级分解下达。

下列耕地应当划入基本农田保护区，严格管理：

① 经国务院有关主管部门或者县级以上地方人民政府批准确定的粮、棉、油生产基地内的耕地；

② 有良好的水利与水土保持设施的耕地，正在实施改造计划以及可以改造的中低产田；

③ 蔬菜生产基地；

④ 农业科研、教学试验田。

根据土地利用总体规划，铁路、公路等交通沿线，城市和村庄、集镇建设用地区周边的耕地，应当优先划入基本农田保护区；需要退耕还林、还牧、还湖的耕地，不应当划入基本农田保护区。

3.经依法划定的基本农田保护区不得改变或者占用

基本农田保护区经依法划定后，任何单位和个人不得改变或者占用。国家能源、交通、水利、军事设施等重点建设项目选址确实无法避开基本农田保护区，需要占用基本农田、涉及农用地转用或者征用土地的，必须经国务院批准。

4.在基本农田保护区内的禁止行为

禁止任何单位和个人在基本农田保护区内建窑、建房、建坟、挖沙、采石、采矿、取土、堆放固体废弃物或者进行其他破坏基本农田的活动；禁止任何单位和个人占用基本农田发展林果业和挖塘养鱼。

三、《公共文化体育设施条例》

1.公共文化体育设施的定义

本条例所称公共文化体育设施，是指由各级人民政府举办或者社会力量举办的，向公众开放用于开展文化体育活动的公益性的图书馆、博物馆、纪念馆、美术馆、文化馆（站）、体育场（馆）、青少年宫、工人文化宫等的建筑物、场地和设备。

2.公共文化体育设施监督管理

国务院文化行政主管部门、体育行政主管部门依据国务院规定的职责，负责全国的公共文化体育设施的监督管理。

县级以上地方人民政府文化行政主管部门、体育行政主管部门依据本级人民政府规定的职责，负责本行政区域内的公共文化体育设施的监督管理。

3.公共文化体育设施规划建设

公共文化体育设施的数量、种类、规模以及布局，应当根据国民经济和社会发展水平、人口结构、环境条件以及文化体育事业发展的需要，统筹兼顾，优化配置，并符合国家关于城乡公共文化体育设施用地定额指标的规定。

公共文化体育设施的用地定额指标，由国务院土地行政主管部门、建设行政主管部门分别会同国务院文化行政主管部门、体育行政主管部门制定。

4.公共文化体育设施的建设选址

公共文化体育设施的建设选址，应当符合人口集中、交通便利的原则。

5.公共文化体育设施的设计

公共文化体育设施的设计，应当符合实用、安全、科学、美观等要求，并采取无障碍措施，方便残疾人使用。

6.公共文化体育设施的建设预留地

公共文化体育设施的建设预留地。由县级以上地方人民政府土地行政主管部门、城乡规划主管部门按照国家有关用地定额指标，纳入土地利用总体规划和城乡规划，并依照法定程序审批。任何单位或者个人不得侵占公共文化体育设施建设预留地或者改变其用途。

因特殊情况需要调整公共文化体育设施建设预留地的，应当依法调整城乡规划，并依照前款规定重新确定建设预留地。重新确定的公共文化体育设施建设预留地不得少于原有面积。

7.居民住宅区内文化体育设施规划建设

新建、改建、扩建居民住宅区，应当按照国家有关规定规划和建设相应的文化体育设施。

居民住宅区配套建设的文化体育设施，应当与居民住宅区的主体工程同时设计、同时施工、同时投入使用。任何单位或者个人不得擅自改变文化体育设施的建设项目和功能，不得缩小其建设规模和降低其用地指标。

8.拆除公共文化体育设施或改变其功能规定

因城乡建设确需拆除公共文化体育设施或者改变其功能、用途的，有关地方人民政府在作出决定前，应当组织专家论证，并征得上一级人民政府文化行政主管部门、体育行政主管部门同意，报上一级人民政府批准。

涉及大型公共文化体育设施的，上一级人民政府在批准前，应当举行听证会，听取公众意见。

经批注拆除公共文化体育设施或者改变其功能、用途的，应当依照国家有关法律、行政法规的规定择地重建。重新建设的公共文化体育设施，应当符合规划要求，一般不得小于原有规模。迁建工作应当坚持先建设后拆除或者建设拆除同时进行的原则。迁建所需费用由造成迁建的单位承担。

四、《城市绿化条例》

1.适用范围

本条例适用于城市规划区内种植和养护树木、花草等城市绿化的规划、建设、保护和管理活动。

2.城市绿化的规划编制

城市人民政府应当组织城市规划主管部门和城市绿化行政主管部门等共同编制城市绿化规划，并纳入城市总体规划。

绿化规划应当从实际出发，根据城市发展需要，合理安排与城市人口和城市面积相适应的城市绿化用地面积。

城市人均公共绿地面积和绿化覆盖率等规划指标，由国务院城市建设行政主管部门根据不同城市的性质、规模和自然条件等实际情况规定。

城市绿化规划应当根据当地的特点，利用原有的地形、地貌、水体、植被和历史文化遗址等自然、人文条件，以方便群众为原则，合理设置公共绿地、居住区绿地、防护绿地、生产绿地和风景林地等。

3.城市防护绿地规划建设

城市绿化规划应当因地制宜规划不同类型的防护绿地。负责本单位管界内防护绿地的绿化建设。

4.不得擅自改变城市绿化规划用地

任何单位和个人都不得擅自改变城市绿化规划用地性质或者破坏绿化规划用地的地形、地貌、水体和植被。

课后练习题

1.城市是人民防空的重点，国家对城市实行（　　　）
    A.分级防护　　　　　　　　　　B.分类防护
    C.重点防护　　　　　　　　　　D.定向防护

2.土地利用总体规划中属于建设用地的是（　　　）
    A.工矿用地　　　　　　　　　　B.军事设施
    C.农田水利用地　　　　　　　　D.旅游用地
    E.未利用地

3.《中华人民共和国土地管理法》中明确规定，我国土地管理的基本国策是（　　　）
    A.统筹规划土地　　　　　　　　B.十分珍惜土地
    C.综合开发土地　　　　　　　　D.合理利用土地
    E.切实保护耕地

4.根据《基本农田保护条例》，基本农田保护区以（　　　）为单位划区定界，并由（　　　）组织实施
    A.乡（镇）；县级人民政府土地行政主管部门
    B.乡（镇）；县级人民政府土地行政主管部门会同同级农业行政主管部门
    C.县；县级人民政府土地行政主管部门

D.县；县级人民政府土地行政主管部门会同同级农业行政主管部门

5.《中华人民共和国环境保护法》主要环境监测标准和制度的内容中，正确的是（　　）

①环境质量标准；②污染物排放标准；③环境监测规范；④环境保护规划；⑤建设项目环境影响报告书；⑥污染物成分标准

  A.全部   B.②③④⑤

  C.①②③④⑥   D.①②③④

6.保护环境是我国的基本国策，经济建设与（　　）相协调，走可持续发展的道路，是关系到我国现代化建设事业全局的重大战略问题

  A.植物资源   B.生态环境

  C.自然环境   D.社会发展

7.由（　　）部门负责本辖区的环境保护工作并实施统一监督管理

  A.县以上地方人民政府

  B.县以上地方人民政府环境保护行政主管部门

  C.省、自治区、直辖市人民政府

  D.县以上地方人民政府规划行政主管部门

8.土地利用总体规划实行（　　）审批

  A.国务院   B.各级人民政府规划行政主管部门

  C.分级审批   D.国务院规划行政主管部门

9.根据《城市绿化条例》的规定，下列选项中不符合城市绿化的规划原则的是（　　）

  A.城市绿化规划应当根据当地的特点，利用原有的地形、地貌、水体、植被和历史文化遗址等自然、人文条件，以方便群众为原则

  B.城市人民政府应当把城市绿化建设纳入国民经济和社会发展计划

  C.城市人均公共绿地面积和绿化覆盖率等规划指标，由城市城乡规划主管部门根据不同城市的性质、规模和自然条件等实际情况规定

  D.城市绿化规划应当从实际出发，根据城市发展需要，合理安排与城市人口和城市面积相适应的城市绿化用地面积

10.根据《自然保护区条例》的规定，下列关于自然保护区的分区表述中符合规定的是（　　）

  A.核心区外围可以划定一定面积的缓冲区，只准进入从事科学参观考察活动

  B.为了节约土地的使用，没必要在自然保护区的外围划定一定面积的外围保护地带

  C.缓冲区外围划为实验区，可以进入从事参观旅游以及驯化，繁殖珍稀、濒危野生动植物等活动

  D.自然保护核心区内禁止任何单位和个人进入，除依照本条例规定经批准外，只允许从事科学研究活动

11.城市绿化规划编制应当由（　　）部门负责

  A.城市规划行政主管部门和城市绿化行政主管部门

  B.城市规划行政主管部门和城市建设行政主管部门

  C.城市绿化行政主管部门

  D.城市人民政府和城市绿化行政主管部门

12.土地使用权出让，必须符合（　　）

  A.国民经济与社会发展计划 B.土地利用总体规划

  C.城市规划   D.年度建设用地计划

13.下列（　　）地区或区域内，不得建设污染环境的工业生产设施
    A.城市中心区　　　　　　　　　　B.风景名胜区
    C.自然保护区　　　　　　　　　　D.基本农田保护区

14.军事禁区管理单位的范围的划定是通过（　　）确定的
    A.为陆地军事禁区修筑围墙，设置铁丝网等障碍物
    B.为陆地军事禁区修筑掩蔽设备
    C.为水域军事禁区设置障碍物或者界线标志
    D.为水域军事禁区设置掩蔽设备

15.城市平时能够利用人民防空工程设施的活动包括（　　）
    A.修建地下交通干线　　　　　　　B.作为城市货物储存仓库
    C.开展商业经济活动　　　　　　　D.部分作为城市通信系统设施管道

16.城市道路交通发展战略规划应包括（　　）
    A.确定交通发展目标和水平
    B.提出分期建设与交通建设项目排序建议
    C.确定城市道路交通综合网络布局、城市对外交通和市内的客货运设施的选址和用地规模
    D.提出有关交通发展政策和交通需求管理政策的建议
    E.共交通系统、各种交通的衔接方式

17.下列（　　）建筑、场地和设备，属于军事设施
    A.指挥机关、地面和地下的指挥工程，作战工程
    B.军用机场、港口、码头
    C.军用医院及附属用地
    D.军用公路，铁路专用线，军用通信、输电线路，军用输油、输水管道
    E.军队家属区及公共设施用地

18.根据《消防法》判断下列哪些条款不符合法律规定（　　）
    A.公安消防机构进行消防审核、验收等监督检查，不得收取费用
    B.对于特大火灾事故，国务院或者省级人民政府认为必要时可以组织调查
    C.民用机场应当建立专职消防队
    D.在设有车间的建筑物内设置员工集体宿舍应当采取必要的安全措施

19.下列不得设置户外广告的几种情形中，哪一种阐述不确切（　　）
    A.利用交通安全设施、交通标志的
    B.影响市政公共设施、交通安全设施、交通标志使用的
    C.妨碍生产或者人民生活、损害市容市貌的
    D.历史文化名城、历史地段和历史文化保护区

20.城市抗震防灾规划中的哪些内容应列为城市总体规划的强制性内容（　　）
    A.抗震设计标准
    B.抗震危害程度估计
    C.建设用地评价与要求
    D.不同强度地震的震害预测　　E.抗震防灾措施

21.《中华人民共和国文物保护法》规定，本法规定的受国家保护的文物种类不包括（　　）
    A.具有美学、非主流价值的脊椎动物化石和人类化石
    B.反映历史上各时代、各民族社会制度、社会生产、社会生活的代表性实物
    C.具有历史、艺术、科学价值的古文化遗址、古墓葬、古建筑、石窟寺和石刻、壁画
    D.历史上各时代重要的文献资料以及具有历史、艺术、科学价值的手稿和图书资料等

22.根据《中华人民共和国环境保护法》的规定,下列关于主要环境监测标准和制度表述中不符合相关规定的是（   ）

    A.建设项目污染环境的,必须出具环境影响报告书

    B.国务院环境保护行政主管部门建立监测制度,制定监测规范,会同有关部门组织监测网络,加强对环境监测的管理

    C.县级以上人民政府环境保护行政主管部门,应当会同有关部门对管辖范围内的环境状况进行调查和评价,拟定环境保护规划,经计划部门综合平衡后,报同级人民政府批准实施

    D.省、自治区、直辖市只可以对国家污染物排放标准中作规定的项目制定地方标准

23.根据《中华人民共和国环境影响评价法》的规定,下列关于建设项目的环境影响评价的表述中不符合相关规定的是（   ）

    A.建设项目的环境影响评价文件,由建设单位按照国务院的规定报有审批权的环境保护行政主管部门审批

    B.建设项目有行业主管部门的,其环境影响报告书或者环境影响报告表应当经行业主管部门预审后,报有审批权的环境保护行政主管部门审批

    C.国家对建设项目的环境影响评价实行统一管理

    D.环境影响评价文件中的环境影响报告书或者环境影响报告表,应当由具有相应环境影响评价资质的机构编制

24.《中华人民共和国军事设施保护法》规定,国家对军事设施实行（   ）的方针

    A.统一保护、确保重点

    B.分类保护、确保重点

    C.统一保护、重点保密

    D.分类保护、重点保密

25.《中华人民共和国人民防空法》规定,城市的防护类别、防护标准由（   ）规定

    A.省人民政府、省军事委员会

    B.全国人民代表大会、中央军事委员会

    C.省人民政府、中央军事委员会

    D.国务院、中央军事委员会

26.根据《中华人民共和国广告法》的规定,下列关于该法律的表述中不符合规定的是（   ）

    A.广告不得贬低其他生产经营者的商品或者服务

    B.广告主、广告受益者、广告接受者在中华人民共和国境内从事广告活动,应当遵守本法

    C.广告不得含有虚假的内容,不得欺骗和误导消费者

    D.户外广告设置规划和管理办法,由当地县级以上地方人民政府组织广告监督管理、城市建设、环境保护、公安等有关部门制定

27.根据《中华人民共和国保守国家秘密法》的规定,下列关于国家秘密的密级内容表述中不符合规定的是（   ）

    A.属于国家秘密的文件、资料,应当依照法律、法规的规定标明密级

    B.各级国家机关、单位对所产生的国家秘密事项,应当按照国家秘密及其密级具体范围的规定确定密级

    C.国家秘密及其密级的具体范围,由国家保密工作部门分别会同外交、公安、国家安全和其他中央有关机关规定

D.国家秘密的密级分为"国家机密""一般机密"两级

28.《城市道路管理条例》中明确规定，城市道路是指城市供车辆、行人通行的，具备一定技术条件的道路、桥梁及其附属设施；其管理应实行（　　　）的原则

A.协调发展

B.严格保护、永续使用

C.建设、养护、管理并重

D.配套建设

E.统一规划

29.《基本农田保护条例》规定，省、自治区、直辖市划定的基本农田保护区应当占本行政区域内耕地面积的（　　　）以上，具体数量指标根据全国土地利用总体规划逐级分解下达

A.70%　　　　　B.75%　　　　　C.80%　　　　　D.85%

30.《公共文化体育设施条例》规定，居民住宅区配套建设的文化体育设施，应当与居民住宅区的主体工程（　　　）

A.同时设计、同时维修、同时完工

B.同时维修、同时施工、同时完工

C.同时开发、同时完工、同时投入使用

D.同时设计、同时施工、同时投入使用

第四篇　附录

附录

附录一：城乡规划行业准则

第一条 自觉遵守国家法律、法规及社会公德和职业道德，遵守政府的有关公共政策，维护社会的公平、公正和公共利益。

第二条 鼓励、支持开展合法、公平、有序的行业竞争，反对采用不正当手段进行行业内竞争。

第三条 自觉维护社会公共利益和行业公平的环境，维护管理相对人和消费者的合法权益。

第四条 城乡规划行业工作者应自觉遵守国家有关管理规定，自觉履行城乡规划行业服务的自律义务：

（一）不弄虚作假、滥用职权、玩忽职守，不贻误城乡规划、城乡勘测工作，不利用职权为自己或他人谋取私利。

（二）不接受无证单位或个人以挂靠方式从事城乡规划、城乡勘测业务；不与非持证单位或个人联合承担城乡规划、城乡勘测业务；不越级承接城乡规划设计、城乡勘测业务；不伪造、涂改、出借、转让、出卖有关图签、用章和证照。

（三）不通过行贿、回扣、压价等手段承接任务来谋取通过正当竞争不能实现的利益或市场地位。

（四）不利用在行业内的垄断地位，强制用户接受指定产品和技术服务。

（五）不利用在公开报价基础上大幅降价，不以低于成本的价格，干扰、破坏其他单位合法的市场活动。

（六）不在城乡规划、城乡勘测招投标中，采取互相串通、暗箱操作等不正当手段排挤其他竞争对手。

第五条 按照合法、诚信、公平和等价有偿服务的原则，提倡发展城乡规划行业间互利的合作关系，努力提高我国城乡规划、城乡勘测的管理、技术水平。提倡行业间开展双边或多边的技术交流和业务合作，并依法和有偿地借鉴和使用他人的先进技术和研究成果。

第六条 城乡规划、城乡勘测的服务成果应充分保障社会和广大公众利益，符合国家技术标准和规范，努力提高服务质量。

第七条 城乡规划行业尊重他人享有的著作权、专利权、商标权以及商业秘密。

第八条 城乡规划行业维护技术和管理人才的流通秩序：

（一）聘用其他单位的工作人员，如原单位提出异议并有证据证明该人员有违法或严重违背职业道德行业的，一般不予聘用。

（二）聘用在其他单位工作过的人员，应尊重该单位的合法权益，不应通过高薪聘用等不正当手段获取、使用、泄露或许可他人使用该单位的技术成果、知识产权和技术秘密。

第九条 城乡规划行业积极参与国际合作和交流，自觉遵守国家签署的国际规则。

第十条 城乡规划行业自觉接受社会各界的监督和批评，共同抵制行业不正之风。

附录二：城乡规划职业道德规范

1.爱国爱民

热爱祖国，忠于宪法，维护国家统一和民族团结，维护政府形象和权威，保证政令通畅。遵守外事纪律，维护国格、人格尊严。严守国家秘密，同一切危害国家利益的言行作斗争。一切从人民的利益出发，热爱人民，忠于人民，全心全意为人民服务。密切联系群众，关心群众疾苦，维护群众的合法权益。

2.敬业奉公

热爱城乡规划工作，钻研业务，勤于思考，勇于创新，与时俱进，锐意进取，大胆开拓，创造性地开展工作。克己奉公，忠于职守，尽职尽责，服从命令，甘于奉献，竭诚服务，有强烈的事业心和责任感。

3.维护公利

维护社会公共利益，一切从大局出发，正确处理局部利益与整体利益、近期建设与长远发展、经济发展与环境保护、开发改造与历史文化遗产保护等方面的关系。与一切危害社会公共利益的行为作斗争，促进城市经济、社会和生态环境的协调发展。

4.尊重科学

坚持科学精神，遵循一切客观发展规律。实事求是，认真调查研究，克服盲目性和主管臆断。破除迷信，不唯上、不唯下、不盲从，坚持真理、坚持原则，敢于向上级领导和有关方面陈述城市规划的意见和要求。

5.珍惜资源

珍惜土地资源，节约用地、合理用地。珍惜水资源，节约用水，保护水体的清洁。珍惜历史文化资源，保护历史文化遗产，维护历史文脉。珍惜自然生物资源，追求人与自然的和谐发展。珍惜一切有利于人类全面发展的资源，让地更绿、水更清、山更青、天更蓝，促进社会、经济可持续发展。

6.崇尚效率

改进工作作风，讲求工作方法，提高工作效率，注意工作实效，对待工作质量要精益求精。统筹兼顾，综合平衡，加强协调，实现经济效益、社会效益和环境效益的相统一。

7.遵纪守法

严格遵守国家法律、法规和规章，按照规定的职责权限和工作程序履行职责。严格执法，不滥用权力，不以权代法。做学法、守法、用法和维护法律、法规尊严的模范。自觉遵守工作纪律，不搞自由主义，维护良好的工作秩序。

8.清正廉洁

秉公办事，不徇私情，不以权谋私，不贪赃枉法。淡泊名利，艰苦奋斗，反对拜金主义、享乐主义，自觉做人民公仆，让人民满意、放心。

9.公正公平

立场公正，处世公平。善于倾听相关方面的意见，不偏听偏信。是非分明，不姑息迁就。办事合情合理，以理服人，不以势压人。

10.诚实守信

实事求是，理论联系实际。说实话，报实情，办实事，求实效，踏实肯干，勤奋工作，力戒形式主义，不搞花架子。言行一致，不阳奉阴违。

11.团队协作

坚持民主集中制，不独断专行。发扬团队精神，团结同志，友好相处，服从大局，相互配合，相互支持。开展批评与自我批评，勇于修正错误，团结一致开展工作。

12.品行端正

学习先进，助人为乐，谦虚谨慎，健康向上。模范遵守社会公德，举止端庄，仪表整洁，语言文明，讲普通话。

附录三："一书三证"办理流程

1.建设项目址意见书

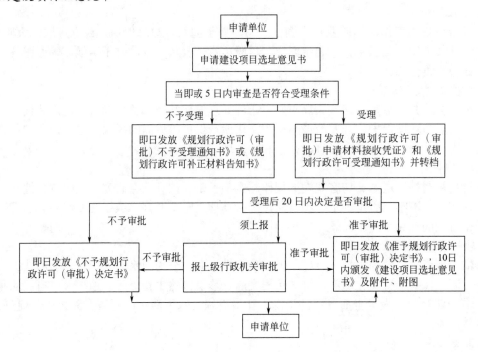

2.建设用地规划许可证

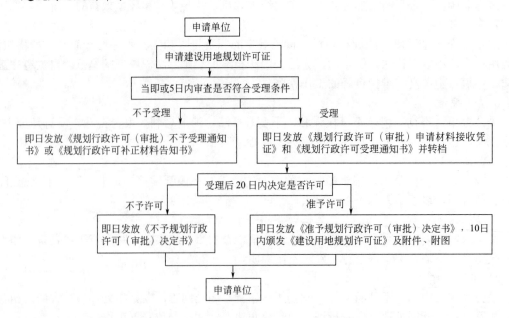

3.建设工程规划许可证

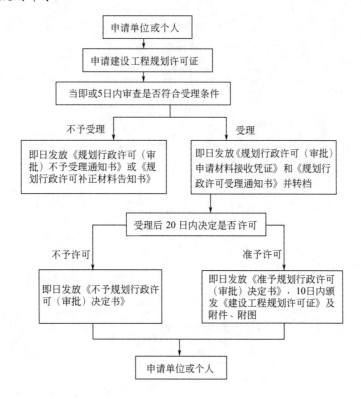

4.乡村建设规划许可证

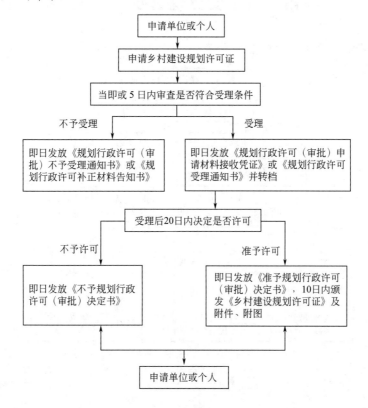

5.建设工程竣工规划验收合格证

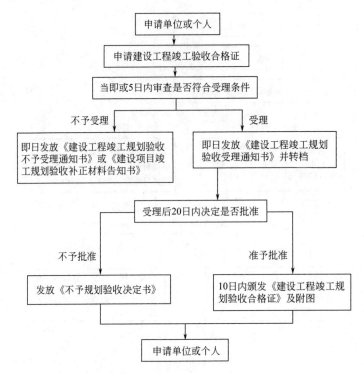

附录四：变更规划办理流程

1.建设项目规划与设计方案变更

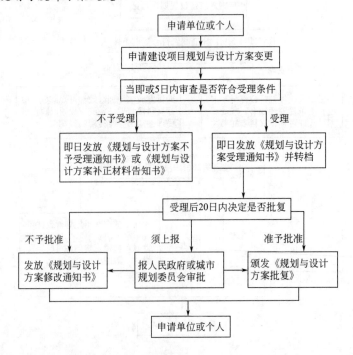

2.建设项目规划与设计方案审查

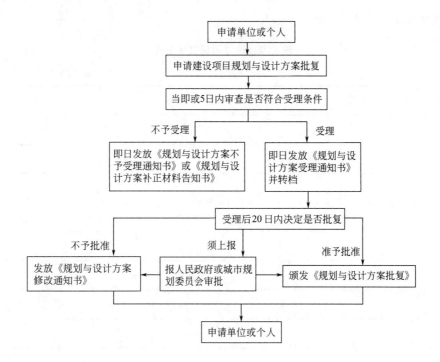

3.规划条件变更

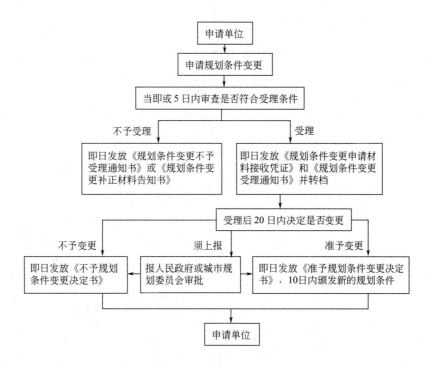

附录五："一书三证"审批表

1.建设项目选址意见书审批表

建设项目选址意见书审批表

项目编号：　　　　　　　　　　　　　　　　　　　　　　证件编号：

建设单位				
项目名称				
拟选位置				
选址事由				
选址位置				
建设用地				
地块编号	用地性质		用地面积/m²	折合亩数/亩
01			精确至个位	精确至小数点后一位
小计				
代征用地				
小计				
合计	地块计数			
其他说明	1.申请建设用地规划许可证前，应进行环境影响分析 2.规划用地位于地下文物重点保护区内，申请建设用地规划许可证前，应征求文物部门的书面意见			
附件	1.建设项目选址红线图，＿＿＿套 2.规划设计要点表，＿＿＿张			
备注	1.具体的选址位置以所附建设项目选址红线图所示为准 2.本项目应在＿＿＿＿＿＿年＿＿＿＿＿＿月＿＿＿＿＿＿日前申请建设用地规划许可证			
审批栏	处室	初审	一类复审/二类复审	一类审定
		姓名 日期	姓名 日期	姓名 日期
会签栏	处室	会签人	日期	会签意见

2.建设用地规划许可证审批表

建设用地规划许可证审批表

项目编号：   证件编号：

建设单位			
项目名称			
建设地点			
建设用地			
地块编号	用地性质	用地面积/m²	折合亩数/亩
0		精确至个位	精确至小数点后一位
小计			
代征用地			
小计			
合计	地块计数		
其他说明	1.最终用地面积和用地边界以土地管理部门实测为准 2.规划用地凡涉及拆迁的，拆迁主管部门可根据情况调整实际拆迁范围 3.规划用地范围内凡涉及地下文物、文保单位、古树名木、市政公用设施、基础测绘设施、测量标志、宗教设施、军事设施等内容的，应遵守相关法律法规之规定 4.规划用地范围内凡涉及公共设施拆迁的，应在地块内予以复建，如需异地建设或拆除，应征求相关主管部门的书面统一意见		
附件	1.建设用地红线图，____套 2.规划设计要点表，____张 3.用地规划许可证附件6份		
备注	1.具体的建设地点以所附建设用地红线图所示为准 2.本项目应在_____年_____月　_____日（系统根据本证整理签发之日加一年后的日期自动生成）前向国土资源管理部门申请建设用地批准文件；拟公开出让地块应在_____年_____月　_____日前发出招标公告		

审批栏	处室	初审	一类复审/二类复审	一类审定
		姓名 日期	姓名 日期	姓名 日期

会签栏	处室	会签人	日期	会签意见

3.建设工程规划许可证审批表

建设工程规划许可证审批表

项目编号：　　　　　　　　　　　　　　　　　　　　　　　证件编号：

建设单位												

项目名称												

建设地点												

建筑栋号	栋数	建筑用途	起始层	终止层	高度		单幢面积/m²					
					地下	地上	地下	地上	基底	计容积率	总面积	
	精确到个位		精确到个位	精确到个位	精确到小数点后两位		精确到个位	精确到个位		精确到个位	精确到个位	
		地下层表示为——										
合计												

构筑物名	个数	使用类型	高度/m	长度/m	宽度/m	面积/m²	容积/m³	说明
可扩展								
合计								

其他说明	
附件	1.核准定位红线图，＿＿＿套 2.核准建筑施工图/建筑方案图（根据报审的图纸确定），＿＿＿套
备注	1.具体的建设地点以所附的定位红线图所示为准 2.本证所载建筑用途与核准施工图/建筑方案图有差异的，应以本证为准；本证未明确的，则核准施工图/建筑方案图标注的用途为准 3.本证所载面积与核准建筑施工图/建筑方案图实际面积不一致的，以本证为准 4.本证所载的高度、层数为最大值，详细的数值以核准施工图/建筑方案图的标注数据为准 5.本项目应在＿＿＿＿年＿＿＿月 ＿＿＿日（系统根据本选址意见书打印当日加一年后的日期自动生成）前开工建设

4.乡村建设规划许可证申请表

乡村建设规划许可证申请表

项目编号：　　　　　　　　　　　　　　　　　　　　　　　　证件编号：

建设单位 （或个人）			姓名	
			手机	
项目名称			主管单位批准 文　　号	
拟建位置	镇（办事处）　　　村（街道）　　　村民组			
用地现状	（打"√"）选择 □农业用地　□非农业用地		拟用地面积	
用地权属			拟建筑面积	
现场踏勘意见	建设项目选址范围，对村镇规划影响情况 　　　　签名：　　　　　　年　月　日			

项目建设审批依据	村委会 或居委 会意见	经办人： 负责人： （签章）年　月　日	镇（街道办事处）社 会事务办公室意见	经办人： 负责人： （签章）年　月　日
	镇（街道 办事处） 政府意见	（签章） 　　　　　　　　　负责人：　　年　月　日		

拟用地、建筑平面定位图粘贴处

用地规划设计条件（由镇、街道办事处）填写

拟建筑朝向、色彩		容积率	
拟建筑总高度及层数	M　　　层	拟建筑总面积	m²
建筑密度	％	绿地率	％
建筑红线	m	建筑退让用地红线距离	m

拟建筑物基础设施现状及简述

给排水、电力、电信、有线电视、光缆、道路

业务审查意见	
	经办人：　　　审核人：　　　年　月　日
局长意见	
	负责人签名：　　　　　　　年　月　日

附录六："一书三证"样表

1. 建设项目选址意见书

中华人民共和国

建设项目选址意见书

选字第　　　号

根据《中华人民共和国城乡规划法》第三十六条和国家有关规定，经审核，本建设项目符合城乡规划要求，颁发此书。

核发机关

日　　期

基本情况	建设项目名称	
	建设单位名称	
	建设项目依据	
	建设项目拟选位置	
	拟用地面积	
	拟建设规模	
附图及附件名称		

遵守事项

一、建设项目基本情况一栏依据建设单位提供的有关材料填写。
二、本书是城乡规划主管部门依法审核建设项目选址的法定凭据。
三、未经核发机关审核同意，本书的各项内容不得随意变更。
四、本书所需附图与附件由核发机关依法确定，与本书具有同等法律效力。

中华人民共和国
建设用地规划许可证

地字第 _____ 号

根据《中华人民共和国城乡规划法》第三十七、第三十八条规定，经审核，本用地项目符合城乡规划要求，颁发此证。

发证机关

日　期

用地单位	
用地项目名称	
用地位置	
用地性质	
用地面积	
建设规模	
附图及附件名称	

遵守事项

一、本证是经城乡规划主管部门依法审核，建设用地符合城乡规划要求的法律凭证。

二、未取得本证，而取得建设用地批准文件，占用土地的，均属违法行为。

三、未经发证机关审核同意，本证的各项规定不得随意变更。

四、本证所需附图与附件由发证机关依法确定，与本证具有同等法律效力。

3. 建设工程规划许可证

中华人民共和国

建设工程规划许可证

建字第 ＿＿＿＿ 号

根据《中华人民共和国城乡规划法》第四十条规定、经审核，本建设工程符合城乡规划要求，颁发此证。

发证机关

日　期

建设单位（个人）	
建设项目名称	
建设位置	
建设规模	
附图及附件名称	

遵守事项

一、本证是经城乡规划主管部门依法审核，建设工程符合城乡规划要求的法律凭证。

二、未取得本证或不按本证规定进行建设的，均属违法建设。

三、未经发证机关依法许可，本证的各项规定不得随意变更。

四、城乡规划主管部门依法有权查验本证，建设单位（个人）有责任提交查验。

五、本证所需附图与附件由发证机关依法确定，与本证具有同等法律效力。

中华人民共和国

乡村建设规划许可证

乡字第 _____ 号

根据《中华人民共和国城乡规划法》第四十一条规定，经审核，本建设工程符合城乡规划要求，颁发此证。

发证机关

日　期

建设单位（个人）	
建设项目名称	
建设位置	
建设规模	
附图及附件名称	

遵守事项

一、本证是经城乡规划主管部门依法审核，在集体土地上有关建设工程符合城乡规划要求的法律凭证。

二、依法应当取得本证，但未取得本证或违反本证规定的，均属违法行为。

三、未经发证机关许可，本证的各项规定不得随意变更。

四、城乡规划主管部门依法有权查验本证。

五、本证所需附图与附件由发证机关依法确定，与本证具有同等法律效力。

附录七：建设工程验线结果表

某市规划局建设工程验线结果表

项目编号：　　　　　　　　　　　　　　　　　　　　　　　证件编号：

建设单位	
项目名称	
建设地址	
验线类别	□灰线　　□±0
验线结论	你单位于＿＿年＿月＿日报验的项目中，（工程名称）经规划验线符合规划许可要求，（工程名称）经规划验线不符合、符合规划许可要求。建设单位自接到本表后，应在15日内按以下意见整改重新报验

建筑工程类

许可证号	工程名称	验线意见	问题描述及整改意见
多个证	01自动显示	合格/不合格	意见为"不合格"者，选取审批表内的"问题描述及整改意见"内容显示于此，"合格"者，此栏显示"—"
	02	…	
	…	…	

市政工程类（根据申请显示具体工程）

许可证号	工程名称	验线意见	问题描述及整改意见
多个证	自来水管道及附属设施	合格/不合格	
…	电力管线及附属设施	…	
…	燃气管线及附属设施	…	
	雨水管道及附属设施		
	污水管道及附属设施		
	通信管道及附属设施		
	有线电视管线及附属设施		
	路灯电缆及附属设施		
	门坡		
	以上栏目根据申请内容显示，可扩展		
有关说明	未按要求整改的，不得开工；擅自开工的，按违法建设处理		
备注			

附录八：建设工程规划验收合格书

建设工程规划验收合格书

验收编号：编号

许可证号：＊＊＊＊、＊＊＊＊、＊＊＊＊

建设单位名称：

根据《中华人民共和国城乡规划法》第四十五条、《某市城市规划条例》第五十六条以及《某市城市规划条例实施细则》第七十三条之规定，对你单位在建设地址建设的验收内容进行了规划验收。经查验，该工程符合规划许可要求。

某市规划局

年　月　日

附录九：建设工程规划验收整改意见通知书

某市规划局建设工程规划验收整改意见通知书

编号

建设单位名称：

你单位申报的在建设地址建设的（项目名称）项目，本次申报符合内容建设工程规划验收项目，经查验，符合规划许可要求。本次申报不符合内容建设工程规划验收项目，经查验，不符合规划许可要求，请按以下整改合格后再予申报。

建设相关规划控制内容：

有关说明：

某市规划局

年　月　日

附录十：建设项目竣工规划验收申请表

某市建设项目竣工规划验收申请表

收件编号　字（　　）号

收件日期　年　月　　日

建设单位：	验收项目	批准文件要求	竣工执行情况
	地块面积		
盖章	用地性质		
项目名称：	容积率		
工程地址：	建筑密度		
承办人：	停车泊位		
电话：	绿地比例		
住址：	须配设施		
	批准文件指标		

工程项目名称	批准文件指标				竣工之情况			
	底层面积/m²	层数	底层面积/m²	高度	底层面积/m²	层数	底层面积/m²	高度

说明：

1.本表须详细填明，申请时连同竣工图纸及文件、证件一并送来；

2.本表各项数据应真实准确，并应提供数据的计算简式；

3.收件编号、收件日期、申请单位请勿填写；

4.申请单位填写后由报建窗口登记。

批准机关：

　年　　月　　日

附录十一：立案审批表

某市立案审批表

当事人							
性别		年龄		职业		身份证号	
法定代表人		职务		营业执照号码			
住（地）址							
案件来源							

违法事实：

承办人意见：

承办人签字： 日期：

负责人意见：

负责人签字： 日期：

备注：

附录十二：询问笔录

询 问 笔 录

| 被询问人： | 性别： | 年龄： | 电话： |

| 工作单位： | 职务： |

单位或家庭详细地址：

与当事人关系：

询问时间： 年 月 日自 时 分至 时 分

询问地点

| 询问人： | 证件号码： |

| 记录人： | 证件号码： |

问：

　　我们是规划局行政执法人员，我们的证件号码是　　　　　　，我们今天来调查你（单位）违法建设一案，根据有关法规规定，你有陈述权、申辩权，你听清楚了吗？

答：

询问人、被询问人、记录人在笔录末尾签字或盖章

附录十三：送达回证

送 达 回 证

（ ）市规划局送字第　　号

案　　　由：

送达文书名称：

受 送 达 人：

送 达 地 址：

送达人员签字：

直接送达／代收送达（签字）：本人于　　　年 月 日 时 分

收到上述

受送达人／代送人（签字）：

代收人与当事人关系：

邮寄送达：行政执法部门发出双挂号信回执注明日期为　　　年 月 日 时 分，回执编号：

留置送达：受送达人拒绝接受送达文件，代收人或见证人不愿意在回证上签字或盖章的，执法人员将文件留置在

办案人（签字）：

证 件 代 号：

备注：

附录十四：违法建设停用通知书

违法建设停用通知书

_____规检停字第____号

_____：

经查，你单位（个人）在_____区（县）未经城市规划行政主管部门批准，未取得规划许可证件或违反规划许可证的规定，与_____年_____月_____日擅自兴建（变更）_____，建筑面积_____平方米，于_____年_____月_____日擅自进行其他建设工程及设施：_____。

根据《某市城市规划条例》第四十三条和《违反（某市城市规划条例）行政处罚办法》第二条、第三条规定，属违法建设，责令你单位（个人）在接到本通知书后，将已竣工的建设工程及设施停止使用，并写出书面检查，报1/2或1/500的标有占地位置的地形图和建设总平面图各两份及有关文件资料，于____年_____月____日送_____规划管理局监督检查部门，听后处理。

（行政机关印章）

年　月　日

注：1.本通知书发违法建设单位或违法建设个人及违法施工单位；

2.对拒不执行本通知书的单位或个人的违法建设，则依据有关法规规定予以查封；

3.本局地址：

附录十五：罚款决定通知书

违章建设　　违章用地
罚款决定通知书

_____规检罚字第_____号

_____：

你单位在_____，于_____年_____月占地_____平方米其中耕地_____平方米。根据《某市城市规划建设管理条例》第十九、二十、二十六等条款的规定，处以你单位罚款（大写）_____，主管负责人罚款（大写）_____，直接负责人罚款（大写）_____；限于_____年___月_____日到市规划管理局交纳。

接本通知书后，如有不服时，可于收到通知之后起十日内向上一级规划管理部门提出书面申诉，由上级规划管理部门复议；对复议决定仍不服时，可于收到复议决定通知书之日起十五日内向任命法院起诉。逾期不申诉或不起诉又不履行决定的，由城市规划管理部门申请人民法院强制执行。

年　月　日

附录十六：行政处罚强制执行申请书

行政处罚强制执行申请书

（　　　年）＿＿＿字＿＿＿号

＿＿＿＿＿＿＿＿＿人民法院：

关于＿＿＿＿＿一案的限期拆除通知书已于＿＿＿＿年＿＿月＿＿日送达被处罚人，被处罚人逾期不履行行政处罚决定。根据《中华人民共和国行政处罚法》第五十一条第三项的规定，特申请强制执行。

被处罚单位名称：

详细地址：＿＿＿＿＿＿＿＿＿＿＿＿＿＿＿＿＿＿＿＿＿＿＿＿＿＿＿＿＿＿＿＿＿

法人代表：＿＿＿＿＿＿＿＿＿＿　电话：＿＿＿＿＿＿＿＿＿＿　邮编：＿＿＿＿＿＿

被处罚人姓名：＿＿＿＿＿＿＿＿　性别：＿＿＿＿＿＿＿＿　年龄：＿＿＿＿＿＿＿

工作单位或家庭住址：＿＿＿＿＿＿＿＿＿＿＿＿＿＿＿＿＿＿＿＿＿＿＿＿＿＿＿＿

联系电话：＿＿＿＿＿＿＿＿＿＿＿＿＿＿＿＿＿　邮编：＿＿＿＿＿＿＿＿＿

申请执行项目：＿＿＿＿＿＿＿＿＿＿＿＿＿＿＿＿＿＿＿＿＿＿＿＿＿＿＿＿＿＿＿

＿＿＿＿＿＿＿＿＿＿＿＿＿＿＿＿＿＿＿＿＿＿＿＿＿＿＿＿＿＿＿＿＿＿＿＿＿＿

附件：行政处罚决定书、行政处罚情况材料、其他有关案件材料

申请机关印章

年　月　日

参考文献

[1] 吴志强. 城市规划原理（第四版）[M]. 北京：中国建筑工业出版社，2003.

[2] 马彦琳，刘建平. 《现代城市管理学》[M]. 北京：科学出版社，2002.

[3] 王国恩. 城乡规划管理与法规（第2版）[M]. 北京：中国建筑工业出版社，2009.

[4] 尹强，苏原. 城市规划管理与法规[M]. 天津：天津大学出版社，2003.

[5] 任致远. 21世纪城市规划管理[M]. 南京：东南大学出版社，2000.

[6] 耿毓修. 城市规划管理与法规[M]. 南京：东南大学出版社，2004.

[7] 何奇松，刘子奎. 城市规划管理[M]. 上海：华东理工大学出版社，2005.

[8] 侯江红. 关于公共管理基础理论的探讨[J]. 黔西南民族帅范高等专科学校学报，2002（6）.

[9] 陈庆云. 公共管理理论研究：概念、视角与模式[J]. 中国行政管理，2005（3）.

[10] 朗佩娟. 公共管理模式研究. 《中国政法大学学报》[J]，2002（2）.

[11] 陈庆云. 关于公共管理基本理论的几点思考[J]. 甘肃行政学院学报，2005（3）.

[12] 刘鹏. 中国公共管理主体之间的关系[J]. 中共郑州市委党校学报，2006（1）.

[13] 王谦. 现代城市公共管理[M]，重庆：重庆大学出版社，2005.

[14] 王莹. 城市公共管理的思考[J]. 湖南税务高等专科学校学报，2005（5）.

[15] 王春霞. 城市公共管理模式改革的思考[J]. 城市问题，2000（5）.

[16] 全国城市规划执业制度管理委员会. 城市规划管理与法规[M]. 北京：中国建筑工业出版社，2011.

[17] 全国城市规划执业制度管理委员会. 城市规划法规文件汇编[M]. 北京：中国建筑工业出版社，2011.

[18] 耿毓修. 城市规划管理[M]. 上海：上海科学技术文献出版社，1998.

[19] 阮仪三，王景慧. 历史文化名城保护理论与规划等[M]. 上海：同济大学出版社，1999.

[20] 孙施文. 城市规划法规读本[M]. 上海：同济大学出版社，1998.

[21] 王国恩，等. 城市规划中土地利用规划[M]. 武汉：湖北科学技术出版社，1996.

[22] 赵景华. 现代管理学[M]. 济南：山东人民出版社，1999.

[23] 黄达强，等. 行政管理学[M]. 北京：高等教育出版社，1990.

[24] 叶南客、李芸. 战略与目标—城市管理系统与操作新论[M]. 南京：东南大学出版社，2000.

[25] 孙毅中. 城市规划管理信息系统（第二版）[M]. 北京：科学出版社，2011.